대·학·과·정

기계열역학

양인권 · 진도훈 공저

일진사

머 리 말 · · ·

열역학은 기계공학의 기초과목으로서 모든 정규대학 및 전문대학, 직업학교에서 필수과목으로 강의되고 있으며, 특히 열과 관련된 분야의 실무 현장에 종사하는 기술자에게도 매우 긴요하고 필수적인 과목이라 할 수 있다. 이러한 열역학은 학생들에게는 어려운 과목으로 인식되고 있는데, 이론을 정확히 파악하고 그것을 충분히 활용하여 많은 연습문제를 다루어 본다면 어렵지 않게 정복할 수 있으리라 여겨진다.

저자는 이와 같은 점을 감안하여 다년간 강단에서 학생들을 지도한 경험을 바탕으로 기초이론의 이해와 습득에 중점을 두었으며, 독자들을 위해 자세한 해설을 아끼지 않았다.

첫째, 열역학의 기초이론 파악에 중점을 두었고, 연습문제는 기본문제부터 어려운 문제까지 다양하게 다루었다.
둘째, 각 문제마다 자세하고 원리적인 해설과 그림을 함께 실음으로써 독자들의 이해를 도왔다.
셋째, 단위는 종래의 절대단위(중력단위)를 배제하고 새로이 채택된 SI 단위를 사용하였으며, 필요시 중력단위를 병행하여 풀이하였다.
넷째, 부록에는 각 장의 필수사항을 요약 정리하여 학습의 편의를 도모하였고, 단위 환산에 도움이 될 수 있는 표와 주요 선도들을 실어 학습에 참고할 수 있도록 하였다.

아무쪼록 이 책이 열역학을 공부하는 학생들의 학습서로서, 참고서로서, 수험서로서 그 역할을 다하길 바라며, 공학교육과 기술 향상에 다소라도 도움이 되기를 바라 마지않는다. 혹시 부족하고 잘못된 점이 있지 않을까 염려되지만, 독자 여러분들의 기탄 없는 지도를 받아 철저히 개선해 나갈 것을 약속하며, 이 책을 통해 누구나 소기의 목적을 이루기를 진심으로 바란다.
끝으로, 이 책의 출간에 힘써주신 도서출판 **일진사** 여러분께 감사드리며, 무궁한 발전을 기원한다.

(저자 e-mail : jangiljc @ naver.com)

저자 씀

차례

제1장 ● 기초사항

1-1 공업 열역학 9
1-2 SI 단위계 9
1-3 온도와 열평형 13
1-4 열량 16
1-5 비열 18
1-6 잠열과 감열 20
1-7 압력 20
1-8 비체적, 비중량, 밀도 22
1-9 일과 에너지 23
1-10 동력 25
1-11 동작물질과 계 25
1-12 상태변화 27
◉ 연습문제・연습문제 풀이 29

제2장 ● 열역학 제1법칙

2-1 상태량과 상태식 34
2-2 열역학 제1법칙 35
2-3 내부 에너지 36
2-4 엔탈피 37
2-5 에너지식 39
2-6 $P-V$ 선도 45
◉ 연습문제・연습문제 풀이 48

제3장 ● 이상기체

3-1 이상기체 55
3-2 이상기체의 상태방정식 55
3-3 가스의 비열과 가스 상수와의 관계 62

3-4 이상기체의 상태변화 ·································· 64
3-5 완전 가스의 혼합 ·· 77
3-6 반완전 가스 ·· 80
3-7 습공기 ··· 81
◉ 연습문제・연습문제 풀이 ································ 87

제4장 ● 열역학 제2법칙

4-1 열역학 제2법칙 ·· 97
4-2 사이클, 열효율, 성능계수 ························· 98
4-3 카르노 사이클 ·· 101
4-4 클라우지우스의 폐적분 ······························ 107
4-5 엔트로피 ·· 108
4-6 완전 가스의 엔트로피의 식과 상태변화 ···· 111
4-7 비가역과정에서 엔트로피의 증가 ············· 116
4-8 유효 에너지와 무효 에너지 ······················ 118
4-9 자유 에너지와 자유 엔탈피 ······················ 120
4-10 열역학 제3법칙 ·· 121
◉ 연습문제・연습문제 풀이 ······························· 122

제5장 ● 증 기

5-1 증기의 일반적 성질 ··································· 127
5-2 증발과정 ··· 128
5-3 증기의 열적 상태량 ··································· 131
5-4 증기표와 증기선도 ····································· 135
5-5 증기의 상태변화 ··· 139
◉ 연습문제・연습문제 풀이 ································ 148

제6장 ● 가스 및 증기의 유동

6-1 유체의 유동 ·· 156
6-2 유동의 일반 에너지식 ······························· 157

6-3 노즐에서의 유동 *161*
⊙ 연습문제 · 연습문제 풀이 *167*

제7장 ● 기체 압축 사이클

7-1 압축기 *172*
7-2 기본 압축 사이클(통극체적이 없는 경우) *173*
7-3 왕복식 압축기(통극체적이 있는 경우) *176*
7-4 압축기의 소요동력과 여러 가지 효율 *181*
⊙ 연습문제 · 연습문제 풀이 *184*

제8장 ● 가스 동력 사이클

8-1 가스 동력 사이클 *191*
8-2 카르노 사이클 *192*
8-3 오토 사이클 *193*
8-4 디젤 사이클 *197*
8-5 사바테 사이클 *201*
8-6 각 사이클의 비교 *204*
8-7 내연기관의 실제 효율 및 출력 *206*
8-8 가스 터빈 사이클 *207*
8-9 기타 사이클 *212*
⊙ 연습문제 · 연습문제 풀이 *215*

제9장 ● 증기원동소 사이클

9-1 랭킨 사이클 *225*
9-2 재열 사이클 *229*
9-3 재생 사이클 *231*
9-4 재열 · 재생 사이클 *235*
9-5 2유체 사이클 *236*
9-6 실제 사이클에서의 손실 *237*
9-7 증기소비율과 열소비율 *238*
⊙ 연습문제 · 연습문제 풀이 *242*

제10장 ● 냉동 사이클

10-1 냉동 사이클 259
10-2 기체압축식 냉동 사이클 264
10-3 여러 가지 냉동 사이클 269
◉ 연습문제・연습문제 풀이 278

제11장 ● 전 열

11-1 전도 열전달 286
11-2 대류 열전달 291
11-3 열관류율과 LMTD 293
11-4 복사(radiation) 열전달 296
◉ 연습문제・연습문제 풀이 300

제12장 ● 연 소

12-1 연소의 개념 306
12-2 연소의 화학량론 307
12-3 연소반응식 308
12-4 발열량 310
12-5 소요산소량 및 공기량 313
12-6 연소 가스량 및 연소 가스 조성 314
12-7 이론연소온도 315
◉ 연습문제・연습문제 풀이 317

부록

1. 핵심 내용 정리 323
2. 참고 내용 정리 341

찾아보기 366

제1장 기초사항

1-1 공업 열역학(工業熱力學)

열역학은 열과 일 및 이들과의 관계를 갖는 물질의 성질을 다루는 과학이다. 열역학은 열을 기계적 일로 변환시켜 가장 경제적인 방법으로 이 변환을 우리 생활에 이용하고자 하는 소망에서 연구되기 시작한 과학으로써 실험과 경험적인 관찰에 바탕을 두고 있다.

다시 말하면, 어떤 물체에 열을 가하거나 물체로부터 열을 제거하면 그 물체에는 어떤 변화가 일어난다. 이때 이 변화에는 물질이 열에 의한 팽창 또는 증발과 같은 물리적 변화와 연소 등과 같은 화학적 변화로 나눌 수 있는데, 이 중 열에 의한 물리적 변화만을 다루는 학문을 열역학이라 한다.

특히, 기계분야에 응용하여 그의 열적 성질이나 작용 등에 대하여 연구하는 것, 즉 공업적 응용면에 관계 있는 것만을 취급하는 것을 공업 열역학(engineering thermo-dynamics)이라 한다.

공업 열역학의 응용분야로는 모든 열기관(heat engine), 즉 내연기관(internal engine), 외연기관(external engine), 가스 터빈(gas turbine)과 공기조화, 즉 공기 압축기(air compressor), 송풍기(blower) 및 냉동기(refrigerator) 등을 들 수 있다.

1-2 SI 단위계

1960년대 이후 세계 공통의 표준단위계가 확립되어 왔으며, 이것을 국제단위계(SI 단위로 약칭)라고 한다. 우리나라에서도 계량법과 공업표준〔KSA0105 국제단위계(SI) 및 그 사용방법〕에서 SI 단위를 채택하고 있다.

SI 단위는 미터계의 절대단위계를 표준으로 하며 10진법으로 채택하고 있어 단위 사이의 환산이 편리하다.

SI 단위는 길이, 질량, 시간, 전류, 온도, 광도, 물질의 양 등 7개의 양을 기본차원으로 하고 있으며 표 1-1과 같다.

SI 단위에서는 평면각과 입체각의 두 가지 보조단위를 사용하고 있다.

표 1-1 SI 기본단위와 보조단위

구 분	양(量)	단위의 명칭	단위의 기호
기본단위	길 이	미터	m
	질 량	킬로그램	kg
	시 간	초	s
	전 류	암페어	A
	온 도	켈빈	K
	광 도	칸델라	cd
	물질의 양	몰	mol
보조단위	평면각	라디안	rad
	입체각	스테라디안	sr

기본단위와 보조단위를 조합하여 모든 물리적 양의 단위가 결정된다. 유도단위와 기본단위의 관계는 그 양의 정의와 자연법칙에 따른다. 예를 들어 넓이의 단위는 제곱 미터 (m^2), 속도의 단위는 미터매초(m/s)가 된다. 유도단위 중에서 별도의 고유명칭을 가진 것은 표 1-2와 같다.

표 1-2 SI 유도단위

구 분	양(量)	단위의 명칭	단위의 기호 정의
고유명칭을 가진 SI 유도단위	주파수	헤르츠	$Hz = s^{-1}$
	힘	뉴턴	$N = kg \cdot m/s^2$
	압력·응력	파스칼	$Pa = N/m^2$
	에너지, 일, 열량	줄	$J = N \cdot m$
	일률, 동력	와트	$W = J/s$
	전압, 전위	볼트	$V = J/C = W/A$
	전하, 전기량	쿨롬	$C = A \cdot s$
	조도	럭스	$lx = lm/m^2$
고유명칭을 사용한 SI 조립단위	점도	파스칼초	$Pa \cdot s$
	힘의 모멘트	뉴턴미터	$N \cdot m$
	표면장력	뉴턴매미터	N/m
	열류밀도	와트매제곱미터	W/m^2
	열용량·엔트로피	줄매켈빈	J/K
	비열	줄매킬로그램켈빈	$J/kg \cdot K$
	열전도율	와트매미터켈빈	$W/m \cdot K$
	열관류율	와트매제곱미터켈빈	$W/m^2 \cdot K$

중력단위계와 SI 단위계를 비교해 보면, 중력단위계에서는 힘 또는 중량을 기본단위로 사용하고, SI 단위계에서는 질량을 기본단위로 사용한다. 1 kgf의 무게는 1 kg의 질량에 작용하는 지구의 중력가속도(표준인력 ; 標準引力)이다.

$$1\,\text{kgf} = 1\,\text{kg} \times 9.80665\,\text{m/s}^2 = 9.80665\,\text{N}$$

압력의 경우 중력단위계에서는 공업기압(kgf/cm^2)을, SI 단위계에서는 파스칼(Pa) 또는 바(bar)를 사용한다.

$$1\,\text{kgf/cm}^2 = 98066.5\,\text{Pa} = 0.980665\,\text{bar}$$

또한 중력단위계에서는 비중량을 많이 사용하며 그 단위는 kgf/m^3이며, SI 단위계에서는 밀도(kg/m^3)를 사용한다. 비체적은 중력단위계에서는 비중량의 역수로, SI 단위계에서는 밀도의 역수로 정의한다.

$$1\,\text{kgf/m}^3 = 9.80665\,\text{N/m}^3$$

온도에 있어서 SI 단위계에서는 열역학적 절대온도인 켈빈(K)을 사용한다. 일상생활에서 사용되는 섭씨온도(℃)는 중력단위와 SI 단위에서 모두 사용하며 $t\,[℃] = T\,[\text{K}] - 273.15$의 관계를 갖는다.

열량의 단위로 중력단위계에서는 일반적으로 킬로칼로리(kcal)를 사용하며, 일의 단위로는 킬로그램중(힘)미터(kgf·m)를 사용하고 SI 단위에서는 열량과 일의 단위 모두 줄(J)을 사용한다.

$$1\,\text{kcal} = 4.18605\,\text{kJ}$$
$$1\,\text{kgf·m} = 9.80665\,\text{J}$$

또한, 열류(熱流) 및 동력의 단위로는 와트(W)를 사용하는데,

$$1\,\text{W} = 1\,\text{J/s}$$

이며, 중력단위계에서는 열류(熱流)의 단위로 kcal/h를, 동력단위로는 마력(PS 또는 hp)을 사용한다.

$$1\,\text{kcal/h} = 1.16222\,\text{W}$$
$$1\,\text{PS} = 735.5\,\text{W}$$
$$1\,\text{hp} = 746\,\text{W}$$

SI 단위계에서 점성계수의 단위로 Pa·s(파스칼초)를 사용하며 이것은 유체 내에서 1 m에 대하여 1 m/s의 속도 기울기가 있을 때 1 Pa의 마찰응력을 발생시키는 점도(粘度)이다. 중력단위계에서 사용하는 점성계수의 단위는 다음과 같다.

$$1\,\text{P (poise ; 푸아즈)} = 0.1\,\text{Pa·s}$$
$$1\,\text{kgf·s/m}^2 = 9.80665\,\text{Pa·s}$$

표 1-3은 단위환산표이다.

표 1-3 미터계 단위의 환산표

양(量)	SI 단위		SI 이외의 미터계 단위				SI로의 환산율
	명칭	기호	명 칭			기 호	
			CGS계	중력계	기 타		
부피	세제곱미터	m³			리터	L	10^{-3}
시간	초	s			분(分) 시(時) 일(日)	min h d	60 3600 86400
질량	킬로그램	kg			톤(ton)	t	10^3
힘	뉴턴	N	다인	킬로그램중		dyn kgf	10^{-5} 9.80665
압력	파스칼	Pa		킬로그램중 매제곱미터	수주 미터 바 기압 수은주 미터 토르	kgf/m^2 mH_2O bar atm mHg torr	9.80665 9.80665 10^5 101325 101325/0.76 101325/760
응력	파스칼 뉴턴 매 제곱미터	Pa N/m^2		킬로그램중 매제곱미터		kgf/m^2	9.80665
에너지	줄	J	에르그	킬로그램중 미터	칼로리 와트시 마력시	erg kgf·m cal W·h PS·h	10^{-7} 9.80665 4.1868 3600 $≒2.64779×10^4$
열전도율	와트매미터 켈빈	W/m·K		킬로칼로리 매시미터도		kcal/h·m·℃	1.163
열전달률 열통과율	와트매제곱미터 켈빈	$W/m^2·K$		킬로칼로리매시 제곱미터도		$kcal/h·m^2·℃$	1.163
비열	킬로줄매킬로그램 켈빈	kJ/kg·K		킬로칼로리매 킬로그램도		kcal/kg·℃	4.1868

 종래의 공학단위(중력단위)에서는 다음과 같은 결점이 있다. 즉, 중량은 다음과 같이 구별하여 사용하고 있다.
 ① 물체의 양(量)을 표시할 때는 "질량(kg)"으로 표시했다.
 ② 에너지식이나 힘의 식에는 "무게라는 힘(kgf)"으로 표시했다.
 ③ 따라서, 분류의 속도 계산식인 에너지식에서의 비중량은 무게라는 힘으로 표시했다. 그런데 이 에너지식에서의 엔탈피의 정의에 사용되고 있는 중량은 kg이라는 양으로 표시하고 있다 (양을 표시할 때는 중량을 질량으로 표시하고 있기 때문이다).
 ④ 따라서, 분류의 속도를 구하는 에너지식에 대해서는, 종래의 동력 단위에 의한 식은 논리적으로 불합리하기 때문에 SI 단위에 의한 식을 사용해야 하며, 종래의 중력

단위에 의한 분류의 속도계산식이 실용면에서 왜 불합리를 야기하지 않았는가하는 점에 대해서는 결론이 나지 않은 상태에서 SI 단위로 이행되었다.

【참고】 공업 열역학에서 사용하는 중요한 상수
① 중력가속도 : 9.80665 m/s^2
② 열의 일당량 : 4186.05 J/kcal
③ 표준대기압 (1atm) : 101.325 kPa
④ 0℃의 절대온도 : 273.15 K
⑤ 1 atm, 0℃의 기체 (1 kmol)의 체적 : 22.414 m^3/kmol
⑥ 일반 가스 상수 : 8314.3 J/kmol·K
⑦ 공기의 가스 상수 : 287.0 J/kg·K
⑧ 1 atm, 25℃에서의 공기의 정압비열 : 1.0061 kJ/kg·K
⑨ 0℃에서의 물의 증발잠열 : 2501.6 kJ/kg

1-3 온도와 열평형

(1) 온도 (temperature)

온도는 우리에게 익숙한 상태량이지만 그것을 정확하게 정의하기는 어렵다. 우리는 "온도"를 물건에 손을 댈 때 뜨겁다 또는 차갑다는 느낌으로써 알고 있으며, 또 일찍이 뜨거운 물체와 찬 물체를 접촉시킬 때는 뜨거운 물체는 보다 차가워지고, 찬 물체는 따뜻해짐을 경험한다. 온도란 인간의 감각작용에 의하여 느껴지는 감각의 정도이며, 인간의 감각은 신뢰성이 적기 때문에 양적(量的)으로 표시할 수 없으며, 따라서 객관적인 양으로 나타내려면 어떤 계측장치, 즉 온도계(thermometer)가 필요한 것이다.

온도계의 원리는 물질의 열팽창, 전기저항, 기전력 등 각종 물리적 성질을 이용한다. 수은의 열팽창을 이용하여 온도를 측정하는 수은온도계(수은주)와 수소, 헬륨, 질소 등과 같은 완전 가스(perfect gas)를 사용하면 더욱더 정확한 눈금의 값을 얻을 수 있으며 이러한 온도계를 가스 온도계라 한다.

표 1-4 온도계의 종류

접촉방식	물리적 성질		온도계의 종류
접 촉	열팽창	고체 팽창 이용	금속막대, 금속 코일, 바이메탈 등을 사용
		액체 팽창 이용	알코올, 톨루엔, 펜탄 등을 사용 : 수은온도계, 알코올 온도계, 압력형 온도계
		기체 팽창 이용	정압식과 정용식이 있음 : 가스 온도계(H_2, He, N_2)
	전기저항 변화를 이용하는 방법		금속저항 온도계, 서미스터 저항계
	열기전력을 이용한 것		열전대 온도계
	상태변화를 이용한 것		용융점, 비등점, 증기압을 이용 : 제겔콘, 서모칼라

접촉방식	물리적 성질		온도계의 종류
비접촉	완전방사	전방사 에너지 이용	방사온도계
		특정파장 이용	광전관식 온도계
		단일파장 이용	광고온계(光高溫計)
	고온물체의 단색파장을 이용 (복사 에너지의 최대파장의 변화)		색(色)온도계

(2) 열평형(thermal equilibrium) - 열역학 0 법칙

온도가 서로 다른 물체를 접촉시키면 높은 온도를 지닌 물체의 온도는 내려가고(열방출), 낮은 온도의 물체는 온도가 올라가서(열흡수), 결국 두 물체 사이에는 온도차가 없어지며 같은 온도가 된다(열평형). 즉, "어떤 두 물체가 제3의 물체와 각각 열평형 상태에 있을 때 이 두 물체는 서로 열평형상태이다." 이와 같이 열평형이 된 상태를 열역학 0 법칙(the zeroth of thermodynamics), 또는 열평형의 법칙이라 하며, 열역학 0 법칙은 온도계의 원리를 제시한 법칙이다.

(3) 온도의 정점(定點)

온도계 눈금의 기준이 되는 온도를 말하며, 실제로 널리 쓰이는 섭씨(celsius) 온도계의 눈금은 물이 표준대기압(760 mmHg)하에서 얼 때의 온도를 빙점(어는 점), 비등(끓어서)해서 생기는 증기의 온도를 증기점으로 정하고 있다.

① 섭씨온도(Celsius 度) : 빙점을 0, 증기점을 100으로 하여 그 사이를 100등분한 것으로, 섭씨온도로서 ℃로 표시한다(스웨덴의 Ander Celsius).

② 화씨온도(Fahrenheit 度) : 빙점을 32, 증기점을 212로 하여 그 사이를 180등분한 것으로, 화씨온도로서 ℉로 표시한다(독일의 Daniel Fahrenheit).

③ 섭씨온도 t_C[℃]와 화씨온도 t_F[℉] 사이의 관계

빙점 : 0℃ = 32℉, 증기점 : 100℃ = 212℉이므로

$$\frac{t_C}{100} = \frac{t_F - 32}{180}$$ 에서,

$$t_C = \frac{5}{9}(t_F - 32), \ t_F = \frac{9}{5} t_C + 32 \tag{1-1}$$

위에서 말한 물의 빙점과 증기점을 온도의 기본정점이라 한다. 섭씨와 화씨의 두 온도의 보조정점으로 국제 도량형위원회에서 정한 국제 실용온도눈금, 즉 정의 정점으로 12개를 정의하여 국제적으로 통용이 가능한 온도점으로써 온도의 기준이 된다.

표 1-5 국제 실용온도 눈금-정의 정점

온도의 정의 정점	T [K]	t [℃]	비 고
① 평형수소 3중점	13.81	-259.34	고체, 액체, 기체의 3상의 공존점
② 압력 25/76 기압에서 평형수소의 비점	17.082	-256.108	
③ 평형수소의 비점	20.28	-252.87	표준대기압에서의 값
④ 네온의 비점	27.102	-246.048	표준대기압에서의 값
⑤ 산소의 3중점	54.361	-218.789	고체, 액체, 기체의 3상의 공존점
⑥ 산소의 비점	90.188	-182.962	표준대기압에서의 값
⑦ 물의 3중점	273.16	0.01	고체, 액체, 기체의 3상의 공존점
⑧ 수증기점	373.15	100	표준대기압에서의 값
⑨ 유황의 비점	717.75	444.6	
⑩ 아연의 응고점	692.73	419.58	
⑪ 온도의 응고점	1235.08	961.93	
⑫ 금의 응고점	1337.58	1064.43	

㈜ 압력이 지정된 것 이외의 것은 표준대기압 101.325 N/m²을 기준으로 한다.

(4) 절대온도(絶對溫度, absolute temperature)

이상기체는 일정한 압력상태에서 온도가 1℃ 높아지면 부피는 1/273.15만큼 증가한다 (1/273.15 = a를 열팽창계수라 한다). 이것은 온도가 1℃ 높아지면 압력이 1/273.15만큼 증가하는 것과 같다. 따라서 이상기체(=완전 가스)는 체적이 일정할 때, 온도가 1℃ 낮아지면 압력이 1/273.15만큼 감소되어 -273.15℃에서는 기체의 압력이 0이 된다.

-273.15℃는 최저 극한의 온도이며 이것을 온도의 정점으로 하고 눈금의 간격을 섭씨온도와 같은 눈금으로 하여 -273.15℃(= -459.67°F)를 절대영도라 하며 이 온도를 기준으로 표시한 온도를 절대온도라 하고 K(Kelvin)으로 표시한다.

일반적으로 온도를 측정하는 온도계는 열에 의한 물질의 팽창과 전기저항 또는 열기전력 등의 물성치의 온도에 의한 변화를 이용한 것이며, 이 물성치들은 온도 및 물질에 따라 다르다. 엄밀하게 말하면, 열팽창을 이용한 수은온도계와 가스 온도계에서는 온도의 지시도가 다른데, 이 불편을 없애기 위하여 온도측정에 사용되는 동작 물질에 좌우되지 않는 온도의 눈금으로, 열역학에서는 켈빈의 절대온도, 또는 열역학적 절대온도를 사용한다. 화씨온도에 대해서도 -459.67°F를 절대온도 0°R (Rankine)이라 한다.

열역학적 절대온도를 T [K]라 하고, 섭씨온도를 t [℃] 라고 하면,

$$T \text{ [K]} = (t_C + 273.15) \text{ [K]} \doteqdot (t + 273) \text{ [K]} \tag{1-2}$$

화씨온도의 절대온도를 T [°R] 이라 하면,

$$T\,[\,°R\,] = (t_F + 459.67)\,[\,°R\,] \fallingdotseq (t_F + 460)\,[\,°R\,] \tag{1-3}$$

K와 $T_F\,[\,°R\,]$ 사이에는 $T\,[\,°R\,] = \dfrac{9}{5}\,K$의 관계가 있다.

예제 1. 섭씨와 화씨의 온도 눈금이 같을 때의 온도를 구하시오.

[해설] $t_F = \dfrac{9}{5}\,t_C + 32$ 이므로,

$t_F = t_C = t$ 라 하면, $t = \dfrac{9}{5}\,t + 32$

∴ $t = -40°$

【참고】 ℃, K, °F, °R 사이의 관계

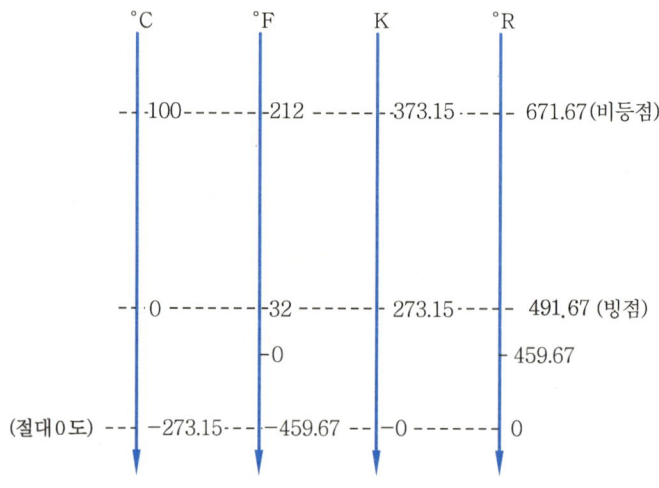

1-4 열량(熱量, quantity of heat)

열은 물질의 분자운동에 의한 에너지의 한 형태로, 분자운동이 활발한 물체는 온도가 높고, 분자운동이 완만한 물체는 온도가 낮다. 즉, 열은 물체의 온도를 변화시키는 원인이 되며 분자의 운동상태를 나타내는 결과가 된다.

열은 높은 데서 낮은 데로 이동하며 열의 흐름은 열의 양이 많고 적은 것에는 관계가 없다. 이와 같이, 물체가 보유하는 열의 양, 즉 열에너지의 양을 열량(熱量, quantity of heat)이라 하며 단위로는 kcal, BTU, CHU (PCU) 등이 있다.

(1) 1 kcal

순수한 물 1 kgf을 1℃ 높이는 데 필요한 열량을 말하는데, 물의 온도 상승은 온도와 압력에 따라 약간의 차이가 있다. 공학에서 1 kcal란 순수한 물 1 kgf을 표준대기압하에서

14.5℃에서 15.5℃까지 1℃ 높이는 데 필요한 열량으로 15도킬로칼로리라 하고 $kcal_{15}$로 표시한다. 또, 순수한 물 1 kgf을 표준대기압하에서 0℃에서 100℃까지 높이는 데 소요된 열량의 1/100을 말하며 $kcal_m$로 표시한다. $kcal_{int}$로 표시되는 국제 킬로칼로리도 있다.

따라서, kcal를 joule(줄)로 표시하면,

$1\,kcal_{15} = 4185.5\,J$

$1\,kcal_{int} = 4186.8\,J$

$1\,kcal_m = 4186.05\,J$

(2) 1 BTU (British thermal unit)

순수한 물 1 lbf를 60°F에서 61°F로 1°F 높이는 데 필요한 열량이다.

$1\,BTU = 0.252\,kcal \approx 1054.9\,J$

(3) 1 CHU (centigrade heat unit)

순수한 물 1 lbf을 14.5℃에서 15.5℃로 1℃ 높이는 데 필요한 열량이며, PCU(pound celsius unit)로 표시하기도 한다.

$1\,CHU = \dfrac{9}{5}\,BTU = 0.4536\,kcal \approx 1898.8\,J$

예제 2. 1 BTU를 kcal 및 CHU로 환산하시오.

[해설] 1 lbf = 0.4536 kgf이고, 1°F = $\dfrac{5}{9}$ ℃ 이므로,

$1\,BTU = 0.4536 \times \dfrac{5}{9} = 0.252\,kcal$

$1\,BTU = \dfrac{5}{9}\,CHU = 0.5556\,CHU$ (1 kcal = 3.968 BTU = 2.205 CHU)

예제 3. 5000 kcal/kgf을 BTU/lbf으로 환산하시오.

[해설] 1 kcal/kgf = 1.8 BTU/lbf이므로 (1 kcal = 3.968 BTU, 1 kgf = 2.205 lbf),

5000 kcal/kgf = 5000 × 1.8 BTU/lbf = 9000 Btu/lbf

예제 4. 1 kcal/kgf·℃는 몇 BTU/lbf·°F인지 구하시오.

[해설] $\left.\begin{array}{l} 1\,kcal = 3.968\,BTU \\ 1\,kgf = 2.205\,lbf \\ 1℃ = \dfrac{9}{5}\,°F \end{array}\right\}$ 에서,

$$1\,\text{kcal/kgf}\cdot°\text{F} = 3.968\,\text{BTU}/(2.205\,\text{lbf} \times \frac{9}{5}\,°\text{F}) = 1\,\text{BTU/lbf}\cdot°\text{F}$$

1-5 비열(比熱, specific heat)

(1) 비열과 열량

비열이란 어떤 물질의 단위중량당의 열용량으로 공업상으로는 1 kgf(단위중량)을 온도 1℃ 높이는 데 필요한 열량이다. 비열의 단위는 kcal/kgf·℃, kJ/kg·K이다.

$$1\,\text{kcal/kgf}\cdot℃ = 1\,\text{BTU/lbf}\cdot°\text{F} = 1\,\text{CHU/lbf}\cdot℃ \tag{1-4}$$

열의 이동과정에서 중량 G [kgf]의 물체에 열량 dQ를 가하여 온도가 dt 만큼 상승되었다면 dt는 dQ에 비례하고 중량 G에 반비례하므로,

$$dQ = C \cdot G \cdot dt \tag{1-5}$$

여기서, C는 비례상수로서 물질에 따라 정해지는 정수로 그 물질의 비열이라 한다.
열량 Q를 가하는 동안 온도가 t_1에서 t_2로 변했다면 열량 Q는,

$$Q = G \cdot C(t_2 - t_1) \tag{1-6}$$

비열 C가 온도의 함수인 경우, 열량 Q는

$$Q = G\int_{t_1}^{t_2} C \cdot dt = G\int_{t_1}^{t_2} f(t)dt \tag{1-7}$$

평균비열을 C_m이라 하면, 다음과 같이 표시된다.

$$C_m = \frac{1}{t_2 - t_1}\int_{t_1}^{t_2} C \cdot dt \tag{1-8}$$

따라서, 식 (1-6)은 다음 식으로 표시된다.

$$Q = GC_m(t_2 - t_1) \tag{1-9}$$

(2) 혼합물체의 평균온도

화학적 변화와 열손실이 없는 상태에서 중량 G_1, G_2, 비열 C_1, C_2, 온도 t_1, t_2인 두 물체를 혼합했을 때 $t_1 > t_2$인 경우, 혼합 후 평형온도를 t_m이라 하면 $G_1 C_1(t_1 - t_m) = G_2 \cdot C_2(t_m - t_2)$이므로, 혼합 후 온도 t_m은

$$t_m = \frac{G_1 C_1 t_1 + G_2 C_2 t_2}{G_1 C_1 + G_2 C_2} \tag{1-10}$$

n 종류의 물체를 혼합했을 경우에도 마찬가지이므로,

$$t_m = \frac{G_1 C_1 t_1 + G_2 C_2 t_2 + \cdots\cdots + G_n C_n t_n}{G_1 C_1 + G_2 C_2 + \cdots\cdots + G_n C_n} = \frac{\sum G_n C_n t_n}{\sum G_n C_n} \tag{1-11}$$

(3) 정압비열과 정적비열

비열은 그 물질에 열이 가해지는 조건 및 상태에 따라 그 값이 달라지는데, 기체를 압력이 일정한 상태에서 가열할 때와 체적을 일정하게 하고 가열할 때 온도 상승에 차이가 생긴다. 이와 같이 체적이 일정할 때의 비열을 정적비열(C_v), 압력이 일정할 때의 비열을 정압비열(C_p)이라 하며, C_v와 C_p의 관계는 다음과 같다.

① $C_p > C_v$

② $k = \dfrac{C_p}{C_v} > 1$이며, k를 비열비라 한다.

③ $C_p - C_v = R$

$C_v = \dfrac{1}{k-1} \cdot R, \quad C_p = k \cdot C_v = \dfrac{k}{k-1} \cdot R$

④ 1원자 분자인 경우 : $k = \dfrac{5}{3}$

2원자 분자인 경우 : $k = \dfrac{7}{5}$

3원자 분자인 경우 : $k = \dfrac{4}{3}$

⑤ 0℃에서 공기의 경우, $C_p \fallingdotseq 0.240 \text{ kcal/kgf} \cdot ℃ = 1.0061 \text{ kJ/kg} \cdot \text{K}$

$C_v \fallingdotseq 0.171 \text{ kcal/kgf} \cdot ℃ = 0.718 \text{ kJ/kg} \cdot \text{K}$

$k \fallingdotseq 1.4$

예제 5. 공기의 정압비열은 $C_p = 0.2405 + 0.000019\, t$ [kcal/kgf·℃]인 관계를 갖는다. 이 경우 3 kgf의 공기를 0℃에서 300℃까지 높이는 데 소모되는 열량을 구하고, 이 동안의 평균비열을 구하시오.

[해설] $Q = G \displaystyle\int_{t_1}^{t_2} C \cdot dt = G \int_{t_1}^{t_2} (0.2405 + 0.000019\, t)\, dt$

$= G \left[0.2405\, t + 0.000019 \times \dfrac{t^2}{2} \right]_{t_1}^{t_2}$

$= 3 \times \left[0.2405 \times (300 - 0) + 0.000019 \times \dfrac{1}{2}(300^2 - 0^2) \right]$

$\fallingdotseq 219 \text{ kcal} = 916953 \text{ J} \fallingdotseq 917 \text{ kJ}$

$C_m = \dfrac{Q}{G(t_2 - t_1)} = \dfrac{219}{3(300-0)} = 0.2433 \text{ kcal/kgf} \cdot ℃$

예제 6. −10℃의 얼음 9 kgf을 8℃의 물로 만드는 데 필요한 열량을 구하시오. (단, 얼음의 비열은 0.5 kcal/kgf·℃이다.)

[해설] ① −10℃의 얼음을 0℃ 얼음으로 만드는 데 필요한 열량은
$Q_1 = G \cdot C \cdot \Delta t = 9 \times 0.5 \times \{0-(-10)\} = 45$ kcal
② 0℃의 얼음을 0℃의 물로 만드는 데 필요한 열량은
$Q_2 = G \cdot \gamma =$ 중량×얼음의 융해열
$= 9 \times 80$ kcal/kgf $= 720$ kcal
③ 0℃의 물을 8℃로 높이는 데 필요한 열량은
$Q_3 = G \cdot C \cdot \Delta t = 9 \times 1 \times (8-0) = 72$ kcal
∴ $Q = 45 + 720 + 72 = 837$ kcal

1−6 잠열(latent heat)과 감열(sensible heat)

액체는 일정한 압력하에서 각 물질의 증기점에 달하여 증발이 시작되면 온도의 상승은 정지된다. 이때 가열한 열에너지의 일부는 물질의 내부에 저장되고 일부는 체적의 팽창에 소요된다.

(1) 증발열(蒸發熱, latent heat of vaporization)

일정 압력하에서 1 kg의 액체를 같은 온도, 즉 포화온도의 증기로 만드는 데 필요한 열량을 증발잠열 또는 증발열이라 한다(kcal/kgf, J/kg).

(2) 융해열(融解熱, latent heat of fusion)

얼음이 물로 변하는 것과 같이 고체가 액체로 변화하는 데 소요되는 열을 융해잠열 또는 융해열이라 한다(kcal/kgf, J/kg).

(3) 감열(感熱, sensible heat)

어떤 물체에 열을 가할 때, 가하는 열에 비하여 온도가 상승하는 경우와 같이 물체의 온도 상승에 소요되는 열량을 감열 또는 현열이라 한다(kcal/kgf, J/kg).

(4) 승화열(昇華熱, sublimaion heat)

드라이아이스와 같이 고체가 직접 기체로 변화하는 현상을 승화라 하고, 이때의 소요열을 승화열이라 한다(kcal/kgf, J/kg).

1−7 압력(壓力, pressure)

압력은 단위면적당 작용하는 수직력이며, 단위로는 N/m², Pa, bar, kgf/cm² 등이다. 1 표준대기압은 지구 중력이 $g = 9.80665$ m/s²이고, 0℃에서 수은주 760 mmHg로 표시될 때의 압력이며, 1표준대기압을 1 atm(atmosphere)로 쓴다.

또한 압력은 수주(水柱)의 높이로 표시하며, 기호로는 Aq(Aqua)를 사용하는데, 수은주(mmHg)와 수주(mmAq) 등은 미소압력을 나타낼 때 사용한다.

$$1 \text{ 표준대기압} = 1\text{atm} = 101325 \text{ N/m}^2$$
$$= 101325 \text{ Pa} = 760 \text{ mmHg}$$
$$= 1.0332 \text{ kgf/cm}^2$$
$$= 10.332 \text{ mAq} = 14.7 \text{ psi}$$
$$1 \text{ 공학기압} = 1 \text{ at} = 98066.5 \text{ N/m}^2$$
$$= 98066.5 \text{ Pa} = 735.6 \text{ mmHg}$$
$$= 1.0 \text{ kgf/cm}^2 = 10 \text{ mAq}$$
$$= 14.2 \text{ psi} (= \text{lbf/in}^2)$$
$$1 \text{ N/m}^2 = 1 \text{ Pa (pascal)} = 10 \text{ dyn/cm}^2 = 10^{-5} \text{ bar}$$

압력계로 압력을 측정할 때, 대기압(P_0)을 기준으로 하여 측정한 계기압력(P_g : atg), 완전진공을 기준으로 한 절대압력(P_a : ata)과 대기압(P_0)과의 관계는 다음과 같다.

$$P_a = P_g + P_0 \qquad (1-12)$$

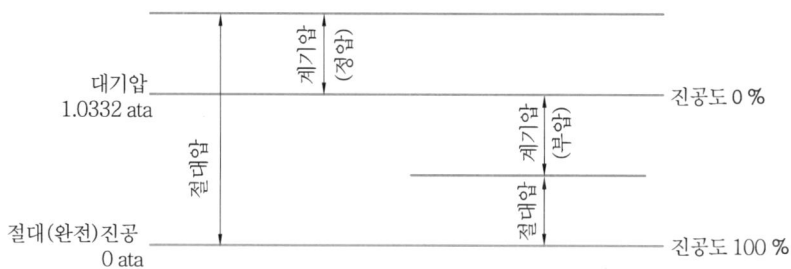

그림 1-1 P_g, P_a, P_0의 압력 관계

표준대기압보다 낮은 압력을 진공(vaccum)이라 하며, 진공의 정도를 나타내는 값으로 진공도를 사용하는데, 완전진공은 진공도 100%이고, 표준대기압은 진공도 0%이다.

예제 7. 대기압이 750 mmHg일 때, 어느 탱크의 압력계가 950 kPa을 가리키고 있다. 이 탱크의 절대압력(kPa)을 구하시오.

[해설] $P_a = P_0 + P_g = \dfrac{750}{760} \times 101325 + 950000$
$= 99992 + 950000 = 1049992 \text{ N/m}^2 \fallingdotseq 1050 \text{ kPa abs}$

예제 8. 실린더 구지름이 50 mm인 피스톤이 대기 중에 놓여 있다. 이 피스톤 위에 무게 100 kgf인 추를 올려놓았다. 피스톤의 무게를 무시할 때, 실린더 내의 가스의 압력(kPa abs)을 구하시오.

22 제 1 장 기초사항

[해설] 피스톤 위의 추에 의한 무게는 계기압력과 같으므로,

$$P_g = \frac{W}{A} = \frac{W}{\frac{\pi}{4}d^2} = \frac{100}{\frac{\pi}{4} \times 5^2} = 5.096\,\text{kgf/cm}^2$$

따라서, 가스의 압력(절대압력)은 추의 무게(계기압)+대기압이므로,

$$\begin{aligned} P_a = P_g + P_o &= 5.096 + 1.0332 \\ &= 6.1292\,\text{kgf/cm}^2\,\text{abs} \\ &= 6.1292 \times 9.80665\,\text{N/cm}^2 \\ &= 601069\,\text{N/m}^2 \\ &\fallingdotseq 601\,\text{kPa abs} \end{aligned}$$

예제 9. 진공도가 715 mmHg일 때 절대압력(kPa)을 구하시오.

[해설] 진공도 715 mmHg는 760−715=45 mmHg의 압력이므로,

$$760 : 101325 = 45 : x$$
$$\therefore x \fallingdotseq 6000\,\text{N/m}^2 = 6\,\text{kPa}$$

1−8 비체적, 비중량, 밀도

(1) 비체적(specific volume)

단위중량의 물질이 차지하는 체적을 비체적(比體積)이라 하며, $v\,[\text{m}^3/\text{kgf},\,\text{m}^3/\text{N}]$로 표시한다. 중량이 $G\,[\text{N}]$, 체적이 $V\,[\text{m}^3]$라면,

$$v = \frac{V}{G}\,[\text{m}^3/\text{N},\,\text{m}^3/\text{kgf}] \tag{1−13}$$

(2) 비중량(specific weight)

단위체적당 물질의 중량을 비중량(比重量)이라 하며, 비체적의 역수로서 $\gamma\,[\text{N/m}^3,\,\text{kgf/m}^3]$로 표시한다.

$$\gamma = \frac{1}{v} = \frac{G}{V}\,[\text{N/m}^3,\,\text{kgf/m}^3] \tag{1−14}$$

【참고】 **비중 (specific gravity)** : 물리적인 용어로, 4℃ 물과 같은 질량비를 말하며, 단위는 무차원수(dimensionless number) 이다.

(3) 밀도(density)

단위체적당 물체의 질량을 밀도(密度)라 하며, $\rho\,[\text{N}\cdot\text{s}^2/\text{m}^4,\,\text{kgf}\cdot\text{s}^2/\text{m}^4]$로 표시한다.

$$\rho = \frac{\gamma}{g}\,[\text{N}\cdot\text{s}^2/\text{m}^4,\,\text{kgf}\cdot\text{s}^2/\text{m}^4] \tag{1−15}$$

예제 10. 중량 200 kgf, 체적 5.6 m³인 물체의 비중량, 비체적을 구하시오.

[해설] 비중량 $\gamma = \dfrac{W}{V} = \dfrac{200}{5.6} = 35.71 \text{ kgf/m}^3$

비체적 $v = \dfrac{1}{\gamma} = \dfrac{1}{35.71} = 0.028 \text{ kgf/m}^3$

예제 11. 표준상태 (0℃, 760 mmHg)에서 이산화탄소의 비중량은 1.9768 kgf/m³이다. 비체적을 구하시오.

[해설] $Pv = RT$ 에서, $v = \dfrac{RT}{P}$ 인데 이산화탄소의 분자량은 44이므로(제3장 참조),

$v = \dfrac{\dfrac{848}{44} \times (273+0)}{1.0332 \times 10^4} = 0.509 \text{ m}^3/\text{kgf} = 0.0519 \text{ m}^3/\text{N}$

※ $v = \dfrac{1}{\gamma}$ 에서, $v = \dfrac{1}{1.9763} = 0.506 \text{ m}^3/\text{kgf}$ 으로도 구할 수 있다.

1-9 일과 에너지

(1) 일 (work)

일이란 물체에 힘 F 가 작용하여 거리 S 만큼 이동하였을 때, 힘과 힘의 방향에 대한 변위와의 곱, 즉 변위 S 를 통하여 힘이 작용하는 것으로 정의된다. 이 정의는 어떤 무게가 실제로 들어올려진다든가 또는 어떤 힘이 어떤 주어진 거리를 통하여 실제로 작용한다고 말하지는 않으며, 계(系) 외부에 대한 유일한 효과가 어떤 무게를 들어올리는 것으로 될 수 있을 때라고 말하고 있다. 계가 한 일(계에 의해서 행하여진 일)은 양(+)으로 생각하고, 계에 대해서 행하여진 일(계가 받은 일)은 음(−)으로 생각하며 기호 W는 계가 한 일을 표시한다.

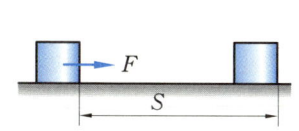
(a) 힘과 변위 방향이 동일 직선상에 있을 때

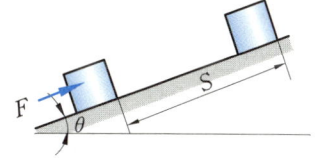
(b) 힘과 변위 방향이 θ 각을 이룰 때

그림 1-2 힘의 방향과 일

힘과 변위의 방향이 같은 직선 상에 있을 때, $W = F \cdot S \; [\text{N} \cdot \text{m}]$
힘과 변위의 방향이 θ 를 이루고 있을 때, $W = F \cdot S \cdot \cos\theta \; [\text{N} \cdot \text{m}]$ $\qquad (1-16)$

일의 단위는 N·m, kgf·m이며, 수치적 관계는 다음과 같다.

$$\left. \begin{array}{l} 1\,\text{kgf}\cdot\text{m} = \dfrac{1}{426.8}\,\text{kcal} \fallingdotseq \dfrac{1}{427}\,\text{kcal} = 9.8\,\text{J} = 9.8\,\text{N}\cdot\text{m} \\ 1\,\text{kcal} = 426.8\,\text{kgf}\cdot\text{m} \fallingdotseq 427\,\text{kgf}\cdot\text{m} \fallingdotseq 4185.38\,\text{N}\cdot\text{m} \end{array} \right\} \quad (1-17)$$

(2) 에너지 (energy)

에너지란 일할 수 있는 능력을 말하며, 그 양은 외부에 행한 일로 표시된다. 즉, 어떤 한 효과를 발생시킬 수 있는 능력이라 정의할 수 있는데 에너지는 무형(無形)의 것이며, 그 발생된 효과는 유형(有形)의 것이다. 에너지의 단위는 일의 단위와 같다. 기계적 에너지로는 위치 에너지(potential energy)와 운동 에너지(kinetic energy)가 있으며, 분자의 운동과 배치에 관계되는 에너지를 열에너지로 취급한다.

G [kgf]의 물체가 h [m]의 높이에 있을 때 위치 에너지 E_p와 v [m/s]의 속도로 움직일 때 운동 에너지 E_k는 다음의 식으로 표시된다.

$$\left. \begin{array}{l} E_p = Gh = mgh \;[\text{kgf}\cdot\text{m 또는 N}\cdot\text{m}] \\ E_k = \dfrac{Gv^2}{2g} = \dfrac{1}{2}mv^2 \;[\text{kgf}\cdot\text{m 또는 N}\cdot\text{m}] \end{array} \right\} \quad (1-18)$$

여기서, m : 질량(mass)

J, N, kgf의 관계를 살펴보면 다음과 같다.

$1\,\text{J} = 1\,\text{N}\cdot\text{m} = 1\,\text{kg}\cdot\text{m}^2/\text{s}^2 = 10^7\,\text{erg}$

$1\,\text{kgf}\cdot\text{m} = 9.80665\,\text{N}\cdot\text{m} = 9.80665\,\text{J}$

예제 12. 무게 60 kgf의 물체를 로프와 풀리를 사용하여 10200 m를 1분 동안에 내려왔다면, 단위시간당 발생하는 일량은 얼마인지 구하시오.

해설 $W = F\cdot s = 60 \times 10200$ kgf·m/min
$= 60 \times 10200$ kgf·m/60 s
$= 10200$ kgf·m/s
$= 100 \times 102$ kgf·m/s
$= 100$ kW (※ 1 kW = 102 kgf·m/s)

예제 13. 높이 70 m인 폭포에서, 이 폭포 위의 물 1 t당의 위치 에너지를 구하시오.

해설 위치 에너지 $E_P = G\cdot h = 1000 \times 70$
$= 70000$ kgf·m $= 686.466$ N·m

1-10 동력 (power)

동력(動力)은 단위시간당 행하는 일의 율(率)이며, 공률(工率)이라고도 한다. 동력의 단위로는 hp(horse power), kW(kilo watt), kgf·m/s, N·m/s, J/s, PS (Pferde stärke)가 사용되며, 동력단위의 상호관계는 다음과 같다.

$$1 \text{ hp} = 76 \text{ kgf·m/s} = 0.746 \text{ kW} = 745.3 \text{ N·m/s} = 641.6 \text{ kcal/h}$$
$$1 \text{ PS} = 75 \text{ kgf·m/s} = 0.7355 \text{ kW} = 735.5 \text{ N·m/s} = 632.3 \text{ kcal/h}$$
$$1 \text{ W} = 1 \text{ J/s} = 1 \text{ N·m/s}$$
$$1 \text{ kW} = 102 \text{ kgf·m/s} = 1.34 \text{ hp} = 1.36 \text{ PS}$$
$$= 1000 \text{ J/s} = 860 \text{ kcal/h}$$

예제 14. 500 W의 전열기로 물 2 kgf을 10℃에서 100℃까지 가열하는 데 몇 kJ의 열량이 필요하며, 몇 분이 걸리는지 구하시오. (단, 전열기의 발생열은 전부 물의 온도상승에 이용되는 것으로 한다.)

[해설] 물의 비열이 1 kcal/kgf·℃ = 427 kgf·m/kgf·℃
1 kcal = 427 kgf·m = 4187 N·m = 4187 J
가열량 $Q = GC(t_2 - t_1)$
$= (2 \times 9.8) \text{ N} \times 427 \text{ kgf·m/kgf·℃} \times (100-10)℃$
$= 753228 \text{ N·m} = 753228 \text{ J} \doteqdot 754 \text{ kJ}$
가열에 필요한 시간은 1 kW = 1000 J/s이므로,
$Q = 500 \text{ W} = 0.5 \text{ kW} = 500 \text{ J/s}$
$\therefore t = \dfrac{754000 \text{ J}}{500 \text{ J/s}} = 1508 \text{ s} \doteqdot 25 \text{ min}$

예제 15. 정원 10명인 승강기에서 한 사람의 중량을 60 kgf, 운전속도를 60 m/min이라 할 때, 이 승강기에 필요한 동력(PS)을 구하시오.

[해설] $P = F \times v = 10 \times 600 \text{ N} \times 60 \text{ m}/60 \text{ s}$
$= 6000 \text{ N·m/s} = 6 \text{ kW}$
$= 1.36 \times 6 = 8.16 \text{ PS}$

1-11 동작물질과 계(system)

(1) 동작물질 (動作物質, working substance)

열기관에서 열을 일로 전환시킬 때, 또는 냉동기에서 온도가 낮은 곳의 열을 온도가 높은 곳으로 이동시킬 때 반드시 매개물질이 필요하며, 이 매개물질을 동작물질이라 한다.

(2) 작업유체(作業流體)

동작물질은 열에 의하여 압력이나 체적이 쉽게 변하거나, 액화나 증발이 쉽게 이루어지는 물질로서 이것을 작업유체 또는 동작유체(working fluid)라 한다.

(3) 계(系)와 주위(周圍)

동작물질의 일정한 양 또는 한정된 공간 내의 구역을 계(system)라 하며, 그 외부를 주위(surrounding)라 하고 계와 주위를 한정시키는 칸막이를 경계(boundary)라 한다.

그림 1-3에서 실린더 내부의 연소 가스가 계(系, system=동작물질)이며, 실린더의 벽과 피스톤의 헤드면이 경계(boundary)이고, 대기(大氣)가 그 주위(surrounding)이다.

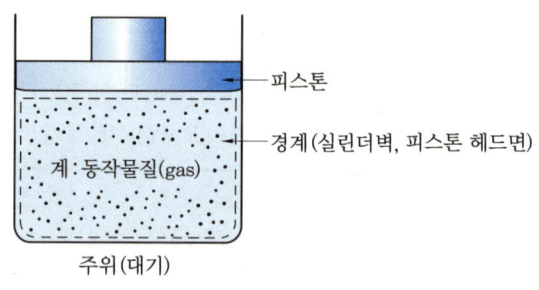

그림 1-3 계와 주위

(4) 개방계(開放系, open system)

계와 주위의 경계를 통하여 열과 일을 주고받으면서 동작물질이 계와 주위 사이를 유동하는 계를 말한다.

(5) 밀폐계(密閉系, closed system)

열이나 일은 전달되지만 동작물질이 유동하지 않는 계이다.

(6) 유동과정(流動過程, flow process)

개방계는 물질이 경계를 통하여 유동하므로 이 과정(process)을 유동과정이라 한다.

(7) 비유동과정(非流動過程, nonflow process)

밀폐계는 경계를 통한 물질의 유동이 없으므로 비유동과정이 되며, 절연계와 단열계가 있다.

① 절연계(絶緣系, isolated system) : 계와 주위 사이에 아무런 상호작용이 없는 계
② 단열계(斷熱系, adiabatic system) : 경계를 통하여 열의 출입이 없는 계

1-12 상태변화

(1) 상태변화(狀態變化, change of state)

계 내의 동작유체가 한 상태에서 다른 상태로 옮겨지는 것이며, 이때의 경로(path)를 과정(process)이라 한다.

(2) 가역변화(可逆變化, reversible change)와 비가역변화(非可逆變化, irreversible change)

한 계가 임의의 과정을 거쳐서 한 상태로부터 다른 상태로 변화할 경우 그 변화를 반대방향으로 아무런 변화를 남기지 않고 되돌아 갈 수 있을 때의 변화를 가역변화라 하며, 이와 반대로 위의 조건이 만족되지 않는 변화를 비가역변화라 한다.

물체의 영구변형이나 마찰을 수반하는 일로부터 에너지 전환, 고온의 물질로부터 저온의 물질로의 열이동은 비가역과정의 예이다.

(3) 등압변화(等壓變化, constant pressure change or isobaric change)

변화가 이루어지는 동안 압력이 일정한 경우이며, 정압(定壓)변화라고도 한다.

(4) 등적변화(等積變化, constant volume change or isovolumetric change)

변화가 이루어지는 동안 체적이 일정한 경우이며, 정적(定積)변화라고도 한다.

(5) 등온변화(等溫變化, constant temperature change or isothermal change)

변화가 이루어지는 동안 온도가 일정한 경우이며, 정온(定溫)변화라고도 한다.

(6) 단열변화(斷熱變化, adiabatic change)

변화가 이루어지는 동안 열의 출입이 없는 변화이다.

(7) 폴리트로프 변화(polytropic change)

변화 중에 압력과 비체적이 $Pv^n=$일정인 변화로, 이 변화는 위의 모든 변화를 포함하는 일반적인 변화이다.

(8) 사이클(cycle)

어떤 열역학적 과정이 되풀이되는 순환과정을 말한다.

(9) 가역 사이클과 비가역 사이클

가역 사이클은 사이클을 구성하는 모든 변화가 가역인 것을 말하며, 이 모든 변화 중에서 하나의 변화라도 비가역이면 비가역 사이클이 된다. 실제상에는 가역 사이클은 가역변화와 마찬가지로 자연계에서는 불가능하나, 준정적과정(準定績過程, quasi-state process)을 조합함으로써 가역 사이클을 생각할 수 있다.

(10) 열역학적 평형(熱力學的 平衡)

계가 모든 가능한 상태의 변화에 관하여 평형일 때 그 계는 열역학적 평형(thermo-dynamic equilibrium)을 이루고 있다고 한다.

(11) 준평형과정(準平衡 過程)

준평형과정은 열역학적 평형으로부터의 벗어남이 무한히 작은 과정이며 계가 준평형과정 중에 지나는 모든 상태는 평형상태로 생각할 수 있다. 실제로 많은 과정은 준평형과정에 아주 가까우며 실질적으로 오차 없이 그렇게 다룰 수 있다.

연습문제

1. 매 시간 40 t의 석탄을 사용하는 발전소의 열효율이 25 %라 할 경우 발전소의 출력(MJ/s)을 구하시오. (단, 석탄의 발열량은 25200 kJ/kg이다.)

2. 국소대기압이 740 mmHg일 때 어떤 탱크의 압력계가 8.5 atg를 표시하고 있었다. 이 탱크의 절대압력(kPa)을 구하시오.

3. 국소대기압 750 mmHg이고, 진공도 90 %인 곳의 절대압력(kPa)을 구하시오.

4. 500 kcal를 J(joule)로 환산하면 얼마인지 구하시오.

5. 10 kgf의 물을 100 m의 높이에서 떨어뜨릴 때 물의 온도가 상승한다. 상승온도는 얼마인지 구하시오.

6. 15℃의 물 2 m³가 들어 있는 탱크에 표준대기압의 건포화증기를 혼합시켜 45℃의 물을 만들려면 몇 kgf의 증기가 필요한지 구하시오.

7. 무게 50 N, 비열 125.6 J/kg·℃인 납판 위에 무게 5 kN인 추를 3 m 높이에서 떨어뜨렸다. 이때 납판의 온도상승은 얼마인지 구하시오. (단, 마찰손실은 무시한다.)

8. 0.08 m³의 물 속에 700℃의 쇠 30 N을 넣었더니 평균온도가 18℃로 되었다. 물의 온도상승을 구하시오. (단, 쇠의 비열은 0.6071 kJ/kg·K이다.)

9. 무게 200 N인 물체를 로프와 도르래를 사용하여 수직으로 30 m 아래로 내리는 데 손과 로프 사이의 마찰로 에너지를 흡수하면서 일정한 속도로 1분이 걸린다. 손과 로프 사이에서 단위시간에 발생하는 열량을 구하시오.

10. 중량 50 N, 온도 500℃인 철을 온도 15℃인 물 속에 넣었더니 물의 온도가 23.5℃로 되었다. 열손실이 없었다면 수량(N)을 구하시오. (단, 철의 비열은 0.473 kJ/kg·K이다.)

11. 30℃의 물 150 g과 50℃의 물 350 g과 80℃의 물 500 g을 혼합하였을 때 평형 상태에 도달한 후의 온도(℃)를 구하시오.

12. 단면적이 120 cm², 길이 5 m인 강봉이 15℃에서 300℃로 가열되었을 때 체적 팽창량을 구하시오. (단, 강의 선팽창계수 $a = 10 \times 10^{-6}$/℃이다.)

13. 용기 중의 가스 압력을 부르동관 압력계로 측정한 결과 $P_1 = 6.48$ (기압)(게이지 압력)을

얻었다. 이때의 절대압력을 구하시오.(단, 대기압 $P_0 = 744.7$ mmHg로 한다.)

14. 용기 중의 가스 압력이 대기압에 대하여 47.2%의 압력을 표시하는 진공도일 때 가스의 절대압력을 구하시오.(단, 대기압을 758.4 mmHg로 한다.) 그리고 용기에 가스를 주입하여 압력을 322.4 mmHg로 했을 때 절대압력을 구하시오.

15. 어떤 동력계에 내연기관을 직결하여 제동을 걸었다. 이때 비틀림 모멘트가 100 N·m이며, 회전수가 500 rpm이었다면 이 내연기관의 동력을 구하시오.

16. 1 kcal를 J로 환산하시오.(단, 1 kcal = 426.858 kgf·m ≈ 427 kgf·m이다.)

17. 안지름 $d = 1$ m인 2분된 구형 탱크 내부의 공기를 배출시켜 90% 진공으로 만들었다. 이때 매달 수 있는 추의 질량 G [kg]을 구하시오.(단, 대기압을 740 mmHg, 대기 온도를 20℃로 한다.)

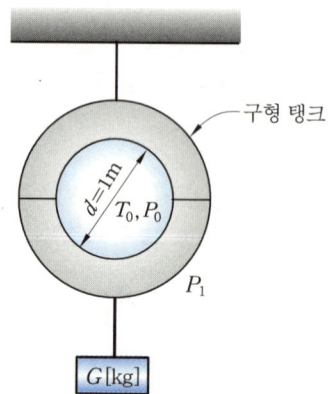

18. 문제 17에서 $G' = 6000$ kg의 추를 매달기 위해서 가열할 수 있는 구(球)의 온도를 구하시오.

19. 대기압이 1 bar이고, 계기압이 147 kPa였다. 절대압력을 Pa, kgf/cm², mAq, atm, mmHg, mbar의 단위로 환산하여 구하시오.

20. 전기저항이 30 Ω인 히터를 물 속에 넣고 100 V의 전압을 가할 경우 물이 끓기 시작하는 시간을 구하시오.(단, 물의 처음 온도는 15℃, 1 kg, 비열은 4.187 kJ/kg·K이다.)

연습문제 풀이

1. 열효율은

$$\eta = \frac{\text{동력}}{\text{연료소비율}(f) \times \text{저위발열량}(H_l)}$$

발전소의 출력 = 동력 = $\eta \times f \times H_l$
= $0.25 \times 25200 \times 40000$
= 252000000 kJ/h
= 70000 kJ/s
= 70 MJ/s

2. "절대압력 = 대기압 + 계기압"이므로,
$P_a = P_0 + P_g$
∴ $P_a = \frac{740}{760} \times 1.0332 + 8.5$
= 9.506 kgf/cm^2
= 932220 N/m^2
≒ 932 kPa

3. 절대압력 = 대기압 − 진공압이므로,
$P_a = \frac{750}{760} \times 1.0332 - \left(\frac{75}{760} \times 1.0332\right)$
= 0.9176 kgf/cm^2
= 0.9176×9.80665 N/cm^2
= 89985 N/m^2
≒ 90 kPa
(진공도 90 %는 $750 - 750 \times 0.9 = 75$ mmHg)

4. 1 kcal = 4.2 kJ = 4.2×10^3 J이므로,
∴ 500 kcal = $500 \times 4.2 \times 10^3$ J
= 2.1×10^6 kJ

5. 물이 100 m 높이에서 떨어질 때의 일량은 열량으로,
$AW = A \times F \times S$
= $\frac{1}{427}$ kcal/kgf·m × 10 kgf × 100 m
= 2.342 kcal
∴ $Q = AW = GC \times \Delta t$
2.342 kcal = 10 kgf × 1 kcal/kgf·℃ × Δt에서,
∴ $\Delta t = 0.2342$ ℃

6. 물이 얻은 열량 = 건포화증기가 잃은 열량

$G_w C(t_m - t_1) = G_v \times \gamma + G_v \times C \times (t_2 - t_m)$
$2000 \times 1 \times (45 - 15) = G_v \times 538.8$
$\qquad\qquad\qquad\qquad + G_v \times 1 \times (100 - 45)$
(증기의 증발열은 538.8 kcal/kgf이다.)
∴ $G_v = 101$ kgf

7. 추가한 일은 열량이므로,
$W = Q = G \times S = 5000 \times 3$
= 15000 N·m = 15 kJ
$Q = GC(t_2 - t_1)$에서, 추의 열량은 곧 납판이 얻은 열량과 같으므로,
$Q = 50 \times 125.6 \times \frac{1}{9.8} \times \Delta t$
= $640.8 \times \Delta t$
$15000 = 640.8 \times \Delta t$
∴ $\Delta t = 23.41$ ℃

8. 문제 7과 같은 경우로서,
쇠가 잃은 열량 = 물이 얻은 열량
$784 \times 4.187 \times \Delta t = 30 \times 0.6071 \times (700 - 18)$
∴ $\Delta t = 3.784$ ℃
(※ 물의 비중량 $\gamma_w = 1000$ kg/m^3 = 1 g/cm^3)
$G_w = \gamma_w \cdot V = 1000$ kgf/m^3 × 0.08 m^3
= 80 kgf = 80×9.8 N = 784 N

9. 물체가 1분간 행한 일은,
$W = \frac{200\,\text{N} \times 30\,\text{m}}{60\,\text{s}}$
= 100 N·m/s = 100 J/s
이 일은 큰 손과 로프 사이의 발생 열량과 같으므로, 1 kW = 1000 J/s이다.
∴ $Q = \frac{100}{1000} = 0.1$ kW = 100 W

10. 철이 잃은 열량 = 물이 얻는 열량이므로,
$G_1 C_1 (t_1 - t_m) = G_2 C_2 (t_m - t_2)$
$G_1 = 5$ kg, $t_1 = 500$ ℃, $t_m = 23.5$ ℃, $t_2 = 15$ ℃
물의 비열 $C = 1$ kcal/kgf·℃ = 4.187 kJ/kg·K
∴ $50 \times 0.473 \times (500 - 23.5) = G_2 \times 4.187 \times (23.5 - 15)$
∴ $G_2 = 316.6$ N

11. $G_1 C_1 (T - t_1) + G_2 C_2 (T - t_2)$
$\qquad + G_3 C_3 (T - t_3) = 0$

$\therefore T = \dfrac{G_1 C_1 t_1 + G_2 C_2 t_2 + G_3 C_3 t_3}{G_1 C_1 + G_2 C_2 + G_3 C_3}$

$\qquad = \dfrac{150 \times 1 \times 30 + 350 \times 1 \times 50 + 500 \times 1 \times 80}{150 \times 1 + 350 \times 1 + 500 \times 1}$

$\qquad = 62\,℃$

12. $\Delta V = V_1 \beta (t_2 - t_1) = V_1 \cdot 3\alpha \cdot (t_2 - t_1)$

$\qquad = 120 \times 500 \times 3 \times 10 \times 10^{-6} \times (300 - 15)$

$\qquad = 513\,cm^3$

(* 체적팽창계수 β는 선팽창계수 α의 3배)

13. $P_0 = 760\,mmHg$

$\qquad = 1.0332\,kgf/cm^2$

$\qquad = 1.0332 \times 10^4\,kgf/m^2$

$\qquad = (1.0332 \times 10^4) \times 9.80665\,N/m^2$

$\qquad = 0.1013223 \times 10^6\,Pa$

$\qquad = 0.1013223\,MPa \approx 0.1\,MPa$

$P_1 = 6.48\,kgf/cm^2$

$\qquad = 6.48 \times 10^4\,kgf/m^2$

$\qquad = (6.48 \times 10^4) \times 9.80665\,N/m^2$

$\qquad = 0.6354792 \times 10^6\,Pa$

$\qquad = 0.6354792\,MPa \approx 0.64\,MPa$

따라서, 절대압력 P는

$P = P_1 + \left(\dfrac{744.7}{760}\right) \times P_0$

$\quad = 0.64 + \left(\dfrac{744.7}{760}\right) \times 0.1$

$\quad = 0.738\,MPa$

14. $760\,mmHg \approx 0.1\,MPa$

$P_0 = 0.1 \times \dfrac{758.4}{760} = 0.09979$

$\quad \approx 0.1\,MPa$

$P_1 = \dfrac{47.2}{100} \times P_0 = 0.0472$

$\quad \approx 0.05\,MPa$

$P_2 = \left(\dfrac{758.4 + 322.4}{760}\right) \times P_0 = 0.1422\,MPa$

$\quad \approx 0.14\,MPa$

15. $P = \dfrac{2\pi n T}{60} = \dfrac{2\pi \times 100 \times 500}{60}$

$\quad = 5233\,N \cdot m/s = 5233\,W$

$\quad = 5233\,J/s = 5.233\,kW$

16. $1\,kgf = 9.80665\,N$ 이므로, 근사값은

$1\,kcal = 427 \times 9.80665$

$\qquad = 4187.4\,N \cdot m$

$\qquad = 4187.4\,J$

정확한 값은

$1\,kcal = 426.858 \times 9.80665$

$\qquad = 4186.047\,N \cdot m$

$\qquad = 4186.047\,J$

따라서, $1\,kcal = 4200\,J = 4.2\,kJ$로 생각해 두면 좋다. 설계 시에 안전율을 고려하게 되므로 환산값의 유효숫자를 적게 해두면 계산이 편리하고 또, 기억하기 쉽다.

17. $1\,kgf/cm^2 = 10000\,kgf/m^2 = 98066.5\,Pa$

$1\,kgf/cm^2 = 735.6\,mmHg$

$P_1 = 740\,mmHg$

$\quad = \dfrac{740}{735.6} \times 98066.5\,Pa$

$\quad = 98653\,Pa$

$P_0 = \dfrac{740(1 - 0.9)}{735.6} \times 98066.5$

$\quad = 9865.3\,Pa$

$\dfrac{\pi}{4} d^2 \cdot P_1 = \dfrac{\pi}{4} d^2 \cdot P_0 + G \cdot g$

$\therefore G = \dfrac{\pi}{4} d^2 (P_1 - P_0) \times \dfrac{1}{g}$

$\quad = \dfrac{\pi}{4} \times 1^2 \times (98653 - 9865.3) \times \dfrac{1}{9.80665}$

$\quad = 7107.25\,kg$

18. 가열 후의 내압을 $P_0{}'$라면,

$G' = \dfrac{\pi}{4} d^2 (P_1 - P_0{}') \times \dfrac{1}{g}, \quad \dfrac{P_0{}'}{P_0} = \dfrac{T_0{}'}{T_0}$

$\therefore G' = \dfrac{\pi}{4} d^2 \left[P_1 - \left(\dfrac{T_0{}'}{T_0}\right) \times P_0\right] \times \dfrac{1}{g}$

$6000 = \dfrac{\pi}{4 \times 1^2} \times \left[98653 - \dfrac{T_0{}'}{293} \times 9865.3\right]$

$\therefore T_0{}' = \dfrac{(7896.948 - 6000)}{2.6952}$

$\quad = 703.82\,K$

$\quad = 430.8\,℃$

19. $1\,atm = 1.0332\,kgf/cm^2$

$\qquad = 760\,mmHg$

$\qquad = 10.33\,mAq$

$\qquad = 1.01325\,bar$

$\qquad = 101325\,Pa$

$\qquad = 101325\,N \cdot m^2$

대기압 $1 \text{ bar} = 1 \times 10^5 \text{ Pa}$
$= 1 \times 10^5 \text{ N/m}^2$
$= 0.9869 \text{ atm}$
$= 1.019689 \text{ kgf/cm}^2$
$= 750.06 \text{ mmHg}$
$= 10.195 \text{ mAq}$

계기압 $147 \text{ kPa} = 1.47 \times 10^5 \text{ Pa}$
$= 1.47 \times 10^5 \text{ N/m}^2$
$= 1.47 \text{ bar}$
$= 1.4507 \text{ atm}$
$= 1.4989 \text{ kgf/cm}^2$
$= 1102.588 \text{ mmHg}$
$= 14.986 \text{ mAq}$

절대압력 = 대기압+계기압이므로,

① Pa : $P_a = (1 \times 10^5) + (1.47 \times 10^5)$
$= 2.47 \times 10^5 \text{ Pa}$

② kgf/cm² : $P_a = (1.019689) + (1.4989)$
$\fallingdotseq 2.5186 \text{ kgf/cm}^2$

③ mAq : $P_a = 10.195 + 14.986$
$= 25.181 \text{ mAq}$

④ atm : $P_a = 0.9869 + 1.4507$
$= 2.4376$
$\fallingdotseq 2.44 \text{ atm}$

⑤ mmHg : $P_a = 750.06 + 1102.588$
$= 1852.648 \text{ mmHg}$

⑥ mbar : $P_a = 1000 + 1470$
$= 2470 \text{ mbar}$

20. $W = \dfrac{V^2}{R} \times t$ 에서,

$W = \dfrac{100^2}{30} \times t$
$= 333.3 \, t \, [\text{W}]$
$= 0.3333 \, t \, [\text{kW}]$

$Q = G \cdot C \cdot \Delta t$
$= 1 \times 4.187 \times (100 - 15)$
$= 55.895 \text{ kJ}$

$1 \text{ kW} = 1000 \text{ J/s} = 1 \text{ kJ/s}$ 이므로,

$\therefore t = \dfrac{355.895 \text{ kJ}}{0.3333 \text{ kJ/s}} = 1067.8 \text{ s}$
$= 17.8 \text{ min}$

제 2 장　열역학 제 1 법칙

2-1 상태량과 상태식

주어진 질량의 물을 생각할 때 우리는 이 물이 여러 형태로 존재할 수 있음을 알 수 있다. 그것이 처음에 액체이면 가열될 때 증기로 되고, 또는 냉각될 때 고체로 된다. 즉, 우리는 서로 다른 상(相, phase)을 말하고 있는 것이다. 상은 완전히 균일한 어떤 양의 물질이라고 정의된다. 1개 이상의 상이 존재할 때 그 상들은 상경계(相境界, phase boundary)에 의해서 서로 분리된다.

물질은 각 상에서 각종 압력과 온도하에 존재할 수 있으므로 이것을 열역학적인 용어를 사용하여 말하면 물질은 각종의 상태(狀態, state)로 존재할 수 있다. 이 상태는 어떤 관찰할 수 있는 우리에게 익숙한 온도, 압력, 밀도와 같은 거시적인 상태량(狀態量, properties)에 의해서 동일함이 확인 또는 기술될 수 있다.

주어진 상태에 있는 물질의 각 상태량은 단 하나의 일정값만을 가지며, 이들 상태량은 그 물질이 어떻게 그 상태에 도달하였는가에 관계없이 주어진 상태에 대해서만 항상 값을 갖는다. 실제로 상태량은 계의 상태에 의해서 정해지는 어떤 양이라고 정의될 수 있으며, 계가 주어진 상태에 도달한 경로(經路, path)(=전력; 前歷)와는 관계가 없다. 반대로 상태는 상태량에 의해서 지정 또는 기술된다.

열역학적인 상태량은 일반적으로 두 가지로 분류되며 그것은 강도성(强度性) 상태량(intensive propeties)과 종량성(從量性) 상태량(extensive properties)이다.

강도성 상태량은 질량과 관계없으며, 종량성 상태량은 질량에 정비례하여 변화한다. 그러므로 만일 주어진 상태의 어떤 양의 물질이 둘로 등분된다면, 각 부분의 강도성 상태량의 값은 처음과 동일한 것이며, 종량성 상태량의 값은 처음의 반이 될 것이다. 압력, 온도, 밀도는 강도성 상태량의 예이고, 질량과 전(全) 체적은 종량성 상태량의 예이다. 비체적과 같은 단위질량당의 종량성 상태량은 강도성 상태량이다. 여기서 강도성 상태량은 시강(示强)성 상태량이라고도 하며, 종량성 상태량은 시량(示量)성 상태량이라고도 한다.

물체의 임의의 상태량은 두 상태량의 함수로서 표시할 수 있으므로 각 독립상태로서 압력 P, 비체적 v, 절대온도 T와의 관계는 다음과 같다.

$$v = f(P \cdot T)$$
$$F = f(P \cdot v \cdot T) = 0 \qquad (2-1)$$

위의 식 (2-1)을 상태식 또는 특성식이라 하며 완전 가스의 특성식은,

$$Pv = RT \qquad (2-2)$$

로 표시할 수 있다.

완전 가스의 경우 상태량들 사이의 관계식은 매우 간단하지만 실제 가스의 경우에는 매우 복잡하여 실험에 의하여 상태식을 결정하거나 선도(線圖, diagram)로 표시하는 것이 좋으며 선도의 좌표에 임의의 상태량을 취급하는 경우가 많다.

2-2 열역학 제1법칙

열에너지는 다른 에너지로, 그리고 다른 에너지는 열에너지로 전환할 수 있다. 열역학 제1법칙(the first law of thermodynamics)은 열역학의 기초 법칙으로 에너지 보존의 법칙(the law of the conservation of energy)이 성립함을 표시한 것이며, 이를 요약하면, "열은 본질상 에너지의 일종이며, 열과 일은 서로 전환이 가능하다. 이때 열과 일 사이에는 일정한 비례관계가 성립한다."

이와 같이 열과 일은 전혀 다른 것이 없으며, 열의 단위인 kcal와 일의 단위인 kgf·m (또는 N·m=J) 사이에는 일정한 수치적 관계가 성립한다.

기계적 일 W와 열량 Q 사이에는 $Q \rightleftarrows W$의 상호 전환관계를 말해 주며 환산계수인 비례상수를 A라 하면,

$$Q = AW$$
$$W = \frac{Q}{A} = JQ \qquad (2-3)$$

의 관계가 있으며, 여기서 A를 일의 열당량, $J = \dfrac{1}{A}$ 을 열의 일당량이라 한다.

$$J = 426.79 \text{ kgf·m/kcal} \doteq 427 \text{ kgf·m/kcal}$$
$$A = \frac{1}{426.79} \text{ kcal/kgf·m} \doteq \frac{1}{427} \text{ kcal/kgf·m} \qquad (2-4)$$

"에너지의 소비 없이 계속 일을 할 수 있는 기계는 존재하지 않는다."
즉, 에너지 공급 없이 영구히 운동을 지속할 수 있는 기계는 있을 수 없으며, 만약 이와 같은 기계가 존재한다면 이런 기관을 "제1종 영구운동 기관"이라 하며, 에너지 보존의 원리에 위배되므로 실현 불가능한 기관이다.

예제 1. 어떤 엔진이 1 hp·h당 연료소모율이 1.96 N일 때 이 엔진의 열효율을 구하시오. (단, 가솔린의 발열량은 4714 kJ/N이다.)

[해설] $\eta = \dfrac{W}{q} = \dfrac{632 \times 4.2}{4714 \times 1.96} = 0.2873 = 28.73\ \%$

예제 2. 100 m 높이의 폭포에서 9.5 kN의 물이 낙하했을 경우, 낙하된 물의 에너지가 전부 열로 변했을 때의 열량(kJ)을 구하시오.

[해설] 낙하된 물이 한 일은 $W = F \cdot S\ [\text{N·m}] (= \text{J})$
열량으로 환산하면, $Q = W = FS = 9500 \times 100 = 950000\ \text{N·m}$
$\qquad\qquad\qquad\quad = 950\ \text{kN·m} = 950\ \text{kJ}$

2-3 내부 에너지 (internal energy)

피스톤 장치에 열(q)을 가하면, 가한 열은 피스톤을 일정량만큼 상승시키는 일, 즉 외부에 기계적 일을 행했고, 나머지 열은 실린더 내의 혼합기체의 온도를 상승시키는 데 소모되었다. 이와 같이 물체의 온도를 상승시켜 분자운동을 활발하게 하는 열에너지 형태를 내부 에너지라 할 수 있다.

즉, 한 계(system)에 외부로부터 열이나 일을 가할 경우, 그 계가 외부와 열을 주고받지 않고, 또한 외부에 일을 하지 않았다면, 이 에너지는 그 계의 내부에 저장된다고 볼 수 있다. 이 내부에 저장된 에너지를 내부 에너지라 한다.

열역학에서는 전체로서의 운동 에너지와 위치 에너지를 별도로 생각하고 계가 갖는 다른 모든 에너지를 단일의 상태량으로 생각하여 그것을 내부(內部) 에너지(internal energy)라 하고 다음과 같이 쓸 수 있다.

전 에너지 $E =$ 내부 에너지 + 운동 에너지 + 위치 에너지
$\qquad\qquad\quad = U + KE + PE$

이렇게 하는 이유는 계의 운동 에너지와 위치 에너지가 선정된 좌표들과 관련되고 질량, 속도 및 위치라는 거시적(巨視的)인 매개변수에 의하여 명기될 수 있기 때문이다. 내부에너지 U는 계의 그밖의 모든 형태의 에너지를 포함하며 계의 열역학적 상태와 관련된다. E를 구성하는 항은 점함수이므로 다음과 같이 쓸 수 있다.

$\qquad dE = dU + d(KE) + d(PE)$

내부 에너지는 계의 총 에너지에서 기계적 에너지를 뺀 나머지를 말하며, 기호 U는 내부 에너지(kJ), u는 비(比)내부 에너지(kJ/kg)로 표시한다. 내부 에너지는 계의 과거 상태와는 무관하며 물질의 현재 상태만에 의하여 결정되는 종량성 상태량이다.

내부 에너지의 식은 다음과 같이 표시할 수 있다.
$$dQ = dU + dW$$
$$dU = dQ - dW$$

예제 3. 어느 계에 42 kJ을 공급했다. 만약 이 계가 외부에 대하여 17080 N·m의 일을 하였다면 내부 에너지의 증가량을 구하시오.

[해설] $\Delta U = Q - W = 42\,\text{kJ} - 17080\,\text{N·m}$ (∵ 1 J = 1 N·m)
$= 42000 - 17080$
$= 24920\,\text{J} = 24.92\,\text{kJ}$

예제 4. 기체가 168 kJ의 열을 흡수하면서 동시에 외부로부터 20 kJ의 일을 받으면 내부 에너지의 변화를 구하시오.

[해설] $Q = U + W_a \rightarrow dQ = dU + dW_a$에서 열을 흡수하면 (+), 일을 공급받으면 (−)이므로,
$dU = dQ - dW_a$
∴ $U = Q - W_a = 168\,\text{kJ} - (-20\,\text{kJ}) = 188\,\text{kJ}$

예제 5. 실린더 내의 혼합 가스 3 kg을 압축시키는 데 소비된 일이 15 kN·m이었다. 혼합 가스의 내부 에너지가 1 kg에 대해서 3.36 kJ 증가했다면, 이때 방출된 열량은 얼마인지 구하시오.

[해설] 열역학 제1법칙의 식으로부터
$_1Q_2 = (U_2 - U_1) + W_a = m(u_2 - u_1) + W_a$
$= 3 \times 3.36 + (-15) = -4.92\,\text{kJ}$: 방열량

2−4 엔탈피(enthalpy)

그림 2−1과 같이 가스를 계(系)로 잡고, 또 열역학 제1법칙으로부터
$_1Q_2 = U_2 - U_1 + {_1W_2}$
$_1W_2 = \int_1^2 PdV = P(V_2 - V_1)$ (P = 일정)

따라서, $_1Q_2 = U_2 - U_1 + P_2V_2 - P_1V_1 = (U_2 + P_2V_2) - (U_1 + P_1V_1)$

이 경우 2과정 중의 전열량이 최초상태와 최종상태 사이의 $U + PV$라는 양의 변화의 항으로 주어진다.

이들 양은 모두 계의 상태만의 함수인 열역학적 상태량이므로 그들의 조합도 역시 그들과 동일한 특성을 가져야 한다.

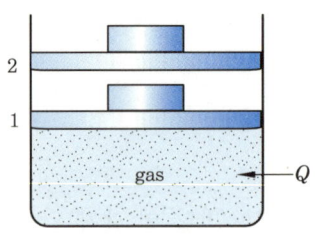

그림 2-1 정압가열과정

엔탈피란 다음 식으로 정의되는 열역학상의 종량성 상태량을 나타내는 중요한 양이다.

$$\left.\begin{array}{l} h = u + Pv \text{ [kJ/kg]} \\ H = U + PV \text{ [kJ]} \end{array}\right\} \quad (2-5)$$

기호 H는 엔탈피(kJ), h는 비엔탈피(kJ/kg)로서, 물질이 가지는 열량으로 나타내며, 식 (2-5)에서 PV는 유체가 일정 압력 P에 대하여 체적 V를 차지하기 위하여 행한 계 내의 유체를 밀어내는 데 필요한 일이다.

따라서, 엔탈피는 어떤 상태의 유체 1 kg이 가지는 열에너지이며, 유체가 가지는 내부 에너지와 체적을 차지하기 위한 유동일(flow work)(=기계적인 일)의 합과 같다. u, P, v는 모두 상태가 정해지면 결정되는 값이며, h 역시 상태만에 의하여 정해지는 상태함수이다. 엔탈피 역시 내부 에너지와 같이 상태의 경로와는 관계가 없다.

예제 6. 1 kg의 가스가 압력 50 kPa, 체적 2.5 m³의 상태에서 압력 1.2 MPa, 체적 0.2 m³의 상태로 변화하였다. 만약 가스의 내부 에너지가 일정하다고 하면 엔탈피의 변화량은 얼마인지 구하시오.

[해설] $h = u + Pv$
$h_2 - h_1 = (u_2 - u_1) + (P_2 v_2 - P_1 v_1)$, $u_1 = u_2$이므로,
$h_2 - h_1 = P_2 v_2 - P_1 v_1 = (1.2 \times 10^6) \times 0.2 - (50 \times 10^3) \times 2.5$
$= 115000 \text{ N·m/kg} = 115000 \text{ J/kg} = 115 \text{ kJ/kg}$

예제 7. 공기 2 kg이 처음 상태($V_1 = 2.5$ m³, $P_1 = 98$ kPa)에서 나중 상태($V_2 = 1$ m³, $P_2 = 294$ kPa)로 되었고, 내부 에너지가 42 kJ/kg 증가했다면, 이때 엔탈피 변화량은 얼마인지 구하시오.

[해설] $H = U + PV$에서,
$dH = dU + d(PV)$
$\therefore \Delta H = (U_2 - U_1) + (P_2 V_2 - P_1 V_1)$
$= m(u_2 - u_1) + (P_2 V_2 - P_1 V_1)$
$= 2 \text{ kg} \times 42 \text{ kJ/kg} + (294 \text{ kN/m}^2 \times 1 \text{ m}^3 - 98 \text{ kN/m}^2 \times 2.5 \text{ m}^3) = 133 \text{ kJ}$
(∗ 1 N·m = 1 J, 1 kN·m = 1 kJ, 1 kPa = 1 kN/m² = 1000 N/m²)

예제 8. 보일러에서 급수의 엔탈피를 630 kJ/kg, 증기의 엔탈피를 2814 kJ/kg이라고 할 때, 시간당 20000 kg의 증기를 얻고자 할 때, 공급해야 하는 열량을 구하시오.

[해설] 보일러에서 급수를 가열하여 증기를 얻는 과정은 정압과정이므로,
따라서, $dq = dh - AvdP = dh$이므로,
$Q = m(h_2 - h_1) = 20000 \text{ kg/h} \times (2814 - 630) \text{ kJ/kg}$
$= 43680000 \text{ kJ/h} = 43.68 \times 10^6 \text{ kJ/h} = 43.68 \text{ GJ/h}$

예제 9. 물이 증발에 의해 비체적이 0.0010435 m³/kg(포화수)에서 1.637 m³/kg(포화증기)로 변화했다. 표준대기압하에서의 물의 증발잠열(γ)이 2256 kJ/kg일 때 물 10 kg의 내부 에너지의 변화(kJ)를 구하시오.

[해설] 열역학 제1법칙에서,
$dQ = dU + PdV = dH - VdP$
포화수가 포화증기가 되는 과정은 등압(등온)과정이므로,
$dQ = dH$, 즉 $Q = H_2 - H_1$
이 엔탈피 변화가 증발잠열(γ)이다.
$\gamma = h_2 - h_1 = q$ (후에 증기의 성질에서 학습)
$\therefore {}_1Q_2 = (U_2 - U_1) + W_a$에서,
$G(h_2 - h_1) = G \cdot \gamma = (U_2 - U_1) + \int_1^2 PdV$
$10 \text{ kg} \times 2256 \text{ kJ/kg}$
$= (U_2 - U_1) + (101.325 \text{ kN/m}^2) \times (10 \text{ kg} \times 1.637 \text{ m}^3/\text{kg} - 10 \text{ kg} \times 0.0010435 \text{ m}^3/\text{kg})$
따라서, 내부 에너지 변화 : $U_2 - U_1 = 22560 - 1694 = 20866 \text{ kJ}$

2-5 에너지식

(1) 비유동과정에 대한 일반 에너지식

밀폐된 계에 열을 가하면 그 계는 온도가 상승하며 동시에 외부에 대하여 일을 한다. 중량 1 kgf의 물체에 미소 열에너지 dq [kJ/kg]을 가할 때, 내부 에너지가 du [kJ/kg] 만큼 증가하였고, 외부에 대하여 dW [N·m/kg] 의 일을 했다면 dq는 열역학 제1법칙에 의해,

$dq = du + dW$ [kJ/kg]

이 되며, 정지상태, 즉 밀폐계에서 피스톤의 단면적 A에 압력 P를 받으면서 dz 만큼 이동했다면 이때 미소일량 dW는,

$dW = (PA) \cdot dz = P \cdot dv$

따라서, 미소 열에너지 dq는 다음과 같이 쓸 수 있다.

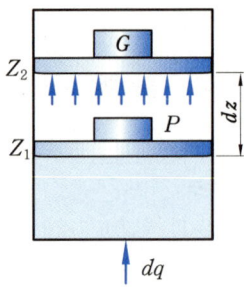

그림 2-2 피스톤의 열과 일의 관계

$$\left.\begin{array}{l}dq = du + dW = du + Pdv \text{ [kJ/kg]} \\ q = \int du + \int Pdv \text{ [kJ/kg]}\end{array}\right\} \quad (2-6)$$

식 (2-5)에서 이 식을 미분형으로 표시하면,

$$dh = du + d(Pv) = du + Pdv + vdP$$
$$= dq + vdP$$

dq에 대하여 정리하면,

$$\left.\begin{array}{l}dq = dh - vdP \text{ [kJ/kg]} \\ q = \int dh - \int vdP \text{ [kJ/kg]}\end{array}\right\} \quad (2-7)$$

여기서 식 (2-6), (2-7)을 에너지 기초식 또는 열역학 제 1 법칙의 식이라 한다.

예제 10. 밀폐계에서 압력 $P = 0.5$ MPa로 일정하게 유지하면서 체적이 0.2 m³에서 0.7 m³로 팽창하였다. 이 변화가 이루어지는 동안 내부 에너지는 63 kJ만큼 증가하였다면 과정 간에 이 계가 한 일량과 이때 계에 가한 열량을 구하시오.

[해설] $dW = P \cdot dv$에서,

$$W = \int_1^2 Pdv = P(v_2 - v_1) = (0.5 \times 10^6) \times (0.7 - 0.2)$$
$$= 250000 \text{ N} \cdot \text{m} = 250000 \text{ J} = 250 \text{ kJ}$$

$dq = du + dW$ 에서,

$$Q = (U_2 - U_1) + W = 63 \text{ kJ} + 250 \text{ kJ} = 313 \text{ kJ}$$

예제 11. 초압 100 kPa, 초온 (t_1) 15℃, 비체적 (v_1) 0.15 m³/kg, 비내부 에너지 (u_1) 210 kJ/kg 의 상태에 있는 증기가 일정 압력하에서 냉각, 액화되어 $t_2 = 10$℃, $v_2 = 0.002$ m³/kg, $u_2 = 21$ kJ/kg으로 되었을 때, 증기 1 kg당의 방열량을 구하시오.

[해설] $dq = du + d(Pv) = du + Pdv + vdP$ 에서, $P = $ 일정이므로 $dP = 0$이다.
그러므로 $dq = du + Pdv$

$$\therefore q = (h_2 - h_1) = (u_2 + P_2 v_2) - (u_1 + P_1 v_1)$$
$$= (u_2 - u_1) + (P_2 v_2 - P_1 v_1)$$
$$= (u_2 - u_1) + P(v_2 - v_1)$$
$$= (21 - 210) + (100 \times 10^3)(0.002 - 0.15) \times \frac{1}{1000}$$

(두 번째 항의 N·m/kg=J/kg=$\frac{1}{1000}$ kJ/kg)

$$= -203.8 \text{ kJ/kg (방열량)}$$
$$= -203.8 \times \frac{1}{4.2} = -48.5 \text{ kcal/kg}$$

(2) 정상유동에서의 일반 에너지식

한 예로서 압축기로의, 그리고 압축기로부터의 질량유량이 일정하고, 입구 및 출구·도관(導管)의 단면 전면을 통해서 각 점에서의 상태량이 일정하며, 주위로의 전열률(傳熱率)이 일정하고, 압력(power input)이 일정하게 운전되는 원심공기 압축기를 생각해 보면, 주어진 미소질량의 공기의 상태량은 압축기를 지나서 유동함에 따라 변화하기는 하나 각 점에서의 상태량은 시간에 따라 변화하지 않는다. 이러한 과정을 정상유동과정(定常流動過程, steady flow process)이라 한다.

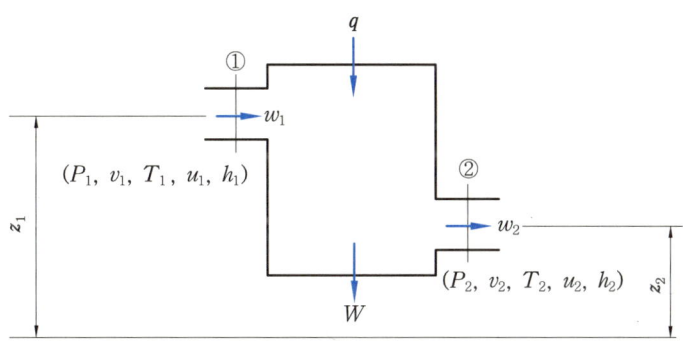

그림 2-3 유동계

유동과정 중의 에너지식을 구하기 위하여 그림과 같은 관로의 두 단면에서 유체 1 kg이 흐르는 경우를 생각해 보자.

단면 ①에서의 압력을 P_1 [N/m²], 비체적 v_1 [m³/kg], 비내부 에너지 u_1 [kJ/kg], 속도 w_1 [m/s], 위치 z_1 [m]이고, 단면 ②에서의 압력을 P_2 [N/m²], 비체적 v_2 [m³/kg], 비내부 에너지 u_2 [kJ/kg], 속도 w_2 [m/s], 위치 z_2 [m]라 하면, 단면 ①에 유입되는 단위중량의 에너지 e_1은,

$$e_1 = u_1 + P_1 v_1 + \frac{w_1^2}{2g} + z_1 \tag{a}$$

단면 ②로 유출되는 단위중량당의 에너지 e_2는,

$$e_2 = u_2 + P_2 v_2 + \frac{w_2^2}{2g} + z_2 \tag{b}$$

단면 ①과 ② 사이에 외부에서 위의 유동계에 q [kJ/kg]의 열을 가했고, 또 계가 외부에 대해 W [N·m/kg]의 일을 했다고 하면 이 경우의 에너지식은 열역학 제1법칙에 의하여 한 계에 흘러들어온 에너지와 빠져나간 에너지는 같으므로,

$$e_1 + q = e_2 + W \tag{c}$$

식 (c)에 식 (a)와 (b)를 대입·정리하면,

$$\left.\begin{array}{l} u_1 + P_1 v_1 + \dfrac{w_1^2}{2} + gz_1 + q \\[2pt] \quad = u_2 + P_2 v_2 + \dfrac{w_2^2}{2} + gz_2 + W \quad \text{[SI 단위]} \\[6pt] u_1 + AP_1 v_1 + A\dfrac{w_1^2}{2g} + Az_1 + q \\[2pt] \quad = u_2 + AP_2 v_2 + A\dfrac{w_2^2}{2g} + Az_2 + AW \quad \text{[중력단위]} \end{array}\right\} \tag{2-8}$$

비엔탈피 $h = u + Pv$ 이므로 식 (2-8)은

$$h_1 + \frac{w_1^2}{2} + gz_1 + q = h_2 + \frac{w_2^2}{2} + gz_2 + W \tag{2-9}$$

위의 식 (2-8)과 식 (2-9)를 정상유동계에서의 일반 에너지식이라 한다.
기준면으로부터의 위치 z_1과 z_2가 그다지 높지 않다면 $z_1 \fallingdotseq z_2$로 볼 수 있으므로,

$$h_1 + \frac{w_1^2}{2} + q = h_2 + \frac{w_2^2}{2} + W \tag{2-10}$$

단면 ①과 ② 사이에서 가한 열량은 식 (2-10)으로부터,

$$q = (h_2 - h_1) + \frac{1}{2}(w_2^2 - w_1^2) + W \tag{2-11}$$

유속이 30~50 m/s 이하인 경우 입구와 출구의 속도를 그다지 크지 않은 경우로 보아 운동 에너지 $\dfrac{w_1^2}{2}$, $\dfrac{w_2^2}{2}$을 무시해도 된다. 따라서 식 (2-11)은

$$q = (h_2 - h_1) + W \tag{2-12}$$

또, 단열($q=0$)유동인 경우라면 두 구간을 지나는 동안 발생한 일의 양은

$$W = h_1 - h_2 \tag{2-13}$$

이 된다.

예제 12. 정상유동과정에서 입구의 상태가 $P_1 = 980$ kPa, $v_1 = 0.01$ m³/kg, $u_1 = 168$ kJ/kg, $w_1 = 20$ m/s이고, 출구의 상태가 $P_2 = 294$ kPa, $v_2 = 0.04$ m³/kg, $u_2 = 42$ kJ/kg, $w_2 = 30$ m/s이다. 이 과정 간에 계에 50.4 kJ/kg의 열이 가해졌다면 유체 1 kg당 계가 대략 한 일은 얼마인지 구하시오.(단, 입구는 출구보다 15 m 높다고 한다.)

[해설] 정상유동 과정에서의 일반 에너지식을 이용하면,
$$u_1 + P_1v_1 + \frac{w_1^2}{2} + gz_1 + q = u_2 + P_2v_2 + \frac{w_2^2}{2} + gz_2 + W$$
계가 한 일 W 는

$$\therefore W = (u_1 - u_2) + (P_1v_1 - P_2v_2) + \frac{1}{2}(w_1^2 - w_2^2) + g(z_1 - z_2) + q$$

$u_1 - u_2 = 168 - 42 = 126 \text{ kJ/kg}$

$P_1v_1 - P_2v_2 = 980 \text{ kPa} \times 0.01 \text{ m}^3/\text{kg} - 294 \text{ kPa} \times 0.04 \text{ m}^3/\text{kg}$
$\qquad = 980 \times 10^3 \text{ N/m}^2 \times 0.01 \text{ m}^3/\text{kg} - 294 \times 10^3 \text{ N/m}^2 \times 0.04 \text{ m}^3/\text{kg}$
$\qquad = -1960 \text{ N·m/kg}$
$\qquad = -1.96 \text{ kJ/kg}$

$\dfrac{w_1^2 - w_2^2}{2} = \dfrac{20^2 - 30^2}{2} = -250 \text{ J/kg}$
$\qquad \doteqdot -0.25 \text{ kJ/kg}$

$g(z_1 - z_2) = 9.8 \times 15 = 147 \text{ J/kg}$
$\qquad = 0.147 \text{ kJ/kg}$

$\therefore W = 126 - 1.96 - 0.25 + 0.147 + 50.4$
$\qquad = 174.337 \text{ kJ/kg}$

여기서, $\dfrac{w_1^2 - w_2^2}{2}$ 과 $g(z_1 - z_2)$는 q와 $(u_1 - u_2)$, $P_1v_1 - P_2v_2$에 비해 작으므로 무시해도 좋다. 따라서, 개략적인 값은
$\quad W = 126 - 1.96 + 50.4 = 174.44 \text{ kJ/kg}$

예제 13. 노즐을 수직으로 세워서 초속 10 m/s로 뿜어올렸다. 노즐에서 손실을 무시할 때, 물이 올라간 높이를 구하시오.

[해설] 정상유동의 일반 에너지 방정식(중력단위)

$_1Q_2 = G(h_2 - h_1) + \dfrac{AG}{2g}(w_2^2 - w_1^2) + AG(Z_2 - Z_1) + AW_t$ 에서,

노즐 유동시 손실을 무시하면, $_1Q_2 = 0$, $AW_t = 0$, $h_1 = h_2$가 되며, 단면 ①에서의 속도 w_1은 출구에서의 속도 w_2보다 매우 작으므로 $w_1 \ll w_2$가 되어 w_1은 무시된다.

$\therefore AG \dfrac{w_2^2 - w_1^2}{2g} = AG(Z_1 - Z_2)$

$\dfrac{w_2^2}{2g} = Z_1 - Z_2$

$\therefore Z_1 - Z_2 = \Delta Z = \dfrac{10^2 \text{ [m}^2/\text{s}^2]}{2 \times 9.8 \text{ [m/s}^2]} = 5.1 \text{ m}$

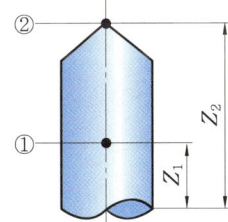

예제 14. 어떤 증기 터빈이 1시간당 720 kg의 증기를 공급받고 25 PS의 일을 하였다. 이 터빈은 입구상태는 $w_1 = 700$ m/s, $h_1 = 2814$ kJ/kg이고, 출구상태는 $w_2 = 390$ m/s, $h_2 = 2310$ kJ/kg이다. 이 터빈의 시간당 열손실을 구하시오.

[해설] 정상류의 일반 에너지식으로부터

$$_1Q_2 = G(h_2 - h_1) + G\frac{w_2^2 - w_1^2}{2} + Gg(Z_2 - Z_1) + W_t$$

문제에서 $Z_1 \approx Z_2$로 보아야 하므로

$$_1Q_2 = 720 \times (2310 - 2814) + 720 \times \frac{(390^2 - 700^2)}{2} \times \frac{1}{1000} + 0.7355 \times 3600 \times 25$$
$$= -362880 - 121644 + 66195$$
$$= -418329 \text{ kJ/h} : \text{열손실}$$

* 제 1 항 : $G(h_2 - h_1) = \dfrac{\text{kg}}{\text{h}} \times \dfrac{\text{kJ}}{\text{kg}} = \text{kJ/h}$

* 제 2 항 : $\dfrac{G(w_2^2 - w_1^2)}{2} = \dfrac{\text{kg}}{\text{h}} \times \dfrac{\text{m}^2}{\text{s}^2} = \dfrac{\text{kg} \cdot \text{m}}{\text{s}^2} \times \dfrac{\text{m}}{\text{h}}$

$$= \text{N} \cdot \text{m/h} = \text{J/h} = \dfrac{\text{kJ}}{1000 \text{ h}}$$

* 제 3 항 : $W_t = \text{PS} : 1\text{ PS}$
$$= 0.7355 \text{ kW}$$
$$= 0.7355 \text{ kJ/s}$$
$$= 0.7355 \times 3600 \text{ J/h}$$
$$\rightarrow 25 \text{ PS} = 0.7355 \times 3600 \times 25 \text{ kJ/h}$$

예제 15. 노즐 유동에서 압력이 2 MPa인 상태에서 온도 460℃($h = 3366$ kJ/kg)인 증기가 유입되어 압력 0.9 MPa인 상태가 되어 온도 310℃($h = 3073$ kJ/kg)로 유출될 때, 노즐의 유동상태는 정상유동상태로서 노즐 내에서의 손실은 없는 것으로 보며, 노즐 내의 속도 w_1은 출구 속도 w_2에 비하여 매우 작다면 노즐 출구에서의 증기의 속도 w_2를 구하시오.

[해설] 정상유동 상태에서의 일반 에너지 방정식으로부터,

$$q = (h_2 - h_1) + \frac{w_2^2 - w_1^2}{2} + g(Z_2 - Z_1) + W_t$$

여기서, $q = 0$, $W_t = 0$ (손실 없으므로), $Z_1 = Z_2$에서,

$$\frac{w_2^2 - w_1^2}{2} = h_1 - h_2$$

$w_1 \ll w_2$이라 했으므로,

$$\frac{w_2^2}{2} = h_1 - h_2$$

$$\therefore w_2 = \sqrt{2 \cdot (h_1 - h_2)}$$
$$= \sqrt{2 \times (3366 - 3073) \times 1000} = 765.5 \text{ m/s}$$

2-6 $P-V$ 선도 ($P-V$ diagram)

그림 2-4(a)에서 피스톤형 기관에서 실린더 내의 동작유체에 열을 가하면 동작유체의 팽창에 의하여 피스톤을 밀게 되면 그 결과는 외부에 대하여 일을 하게 된다.

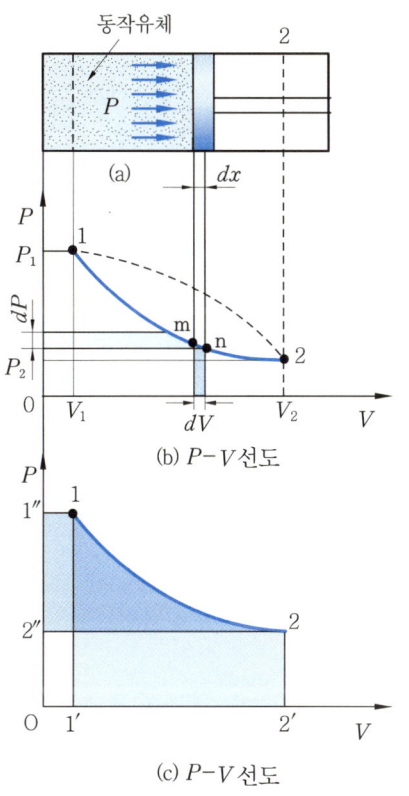

그림 2-4 $P-v$ 선도

그림 2-4(b)에서 압력 P와 체적 V를 x, y 두 축(직교좌표)으로 하고 위의 피스톤 작용의 유체팽창에 의한 상태변화를 나타내면 곡선 1-2가 얻어진다. 이 변화 중 임의의 한 점을 취하고 이때의 압력 P가 피스톤의 면적 A에 작용하여 피스톤을 거리 dx만큼 이동하였다고 하면, 이때 피스톤면에 발생하는 힘은 $F=PA$이고, 실린더 내의 유체 1 kg이 한 일을 dW라 하면,

$$dW = F \cdot dx = PA \cdot dx$$

$A \times dx = dv = $ 체적의 증가량이므로,

$$\left.\begin{array}{l} dW = P \cdot A dx = Pdv \text{ [N·m / kg] (유체 1 kg에 대하여)} \\ GdW = P \cdot dV \text{ [N·m] (유체 } G \text{ [kg]에 대하여)} \end{array}\right\} \quad (2-14)$$

유체(동작물질)가 상태 1에서 상태 2까지 변화(팽창)하여 얻어지는 일량 W는

$$W = G\int_1^2 P \cdot dv = \int_1^2 P \cdot dV = \text{면적 } 12\,V_2\,V_1 \tag{2-15}$$
= 유체가 상태 1에서 상태 2까지 변화하는 동안에 얻어지는 일의 양

이와 같은 것을 압력-체적 선도($P-V$ diagram)라 한다.

어떤 가스 1 kg이 임의의 형태에서 어떤 압력 P의 작용을 받으며 체적이 dV 만큼 변화했다면, 이때의 일 dW 역시 $P \cdot dv$이다.

만약 어떤 계 1 kg에 열 dq를 가하여 내부 에너지가 du 만큼 변화하고 외부에 대하여 $dW = P \cdot dv$의 일을 하였다면,

$$\left. \begin{aligned} dq &= du + P \cdot dv\,[\text{kJ/kg, kcal/kgf}] \\ \therefore\ q &= \int_1^2 du + \int_1^2 P \cdot dv\,[\text{kJ/kg, kcal/kgf}] \end{aligned} \right\} \tag{2-16}$$

그림 (c)에서 $q = u + W = u + \text{면적 } 122'1'$이 되므로,

$$W_a = \int_1^2 P \cdot dv \tag{2-17}$$

로 표시되며, 이 일 W_a를 절대일(absolute work, 팽창일, 비유동일)이라 한다. 한편 그림 (c)에서 면적 $122''1'' = -\int_1^2 v \cdot dP$이며, 피스톤의 압축 시 행해지는 일이다.

즉, $$W_t = -\int_1^2 v\,dP \tag{2-18}$$

W_t를 공업일(technical work, 압축일, 유동일)이라 한다.

예제 16. 3 kg의 공기가 그림과 같이 압력 $P_1 = 700$ kPa, 체적 $V_1 = 0.4$ m³에서 압력 $P_2 = 400$ kPa, $V_2 = 0.8$ m³로 변하였다. 이 과정 간에 한 절대일을 구하시오.

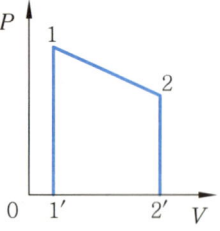

[해설] $W_a = \text{면적 } 122'1' = \int_1^2 P\,dV = P_m \cdot (V_2 - V_1)$

$\qquad = \left(\dfrac{700 + 400}{2}\right) \times 10^3 \times (0.8 - 0.4)$

$\qquad = 220000\,\text{N} \cdot \text{m}$

$\qquad = 220\,\text{kJ}$

$\qquad = 0.061\,\text{kW} \cdot \text{h}$ (* 1 N·m = 1 J, 1 kW = 1 kJ/s, 1 kJ = $\dfrac{1}{3600}$ kW·h)

예제 17. 압력이 15 ata인 보일러 속에 대기 중의 물을 펌프로 압송한다. 물 1 kg당의 일 (kJ)을 구하시오.

[해설] 펌프일 = 압축일 = 공업일이므로 $W = -\int_1^2 v\, dP$ 에서,

$$W = -v(P_2 - P_1) = v(P_1 - P_2)$$
$$= \frac{1}{1000} \times (15 - 1.0332) \times 10^4$$
$$= 139.7 \text{ kgf·m}$$
$$= 1369 \text{ N·m}$$
$$= 1369 \text{ J}$$
$$= 1.369 \text{ kJ}$$

예제 18. 밀폐계가 마찰이 없는 과정에서 $P = (15 + 20V) \times 10^4$ Pa의 관계에 따라 변한다. 체적이 0.1 m³에서 0.4 m³로 변하는 동안 계가 한 일(J)을 구하시오.

[해설] $W = \int_{V_1}^{V_2} P\, dV = \int_{0.1}^{0.4} (15 + 20V)\, dV$

$$= (15V + 10V^2)_{0.1}^{0.4} \times 10^4$$
$$= 15 \times (0.4 - 0.1) + 10(0.4^2 - 0.1^2) \times 10^4$$
$$= 6 \times 10^4 \text{ N·m}$$
$$= 60 \times 10^3 \text{ N·m}$$
$$= 60 \text{ kJ}$$

연습문제

1. 147 kJ의 내부 에너지를 보유하고 있는 물체에 열을 가하였더니 내부 에너지가 210 kJ로 증가하고, 외부에 대하여 680 kgf·m의 일을 하였다. 이때 물체에 가해진 열량을 구하시오.

2. 1 kW를 kJ/s 단위로 환산하시오.

3. 600 J/s의 전열기로 3 L의 물을 10℃에서 100℃까지 가열하고자 한다. 전열기에서 발생되는 열량 중 65 %가 유용하게 이용된다고 하면, 가열에 필요한 시간(분)을 구하시오.

4. 어떤 태양열 보일러가 900 W/m²의 율로 흡수한다. 열효율이 80 %인 장치로 67 kW의 동력을 얻으려할 때, 필요한 전열면적(m²)을 구하시오.

5. 발열량이 28560 kJ/kg인 연료가 있다. 이 열이 모두 일로 변화된다면, 1시간당 40 kg의 연료가 소비될 경우 발생되는 동력(PS)을 구하시오.

6. 30 W의 전등을 하루 7 시간씩 사용하는 가정일 때 30일간 사용량을 kcal로 구하시오.

7. 실린더 내의 어떤 기체를 압축하는 데 19.6 kN·m의 일을 필요로 한다. 기체의 내부 에너지 증가를 4.2 kJ로 가정할 때, 외부로 방출하는 열량을 구하시오.

8. 압력이 550 kPa, 체적이 0.5 m³인 공기가 압력이 일정한 상태에서 90 kN·m의 팽창일을 행했을 때 변화 후의 체적(m³)을 구하시오.

9. 매분 500 kgf의 물을 150 m의 깊이로부터 떠올리는 양수기가 있다. 이 양수의 동력이 25 PS일 때 이 양수기로부터 열로 바뀌는 에너지를 구하시오.

10. 공기 1 kgf이 그림과 같이 직선적으로 변하였을 때 이 과정 간의 절대일(W_a)과 공업일 (W_t)은 몇 kgf·m/kgf인지 구하시오.

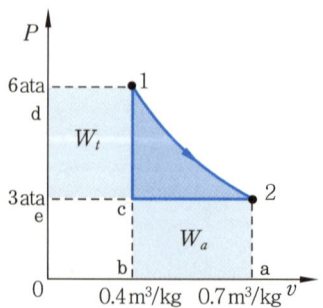

11. 열효율 40 %인 열기관에서 연료의 소비량이 30 kg/h, 발열량(H_l)이 42000 kJ/kg이라면, 이때 발생되는 동력(PS 또는 kW)을 구하시오.

12. 공기의 온도가 300 K (C_p=17.73 kJ/kg·K)에서 500 K (C_p=18.15 kJ/kg·K)로 변화할 때, 평균정압비열 (kJ/kg·K)과 엔탈피(kJ/kg)를 구하시오.

13. 어떤 기체 1 kg의 상태가 압력 500 kPa, 비체적 0.02 m³/kg이다. 내부 에너지가 420 kJ/kg일 때 이 상태에서의 엔탈피를 구하시오.

14. 물 2 L를 1 kJ/s의 전열기로 20℃에서 100℃까지 가열하는 데 필요한 시간을 구하시오. (단, 전열기 출력의 50 %만 유용하게 사용되고, 물의 증발은 없다고 본다.)

15. 어떤 기체 1 kg을 압력 1 kPa, 비체적 0.2045 m³/kg인 상태에서 정압하에 가열하여 비체적 0.4089 m³/kg의 상태로 변했다. 이때 가열량이 897 kJ/kg일 경우 내부 에너지 변화를 구하시오.

16. 표준대기압하에서 엔탈피 294 kJ/kg의 공기가 60 m/s의 속도로 압축기에 들어가서 350 kPa abs, 433 kJ/kg, 120 m/s 로 나올 때 450 kg/h의 공기를 압축하는 데 필요한 동력을 구하시오.

17. 어떤 증기 터빈에 엔탈피 3234 kJ/kg인 증기가 90 m/s의 속도로 들어가서 엔탈피 2604 kJ/kg, 속도 300 m/s로 유출하며 터빈은 1200 마력의 일을 한다. 터빈의 복사 및 전도 등으로 인한 열손실이 378000 kJ/h이라면 공급해야 할 증기는 몇 kg/h인지 구하시오.

18. 유체가 30 m/s의 속도로 노즐에 들어가 500 m/s로 노즐을 떠난다. 마찰과 열교환을 무시할 때, 엔탈피 변화(kJ/kg)를 구하시오.

19. 디젤 엔진에 수동력계를 연결시켜서 6000 rpm으로 운전하였더니 제동 토크는 250 N·m이었다. 이 동력계를 흐르는 유량이 0.5 L/s, 입구 수온이 20℃이고, 제동일량이 모두 물의 온도 상승에 사용된다면 이때 출구 수온(℃)은 얼마인지 구하시오.

20. 증기 터빈으로 들어가는 질량유량이 2 kg/s이고, 터빈으로부터의 방출 열량이 10 kW이다. 터빈을 출입하는 수증기의 각 상태량이 입구에서 P_1=2.0 MPa, t_1=350 ℃, h_1=3130 kJ/kg, w_1=40 m/s, z_1=7 m이고, 출구에서 P_2=0.1 MPa, t_2=100 ℃, h_2=2670 kJ/kg, w_2=190 m/s, z_2=4 m일 때 터빈의 출력을 구하시오.

21. 공기의 온도가 200 K에서 400 K까지 변화할 때, 다음을 이용하여 공기 1 kg당의 엔탈피를 구하시오.
  (1) $C_p = 28 + 6.2 \times 10^{-3} T - 0.9 \times 10^{-6} T^2$ [kJ/kg·m·K]

(2) $T_1 = 200\,\text{K}$일 때, $C_p = 1.005\,\text{kJ/kg·K}$

(3) $T_2 = 400\,\text{K}$일 때, $C_p = 1.029\,\text{kJ/kg·K}$

22. 압축공기로 작동하는 기관의 실린더 내에서 $P_1 = 3\,\text{ata} \approx 0.3\,\text{MPa}$, $t_1 = -30\,°\text{C}$ 의 공기가 배기 밸브의 개구와 함께 $P_2 = 1\,\text{ata} \approx 0.1\,\text{MPa}$의 배기관으로 방출시킬 때, 이 단열변화에 의해 공기의 온도를 구하시오.

23. 1 kW·h 와 1 PS·h의 일량을 열량으로 환산(kJ)하시오.

24. 매분 6800 rpm으로 125 PS를 발생시키는 엔진의 1분간의 일의 양을 열량으로 환산(kJ)하시오

25. 정압비열이 1.0416 kJ/kg·K, 정적비열이 0.7434 kJ/kg·K인 물체를 일정한 압력하에서 20°C에서 80°C까지 가열하는 데 188.16 kJ의 열이 필요하다면, 이 물체를 일정 체적하에서 20°C에서 80°C까지 가열하는 데 필요한 열량(kJ)을 구하시오.

26. 무게 100 톤으로 매시 100 km의 속도로 달리고 있는 기차를 제동하여 정지시킬 때 필요한 마찰열(kJ)을 구하시오.

27. 매분 1 m³의 물에 9.8 MPa의 압력을 가해 송출시키는 펌프가 있다. 펌프의 입구와 출구의 수온차가 0.25°C로 펌프 중의 유체마찰 등에 의한 에너지 손실은 전부 수온상승에 소비된다면 이 펌프의 손비비율을 구하시오.(단, 물의 비중량은 9.8 kN/m³, 비열은 4.187 kJ/kg·K이다.)

28. 펌프로 매분 600 kgf의 물을 200 m 깊이에서 퍼올린다. 펌프 모터의 동력이 30 kW일 때 물의 비중량이 9800 N/m³일 때 이 계에서 열로 변환되는 에너지(일)은 시간당 몇 kJ인지 구하시오.

29. 어느 흡수식 냉각기관에서 냉각장치에 의해 흡수되는 열량이 연료의 저발열량의 35 % 이다. 연료의 저발열량은 44100 kJ/kg, 기관의 연료소비율은 250 g/PS·h, 냉각수의 온도상승은 10°C라면 기관의 마력당 매 시간에 몇 리터의 냉각수가 필요한지 구하시오.

연습문제 풀이

1. $Q = (U_2 - U_1) + W_a$
   $= (210 - 147) \text{ kJ} + 680 \text{ kgf·m}$
   $= 63 + \dfrac{1}{427} \times 680 \times 4.2$
   $= 69.7 \text{ kJ}$

2. $1\text{ W} = 1\text{ N·m/s} = 1\text{ J/s}$ 이므로,
   $\therefore 1\text{ kW} = 1\text{ kJ/s}$

3. ① 전열기
   $600\text{ J/s} = 600\text{ W} = 0.6\text{ kW}$
   $1\text{ kW} = 860\text{ kcal/h}$ 이므로,
   $0.6 \times 860 \times 0.65 = 335.4\text{ kcal/h}$
   ② 물
   $Q = GC(t_2 - t_1)$
   $\quad = 3 \times 1 \times (100 - 10) = 270\text{ kcal}$
   전열기는 1시간당 335.4 kcal를 내므로
   $270\text{ kcal} : x\text{ [h]} = 335.4\text{ kcal} : 1\text{ h}$
   $\therefore x = \dfrac{270}{335.4} \times 1 = 0.805\text{ h} = 48.3\text{분}$

4. 전열면적
   $A = \dfrac{67\text{ kW}}{900\left(\dfrac{\text{W}}{\text{m}^2}\right) \times 80\%} = \dfrac{67 \times 10^3}{900 \times 0.8}$
   $\quad = 93.06\text{ m}^2$

5. 시간당 발생한 열량
   $Q = 28560\text{ kJ/kg} \times 40\text{ kg/h}$
   $\quad = 1142400\text{ kJ/h}$
   $\quad = 317.33\text{ kJ/s}$
   $1\text{ PS} = 75\text{ kg·m/s}$
   $\quad\quad = 735.5\text{ N·m/s} (= \text{J/s})$
   $\quad\quad = 0.7355\text{ kJ/s}$
   $\therefore W = \dfrac{317.33}{0.7355} = 431.5\text{ PS}$

6. ① 1일 사용량
   $30\text{ W} \times 7\text{ h} = 0.03\text{ kW} \times 7\text{ h}$
   $\quad\quad\quad\quad\quad\quad\quad = 0.21\text{ kW·h}$

② 30일간 사용량
   $30\text{일} \times 0.21\text{ kW·h} = 6.3\text{ kW·h}$
   $1\text{ kW·h} = 860\text{ kcal}$ 이므로
   $\therefore 6.3\text{ kW·h} = 6.3 \times 860$
   $\quad\quad\quad\quad\quad\quad = 5418\text{ kcal}$

7. $dQ = dU + dW$
   $Q = \Delta U + W_a = 4.2 + (-19.6) = -15.4\text{ kJ}$
   $\quad = \dfrac{-15.4}{4.187} = -3.68\text{ kcal}$

8. 팽창일 = 절대일 (일정압력하에서의 일)
   $\quad\quad\quad = W_a = \int_1^2 P\,dV$ 이므로,
   $W_a = \int_1^2 P\,dV = P(V_2 - V_1)$
   $\therefore V_2 = \dfrac{W_a}{P} + V_1$
   $\quad\quad = \dfrac{90000}{550 \times 10^3} + 0.5$
   $\quad\quad \fallingdotseq 0.66\text{ m}^3$

9. 양수기의 일량
   $W = G \times S = 500\text{ kgf/min} \times 150\text{ m}$
   $\quad = 4.5 \times 10^6\text{ kgf·m/h}$
   열량으로 환산하면,
   $AW = \dfrac{1}{427} \times 4.5 \times 10^6 = 10538.64\text{ kcal/h}$
   양수기에서 열로 바뀌는 에너지는 Q_2(방출열량)이므로,
   $AW = Q_1 - Q_2$ 에서,
   $\therefore Q_2 = Q_1 - AW = 25 \times 632.3 - 10538.64$
   $\quad\quad\quad = 5268.86\text{ kcal/h}$

10. ① 절대일 (W_a)
   $= \text{면적 12ab1}$
   $= \square\,2abc + \triangle\,12c$
   $= (0.7 - 0.4) \times (3 \times 10^4) + \dfrac{1}{2}$
   $\quad \times (0.7 - 0.4) \times [(6-3) \times 10^4]$
   $= 13500\text{ kgf·m/kgf}$

② 공업일 (W_t)
   = 면적 12 ed1
   = □1ced + △12c
   = [(6−3)×10⁴]×0.4
   + $\frac{1}{2}$ [(6−3)×10⁴]×(0.7−0.4)
   = 16500 kgf·m/kgf

11. $\eta = \dfrac{동력}{H_l \times f}$ 에서, 동력 = $\eta \times H_l \times f$

① 동력 = 0.4×42000 kJ/kg×30 kg/h
       = 504000 kJ/h
       = $\dfrac{504000 \times 1000}{3600}$
       = 140000 J/s
       = 140 kW

② 1 kW = 1.36 PS이므로, 140 kW
       = 1.36×140
       = 190.4 PS

12. $C_v = \dfrac{1}{2}(17.73+18.15) = 17.94$ kJ/kg·K

$\Delta h = \int C_p dT = \int_{300}^{500} 17.94$
        = 17.94×(500−300)
        = 3588 kJ/kg

13. 엔탈피 $h = u + Pv$
       = 420 + 500×0.02
       = 430 kJ/kg

* 500 kPa = 500 kN/m²
→ Pv = 500 kN/m²×0.02 m³/kg
       = 10 kN·m/kg = 10 kJ/kg

14. $Q = G \cdot C(t_2 - t_1) = W$ 이므로,

$\underbrace{2 \times 4.187 \times (100-20)}_{\text{kJ}} = \underbrace{1 \times 0.5 \times x}_{\text{kJ/s}}$ [s]

∴ x = 1340 s = 1340×$\dfrac{1}{60}$ min
     = 22.33 min

15. $dq = du + Pdv$ 에서,
$du = dq - Pdv$
   = 897 − (1×10⁶)×(0.4089−0.2045)×$\dfrac{1}{1000}$
   = 692.6 kJ/kg

16. $W = m \cdot \Delta h + m \dfrac{w_2^2 - w_1^2}{2}$ 에서,

m = 450 kg/h = $\dfrac{450}{3600}$ kg/s

$W = m(h_2 - h_1) + m \dfrac{w_2^2 - w_1^2}{2}$
   = $\dfrac{450}{3600}(433 - 294) + \dfrac{450}{3600}$
   × $\dfrac{120^2 - 60^2}{2} \times \dfrac{1}{1000}$
   = 17.375 + 0.675
   = 18.05 kJ/s
   ≒ 18 kW

17. $Q = m(h_2 - h_1) + m \dfrac{w_2^2 - w_1^2}{2} + W_t$
   = −378000
$m(2604 - 3234)$ [kg/h × kJ/kg]
   + $m \times \dfrac{300^2 - 900^2}{2} \times \dfrac{1}{1000}$ [kg/h × kJ/kg]
   + 0.7355×3600×1200 kJ/h
   = −378000 kJ/h − 630 m − 360 m
   = −378000 − 3177360
   ∴ m = 3592 kg/h

18. $Q = \Delta H + \Delta KE + \Delta PE + W_t$ 에서 마찰과 열교환을 무시하므로,

$\Delta H = -\Delta KE = -G \cdot \dfrac{w_2^2 - w_1^2}{2}$

∴ $\Delta h = \dfrac{w_1^2 - w_2^2}{2} = \dfrac{30^2 - 500^2}{2}$
   = −124550 m²/s²
   = −124550 kg·m/s²×m/kg
   = −1221418 N·m/kg
   ≒ −1.22 MJ/kg

19. $Q = W = m \cdot C \cdot \Delta t$ 에서
(물의 비열 C = 4.187 kJ/kg·K)

$W = T \cdot \omega = T \cdot \dfrac{2\pi N}{60} = 250 \times \dfrac{2\pi \times 6000}{60}$
   = 157000 N·m/s = 157 kJ/s

$Q = mC(t_2 - t_1)$
   = 0.5×4.187×(T_2 − 293)
   = 2.0935(T_2 − 293)

$Q = W$에서, 2.0935(T_2 − 293) = 157
∴ T_2 = 368 K → t_2 = 95℃

20. 정상유동과정의 에너지식

$$h_1 + \frac{w_1^2}{2} + gz_1 + q = h_2 + \frac{w_2^2}{2} + gz_2 + w_t$$

으로부터 터빈의 일 w_t 는

$$w_t = (h_1 - h_2) + \frac{w_1^2 - w_2^2}{2} + g(z_1 - z_2) + q$$

$$= \underbrace{m(h_1-h_2)}_{①} + \underbrace{m\frac{w_1^2-w_2^2}{2}}_{②} + \underbrace{mg(z_1-z_2)}_{③} + \underbrace{q}_{④}$$

① $m(h_1-h_2) = 2 \text{ kg/s} \times (3130-2670) \text{ kJ/kg}$
$\qquad\qquad = 920 \text{ kJ/s} = 920 \text{ kW}$

② $m\frac{w_1^2-w_2^2}{2} = 2 \text{ kg/s} \times \frac{40^2-190^2}{2}$
$\qquad\qquad = -34500 \text{ kg} \cdot \text{m}^2/\text{s}^2 \cdot \text{s}$
$\qquad\qquad = -34500 \text{ kg} \cdot \text{m/s}^2 \text{ (m/s)}$
$\qquad\qquad = -34500 \text{ N} \cdot \text{m/s}$
$\qquad\qquad = -34500 \text{ J/s}$
$\qquad\qquad = -34.5 \text{ kJ/s}$
$\qquad\qquad = -34.5 \text{ kW}$

③ $mg(z_1-z_2) = 2 \text{ kg/s} \times 9.8 \text{ m}^2 \times (7-4) \text{ m}$
$\qquad\qquad = 58.8 \text{ kg} \cdot \text{m/s}^2 \text{ (m/s)}$
$\qquad\qquad = 0.0588 \text{ kW}$

④ $q = -10 \text{ kW}$

$\therefore W_T = ① + ② + ③ + ④$
$\qquad = 920 - 34.5 + 0.0588 - 10$
$\qquad = 875.558 ≒ 875.6 \text{ kW}$

21. ① $dh = C_p dT$ 에서,

$dh = (28 + 6.2 \times 10^{-3} T - 0.9 \times 10^{-6} T^2) dT$

$\therefore \Delta h = \int_{200}^{400} (28 + 6.2 \times 10^{-3} T$
$\qquad\qquad - 0.9 \times 10^{-6} T^2) dT$

$\qquad = \left[28T + (6.2 \times 10^{-3}) \cdot \frac{T^2}{2} \right.$
$\qquad\qquad \left. - (0.9 \times 10^{-6}) \cdot \frac{T^3}{3} \right]_{200}^{400}$

$\qquad = 5600 + 372 - 16.8$
$\qquad = 5955.2 \text{ kJ/kg} \cdot \text{mol}$
$\qquad = (5955.2 \text{ kJ})/(29 \text{ kg}) = 205.35 \text{ kJ/kg}$

(공기 1 kg·mol ≒ 29 kg)

② $dh = C_p dT$ 에서,

평균 정압비열 $C_p = (1.005 + 1.029)/2$
$\qquad\qquad = 1.017 \text{ kJ/kg} \cdot \text{K}$

$\therefore \Delta h = \int C_p dT = \int_{200}^{400} 1.017 \, dT$

$\qquad = [1.017 \, T]_{200}^{400} = 203.4 \text{ kJ/kg}$

22. $P_1 = 0.3 \text{ MPa}, \, t_1 = -30\text{℃}, \, P_2 = 0.1 \text{ MPa}$

단열변화이므로,

$q = (u_2 - u_1) + w_a = 0$
$(u_2 - u_1) + P_2(v_2 - v_1) = 0$

여기서, $P_2(v_2 - v_1)$ 은 실린더 내의 공기가 외계(外界)에 대하여 행하는 일량이다.

위의 식을 변형하면

$(u_2 + P_2 v_2) - (u_1 + P_1 v_1) + P_1 v_1 - P_2 v_1 = 0$
$h_2 - h_1 - v_1 (P_2 - P_1) = 0$
$C_p (T_1 - T_2) = \frac{RT_1}{P_1} (P_1 - P_2)$

여기서, $P_1 v_1 = RT_1$
$C_p - C_v = R$
$\frac{C_p}{C_v} = k = 1.4$

$1 - \frac{1}{k} = \frac{R}{C_p} = \frac{k-1}{k}$ 인 관계를 이용하면

위의 식으로부터,

$\therefore T_1 - T_2 = \frac{k-1}{k} \cdot T_1 \frac{P_1 - P_2}{P_1}$

$\qquad = \frac{1.4-1}{1.4} \times (-30 + 273) \times \frac{0.3 - 0.1}{0.3}$

$\qquad = 46.3 \text{ ℃}$

23. $1 \text{ kW} = 1 \text{ kJ/s} = 3600 \text{ kJ/h}$

$\therefore 1 \text{ kW} \cdot \text{h} = 3600 \text{ kJ}$

$1 \text{ PS} = 0.7355 \text{ kW}$
$\qquad = 0.7355 \times 3600 \text{ kJ/h}$

$\therefore 1 \text{ PS} \cdot \text{h} = 2647.8 \text{ kJ}$

24. $1 \text{ PS} = 75 \text{ kgf} \cdot \text{m/s}$
$\qquad = 75 \times 9.8 \text{ N} \cdot \text{m/s}$
$\qquad = 75 \times 9.8 \times 60 \text{ N} \cdot \text{m/min}$
$\qquad = 75 \times 9.8 \times 60 \text{ J/min}$

$\therefore W = 125 \text{ PS}$
$\qquad = 125 \times 75 \times 9.8 \times 60 \text{ J/min}$
$\qquad = 5512500 \text{ J/min}$
$\qquad = 5512.5 \text{ kJ/min}$

25. $Q_p = G C_p (t_2 - t_1)$

$Q_v = G C_v (t_2 - t_1)$

$\frac{Q_p}{Q_v} = \frac{G C_p (t_2 - t_1)}{G C_v (t_2 - t_1)}$

$$\rightarrow Q_v = Q_p \frac{C_v}{C_p}$$
$$= 188.16 \times \frac{0.7434}{1.0416}$$
$$= 134.3 \text{ kJ}$$

[별해] $Q_p = GC_p(t_2 - t_1)$에서,
$$188.16 = G \times 1.0416 \times (80 - 20)$$
$$\rightarrow G = 3.01 \text{ kg}$$
$$Q_v = GC_v(t_2 - t_1)$$
$$= 3.01 \times 0.7434 \times (80 - 20)$$
$$= 134.26 \text{ kJ}$$

26. 운동 에너지는
$$E_k = \frac{1}{2}mv^2 = \frac{Wv^2}{2g}$$
$$= \frac{(100 \times 10^3) \times (27.78)^2}{2 \times 9.8}$$
$$= 3937390 \text{ kg} \cdot \text{m}$$
$$= 38586422 \text{ N} \cdot \text{m}$$
$$\doteq 38586 \times 10^3 \text{ J}$$
$$= 38586 \text{ kJ}$$

* $100 \text{ km/h} = 100 \times 1000 \text{ m/h}$
$$= \frac{100 \times 1000}{3600} \text{ m/s}$$
$$= 27.78 \text{ m/s}$$

27. 펌핑 (송수)하는 데 소요되는 일량 W는,
$$W = PV$$
$$= 9.8 \times 10^6 \text{ N/m}^2 \times 1 \text{ m}^3/\text{min}$$
$$= 9.8 \times 10^6 \text{ N} \cdot \text{m/min}$$
$$= 9.8 \times 10^3 \text{ kJ/min}$$

수온 상승으로 소비된 유체마찰에 의한 에너지 손실 Q 는
$$Q = G \cdot C \cdot \Delta T$$
$$= (1 \times 1000 \text{ kg/min}) \times (4.187 \text{ kJ/kg} \cdot \text{K})$$
$$\times (0.25 \text{ K})$$
$$= 1046.75 \text{ kJ/min}$$

손비비율 = 손실효율
$$= \frac{\text{유체상승에 의한 손실 에너지}}{\text{전 손실열량}}$$
$$= \frac{Q}{W + Q}$$
$$= \frac{1046.75}{(9.8 \times 10^3) + (1046.75)}$$
$$= 0.0965 = 9.65\%$$

* 입구와 출구의 수온차
$\Delta t = t_2 - t_1 [\text{℃}]$
$\Delta T = T_2 - T_1 [\text{K}]$에서,
$\Delta t = \Delta T$

28. 펌프의 동력 $Q_1 = W + Q_2$
여기서, Q_1 : 펌프에 주어지는 에너지 열량
W : 물을 퍼올리는 데 필요한 일
Q_2 : 열로 방출되는 에너지
$$Q_1 = 30 \text{ kW} = 30 \text{ kJ/s}$$
$$= 30 \times 3600 \text{ kJ/h}$$
$$= 108000 \text{ kJ/h}$$
$$W = 600 \text{ kgf/min} \times 200 \text{ m}$$
$$= 120000 \text{ kgf} \cdot \text{m/min}$$
$$= 120000 \times 9.8 \times 60 \text{ N} \cdot \text{m/h}$$
$$= 70560000 \text{ J/h}$$
$$= 70560 \text{ kJ/h}$$
$$\therefore Q_2 = Q_1 - W$$
$$= 108000 - 70560$$
$$= 37440 \text{ kJ/h}$$

29. 냉각수에 흡수되는 열량(= 마력당 매 시간 냉각한 열량) Q는
$$Q = (44100 \text{ kJ/kg} \times 0.35) \times (0.25 \text{ kg/PS} \cdot \text{h})$$
$$= 3858.75 \text{ kJ/PS} \cdot \text{h}$$
$Q = GC\Delta t$ 에서, 냉각수의 양은
$$G = \frac{Q}{C \cdot \Delta t}$$
$$= \frac{(3858.75 \text{ kJ/PS} \cdot \text{h})}{(4.187 \text{ kJ/kg} \cdot \text{K}) \times (10 \text{ K})}$$
$$= 92.16 \text{ kg/PS} \cdot \text{h}$$

제3장 이상기체

3-1 이상기체 (perfect gas, 완전 가스)

(1) 기 체

공업상 기체의 구분은 다음과 같다.

① 가스 (gas) : 포화온도보다 비교적 높은 상태의 기체로서, 쉽게 액화되지 않는 기체이며, 공기, 수소, 산소, 질소, 연소 가스 등이다.

② 증기 (vapour) : 포화온도에 가까운 상태의 기체로서, 액화가 비교적 쉬운 냉매, 수증기 등이 이에 해당된다.

(2) 완전 가스 (perfect gas)

완전 가스는 보일(Boyle)의 법칙과 샤를(Charles)의 법칙, 즉 완전 가스의 상태방정식을 따르는 가스로서 이상기체(理想氣體, ideal gas)이며, 실제로는 존재하지 않는 기체이다. 원자수 1 또는 2인 가스(He, H_2, O_2, N_2, CO 등)나 공기는 완전 가스로 취급하고, 원자수 3 이상의 가스(H_2O, NH_3, CH_4, CO_2 등)는 완전 가스로 취급하기 곤란하며, 과열도가 높아지면 완전 가스에 가까운 성질을 지닌다.

완전 가스가 성립할 조건은 가스는 완전 탄성체이고, 분자 간의 인력이 없으며, 분자 자신의 체적은 없다. 또한 분자의 운동 에너지는 절대온도에 비례한다고 가정할 때 성립한다.

3-2 이상기체의 상태방정식

(1) 보일(Boyle)의 법칙

"온도가 일정할 때, 가스의 압력과 비체적은 서로 반비례한다."는 것을 보일의 법칙이라 한다. 즉,

"$T=$일정"일 때 $P=\dfrac{1}{v}$, $Pv=$일정

처음 상태를 P_1, v_1, T_1, 나중 상태를 P_2, v_2, T_2라 하면, T = 일정($T_1 = T_2 = T$)일 때

$$P_1 v_1 = P_2 v_2 = Pv = 일정 \tag{3-1}$$

의 관계를 가지며, $P-v$ 선도 상에서 직각쌍곡선이 된다.

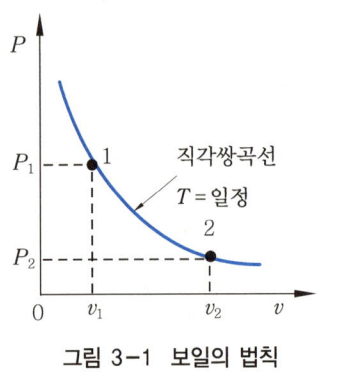

그림 3-1 보일의 법칙   그림 3-2 샤를의 법칙

(2) 샤를(Charles)의 법칙

"압력이 일정할 때, 가스의 비체적은 그 온도에 비례한다."는 것을 샤를의 법칙[또는 게이-뤼삭(Gay-Lussac)의 법칙]이라 한다. 즉, P = 일정일 때

$$\frac{v}{T} = 일정$$

$P_1 = P_2 = P =$ 일정이면,

$$\frac{v_1}{T_1} = \frac{v_2}{T_2} = \frac{v}{T} = 일정 \tag{3-2}$$

의 관계를 가지며 선도 상에서는 원점을 지나는 직선이 된다.

예제 1. 상온의 공기 1 kg을 표준대기압에서 4기압까지 등온변화시키면 어떻게 되는지 설명하시오.

[해설] T = 일정 과정이므로,

$Pv =$ 일정 $= P_1 v_1 = P_2 v_2$

$\therefore \dfrac{v_1}{v_2} = \dfrac{P_2}{P_1} = \dfrac{4\text{기압}}{\text{표준대기압}} = \dfrac{4}{1.0332} > 1$

$\therefore P_2 > P_1$ (압력 증가 → 압축)

또, $q = P_1 v_1 \ln \dfrac{v_2}{v_1} = P_1 v_1 \ln \dfrac{P_1}{P_2}$ 에서, $\dfrac{P_1}{P_2}$ 이 1보다 작으므로 $\ln \dfrac{P_1}{P_2} < 0$이다.

따라서, Q는 그 값이 "$-$"이므로 냉각(방열)이다.

예제 2. 이상기체를 정압하에서 가열하면 체적과 온도는 어떻게 되는지 설명하시오.

[해설] $P=$ 일정 과정이므로,

$$\frac{V}{T} = 일정 = \frac{V_1}{T_1} = \frac{V_2}{T_2}$$

$\therefore \frac{T_2}{T_1} = \frac{V_2}{V_1}$ 에서, "가열" 하므로 $T_2 > T_1$ 에서, $\frac{T_2}{T_1} = \frac{V_2}{V_1} > 1$

따라서, $V_2 > V_1$ 이 되어 "체적 상승"이 되며, 또, "가열"한다고 했으므로 "온도 상승"이다.

예제 3. 다음 중 $V_1 = 1000$ L, $t_1 = 25℃$ 의 상태에 있는 기체를 $P=$ 일정(등압)하에서 $V_2 = 4$ m³로 팽창시키려면 필요한 열량을 구하시오.(단, 이 기체의 정압비열은 837.4 J/kg·K 이고, 기체상수는 125.6 J/kg·K 이다.)

[해설] 등압상태의 열량 $q = C_p(T_2 - T_1)$ 인데, 변화(팽창) 후의 온도(T_2)를 모르므로 $P=$ 일정에서,

$$\frac{V_1}{T_1} = \frac{V_2}{T_2}$$

따라서, $T_2 = T_1 \times \left(\frac{V_2}{V_1}\right)$ 에 대입 정리하면,

$$q = C_p(T_2 - T_1) = C_p\left(T_1 \frac{V_2}{V_1} - T_1\right)$$

$$= 837.4 \times (273 + 25)\left(\frac{4}{1} - 1\right)$$

$$≒ 748636 \text{ J/kg}$$

$$≒ 748.64 \text{ kJ/kg}$$

예제 4. 어떤 이상기체가 압력 200 kPa, 비체적 0.4 m³/kg인 상태에서 등온변화하여 압력 800 kPa인 상태로 변화하였다. 변화 후의 비체적(m³/kg)을 구하시오.

[해설] $T=$ 일정 상태이므로
$P_1 v_1 = P_2 v_2 =$ 일정

$\therefore$ 변화 후 비체적 $v_2 = \frac{P_1}{P_2} v_1 = \frac{200}{800} \times 0.4 = 0.1$ m³/kg

(3) 완전 가스의 상태방정식

압력 P, 체적 V, 비체적 v, 절대온도 T 라고 하면, 보일-샤를의 법칙에 의하여 다음과 같은 상태식이 성립한다.

$$1 \text{ kg에 대하여} : Pv = RT \left(\frac{P_1 v_1}{T_1} = \frac{P_2 v_2}{T_2} = R\right)$$

$$G \text{ [kg]에 대하여} : PV = GRT \tag{3-3}$$

즉, "일정량의 기체의 체적과 압력과의 곱은 절대온도에 비례한다." 이것은 보일-샤를의 법칙이라고도 하며 완전 가스의 상태방정식이 된다. 식 (3-3)에서 R는 기체상수(또는 가스 상수)라 하며, 단위는 kJ/kg·K, kg·m/kg·K이고, 1 kg의 가스를 등압(P = 일정)하에서 온도를 1℃ 올리는 동안에 외부에 행하는 일과 같다는 의미를 갖는다. 또한 표준상태(0℃, 760 mmHg)에서 가스의 비체적을 알면 그 가스의 R 값을 구할 수 있다.

(4) 일반 가스 상수

가스의 중량 G [kg]을 분자량 M으로 나눈 값을 몰(mol)수라 하며, 1 kmol은 분자량이 M일 때 그 가스의 중량이 M [kg]인 경우이다.

아보가드로(Avogadro)의 법칙에 의하면 "온도와 압력이 같은 경우, 같은 체적 속에 있는 가스의 분자수는 같다." 즉, 모든 가스의 분자는 온도와 압력이 같을 경우 같은 체적을 차지한다는 것이다.

산소(O_2)의 분자량 M = 32이고, 표준상태에서 산소의 비중량 γ = 1.4292 kg/m^{3}이므로, 1 kmol이 차지하는 비체적 v_m은

$$v_m = M \cdot v = M \times \frac{1}{\gamma} = 32 \text{ kg/kmol} \times \frac{1}{1.4292} \text{ [m}^3\text{/kg]}$$

$$\fallingdotseq 22.4 \text{ m}^3\text{/kmol}$$

여기서, 산소 1 kmol이 차지하는 체적 22.4 m^3/kmol = 모든 가스의 kmol당 비체적

가스 1 kmol당 비체적 v_m에서 완전 가스의 상태식은

$$Pv_m = \overline{R}T = MR \cdot T$$

여기서, $\overline{R}$: 일반 가스 상수(universal gas constant)

표준상태에서 P_0 = 10332 kg/m^2, v_m = 22.4 m^3/kmol, T_0 = 273 K이므로,

$$\overline{R} = \frac{P_0 \cdot v_m}{T_0} = \frac{10332 \text{ kg/m}^2 \times 22.4 \text{ m}^3/\text{kmol}}{273 \text{ K}}$$

$$\fallingdotseq 848 \text{ kg·m/kmol·K} = MR$$

임의의 가스 상수 $R = \dfrac{848}{M}$ [kg·m/kg·K] (3-4)

따라서, 가스 G [kg]에 대하여,

$$PV = GRT = G \cdot \frac{848}{M} \cdot T \text{ [kg·m]} \tag{3-5}$$

SI 단위계에 대하여,

$$\overline{R} = MR = 8413.3 \text{ J/kmol·K} = 8.3143 \text{ kJ/kmol·K}$$

예제 5. 체적 2 m³의 탱크에 이상기체가 압력 200 kPa, 온도 20℃인 상태로 들어가 있다. 이 기체의 압력을 350 kPa로 올릴 때 필요한 열량(kJ)을 구하시오.(단, R = 460.6 J/kg·K, C_v = 1.3989 kJ/kg·K이다.)

[해설] 탱크는 일정 체적이므로 v = 일정 상태로 보고 $Q = GC_v(T_2 - T_1)$에서 G 와 T_2를 구하면,

① $P_1V_1 = GRT_1$

$$G = \frac{P_1V_1}{RT_1} = \frac{200 \times 10^3 \times 2}{460.6 \times 293} = 2.96 \text{ kg}$$

② $\frac{P_1}{T_1} = \frac{P_2}{T_2}$

$$T_2 = T_1 \times \left(\frac{P_2}{P_1}\right) = 293 \times \frac{350}{200} = 512.75 \text{ K}$$

$$\therefore Q = GC_v(T_2 - T_1)$$
$$= 2.96 \times 1.3989 \times (512.75 - 293)$$
$$= 910 \text{ kJ}$$

예제 6. 체적 1 m³인 자동차 타이어 속에 10℃, 400 kPa의 공기가 들어 있다. 온도가 40℃로 상승했을 때 압력이 350 kPa이 되었고, 타이어 체적이 변하지 않았을 때, 새어나간 공기의 양을 구하시오.

[해설] 타이어 속의 최초의 공기량은

$$G_1 = \frac{P_1V}{RT_1} = \frac{(400 \times 10^3) \times 1}{287 \times 283} = 4.92 \text{ kg}$$

변화 후 공기의 중량은

$$G_2 = \frac{P_2V}{RT_2} = \frac{(350 \times 10^3) \times 1}{287 \times 313} = 3.90 \text{ kg}$$

따라서, 새어나간 공기량은

$$G_a = G_1 - G_2 = 4.92 - 3.90 = 1.02 \text{ kg}$$

예제 7. 분자량이 28.97인 가스 1 kg이 압력 500 kPa, 온도 100℃일 때 이 가스가 차지하는 체적을 구하시오.

[해설] $PV = GRT$에서,

$$R = \frac{8314.3}{M} = \frac{8314.3 \text{ N·m/kmol·K}}{28.97 \text{ kg/kmol}}$$
$$\fallingdotseq 287 \text{ N·m/kg·K}$$

$$\therefore V = \frac{GRT}{P} = \frac{1 \text{ kg} \times 287 \text{ N·m/kg·K} \times (100 + 273) \text{ K}}{500000 \text{ N/m}^2}$$
$$= 0.214 \text{ m}^3$$

[참고] 여러 가스의 M, R, C_p, C_v, k 값

가스			SI 단위계			중력단위계			비열비
가스	기호	분자량	R (J/kg·K)	C_p (J/kg·K)	C_v (J/kg·K)	R (kg·m/kg·℃)	C_p (kg·m/kg·℃)	C_v (kcal/kg·℃)	k
수소	H_2	2.016	4124	14207	10083	420.55	3.403	2.412	1.409
질소	N_2	28.016	296.8	1038.8	742	30.26	0.2482	0.1774	1.4
산소	O_2	32.000	259.8	914.2	654.2	26.49	2.2184	0.1562	1.397
공기	-	28.964	287	1005	718	29.27	0.240	0.171	1.4
일산화탄소	CO	28.01	296.8	1038.8	742	30.27	0.2486	0.1775	1.4
산화질소	NO	30.008	277	998	721	28.25	0.2384	0.1722	1.384
수중기	H_2O	18.016	461.4	1859.9	1398.2	47.06	0.444	0.334	1.33
이산화탄소	CO_2	44.01	188.9	818.6	629.7	19.26	0.1957	0.1505	1.3

(5) 내부 에너지에 대한 줄(Joule)의 법칙

1843년 줄은 그림 3-3과 같은 실험장치를 통하여 이상기체의 내부 에너지는 온도만의 함수 $[u=f(t)]$임을 증명하였다.

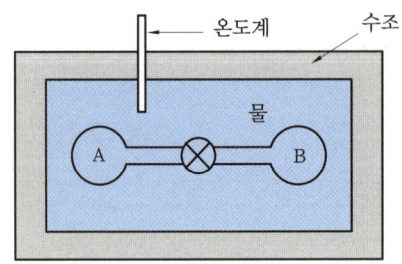

그림 3-3 줄(Joule)의 실험을 유도하는 장치

관과 밸브로 연결된 2개의 압력용기가 수조 속에 담겨져 있다. 처음에는 용기 A에 압력 22 atm의 공기가 들어 있고 용기 B는 고도의 진공으로 만들었다. 열적 평형이 얻어졌을 때, 밸브가 열려서 A와 B의 압력을 같게 하였다. 이 과정 중 또 과정 후에, 수조의 온도에 아무 변화도 찾아볼 수 없었으며, 이때 줄(Joule)은 공기에 열이 전달되지 않았고 일도 0이므로 열역학 제 1 법칙으로부터 공기의 내부 에너지에 변화가 없다고 보았다. 또 이 과정 중 압력과 체적은 변화하였으므로 내부 에너지는 압력과 체적의 함수가 아니라는 결론을 내렸다. 공기는 정확하게 이상기체의 정의에 따르지 않으므로 줄의 실험에서 아주 정밀한 측정이 이루어질 때는 온도에 작은 변화가 일어날 것이다.

줄은 실험에 의하여 다음과 같은 결과를 얻었다.

① 가스가 외부에 대하여 일을 하거나 받는 일이 없이, 즉 외부에 대하여 열의 출입이 없는 단열상태에서 가스를 자유팽창시키면 온도는 변하지 않는다(내부 에너지에 대한 줄의 법칙).
② 실제 가스는 분자 상호간에 인력(引力)이 작용하여 자유팽창할 경우, 인력에 대하여 일을 하게 되며 분자의 운동 에너지의 일부를 소비하여 온도는 내려간다. 따라서 "분자의 인력(引力)을 무시할 경우, 내부 에너지는 온도 T만의 함수가 된다."
③ 줄의 법칙은 엄밀히 완전 가스에 대해서만 성립한다. 체적의 변화가 없다는 것은 $dv=0$을 의미하며 일반 에너지식 $dq=du+P \cdot dv$에서 $dq=du$가 되며, 이는 가열한 열은 전부 내부 에너지의 변화가 된다.

가스의 성질은 P, v, T로 표시되며, 가스의 특성식에서 P를 v, T의 함수로 표시할 수 있듯이 내부 에너지 u도 v와 T의 함수로 표시할 수 있다.

완전 가스에서는 정적(定績)비열 C_v는 u와 T의 함수이므로

$$C_v = \frac{du}{dT}, \quad du = C_v \cdot dT \tag{3-6}$$

상태 1에서 상태 2로 변화되는 동안 내부 에너지의 변화 Δu는

$$\Delta u = u_2 - u_1 = \int_1^2 C_v \cdot dT \tag{3-7}$$

가 되며, $dq = du + P \cdot dv$는 다음과 같은 식이 된다.

$$dq = C_v \cdot dT + P \cdot dv \tag{3-8}$$

예제 8. 어떤 기체의 정압비열 $C_p = 0.187 + 0.000021\,t$ [kcal/kg·℃]로 주어질 때 0℃에서 400℃까지 가열할 때의 내부 에너지 증가량(kJ/kg)을 구하시오.(단, 이 기체의 k값은 1.44이다.)

[해설] $du = C_v dT = \dfrac{C_p}{k} \cdot dT$ 이므로,

$$\Delta u = \int du = \int \frac{C_p}{k} dT$$

$$= \frac{1}{k} \int_0^{400} (0.187 + 0.000021\,t)\,dT$$

$$= \frac{1}{1.44} \times \left[0.187\,t + 0.000021 \times \frac{t^2}{2} \right]_0^{400}$$

$$= \frac{1}{1.44} \times \left[0.187 \times 400 + 0.000021 \times \frac{400^2}{2} \right]$$

$$= 53.1 \text{ kcal/kg}$$

$$= 53.1 \times 4.187$$

$$= 222.33 \text{ kJ/kg}$$

예제 9. 공기 1 kg을 98 kPa abs, 15℃ 상태에서 폴리트로프(polytropic) ($n=1.25$) 변화를 시켰더니 내부 에너지가 147 kJ 만큼 증가했다. 이 상태에서 변화 후 온도(K)를 구하시오.

해설 $du = C_v dT$ 에서,

$\Delta U = GC_v(T_2 - T_1)$: 내부 에너지 증가량, 공기의 $C_v = 718$ J/kg·K

$\therefore T_2 = \dfrac{\Delta U}{GC_v} + T_1 = \dfrac{147000}{1 \times 718} + (273 + 15) = 492.7 \text{K}$

3-3 가스의 비열과 가스 상수의 관계

완전 가스의 중요한 성질 중 하나는 내부 에너지 u 와 엔탈피 h 가 온도만의 함수라는 것이다.

열역학 제 1 법칙의 식으로부터

$dq = du + Pdv, \quad dq = dh - vdP$

$dq = C \cdot dT \left(C = \dfrac{dq}{dT} \right)$

① 정적(定績)변화의 경우 : $dv = 0$ 이므로 일반 에너지 식은 $dq = du + P \cdot dv = du$ 이므로, 가열량은 내부 에너지로만 전환된다. $dv = 0$ (즉, $v =$ 일정)인 상태에서 측정한 비열 C 가 정적비열 C_v 이므로 완전 가스인 경우, $dq = C_v dT$ 이다.

정적변화 ($v =$ 일정)에서,

$dq = du = C_v \cdot dT$ \hfill (3-9)

이다. 즉, 정적과정에서 가열량은 내부 에너지 변화와 같다.

② 정압(定壓)변화의 경우 : $dP = 0$ 이므로 일반 에너지식 $dq = dh - vdP = dh$ 이므로, 가열량은 엔탈피의 변화만으로 전환된다. $dP = 0$ (즉, $P =$ 일정)인 상태에서 측정한 비열 C 를 정압비열 C_p 이므로 완전 가스인 경우 $dq = C_p \cdot dT$ 이다.

정압변화($P =$ 일정)에서,

$dq = dh = C_p \cdot dT$ \hfill (3-10)

이다. 즉, 정압과정에서 가열량은 엔탈피의 변화와 같다. 이를 정리하면,

$$\left. \begin{array}{l} \text{정적비열} \ C_v = \dfrac{du}{dT} = \left(\dfrac{\partial u}{\partial T}\right)_v = \left(\dfrac{\partial q}{\partial T}\right)_v = \left(\dfrac{\partial s}{\partial T}\right)_v \cdot T \\[2mm] \text{정압비열} \ C_p = \dfrac{dh}{dT} = \left(\dfrac{\partial h}{\partial T}\right)_p = \left(\dfrac{\partial q}{\partial T}\right)_p = \left(\dfrac{\partial s}{\partial T}\right)_p \cdot T \end{array} \right\} \quad (3-11)$$

의 관계가 있다 (단위는 C_p, C_v 모두 SI 단위에서 kJ/kg·K, 중력단위에서 kcal/kg·℃

이다).

엔탈피식 $h = u + Pv = u + RT$ 에서

$dh = du + RdT$

$\dfrac{dh}{dT} = \dfrac{du}{dT} + R$ 이므로 식 (3-11)을 대입하면,

$C_p - C_v = R\,[\text{kJ/kg·K}]$ \hfill (3-12)

또, 비열비 $k = \dfrac{C_p}{C_v}$ 이므로 식 (3-12)에 대입 정리하면,

$$\left.\begin{array}{l} C_p = \dfrac{k}{k-1} R \\ C_v = \dfrac{1}{k-1} R \end{array}\right\} \quad (3\text{-}13)$$

이다 (중력단위 kcal/kg·℃에서는 R 대신 AR를 사용한다).

비열비 k의 값은 완전 가스의 분자를 구성하는 원자수에만 관계되며,

$$\left.\begin{array}{l} \text{1원자 분자의 완전 가스인 경우} \quad k = 1.66 \\ \text{2원자 분자의 완전 가스인 경우} \quad k = 1.40 \\ \text{3원자 분자의 완전 가스인 경우} \quad k = 1.33 \end{array}\right\} \quad (3\text{-}14)$$

비열이 일정한 경우와 온도의 함수인 경우에는 여러 가지 취급방법이 매우 달라지므로 편의상 비열이 일정한 경우를 완전(完全) 가스라 하고, 비열이 온도의 함수인 경우를 반완전(半完全) 가스라 한다.

예제 10. 산소의 등압비열 C_p와 등적비열 C_v의 개략값을 계산에 의하여 구하시오.

해설 산소의 가스 상수 $R = \dfrac{8314.3}{M} = \dfrac{8314.3}{32} = 259.82$ J/kg·K

등압비열 $C_p = \dfrac{k}{k-1} R = \dfrac{1.4}{1.4-1} \times 259.82 = 909.37$ J/kg·K

등적비열 $C_v = \dfrac{k}{k-1} R = \dfrac{C_p}{k} = \dfrac{909.37}{1.4} = 649.55$ J/kg·K

예제 11. 완전 가스 1 kg을 일정 압력하에서 20℃에서 100℃까지 가열하는 데 840 kJ의 열량이 소모되었다. 이 기체의 분자량이 3일 때 정적비열(C_v)과 정압비열(C_p)을 구하시오.

해설 ① $P = $ 일정에서,

$Q = G C_p (T_2 - T_1)$

$$\therefore C_p = \frac{Q}{G(T_2-T_1)} = \frac{840}{1\times(373-293)}$$
$$= 10.5 \text{ kJ/kg·K}$$

② $C_p = C_v + R$ 에서,
$$C_v = C_p - R = 10.5 - \frac{8.3143}{3} \fallingdotseq 7.73 \text{ kJ/kg·K}$$

3-4 이상기체의 상태변화

완전 가스의 상태변화에는 가역변화(등적변화, 등압변화, 등온변화, 단열변화, 폴리트로프 변화 등)와 비가역변화(단열변화, 교축, 가스 혼합 등)가 있다. 상태량은 편의상 단위중량, 즉 1 kg에 대하여 P, v, T의 변화 과정 중 일량과 가열량을 가스의 특성식 $Pv=RT$, 에너지 기초식 $dq=du+Pdv$, $dq=dh-vdP$를 활용하여 살펴보기로 한다.

(1) 등압변화(= 정압변화)

그림 3-4(c)와 같은 장치에 열을 가하면 실린더 압력을 일정($P=$ 일정, $dP=0$)상태로 유지하면서 가스의 팽창(부피 증가)에 의하여 G [kg]의 추를 1에서 2로 이동시키게 되는데, 이러한 변화 과정을 등압(정압)변화라 한다.

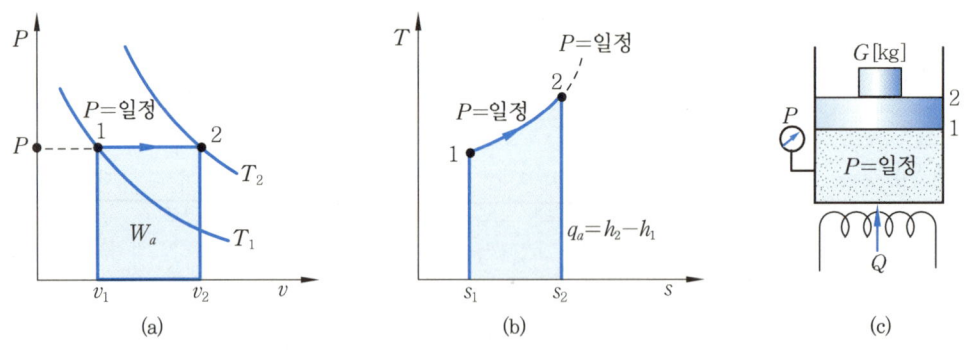

그림 3-4 등압변화

① P, v, T 관계 : $dP=0$ ($P=$ 일정 : $P_1=P_2=P=$ 일정)이므로, $Pv=RT$에서
$$\frac{v_1}{T_1} = \frac{v_2}{T_2} = \frac{v}{T} = \text{일정} \qquad (3-15)$$

② 절대일 : $W_a = \int_1^2 Pdv = P(v_2-v_1)$
$$= R(T_2-T_1) \text{[kg·m/kg, N·m/kg]}$$

③ 공업일 : $W_t = -\int_1^2 vdP = 0 \quad (\because dP=0) \qquad (3-16)$

④ 내부 에너지 변화 : $du = C_v dT$

$$\therefore \Delta u = C_v(T_2 - T_1) \text{[kcal/kg, kJ/kg]}$$
$$\Delta U = GC_v(T_2 - T_1) \text{[kcal, kJ]} \tag{3-17}$$

⑤ 엔탈피 변화 : $dh = C_p dT = dq + vdP = dq(\because dP = 0)$

$$\therefore \Delta h = C_p(T_2 - T_1) = q_a \text{[kcal/kg, kJ/kg]}$$
$$\Delta H = GC_p(T_2 - T_1) = Q_a \text{[kcal, kJ]} \tag{3-18}$$

⑥ 계에 출입하는 열량 : $dq = dh - vdP = dh(\because dP = 0)$

$\therefore q_a = h_2 - h_1$: 가열량은 엔탈피 변화량과 같다.

$$\left.\begin{aligned} q_a = h_2 - h_1 &= C_p(T_2 - T_1) \\ &= \frac{k}{k-1}AR(T_2 - T_1) = \frac{k}{k-1}Av(P_2 - P_1) \text{[kcal/kg](중력단위)} \\ &= \frac{k}{k-1}R(T_2 - T_1) = \frac{k}{k-1}v(P_2 - P_1) \text{[kJ/kg](SI 단위)} \end{aligned}\right\} \tag{3-19}$$

예제 12. 공기 2 kg을 온도 30℃에서 등압상태로 팽창시켰더니 체적이 처음의 1.4배가 되었다. 팽창일과 소비된 열량을 구하시오.

[해설] $P=$ 일정 상태에서,

① 팽창일 $W_a = \int PdV = P(V_2 - V_1) = GR(T_2 - T_1)$

$$T_2 = T_1 \times \left(\frac{v_2}{v_1}\right) = (273 + 30) \times \frac{1.4 v_1}{v_1}$$

$= 424.2 \text{ K} = 151.2℃ \left(\rightarrow P= \text{일정에서}, \frac{v_1}{T_1} = \frac{v_2}{T_2} \right)$

$\therefore W_a = GR(T_2 - T_1)$
$= 2 \times 287 \times (151.2 - 30)$
$\fallingdotseq 69569 \text{ J} \fallingdotseq 69.6 \text{ kJ}$

② 소비된 열량

$Q = GC_p(T_2 - T_1) = GC_p(t_2 - t_1)$
$= 2 \times 1005 \times (151.2 - 30)$
$= 243612 \text{ J}$
$\fallingdotseq 243.6 \text{ kJ}$

(* 공기의 $R = 287 \text{ kJ/kg·K}$, $C_p = 1005 \text{ J/kg·K}$)

(2) 등적변화(= 정적변화)

그림 3-5 (c)와 같이 탱크 속에 있는 물질에 열을 가하여도 체적의 변화 없이 체적이 일정($v=$ 일정, $dv=0$)한 상태를 유지하는 변화과정을 등적(정적)변화라 한다.

제 3 장 이상기체

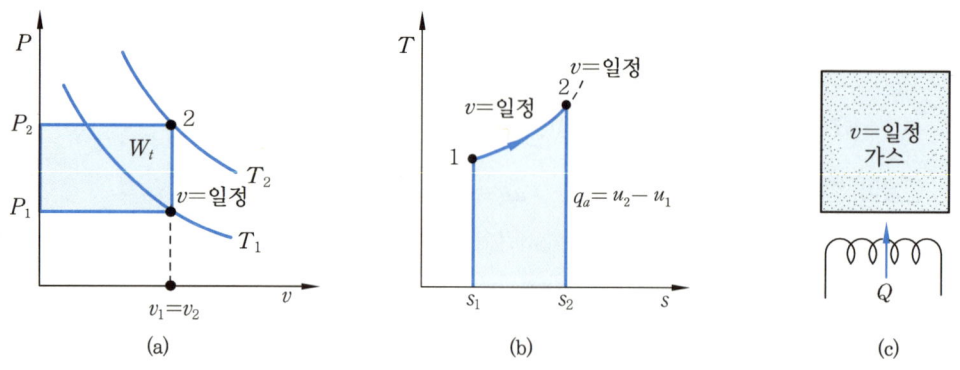

그림 3-5 등적변화

① P, v, T 관계 : $dv=0$ ($v=$일정 : $v_1=v_2=v=$일정)이므로 $Pv=RT$에서,

$$\frac{P_1}{T_1} = \frac{P_2}{T_2} = \frac{P}{T} = 일정 \tag{3-20}$$

② 절대일 : $W_a = \int_1^2 P dv = 0$ ($\because dv=0$) \tag{3-21}

③ 공업일 : $W_t = -\int_1^2 v dP = -v(P_2 - P_1) = v(P_1 - P_2)$ \tag{3-22}

④ 내부 에너지 변화 : $du = C_v dT = dq - Pdv = dq$ ($\because dv=0$)

$$\Delta u = C_v (T_2 - T_1) = q_a \,[\text{kcal/kg, kJ/kg}] \tag{3-23}$$

⑤ 엔탈피 변화 : $dh = C_p dT$

$$\Delta h = C_p (T_2 - T_1) \,[\text{kcal/kg, kJ/kg}] \tag{3-24}$$

⑥ 가열량 : $dq = du + Pdv = du$ ($\because dv=0$)

$q_a = \Delta u = u_2 - u_1$

윗식에서 가열량은 모두 내부 에너지로 저장된다. 즉, 내부 에너지 변화량과 같다.

$$\left. \begin{aligned} \therefore q_a &= u_2 - u_1 = C_v (T_2 - T_1) \\ &= \frac{1}{k-1} AR(T_2 - T_1) \\ &= \frac{A}{k-1} v(P_2 - P_1) [\text{kcal/kg}] \text{ (중력단위)} \\ &= \frac{R}{k-1} (T_2 - T_1) \\ &= \frac{v}{k-1} (P_2 - P_1) [\text{kJ / kg}] \text{ (SI 단위)} \end{aligned} \right\} \tag{3-25}$$

예제 13. 체적 $2\,\text{m}^3$의 탱크에 압력 $200\,\text{kPa}$, 온도 $0\,\text{°C}$인 공기가 들어 있다. 이 공기를 $60\,\text{°C}$까지 가열하는 데 필요한 열량을 구하시오.

[해설] 탱크는 등적(等積)상태로 볼 수 있다.

$v=$ 일정에서 $Q=GC_v(T_2-T_1)$인데 중량 G를 모르므로, $P_1V_1=GRT_1$에서,

$$G = \frac{P_1 V_1}{RT_1} = \frac{(200 \times 10^3) \times 2}{287 \times 273} = 5.1 \text{ kg}$$

공기의 $R = 287$ J/kg·K, $C_v = 718$ J/kg·K이므로

$$\therefore Q = GC_v(T_2 - T_1) = 5.1 \times 718 \times (333 - 273)$$
$$= 219708 \text{ J} \doteqdot 220 \text{ kJ}$$

(3) 등온변화 (= 정온변화)

그림 3-6 (c)와 같은 기구에 열을 가하여 실린더 내의 온도를 일정($T=$ 일정, $dT=0$) 한 상태로 유지하면서 변화하는 과정을 등온(정온)과정이라 한다.

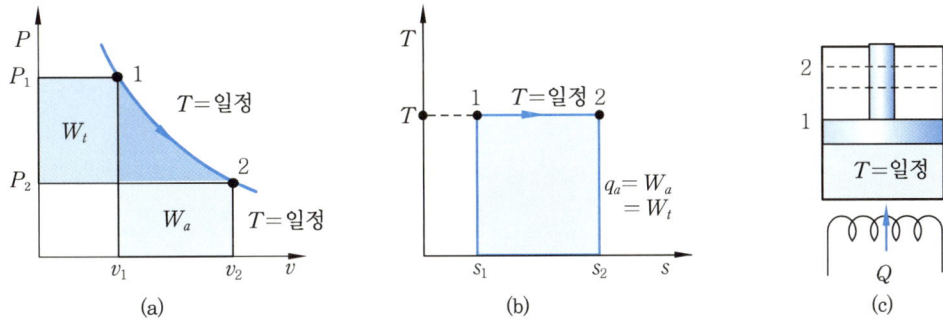

그림 3-6 등온변화

① P, v, T 관계 : $dT = 0$ ($T=$ 일정 : $T_1 = T_2 = T =$ 일정)이므로 $Pv = RT$에서,

$$P_1 v_1 = P_2 v_2 = Pv = \text{일정} \tag{3-26}$$

② 절대일 : $W_a = \int_1^2 P dv = \int_1^2 P_1 v_1 \frac{dv}{v}$ $\left(P_1 v_1 = Pv \text{에서}, P = \frac{P_1 v_1}{v} \right)$

$$\therefore W_a = P_1 v_1 \ln \frac{v_2}{v_1} = P_1 v_1 \ln \frac{P_1}{P_2} \quad (P_1 v_1 = RT_1) \tag{3-27}$$

③ 공업일 : $W_t = -\int_1^2 v dP = -\int_1^2 P_1 v_1 \frac{dP}{P}$ $\left(P_1 v_1 = Pv \text{에서}, v = \frac{P_1 v_1}{P} \right)$

$$\therefore W_t = -P_1 v_1 \ln \frac{P_2}{P_1} = P_1 v_1 \ln \frac{P_1}{P_2} = P_1 v_1 \ln \frac{v_2}{v_1} \quad (P_1 v_1 = RT_1) \tag{3-28}$$

∴ $T=$ 일정에서 공업일과 절대일은 서로 같다.

즉, $W_a = W_t = P_1 v_1 \ln \dfrac{v_2}{v_1} = P_1 v_1 \ln \dfrac{P_1}{P_2} = RT_1 \ln \dfrac{P_1}{P_2}$ 이다.

④ 내부 에너지 변화량 : $du = C_v dT = 0$

⑤ 엔탈피 변화량 : $dh = C_p dT = 0$
$\qquad\qquad\qquad\qquad\qquad\qquad\qquad\qquad (3-29)$

$du=0$, $dh=0$이므로 등온변화 시 내부 에너지 변화와 엔탈피 변화는 없다.

⑥ 가열량 : $dq=du+Pdv$에서 $du=0$, $dq=dh-vdP$에서 $dh=0$이므로,

$$\therefore q_a = \int_1^2 Pdv = -\int_1^2 vdP$$

$$= W_a = W_t = P_1 \cdot v_1 \cdot \ln \frac{v_2}{v_1} = RT_1 \cdot \ln \frac{P_1}{P_2} \tag{3-30}$$

예제 14. 공기 0.2 kg을 30℃에서 압력을 150 kPa abs에서 750 kPa abs까지 등온적으로 압축시킬 때, 압축에 필요한 열량(kJ)을 구하시오.

[해설] $T=$ 일정에서,

열량 $Q = W_a = W_t = GRT_1 \ln \dfrac{V_2}{V_1} = GRT_1 \ln \dfrac{P_1}{P_2}$ 이고,

$R = 287$ J/kg·K 이므로,

$\therefore Q = 0.2 \times 287 \times (273+30) \times \ln \dfrac{150}{750}$

$= -27991$ J $\fallingdotseq -28$ kJ

(4) 단열변화(adiabatic change)

상태변화를 하는 동안에 외부와 계 간에 열의 이동이 전혀 없는 변화를 단열변화라 한다.

① P, v, T 관계 : $dq = du + Pdv = C_v dT + Pdv$

$Pv = RT$의 양변을 미분하면,

$P \cdot dv + vdP = RdT$

$dT = \dfrac{P}{R} dv + \dfrac{v}{R} dP$인 관계식을 사용하면 $dq=0$인 단열변화에서는

$dq = C_v \left(\dfrac{P}{R} dv + \dfrac{v}{R} dP \right) + Pdv = 0$

$(C_v + R) P \cdot dv + C_v v dP = 0$

양변을 $C_v Pv$로 나누면,

$\left(1 + \dfrac{R}{C_v}\right) \dfrac{dv}{v} + \dfrac{dP}{P} = 0$ $\left(k = \dfrac{C_p}{C_v} = \dfrac{C_v + R}{C_v} = 1 + \dfrac{R}{C_v}\right)$

$k \cdot \dfrac{dv}{v} + \dfrac{dP}{P} = 0$

양변을 적분하면,

$k \int \dfrac{dv}{v} + \int \dfrac{dP}{P} = k \ln v + \ln P = \ln v^k + \ln P = \ln C$

$\therefore Pv^k =$ 일정 $\tag{3-31}$

그러므로 $Pv^k =$ 일정에 $Pv = RT$를 대입 정리하면,

$$\left. \begin{array}{l} Tv^{k-1} = \text{일정} \\ T^k P^{1-k} = \text{일정} \end{array} \right\} \tag{3-32}$$

$$\frac{T_2}{T_1} = \left(\frac{v_1}{v_2}\right)^{k-1} = \left(\frac{P_2}{P_1}\right)^{\frac{k-1}{k}}$$

여기서, 비열비 k를 단열지수라 하고 $k > 1$이다.

② 절대일 : $W_a = \int_1^2 P dv$ 이고 $dq = du + P dv = 0$에서 $Pdv = -du$ 이므로,

$$W_a = \int_1^2 P dv = -\int_1^2 du = -\int_1^2 C_v dT$$
$$= -C_v(T_2 - T_1) = C_v(T_1 - T_2)$$

$C_v = \dfrac{1}{k-1} R$을 대입하면,

$$W_a = \int_1^2 P dv = C_v(T_1 - T_2)$$
$$= \frac{R}{k-1}(T_1 - T_2) = \frac{RT_1}{k-1}\left(1 - \frac{T_2}{T_1}\right)$$
$$= \frac{P_1 v_1}{k-1}\left(1 - \frac{T_2}{T_1}\right) \tag{3-33}$$

③ 공업일 : $W_t = -\int_1^2 v dP$ 이고 $dq = dh - v dP = 0$에서 $vdP = dh$ 이므로,

$$W_t = -\int_1^2 v dP = -\int_1^2 dh = -\int_1^2 C_p dT = -C_p(T_2 - T_1) = C_p(T_1 - T_2)$$

$C_p = \dfrac{k}{k-1} R$를 대입하면,

$$W_t = -\int_1^2 v dP = C_p(T_1 - T_2) = \frac{kR}{k-1}(T_1 - T_2)$$
$$= \frac{kRT_1}{k-1}\left(1 - \frac{T_2}{T_1}\right) = \frac{kP_1 v_1}{k-1}\left(1 - \frac{T_2}{T_1}\right) \tag{3-34}$$

여기서, $\dfrac{T_2}{T_1} = \left(\dfrac{v_1}{v_2}\right)^{k-1} = \left(\dfrac{P_2}{P_1}\right)^{\frac{k-1}{k}}$ 을 대입하여 사용할 수 있다.

$$\therefore W_t = kW_a \text{ (단열변화에서 공업일은 절대일과 비열비의 곱과 같다)} \tag{3-35}$$

④ 내부 에너지 변화량 : $du = C_v dT = -Pdv$에서,

$$\Delta u = u_2 - u_1 = C_v(T_2 - T_1) = -W_a \tag{3-36}$$

⑤ 엔탈피 변화량 : $dh = C_p dT = vdP$에서,

$$\Delta h = C_p(T_2 - T_1) = -W_t \tag{3-37}$$

⑥ 가열량 : $dq = 0$ 〔단열변화(열의 수수가 없는 변화)이므로〕 (3-38)

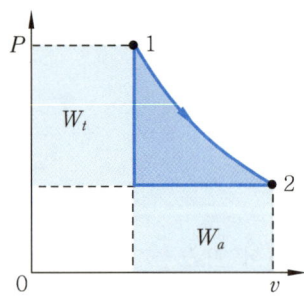
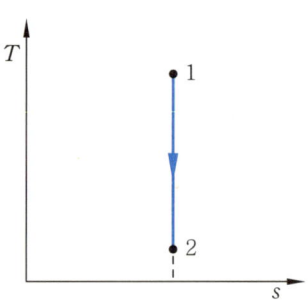

그림 3-7 단열변화

예제 15. 1 kg의 기체를 100 kPa, 15℃에서 체적이 0.1 m³가 될 때까지 압축하였다. 이 기체의 비열이 $C_p = 0.9245$ kJ/kg·K, $C_v = 0.6632$ kJ/kg·K일 때 다음 물음에 답하시오.
(1) 등온일 때 최종압력(kPa)을 구하시오.
(2) 단열일 때 최종압력(kPa)을 구하시오.
(3) 단열일 때 최종온도(℃)를 구하시오.
(4) 등온일 때 일량(kJ)을 구하시오.
(5) 단열변화일 때 일량(kJ)을 구하시오.
(6) 등온변화일 때 이동열량(kJ)을 구하시오.
(7) 단열변화에서 내부 에너지의 변화량(kcal)을 구하시오.

해설 (1) $T =$ 일정에서 $P_1 v_1 = P_2 v_2$ 이므로,

$$\therefore P_2 = P_1 \times \frac{v_1}{v_2}$$

$$v_1 = \frac{RT_1}{P_1} = \frac{261.3 \times (273 + 15)}{100 \times 10^3} = 0.753 \text{ m}^3/\text{kg}$$

〔$R = C_p - C_v$ 에서, $R = (C_p - C_v) = 0.9245 - 0.6632 = 0.2613$ kJ/kg·K〕

$$\therefore P_2 = 100 \times \frac{0.753}{0.1} = 753 \text{ kPa abs}$$

(2) 단열변화($s =$ 일정)에서 $\frac{T_2}{T_1} = \left(\frac{v_1}{v_2}\right)^{k-1} = \left(\frac{P_2}{P_1}\right)^{\frac{k-1}{k}}$ 이므로,

(* 단열지수 $k = \frac{C_p}{C_v} = \frac{0.9245}{0.6632} \fallingdotseq 1.394$)

$$\therefore P_2 = P_1 \left(\frac{v_1}{v_2}\right)^k = 100 \times \left(\frac{0.753}{0.1}\right)^{1.394} = 1668.2 \text{ kPa}$$

(3) 단열변화($s =$ 일정)에서 $\frac{T_2}{T_1} = \left(\frac{v_1}{v_2}\right)^{k-1} = \left(\frac{P_2}{P_1}\right)^{\frac{k-1}{k}}$ 이므로,

$$T_2 = T_1 \left(\frac{v_1}{v_2}\right)^{k-1} \text{ 또는 } T_2 = T_1 \times \left(\frac{P_2}{P_1}\right)^{\frac{k-1}{k}}$$

$$\therefore T_2 = (273+15) \times \left(\frac{0.753}{0.1}\right)^{0.394}$$
$$= 638.04 \text{ K} = 365.04 \text{ ℃}$$

(4) $T=$ 일정에서 $W_a = P_1 v_1 \ln \dfrac{v_2}{v_1} = RT_1 \cdot \ln \dfrac{P_1}{P_2}$ 이므로,

$$\therefore W_a = (100 \times 10^3) \times 0.753 \times \ln \frac{0.1}{0.753}$$
$$\fallingdotseq -152023 \text{ N·m} \fallingdotseq -152 \text{ kJ}$$

(5) 단열변화($s=$ 일정)일 때,
$$W_a = \frac{1}{k-1}(P_1 V_1 - P_2 V_2) = \frac{GR}{k-1}(T_1 - T_2)$$
$$= \frac{1 \times 216.3}{1.394-1} \times (15-365.04)$$
$$= -192172 \text{ N·m} = -192.172 \text{ kJ}$$

(6) $T=$ 일정에서 $q=W_a$이므로, (4)와 동일하므로 $W_a = -152$ kJ

(7) $du = C_v dT$ 에서 $\Delta U = U_2 - U_1 = GC_v(T_2 - T_1)$
$$= 1 \times 663.2 \times (365.04-15)$$
$$= 232146 \text{ J} \fallingdotseq 232.15 \text{ kJ}$$

(5) 폴리트로프 변화 (polytropic change)

실제 기관인 내연기관이나 공기압축기의 작동유체인 공기와 같은 실제 가스는 앞의 네 가지 기본변화만으로 설명하기는 곤란하기 때문에, "$Pv^n=$일정" 식을 사용하여 표시하는데, 이 식으로 표시되는 변화를 폴리트로프 변화라 하고, n을 폴리트로프 지수라 한다. 이 폴리트로프 변화에 있어서 여러 가지 관계식은 단열변화의 k 대신에 n을 대입하면 된다.

① P, v, T 관계

$$\left. \begin{array}{l} Pv^n = \text{일정} \ (P_1 v_1^n = P_2 v_2^n = \text{일정}) \\ Tv^{n-1} = \text{일정} \ (T_1 v_1^{n-1} = T_2 v_2^{n-1} = \text{일정}) \\ T^n P^{1-n} = \text{일정} \ (T_1^n P_1^{1-n} = T_2^n P_2^{1-n} = \text{일정}) \end{array} \right\} \quad (3-39)$$

② 절대일 : 일은 단열변화에서 k 대신 n을 쓰면 된다.

$$W_a = \int_1^2 P dv - 1 = \frac{R}{n-1}(T_1 - T_2)$$
$$= \frac{1}{n-1}(P_1 v_1 - P_2 v_2) = \frac{RT_1}{n-1}\left(1 - \frac{T_2}{T_1}\right) \quad (3-40)$$

③ 공업일

$$W_t = \frac{n}{n-1} R(T_1 - T_2)$$
$$= \frac{n}{n-1}(P_1 v_1 - P_2 v_2)$$
$$= \frac{n}{n-1} RT_1 \left(1 - \frac{T_2}{T_1}\right) \quad (3-41)$$

$$\therefore W_t = n \cdot W_a$$

④ 내부 에너지 변화량 : $du = C_v dT$ 에서,

$$\Delta u = u_2 - u_1 = C_v(T_2 - T_1)$$
$$= \frac{RT_1}{k-1}\left\{\left(\frac{P_2}{P_1}\right)^{\frac{n-1}{n}} - 1\right\} \tag{3-42}$$

⑤ 엔탈피 변화량 : $dh = C_v dT$ 에서,

$$\Delta h = h_2 - h_1 = C_p(T_2 - T_1)$$
$$= \frac{kRT_1}{k-1}\left\{\left(\frac{P_2}{P_1}\right)^{\frac{n-1}{n}} - 1\right\} \tag{3-43}$$

⑥ 가열량 : $dq = du + APdv = C_v dT + Pdv$

$$\therefore q_a = C_v(T_2 - T_1) + W_a$$
$$= C_v(T_2 - T_1) + \frac{R}{n-1}(T_1 - T_2)$$
$$= \frac{n-k}{n-1}C_v(T_2 - T_1)$$
$$= C_n(T_2 - T_1) \tag{3-44}$$

여기서, 폴리트로프 비열 $C_n = \dfrac{n-k}{n-1}C_v$

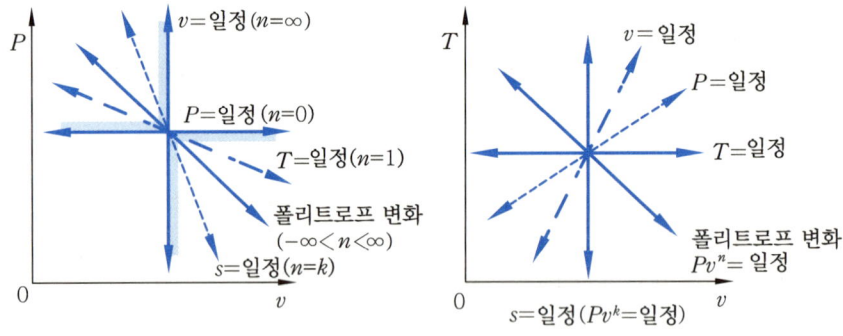

그림 3-8 폴리트로프 변화

【참고】 $C_n = C_v \dfrac{n-k}{n-1}$ 와 $Pv^n =$ 일정에서,

① $n = 0$ 일 때, "$Pv^0 = P =$ 일정"이므로 등압변화
② $n = \infty$ 일 때, "$v =$ 일정"이므로 등적변화 ($Pv^n =$ 일정, $P^{\frac{1}{n}}v =$ 일정, $n = \infty$ 이면 $v =$ 일정)
③ $n = 1$ 일 때, "$Pv =$ 일정"이므로 등온변화
④ $n = k$ 일 때, "$Pv^k =$ 일정"이므로 단열변화

3-4 이상기체의 상태변화

표 3-1 완전 가스(이상기체)의 상태 변화와 각 상태량

과 정	등압(정압)변화	등적(정적)변화	등온(정온)변화	단열변화	폴리트로프 변화
P, v, T 관계	$P=$일정$(dp=0)$ $\frac{T_2}{T_1}=\frac{v_2}{v_1}$	$v=$일정$(dv=0)$ $\frac{T_2}{T_1}=\frac{P_2}{P_1}$	$T=$일정$(dT=0)$ $\frac{P_2}{P_1}=\frac{v_1}{v_2}$	$Pv^k=$일정 $\frac{T_2}{T_1}=\left(\frac{v_1}{v_2}\right)^{k-1}$ $=\left(\frac{P_2}{P_1}\right)^{\frac{k-1}{k}}$	$Pv^n=$일정 $\frac{T_2}{T_1}=\left(\frac{v_1}{v_2}\right)^{n-1}$ $=\left(\frac{P_2}{P_1}\right)^{\frac{n-1}{n}}$
폴리트로프 지수 n	$n=0$	$n=\infty$	$n=1$	$n=k$	$-\infty<n<\infty$
비열 C_n	C_p	C_v	∞	0	$C_v\left(\frac{n-k}{n-1}\right)$
내부 에너지의 변화량 Δu	$C_v(T_2-T_1)$	$C_v(T_2-T_1)$	$C_v(T_2-T_1)=0$	$C_v(T_2-T_1)$	$C_v(T_2-T_1)$
엔탈피 변화량 ΔH	$C_p(T_2-T_1)$	$C_p(T_2-T_1)$	$C_p(T_2-T_1)=0$	$C_p(T_2-T_1)$	$C_p(T_2-T_1)$
엔트로피 변화량 Δs	$C_p\cdot\ln\frac{T_2}{T_1}$	$C_v\cdot\ln\frac{T_2}{T_1}$	$R\cdot\ln\frac{P_1}{P_2}$	0	$C_n\cdot\ln\frac{T_2}{T_1}$
절대일 $w_a=\int p dv$	$P_1(v_2-v_1)$	0	$P_1v_1\cdot\ln\frac{v_2}{v_1}$	$\frac{1}{k-1}(P_1v_1-P_2v_2)$	$\frac{1}{n-1}(P_1v_1-P_2v_2)$
공업일 $w_t=-\int vdp$	0	$v_1(P_1-P_2)$	$P_1v_1\cdot\ln\frac{P_1}{P_2}$	$\frac{1}{k-1}(P_1v_1-P_2v_2)$	$\frac{1}{n-1}(P_1v_1-P_2v_2)$
가열량 $q=C_n dT$	Δh	Δu	$RT_1\ln\frac{v_2}{v_1}$	0	$C_n(T_2-T_1)$

예제 16. 500 L의 탱크에 $P=300$ kPa, 0℃의 산소가 들어 있다. 이 산소의 중량을 구하고, 100℃까지 가열했을 경우 가열로 인한 압력의 증가 및 가열에 필요한 열량을 구하시오. (단, 산소의 $R=259.8$ J/kg·K, $C_v=654.4$ J/kg·K이다.)

[해설] $P_1V_1=GRT_1$ 에서,

$$G=\frac{P_1V_1}{RT_1}=\frac{(300\times10^3)\times0.5}{259.8\times273}=2.11\,\text{kg}$$

$v=$ 일정이므로

$$\frac{P_1}{T_1}=\frac{P_2}{T_2}=\text{일정}$$

$$\therefore P_2=P_1\times\frac{T_2}{T_1}=300\times\frac{273+100}{273}\fallingdotseq410\,\text{kPa}$$

$$\therefore \Delta P=P_2-P_1=410-300\fallingdotseq110\,\text{kPa}$$

가열에 소요되는 열량은
$$Q = GC_v(T_2 - T_1) = 2.11 \times 654.4 \times (373 - 273)$$
$$= 138078 \, \text{J} \fallingdotseq 138.1 \, \text{kJ}$$

예제 17. 압력 1.5 MPa의 가스 20 L가 일정한 온도 15℃에서 압력 100 kPa까지 팽창할 때, 팽창일과 출입열량을 구하시오.

[해설] $20 \, \text{L} = \dfrac{20}{1000} \, \text{m}^3 = 0.02 \, \text{m}^3$

$P_1 = 1.5 \, \text{MPa} = 1500 \, \text{kPa} = 1500000 \, \text{Pa}$

$P_2 = 100 \, \text{kPa} = 100000 \, \text{Pa} \, (1 \, \text{Pa} = 1 \, \text{N/m}^2)$

$\therefore W = GRT_1 \ln \dfrac{v_2}{v_1} = GRT_1 \cdot \ln \dfrac{P_1}{P_2} = P_1 V_1 \times \ln \dfrac{P_1}{P_2}$

$= 1500000 \times 0.02 \times \ln \dfrac{1500 \, \text{kPa}}{100 \, \text{kPa}}$

$= 81241.5 \, \text{N} \cdot \text{m} \fallingdotseq 81.25 \, \text{kN} \cdot \text{m}$

$Q = W = 81.25 \, \text{kN} \cdot \text{m} = 81.25 \, \text{kJ}$

예제 18. 온도 0℃, 압력 100 kPa, 체적 1.68 m³의 공기를 압력이 2500 kPa로 될 때까지 단열적으로 변화시켰을 경우, $k = 1.4$라면 공기의 중량, 변화 후 체적, 변화 후 온도, 필요한 일량, 내부 에너지의 증가량을 구하시오.

[해설] ① 공기의 중량 : $P_1 V_1 = GRT_1$에서 공기의 $R = 287 \, \text{J/kg} \cdot \text{K}$이므로,

$$G = \dfrac{P_1 V_1}{RT_1} = \dfrac{(100 \times 10^3) \times 1.68}{287 \times 273} = 2.14 \, \text{kg}$$

② 변화 후 체적 : $\left(\dfrac{V_2}{V_1}\right) = \left(\dfrac{P_1}{P_2}\right)^{\frac{1}{k}}$에서,

$$V_2 = V_1 \times \left(\dfrac{P_1}{P_2}\right)^{\frac{1}{k}} = 1.68 \times \left(\dfrac{100}{2500}\right)^{\frac{1}{1.4}} \fallingdotseq 0.169 \, \text{m}^3$$

③ 변화 후 온도 : $\left(\dfrac{T_2}{T_1}\right) = \left(\dfrac{P_2}{P_1}\right)^{\frac{k-1}{k}}$에서,

$$T_2 = T_1 \times \left(\dfrac{P_2}{P_1}\right)^{\frac{k-1}{k}} = 273 \times \left(\dfrac{2500}{100}\right)^{\frac{1.4-1}{1.4}}$$

$\fallingdotseq 685 \, \text{K} = 412 \, \text{℃}$

④ 필요한 일량 : $W_a = G \int_1^2 P dv = G \int_1^2 (-du) = G \int_1^2 (-C_v dT)$

$= -\dfrac{GR}{k-1}(T_2 - T_1)$

$= -\dfrac{2.14 \times 287}{1.4 - 1} \times (685 - 273)$

$= -632605 \, \text{N} \cdot \text{m} \fallingdotseq -633 \, \text{kJ}$

⑤ 내부 에너지 변화량 : $\Delta u = u_2 - u_1 = -W_a = 633 \, \text{kJ}$

예제 19. 공기 1 kg을 0℃, 표준대기압, 0.8 m²인 상태에서 $Pv^{1.3}=$ 일정에 따라 압력이 700 kPa이 될 때까지 압축하였을 경우, 압축 후 온도, 체적이 압축에 필요한 일량, 내부 에너지의 변화를 구하시오.

[해설] ① 압축 후 온도

$$\left(\frac{T_2}{T_1}\right) = \left(\frac{P_2}{P_1}\right)^{\frac{n-1}{n}}$$

$$T_2 = T_1 \times \left(\frac{P_2}{P_1}\right)^{\frac{n-1}{n}} = 273 \times \left(\frac{700000}{101325}\right)^{\frac{1.3-1}{1.3}}$$

$$\doteqdot 426 \text{ K} = 153 \text{ ℃}$$

② 체적비

$$\frac{V_1}{V_2} = \left(\frac{P_1}{P_2}\right)^{\frac{1}{n}} = \left(\frac{700000}{101325}\right)^{\frac{1}{1.3}} = 4.42$$

$$\therefore \frac{V_2}{V_1} = \frac{1}{4.42} = 0.226$$

③ 압축에 필요한 일량

$$W = \frac{R}{n-1}(T_1 - T_2)$$

$$\therefore W = \frac{287}{1.3-1} \times (273 - 426)$$

$$= -146370 \text{ N·m} \doteqdot -146.4 \text{ kJ}$$

④ 내부 에너지 변화

$$\Delta u = u_2 - u_1 = C_v(T_2 - T_1)$$

$$\therefore \Delta u = C_v(T_2 - T_1)$$

$$= 0.7224 \times (153 - 0) = 110.5 \text{ kJ/kg}$$

(6) 비가역변화

그림 3-9와 같이 고압의 기체(계로 정한)가 핀으로 고정된 피스톤으로 밀폐되어 있다. 핀이 제거되면 피스톤은 상승하여 급격하게 상부 스토퍼에 부딪친다. 이때 피스톤이 어떤 양만큼 올라갔기 때문에 이 계는 일을 하였다. 다시 처음의 상태로 이 계를 되돌리려고 할 때를 생각해 보자. 그렇게 하기 위한 한 방법은 피스톤 위에 힘을 가하여 다시 이 핀이 피스톤에 꽂힐 수 있을 때까지 기체를 압축하는 것이다. 피스톤 면 위의 압력은 처음 행정 때보다 귀환행정 때가 더 크며 이 역의 과정에 있어서 기체에 대해서 행하여진 일은 처음 과정에 있어서 기체가 한 일보다 더 크다. 이때 원래의 내부 에너지와 동일량의 내부 에너지를 이 계가 가지려면 역행정 중에 기체로부터 어떤 양의 열이 방출되어야 한다. 그러므로 계는 처음 상태로 되돌아가기는 하나, 피스톤을 내려 누르는 데 일을 필요로 하였고, 열을 주위로 방출한 사실 때문에 주위는 변화하였다. 따라서, 주위에 변화를 남기지 않고 역으로 진행할 수 없으므로 처음 과정은 비가역과정(irreversible process)이다.

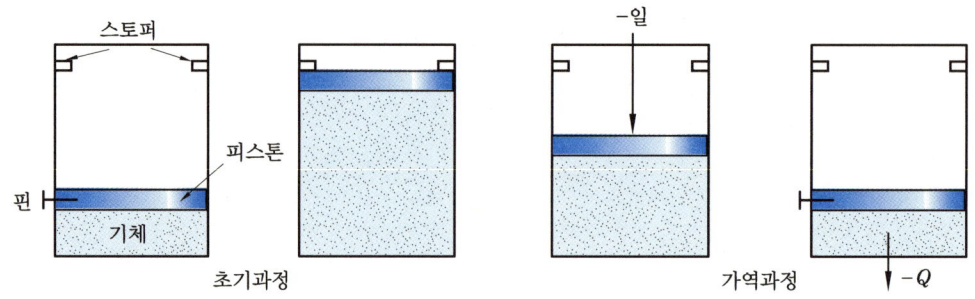

그림 3-9 비가역과정

① 비가역 단열변화 : 노즐 속 또는 일반 관로 속을 고속으로 가스가 흐를 때 외부와의 열의 차단이 있어도, 즉 단열적이어도 내부마찰열이 있기 때문에 비가역변화가 된다. 이와 같은 변화를 비가역 단열변화라 하며, 정상류의 비가역 단열변화에 대해서도 유동에 대한 일반 에너지식, 즉

$$h_1 + \frac{w_1^2}{2} + z_1 + Q = h_2 + \frac{w_2^2}{2} + z_2 + W_t$$

가 성립된다. 또한, 이 변화에서는 근사적으로 폴리트로프 변화식($Pv^n =$ 일정)을 적용할 수 있다.

② 교축(throttling)과정 : 가스가 급격히 좁은 통로를 통과할 때는 외부에 아무런 일도 하지 않고 압력이 강하하게 되는데 이러한 과정을 교축과정(絞縮過程)이라 하며, 하나의 비가역과정이다.

정상유동과정의 일반 에너지식은

$$h_1 + \frac{w_1^2}{2} + z_1 + Q = h_2 + \frac{w_2^2}{2} + z_2 + W_t$$

좁은 통로 앞뒤를 1, 2로 표기할 때 $Q=0$, $AW_t=0$, $h_1 \approx h_2$, $w_1 \approx w_2$이므로,

$$h_1 = h_2 = h = \text{일정} \tag{3-45}$$

즉, 교축과정에서는 가스의 엔탈피는 변화하지 않는다.

③ 완전 가스의 혼합 : 그림 3-10과 같이 2개의 서로 다른 기체(산소와 질소)가 박막에 의해 분리되어 있다. 이 박막을 파괴하면 산소와 질소의 균일한 혼합체가 용기의 전체적을 채운다. 이 기체 혼합물은 불구속팽창(不拘束膨脹)을 하므로 이것은 비가역 과정의 하나인 불구속의 특수한 경우이다. 이 기체들을 분리하려면 어떤 양의 일이 필요하며, 결국 이것은 비가역과정이 되는 것이다.

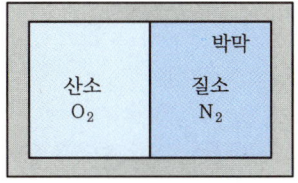 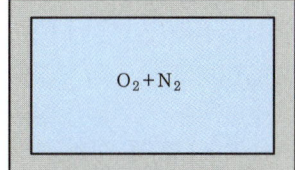

그림 3-10 완전 가스의 혼합

3-5 완전 가스의 혼합

(1) 돌턴(Dalton)의 분압법칙

두 가지 이상의 서로 다른 완전 가스를 하나의 용기 속에 혼합시킬 경우 각 가스의 상호간에 화학반응이 일어나지 않는다면 "각 가스는 마치 그 가스만이 용기 전체에 퍼져 있는 경우와 같은 압력을 가지며, 혼합 가스의 전 압력은 각 가스의 분압의 합과 같다." 이것을 혼합 가스에 대한 돌턴의 법칙이라 한다.

혼합 가스 중의 각 가스는 모두 같은 온도, 같은 체적을 가지며, 비체적은 각각 별개의 값을 가진다.

돌턴의 분압법칙으로부터 각 가스의 분압을 $P_1, P_2, P_3, \cdots, P_n$이라 하면,

$$\text{전 압력} \quad P = P_1 + P_2 + P_3 + \cdots\cdots + P_n = \sum P_i \tag{3-46}$$

각 가스의 압력은 혼합 가스의 압력보다 낮으며 각각 별개의 값을 가진다.

중량이 $G_1, G_2, G_3, \cdots, G_n$인 n가지 가스의 가스 상수를 $R_1, R_2, R_3, \cdots, R_n$, 같은 압력 P, 같은 온도 T에서 가스가 차지하는 체적을 $V_1, V_2, V_3, \cdots, V_n$이라 할 때,

$$\text{전 중량} \quad G = G_1 + G_2 + G_3 + \cdots\cdots + G_n = \sum G_i$$

$$\text{전 체적} \quad V = V_1 + V_2 + V_3 + \cdots\cdots + V_n = \sum V_i$$

$$PV_n = G_n R_n T, \quad P_n V = G_n R_n T \quad (n = 1, 2, 3, \cdots)$$

$$z_1 = P\frac{V_1}{V}, \quad P_2 = P\frac{V_2}{V}, \cdots\cdots, P_n = P\frac{V_n}{V} \tag{3-47}$$

혼합 가스 중의 체적비율을 알면 그 분압을 구할 수 있다.

(2) 혼합 가스 중의 각 상태량

혼합 가스 중의 각각의 가스의 중량을 $G_1, G_2, G_3, \cdots, G_n$, 압력 P와 온도 T에서의 체적을 $V_1, V_2, V_3, \cdots, V_n$, 비중량을 $\gamma_1, \gamma_2, \gamma_3, \cdots, \gamma_n$이라고 하면 각 상태량은 다음과 같다.

① 비중량

$$\gamma V = \gamma_1 V_1 + \gamma_2 V_2 + \gamma_3 V_3 + \cdots\cdots + \gamma_n V_n = \sum \gamma_i V_i$$

$$\therefore \gamma = \gamma_1\left(\frac{V_1}{V}\right) + \gamma_2\left(\frac{V_2}{V}\right) + \gamma_3\left(\frac{V_3}{V}\right) + \cdots\cdots + \gamma_n\left(\frac{V_n}{V}\right) = \sum \gamma_i\left(\frac{V_i}{V}\right) \quad (3-48)$$

식 (3-47)로부터,

$$\therefore \gamma = \gamma_1\left(\frac{P_1}{P}\right) + \gamma_2\left(\frac{P_2}{P}\right) + \gamma_3\left(\frac{P_3}{P}\right) + \cdots\cdots + \gamma_n\left(\frac{P_n}{P}\right) = \sum \gamma_i\left(\frac{P_i}{P}\right) \quad (3-49)$$

이 식들은 혼합 가스의 비중량은 각 가스의 비중량과 혼합 가스 중의 체적비율 또는 전압과 분압과의 비를 알면 구할 수 있음을 표시한다.

② 비 열

$$CG = C_1 G_1 + C_2 G_2 + C_3 G_3 + \cdots\cdots + C_n G_n = \sum C_i G_i$$

$$\therefore C = C_1\left(\frac{G_1}{G}\right) + C_2\left(\frac{G_2}{G}\right) + C_3\left(\frac{G_3}{G}\right) + \cdots\cdots + C_n\left(\frac{G_n}{G}\right)$$

$$= \sum C_i\left(\frac{G_i}{G}\right) \quad (3-50)$$

혼합 가스의 단위중량당의 비열은 각 가스의 비열에 그의 중량비를 곱한 것의 합과 같다.

③ 분자량

$$M = M_1\left(\frac{P_1}{P}\right) + M_2\left(\frac{P_2}{P}\right) + M_3\left(\frac{P_3}{P}\right) + \cdots\cdots + M_n\left(\frac{P_n}{P}\right)$$

$$= \sum M_i\left(\frac{P_i}{P}\right) \quad (3-51)$$

④ 가스 상수

$\sum G_i R_i T = \sum P_i V$ 로부터, $\sum G_i R_i = \sum P_i \cdot \left(\frac{V}{T}\right)$ 이므로

$$G_1 R_1 + G_2 R_2 + G_3 R_3 + \cdots + G_n R_n = P_1 \frac{V}{T} + P_2 \frac{V}{T} + P_3 \frac{V}{T} + \cdots + P_n \frac{V}{T}$$

$$= (P_1 + P_2 + P_3 + \cdots + P_n)\frac{V}{T} = \sum P_i \frac{V}{T}$$

$$GR = G_1 R_1 + G_2 R_2 + G_3 R_3 + \cdots + G_n R_n$$

$$\therefore R = R_1\left(\frac{G_1}{G}\right) + R_2\left(\frac{G_2}{G}\right) + R_3\left(\frac{G_3}{G}\right) + \cdots + R_n\left(\frac{G_n}{G}\right) = \sum R_i\left(\frac{G_i}{G}\right) \quad (3-52)$$

⑤ 온 도

$$G_1 C_1 (T - T_1) + G_2 C_2 (T - T_2) + G_3 C_3 (T - T_3) + \cdots + G_n C_n (T - T_n) = 0$$

$$G_1 C_1 T + G_2 C_2 T + G_3 C_3 T + \cdots + G_n C_n T = G_1 C_1 T_1 + G_2 C_2 T_2 + \cdots + G_n C_n T_n$$

$$\therefore \sum G_i C_i T = \sum G_i C_i T_i$$

$$\therefore T = \frac{\sum G_i C_i T_i}{\sum G_i C_i} \quad (3-53)$$

3-5 완전 가스의 혼합   79

예제 20. 탱크 속에 15℃ 공기 10 kg과 50℃의 산소 5 kg이 혼합되어 있다. 혼합 가스의 평균온도(℃)를 구하시오. (단, 공기의 $C_v = 0.172$ kcal/kg·℃, 산소의 $C_v = 0.156$ kcal/kg·℃이다.)

[해설] $T = t_m = \dfrac{\sum G_i C_i T_i}{\sum G_i C_i} = \dfrac{G_1 C_1 T_1 + G_2 C_2 T_2}{G_1 C_1 + G_2 C_2}$

$= \dfrac{(10 \times 0.172 \times 15) + (5 \times 0.156 \times 50)}{(10 \times 0.172) + (5 \times 0.156)}$

$= 25.92$ ℃

예제 21. 산소 8 kg과 질소 12 kg이 섞인 혼합기체의 정압비열을 구하시오. (단, 질소의 정압비열은 1038.8 J/kg·K, 산소의 정압비열은 914.2 kJ/kg·K이다.)

[해설] $GC = G_1 C_1 + G_2 C_2 + \cdots + G_n C_n = \sum_{i=1}^{n} G_i C_i$ 이므로,

$GC = G_O C_O + G_N C_N$

$\therefore C = \dfrac{G_O C_O + G_N C_N}{G} = \dfrac{8 \times 1038.8 + 12 \times 914.2}{8 + 12}$

$= 964.64$ J/kg·K $= 0.964$ kJ/kg·K

예제 22. 압력 800 kPa, 온도 100℃ 인 기체 혼합물의 성분이 질소(분자량 28) 24 kg, 산소(분자량 32) 16 kg이다. 산소의 분압(kPa)을 구하시오.

[해설] $n_N = \dfrac{24}{14} = 1.71$

$n_O = \dfrac{16}{16} = 1$

$\therefore n = n_N + n_O = 1.71 + 1 = 2.71$

$\dfrac{P_N}{P} = \dfrac{n_N}{n}$ 에서, $\dfrac{P_O}{P} = \dfrac{n_O}{n}$ 이므로,

$\therefore P_O = P \times \dfrac{n_O}{n}$

$= 800 \times 10^3 \times \dfrac{1}{2.71} = 295202$ N/m^2

$\fallingdotseq 295.2 \times 10^3$ [N/m^2] $= 295.2$ kPa

[참고] 질소의 분압 P_N은

$P_N = P \times \dfrac{n_N}{n} = 800 \times 10^3 \times \dfrac{1.71}{2.71}$

$\fallingdotseq 504797$ N/m$^2 \fallingdotseq 505$ kPa

3-6 반완전 가스 (half perfect gas)

완전 가스는 $Pv=RT$의 상태식을 만족하며 비열은 온도 및 압력에 관계없이 일정하지만 실제 가스의 경우는 $Pv=RT$ 식을 따르며, 비열은 압력과는 무관하지만 온도의 함수이다. 실제 가스인 반완전 가스일지라도 분자량이 적을수록, 압력이 낮을수록, 온도가 높을수록 완전 가스의 성질에 가까워진다.

반완전 가스의 비열은 보통 온도의 1차식으로 표시하는 경우가 많다.

$$C_p = a_p + bT, \quad C_v = a_v + bT \tag{3-54}$$

공기의 경우 비열을 다음 식으로 표시할 수 있다.

$$C_p = 0.241 + 0.0000366\,t, \quad C_v = 0.172 + 0.0000366\,t \tag{3-55}$$

공업상 사용되는 실제 기체는 $Pv=RT$에 적당히 보정하여 특성식을 만들며, 발표된 특성식 중 중요한 식을 보면 다음과 같다.

① 반데르 발스(Van der Waals)의 식

$$\left(P + \frac{a}{v^2}\right)(v-b) = RT \tag{3-56}$$

② 클라우지우스(Clausius)의 식

$$\left\{P + \frac{a}{T(v+c)^2}\right\}(v-b) = RT \tag{3-57}$$

③ 베델롯(Bethelot)의 식

$$\left\{P + \frac{a}{Tv^2}\right\}(v-b) = RT \tag{3-58}$$

예제 23. 질소(N_2)의 온도를 0℃부터 400℃까지 높였을 때의 내부 에너지의 증가량을 구하시오. (단, 질소의 정적비열 $C_v = 0.7484 + 0.00008\,T$ [kJ/kg·K]이다.)

[해설] 1 kg당의 내부 에너지 Δu는

$$\Delta u = \int_{T_1}^{T_2} C_v\,dT = \int_{273}^{673}(0.7484 + 0.00008\,T)\,dT$$

$$= [0.7484\,T + 0.00004\,T^2]_{273}^{673}$$

$$= 299.36 + 30.27$$

$$= 329.63 \fallingdotseq 330\ \text{kJ/kg}$$

3-7 습공기(humid air)

 대기 중에는 항상 수분을 함유하고 있으며, 이와 같이 수분을 함유하고 있는 공기를 습공기라 한다. 또 대기 중의 수증기는 보통 상태에서 건공기(dry air)와 같이 완전 가스로 취급해도 실용상 지장이 없다. 습공기를 취급하는 목적은 기상이나 인간 생활에 많은 영향을 끼치고, 공업적으로는 건조 및 습조건 등과 중요한 관계가 있으며, 이들은 공기조화(air conditioning) 분야를 위한 중요한 자료를 제공하기 때문이다.

(1) 건공기와 수증기

 표준상태(0℃, 760 mmHg)에서의 건공기의 조성은 분자량이 28.964, 가스 상수 287 J/kg·K, 비중량 12.68 N/m³, 비체적 0.7734 m³/kg 상태에서 다음과 같다.

구분 \ 성분	질소 (N_2)	산소 (O_2)	아르곤 (Ar)	이산화탄소 (CO_2)
체적 조성	78.09	20.95	0.93	0.03
중량 조성	75.52	23.15	1.28	0.05

 수증기에서 0℃ 포화수의 엔탈피를 0으로 할 때, 임의의 압력 P, 온도 t인 수증기의 엔탈피 h_w는 다음과 같다.

$$h_w = r_0 + C_{pw} t = 597.1 + 0.46 t \ [\text{kcal/kg}] \tag{3-59}$$

여기서, r_0 : 0℃의 포화수를 0℃의 포화증기로 만드는 데 소요되는 증기의 잠열
C_{pw} : 수증기의 정압비열(0.46 kcal/kg)

 습공기의 압력 P는 건공기의 분압 P_a와 수증기의 분압 P_w와의 합과 같다.

$$P = P_a + P_w \tag{3-60}$$

(2) 습도와 노점

 습공기 중의 증기의 혼합비를 나타내기 위해 습도(humidity)를 사용하며, 절대습도와 상대습도가 있다.

① 절대습도(絕對濕度, absolute humidity) : 공기 1 kg 에 대한 증기의 중량비로서, x로 표시한다.

$$x = \frac{G_w}{G_a} = \frac{\text{습공기 중의 증기의 중량}}{\text{습공기 중의 건공기의 중량}} \tag{3-61}$$

② 상대습도(相對濕度, relative humidity) : 습공기 중의 증기의 비중량과 이 공기의 온도에 상당하는 포화증기의 비중량의 비로서 ϕ로 표시한다.

$$\phi = \frac{\gamma_w}{\gamma_s} = \frac{\text{습공기 중의 증기의 비중량}}{(\text{이 공기의 온도에 상당하는}) \text{ 포화증기의 비중량}} \tag{3-62}$$

한편, 보일(Boyle)의 법칙으로부터,

$$\frac{P_w}{\gamma_w} = \frac{P_s}{\gamma_s}$$

여기서, P_w : 습공기 중의 수증기의 분압, P_s : 건포화증기의 분압

$$\therefore \phi = \frac{\gamma_w}{\gamma_s} = \frac{P_w}{P_s} \tag{3-63}$$

그러므로 전압과 온도가 일정하면 상대습도가 감소함에 따라 공기의 분압이 증가한다.

③ 노점(露點, 이슬점, dew point) : 습공기를 압력이 일정한 상태에서 냉각하면 상대습도 ϕ는 점차로 증가하여 포화상태에 도달하며, 이때의 온도를 노점이라 한다. 이 온도는 증기의 분압에 상당하는 포화온도와 같다. 또, 계속 냉각시키면 증기는 응축되어 이슬을 맺게 된다.

④ 건구온도와 습구온도 : 온도계로 측정되는 온도를 건구(乾球)온도, 온도계의 온도감지 부분을 젖은 헝겊으로 감고 일정한 통풍 상태를 유지하면서 측정한 온도를 습구(濕球)온도라 한다.

완전 가스의 상태식으로부터, 습공기 중의 증기의 중량 G_w와 건공기의 중량 G_a는 다음과 같다.

$$G_w = \gamma_w V = \frac{P_w \cdot V}{R_w \cdot T} = \frac{\phi P_s \cdot V}{461.4\,T}$$

$$G_a = \gamma_a V = \frac{P_a \cdot V}{R_a \cdot T} = \frac{(P - \phi P_s) V}{287\,T}$$

$$\therefore x = \frac{G_w}{G_a} = \frac{287}{461.4} \times \frac{\phi P_s}{P - \phi P_s} = 0.622 \times \frac{\phi P_s}{P - \phi P_s} \tag{3-64}$$

$$\therefore \phi = \frac{x \cdot P}{P_s (0.622 + x)} \tag{3-65}$$

습공기에서 수분의 출입이 없는 한 절대습도 x는 온도에 관계없이 일정하며, 상대습도 ϕ는 온도와 압력에 따라 변화한다.

포화 습공기($\phi=1$)의 절대습도 $x_s = 0.622 \times \dfrac{P_s}{P - P_s}$ 이며 x와 x_s의 비 ψ를 비교습도라 한다.

비교습도 (또는 포화도) $\psi = \dfrac{\text{습공기의 절대습도 } x}{\text{포화 습공기의 절대습도 } x_s}$

$$= \phi \times \frac{P - P_s}{P - \phi P_s} \tag{3-66}$$

(3) 분자량 M, 가스 상수 R, 비중량 γ

① 습공기의 상당 분자량

혼합공기의 분자량을 표시하는 식 (3-51)로부터 습공기의 상당 분자량은,

$$M = M_a \frac{P_a}{P} + M_w \frac{P_w}{P} = M_a \frac{P - P_w}{P} + M_w \frac{P_w}{P} \tag{3-67}$$

공기 분자량 $M_a = 28.95$ kg/kmol, 수증기 분자량 $M_w = 18.016$ kg/kmol이므로,

$$M = 28.95 \left(\frac{P - P_w}{P} \right) + 18.016 \cdot \frac{P_w}{P}$$

$$= 28.95 - 10.93 \frac{\phi P_s}{P} \ [\text{kg/kmol}] \tag{3-68}$$

위의 식에서 M은 건공기의 분자량보다 적으며, 습공기는 같은 온도, 같은 압력의 건공기보다 가볍다는 것을 알 수 있다.

② 습공기의 가스 상수

$$R = \frac{848}{M} = \frac{848}{28.95 - 10.93 \frac{\phi P_s}{P}} \ [\text{kg·m/kg·K}]$$

$$= \frac{8314.3}{28.95 - 10.93 \frac{\phi P_s}{P}} \ [\text{J/kg·K}] \tag{3-69}$$

③ 습공기의 비중량

$Pv = RT$, $v = \frac{1}{\gamma} = \frac{RT}{P}$ 에서,

$$\gamma = \gamma_a + \gamma_w$$

$$= \frac{P_a}{R_a T} + \frac{P_w}{R_w T} = \frac{P - \phi P_s}{R_a T} + \frac{\phi P_s}{R_w T}$$

$$= \frac{P}{R_a T} \left\{ 1 - \phi \frac{P_s}{P} \left(1 - \frac{R_a}{R_w} \right) \right\} [\text{kg/m}^3, \ \text{N/m}^3] \tag{3-70}$$

$$R = \frac{P}{\gamma T} = \frac{P}{\frac{P}{R_a T} \left\{ 1 - \phi \frac{P_s}{P} \left(1 - \frac{R_a}{R_w} \right) \right\} \times T}$$

$$= \frac{R_a}{1 - \phi \frac{P_s}{P_0} \left(1 - \frac{R_a}{R_w} \right)}$$

$R_a = 29.27$ kg·m/kg·K $= 287$ N·m/kg·K

$R_w = 47.06$ kg·m/kg·K $= 461.4$ N·m/kg·K

$$\therefore R = \frac{29.27}{1 - 0.378 \times \phi \frac{P_s}{P}} \ [\text{kg·m/kg·K}]$$

$$= \frac{287}{1-0.378\times \phi \frac{P_s}{P}} \text{ [J/kg·K]} \tag{3-71}$$

(4) 엔탈피 h, 비열 C_p, C_v

① 엔탈피(kcal/kg, kJ/kg)

건공기 1 kg의 엔탈피 h_a, 증기 1 kg의 엔탈피 h_w는 0℃ 기준으로 하면

$$h_a = C_{pa} \cdot t$$

$$h_w = h_{w_0}(0℃의\ 증기의\ 엔탈피) + C_{pw} \cdot t$$

$$\left. \begin{array}{l} \therefore\ h_a = 0.24\,t \\ h_w = 597 + 0.46\,t \end{array} \right\} \text{[kcal/kg]} \tag{3-72}$$

절대습도 x인 습공기(= 1 kg의 건공기와 x [kg]의 증기)와 혼합된 습공기의 엔탈피, 정압비열, 정적비열은 건공기 1 kg에 대하여,

엔탈피 $h = h_a + x \cdot h_w$

$$= 0.24\,t + (597 + 0.46\,t) \cdot x$$

$$= 0.24\,t + 0.622(597 + 0.46\,t) \cdot \frac{\phi P_s}{P - \phi P_s} \text{ [kcal/kg]} \tag{3-73}$$

$$= \left\{ 0.24\,t + 0.622(597 + 0.46\,t) \cdot \frac{\phi P_s}{P - \phi P_s} \right\} \times 4.2 \text{ kJ/kg} \tag{3-74}$$

정압비열 $C_p = 0.24 + 0.46x$

$$= 0.24 + 0.286 \cdot \frac{\phi P_s}{P - \phi P_s} \text{ [kcal/kg·℃]} \tag{3-75}$$

식 (3-75)×4.2는 SI 단위로 [kJ/kg·K]가 된다.

정적비열 $C_v = C_p - AR(1+x)$

$$= C_p - \frac{1}{427} \times \frac{29.27}{1-0.378 \times \phi \frac{P_s}{P}} \times (1+x)$$

$$\left(\phi \frac{P_s}{P} = \frac{x}{0.622+x},\ x = \frac{\phi P_s}{P - \phi P_s} \text{를 대입하여 정리하면} \right)$$

$$C_v = C_p - 0.069 \left(1 + \frac{\phi P_s}{P - \phi P_s} \right)$$

$$= 0.17 + 0.217 \times \frac{\phi P_s}{P - \phi P_s} \text{ [kcal/kg]} \tag{3-76}$$

(5) 습공기 선도

습공기의 상태는 전 압력이 일정할 때, 어느 두 상태가 정해지면 나머지 상태는 모두 구할 수 있으며, 이를 구할 수 있는 선도로는 $h-x$, $t-x$, $t-h$ 선도 등이 있다.

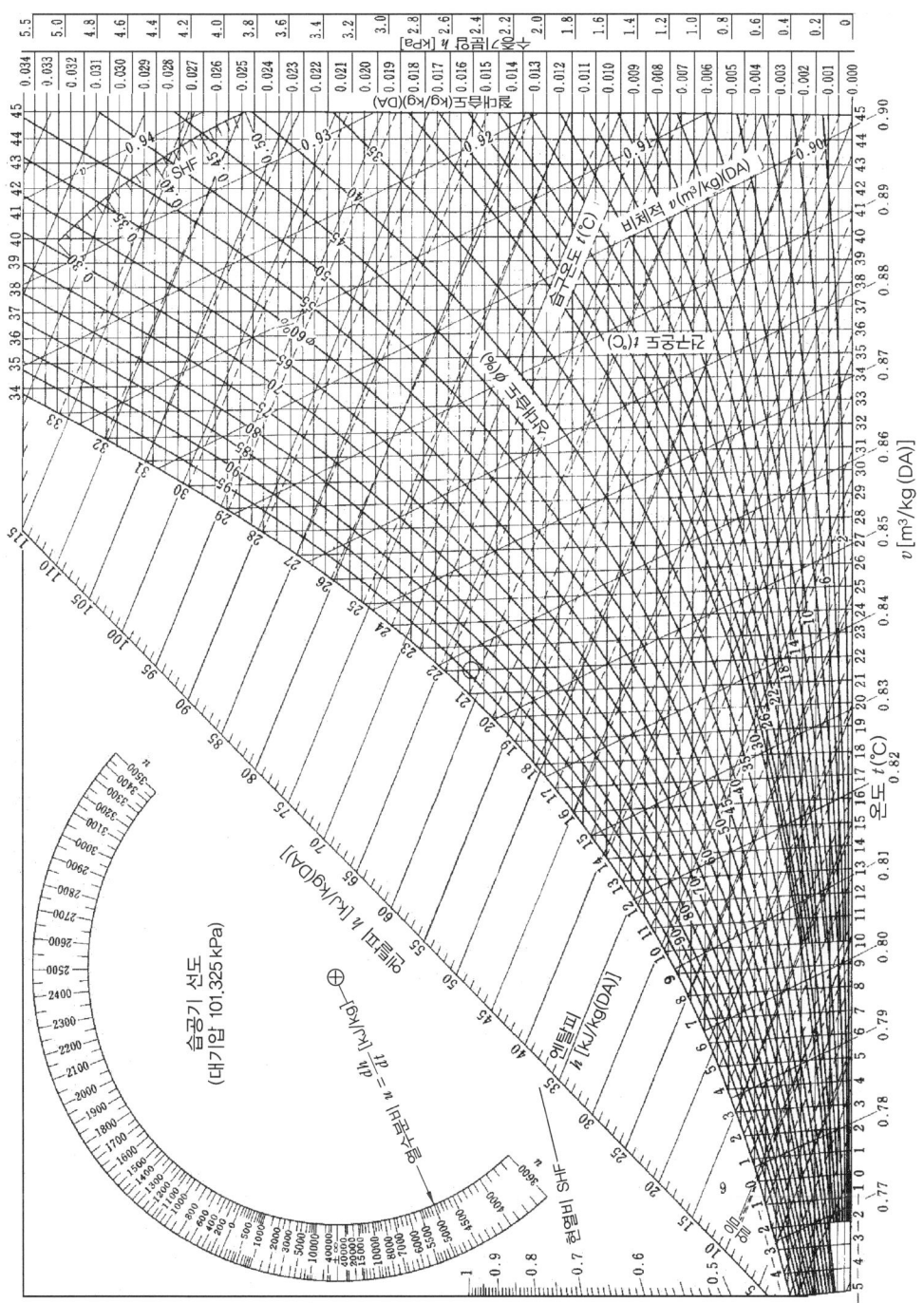

그림 3-11 습공기 선도

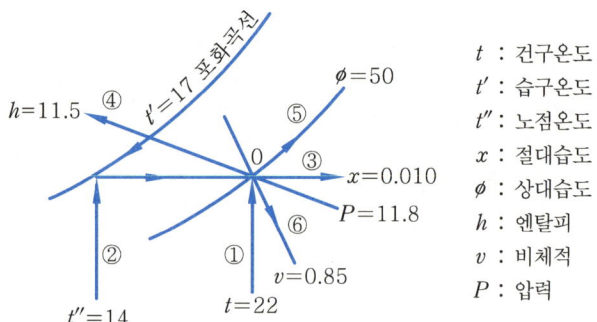

그림 3-12 습공기의 $h-x$ 선도 활용 방법

예제 24. 표준대기압에서의 온도 40℃, 상대습도 0.8인 습공기의 절대습도, 포화도, 엔탈피, 정압 및 정적비열을 구하시오. (40℃ 증기의 포화압력 $P_s = 0.73766 \times 10^4 \, \text{N/m}^2$)

[해설] ① 절대습도 $x = 0.622 \times \dfrac{\phi P_s}{P - \phi P_s}$

$= 0.622 \times \dfrac{0.8 \times 7376.6}{101325 - 0.8 \times 7376.6} = 0.0385$

② 포화도 $\psi = \phi \times \dfrac{P - P_s}{P - \phi P_s}$

$= 0.8 \times \dfrac{101325 - 7376.6}{101325 - 0.8 \times 7376.6} = 0.7876$

③ 엔탈피 $h = 0.24 t + (597 + 0.46 t) x$

$= 0.24 \times 40 + (597 + 0.46 \times 40) \times 0.0385$
$= 33.25 \, \text{kcal/kg} = 33.25 \times 4.2$
$= 139.65 \, \text{kJ/kg}$

④ 정압비열 $C_p = 0.24 + 0.46 x = 0.24 + 0.46 \times 0.0385$

$= 0.258 \, \text{kcal/kg} \cdot ℃ = 0.258 \times 4.2$
$= 1.084 \, \text{kJ/kg} \cdot \text{K}$

⑤ 정적비열 $C_v = 0.17 + 0.217 \times \dfrac{\phi P_s}{P - \phi P_s}$

$= 0.17 + 0.217 \times \dfrac{x}{0.622}$
$= 0.17 + 0.217 \times \dfrac{0.0385}{0.622}$
$= 0.183 \, \text{kcal/kg} \cdot ℃ = 0.183 \times 4.2$
$= 0.7686 \, \text{kJ/kg} \cdot \text{K}$

⑥ 겉보기(相當) 분자량 $M = 28.95 - 10.93 \times \dfrac{\phi P_s}{P}$

$= 28.95 - 10.93 \times \dfrac{0.8 \times 7376.6}{101325}$
$= 28.31 \, \text{kg/kmol}$

⑦ 가스 상수 $R = \dfrac{848}{M} \, [\text{kg} \cdot \text{m/kg} \cdot \text{K}] = \dfrac{8314.3}{M} \, [\text{J/kg} \cdot \text{K}]$

$= \dfrac{8314.3}{28.31} = 293.688 \, \text{J/kg} \cdot \text{K}$
$= 29.95 \, \text{kg} \cdot \text{m/kg} \cdot \text{K}$

연습문제

1. 가역정적과정에서 외부에 한 일을 구하시오.

2. 다음 각 과정의 공업일과 절대일의 관계를 표시하시오.
   (1) 단열과정 ($W_a = kW_t$)
   (2) 교축과정 ($W_a = W_t = 0$)
   (3) 등온과정 ($W_a = W_t$)
   (4) 폴리트로프 과정 ($W_t = n \cdot W_a$)

3. 1 kg의 공기가 4 m³에서 1 m³로 압축되었을 때, 어떤 현상이 일어나는지 설명하시오.

4. 일과 열에너지에 대해 설명하시오.

5. 실제 가스가 이상기체의 상태방정식을 근사적으로 만족하려면 어떻게 해야 하는지 설명하시오.

6. 이상기체를 정적하에서 가열하면 압력과 온도 변화는 어떻게 되는지 설명하시오.

7. 분자량이 30인 산화질소의 압력이 300 kPa, 온도가 100℃라면 비체적(m³/kg)을 구하시오.

8. 압력 1.5 MPa, 온도 600℃인 이상기체를 실린더 내에서 압력이 100 kPa까지 가역단열팽창시킨다. 변화과정에서 가스 1 kg이 하는 일을 구하시오.(단, $k=1.33$, $R=287$ J/kg·K 이다.)

9. 온도 100℃, 압력 167 kPa·atg에서 20 kg의 이산화탄소(CO_2)를 넣을 용기의 체적을 구하시오.(단, 이산화탄소의 기체상수 $R=188.9$ J/kg·K이다.)

10. 어떤 연소 가스의 체적 성분이 이산화탄소(CO_2) 13.1 %, 질소(N_2) 79.2 %, 산소(O_2) 7.7 %이며, 평균 분자량은 30.40 kg/kmol이다. 압력 90 kPa, 온도 20℃에서 이 연소가스의 비체적을 구하시오.

11. $k=1.4$인 공기가 $P_1=1800$ kPa, $V_1=0.1$ m³인 상태에서 $P_2=300$ kPa, $V_2=0.35$ m³까지 폴리트로프로 변화한다. 폴리트로프 지수 n을 구하시오.

12. 분자량이 32.012이고, 온도 40℃, 압력 200 kPa 인 상태에서 이 기체(O_2)의 비체적을 구하시오.

13. 산소 1 kg이 정압하에서 온도 200℃, 압력 500 kPa, 비체적 0.3 m³/kg인 상태에서 비체적이 0.2 m³/kg으로 되었을 때 변화 후 온도(T_2)를 구하시오.

14. 이산화탄소 (CO_2)의 분자량이 44 kg/kmol일 때 기체상수를 구하시오.

15. 자동차 타이어 단면의 지름은 150 mm, 평균지름이 700 mm인 원환상이다. 20℃에서 게이지가 390 kPa·atg될 때까지 공기를 채웠더니, 공기의 온도가 40℃가 되었다. 타이어가 변형되지 않을 때 내압(kPa)을 구하시오.

16. 1 PS·h의 일의 열당량을 구하시오.

17. 압력 1 ata, 온도 22℃, 상대습도 66.4 %인 습공기 1500 m³/h를 냉각제습하고 재가열을 하여 온도 24℃, 상대습도 50 %가 되게 하기 위하여 제거해야 할 수량은 얼마인지 구하시오.(단, $x_1 = 0.0203$, $x_2 = 0.0093$이다.)

18. 공기 100 kg 중의 성분은 산소 ($M = 32$, $R = 259.8$ J/kg·K)는 23.2 kg이고, 질소 ($M = 28.02$, $R = 296.8$ J/kg·K)는 76.8 kg이다. 공기의 분자량을 구하시오.

19. 공기 25 kg과 수증기 7 kg을 혼합하여 20 m³의 탱크 속에 넣었다. 만약 혼합기체의 온도를 85℃로 할 때, 탱크 내의 압력(kPa)을 구하시오.(단, 공기와 수증기의 기체상수값은 각각 287 J/kg·K, 461.4 J/kg·K이다.)

20. 760 mmHg, 20℃, 상대습도 75 %인 습공기의 비중량을 구하시오.(단, 습공기 1 m³ 중 건공기는 1.178 kg/m³, 20℃에서 포화수증기의 압력은 2.335 kPa, 비체적은 51.81 m³/kg이다.)

21. 공기 25 kg과 수증기 7 kg을 혼합하여 20 m³의 탱크 속에 넣었더니 온도가 85℃가 되었다. 외부로부터 2520 kJ의 열량을 가할 때, 혼합기체의 온도(℃)를 구하시오.(단, 수증기의 비열은 1398.2 J/kg·K 이다.)

22. 공기 1 kg을 150℃인 상태에서 폴리트로프 변화 ($n = 1.25$)를 시켰더니 120 kJ의 일을 했다. 변화 후 온도(℃)를 구하시오.

23. 공기 5 kg을 압력 103 kPa, 체적 4.5 m³의 상태에서 압력을 800 kPa까지 가역단열압축하는 데 필요한 일량(kJ)을 구하시오.

24. 2 kg의 공기가 압력 350 kPa, 체적 0.56 m³의 상태에서 압력 105 kPa, 체적 2.5 m³인 상태로 변했다. 이때 공기가 흡입한 열량이 349 kJ이라면 이 변화에서 공기의 평균비열은 얼마인지 구하시오.

25. 어떤 이상기체 10 kg을 온도 580℃만큼 상승시키는 데 필요한 열량은 정압상태와 정적상태에서 567 kJ의 차이가 난다. 이 기체의 기체상수(J/kg·K)를 구하시오.

26. 혼합 가스(H_2=10 %, CO_2=90 %의 중량비)의 압력이 100 kPa일 때 CO_2와 H_2의 분압(kPa)을 구하시오.

27. 어떤 이상기체 1 kg이 가역단열팽창하여 온도가 240℃에서 110℃로 되었다. 또 체적이 처음의 2배가 되었고, 외부에 대하여 88.2 kJ의 일을 했다면 이 기체의 정압비열 C_p, 정적비열 C_v, 분자량 M을 구하시오.

28. 압력 5 MPa, 온도 2030℃의 압축된 공기 1/1000 kg이 팽창하여 체적이 9배로 되었다. 등온변화, 단열변화, 폴리트로프 변화에 대하여 팽창 후 압력과 온도, 공기가 한 일, 그 사이에 출입한 열량, 내부 에너지 변화를 구하시오.(단, k = 1.3, n = 1.35, C_v = 957.6 J/kg·K이다.)

29. 다음의 $P-v$ 선도에서 1−2는 정온압축과정, 2−3은 단열팽창과정, 3−1은 정압팽창과정을 이루는 공기 1 kg의 이상 사이클이다. P_1=106 kPa, t_1=15℃, P_2=1400 kPa일 때 v_1, v_2, q_a, $W_a(2-3)$, $u_2 - u_3$를 각각 구하시오.(단, 공기의 R = 287 J/kg·K, C_p=1005 J/kg·K, C_v=718 J/kg·K, k=1.4이다.)

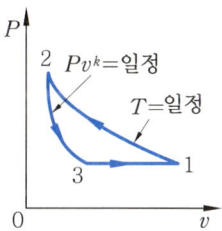

30. 0.001 kg의 N_2가 처음 체적의 2배가 되는 단열팽창(1 → 2), 처음 상태의 체적으로 감소되는 정압압축(2 → 3), 정적팽창(3 → 1) 과정을 이루면서 한 사이클을 완성한다. 처음 압력 5 atm, 온도 160℃일 때 사이클이 행한 전일량과 전열량을 구하시오.(단, N_2의 C_p= 1038.3 J/kg·K, C_v = 742 J/kg·K이다.)

31. 체적비가 O_2=22 %, CO_2=40 %, N_2=20 %, CO=18 %이고, 분자량이 각각 O_2(32), CO_2(44), N_2(28), CO(28)인 혼합 가스의 중량비를 구하시오.

32. 가스 터빈이 가역단열 정상류 과정으로 작동된다. 터빈 입구에서 P_1=1000 kPa, t_1=1000℃, 출구에서 P_2=100 kPa이고, 질량유량이 2000 kg/h일 때 출구온도와 출력을 구하시오.(단, C_p=1.0886 kJ/kg·K, M =32.2이다.)

33. 실내의 온도가 20℃, 상대습도 30 %, 대기압 1 atm이다. 20℃의 포화수증기의 압력은 17.53 mmHg, 건조공기의 비체적은 57.8 m³/kg이며, 수증기의 가스 상수는 461.5 J/kg·K일 때 다음을 구하시오.
  (1) 공기 중 수증기의 분압
  (2) 1 m³ 중의 수증기의 중량
  (3) 1 kg의 건공기와 공존하는 수증기의 중량

34. 용적 56 L의 탱크 속에 700 kPa, 온도 32℃의 공기가 들어 있고, 또한 용적이 64 L인 다른 탱크 안에 압력 350 kPa, 온도 15℃의 공기가 들어 있다. 두 탱크 사이에 있는 밸브를 열어서 공기가 평형상태로 되었을 때 공기의 온도가 21℃로 되었을 때 압력을 구하시오.

35. 공기의 구성 성분 기체의 체적비가 $N_2 : O_2 : Ar = 78.1 : 21 : 0.9$일 때 다음을 구하시오. (단, Ar의 분자량은 39.9이다.)
  (1) 공기의 분자량
  (2) 공기의 구성 성분 기체의 중량비
  (3) 공기의 기체상수

연습문제 풀이

1. $v=$ 일정($dv=0$)에서 외부에서 한 일은,

$W_a = \int_1^2 Pdv = 0$

2. 각 과정에서 절대일(W_a)과 공업일(W_t)은

$v=$ 일정 : $W_a = 0$, $W_t = -V(P_2 - P_1)$

$P=$ 일정 : $W_a = P(V_2 - V_1)$, $W_t = 0$

$T=$ 일정 : $W_a = P_1 V_1 \ln \dfrac{V_2}{V_1}$

$\qquad\qquad\quad = GRT_1 \ln \dfrac{P_1}{P_2} = W_t$

$s=$ 일정 : $W_t = \dfrac{k}{k-1}(P_1V_1 - P_2V_2)$

$\qquad\qquad\quad = \dfrac{k}{k-1}GR(T_1 - T_2) = kW_a$

폴리트로프 : $W_t = \dfrac{n}{n-1}(P_1V_1 - P_2V_2)$

$\qquad\qquad\quad = \dfrac{n}{n-1}GR(T_1 - T_2) = nW_a$

3. 등온압축과정에서 $P_1v_1 = P_2v_2$ 이므로,

$\dfrac{v_1}{v_2} = \dfrac{P_2}{P_1} = \dfrac{4}{1} = 4$

$\therefore P_2 = 4P_1$

단열압축과정에서 $P_1v_1^k = P_2v_2^k$ 이므로,

$\left(\dfrac{v_1}{v_2}\right)^k = \dfrac{P_2}{P_1} = \left(\dfrac{4}{1}\right)^{1.4} = 6.96$ (공기의 $k=1.4$)

$\therefore P_2 = 6.96 P_1$

(따라서, 등온압축 후의 압력이 단열압축 후의 압력보다 작다.)

4. ① 열역학 제1법칙은 일과 열에너지의 변화에 대한 양적 관계를 표시하는 것이다.
② 열과 일은 서로 전환할 수 있는 것이다.
③ 열은 계에 공급될 때, 일은 계에서 나올 때 양(+)의 값을 갖는다.

5. 완전 가스의 성립 조건
① 가스는 완전 탄성체일 것
② 분자 간 인력(引力)이 없으며 분자 자신의 체적이 없을 것
③ 분자의 운동 에너지는 절대온도에 비례

④ 분자량이 적을수록, 압력이 낮고 온도가 높을수록 완전 가스의 성질에 가까워진다.

6. $v=$ 일정 과정이므로,

$\dfrac{P}{T} = $ 일정 $= \dfrac{P_1}{T_1} = \dfrac{P_2}{T_2}$

$\therefore \dfrac{T_2}{T_1} = \dfrac{P_2}{P_1}$

정적 하에서 "가열"하므로 $T_1 < T_2$에서,

$\dfrac{T_2}{T_1} > 1$

따라서, $\dfrac{T_2}{T_1} = \dfrac{P_2}{P_1} > 1$ 이므로

$\therefore P_2 > P_1$ (압력 증가)

$\quad T_2 > T_1$ (온도 상승)

7. $Pv = RT$ 에서,

$v = \dfrac{RT}{P} = \dfrac{\frac{8314.3}{M} \times T}{P} = \dfrac{8314.3 \times T}{MP}$

$\quad = \dfrac{8314.3 \times (100+273)}{30 \times (300 \times 10^3)} \left(\dfrac{[\text{N}\cdot\text{m/kmol}\cdot\text{K}] \times \text{K}}{[\text{kg/kmol}] \times [\text{N/m}^2]}\right)$

$\quad = 0.345 \text{ m}^3/\text{kg}$

8. $s=$ 일정(단열과정)이므로

$T^k P^{1-k} = $ 일정, $T_1^k P_1^{1-k} = T_2^k P_2^{1-k}$

$T_2 = T_1 \times \left(\dfrac{P_2}{P_1}\right)^{\frac{k-1}{k}}$

$\quad = (273+600) \times \left(\dfrac{1}{15}\right)^{\frac{1.33-1}{1.33}}$

$\quad = 445.86 \text{ K}$

팽창일 $W_a = \dfrac{1}{k-1}(P_1v_1 - P_2v_2)$

$\qquad\qquad = \dfrac{1}{k-1}R(T_1 - T_2)$

$\qquad\qquad = \dfrac{287}{1.33-1}(873 - 445.86)$

$\qquad\qquad = 371482 \text{ N}\cdot\text{m/kg}$

$\qquad\qquad \fallingdotseq 371.5 \text{ kJ/kg}$

$\therefore W_a = 1 \text{ kg} \times 371.5 \text{ kJ/kg} = 371.5 \text{ kJ}$

9. $Pv = GRT$ 에서 $v = \dfrac{GRT}{P}$ 이므로

92 제 3 장 이상기체

$$\therefore v = \frac{GRT}{P} = \frac{GRT}{(P_0 + P_g)}$$
$$= \frac{20 \times 188.9 \times 373}{(101325 + 167000)} = 5.25 \text{ m}^3$$

10. $Pv = RT$ 에서,

$$v = \frac{RT}{P} = \frac{\frac{8314.3}{M} \times T}{P}$$
$$= \frac{8314.3 \times 293}{(90 \times 10^3) \times 30.40} \left(\frac{[\text{J/kmol} \cdot \text{K}] \times \text{K}}{[\text{N/m}^2] \times [\text{kg/kmol}]} \right)$$
$$= 0.890 \text{ m}^3/\text{kg}$$

11. 폴리트로프 변화이므로,
$P_1 V_1^n = P_2 V_2^n =$ 일정

$$\left(\frac{P_2}{P_1} \right) = \left(\frac{V_1}{V_2} \right)^n$$

양변에 ln을 취하면
$$\ln \left(\frac{P_2}{P_1} \right) = n \cdot \ln \left(\frac{V_1}{V_2} \right)$$

$$\therefore n = \frac{\ln \frac{P_2}{P_1}}{\ln \frac{V_1}{V_2}} = \frac{\ln \left(\frac{300}{1800} \right)}{\ln \left(\frac{0.1}{0.35} \right)} = 1.43$$

12. $Pv = RT$ 에서,

$$R = \frac{8314.3}{M} = \frac{8314.3}{32.012}$$
$$P = 200 \text{ kPa} = 200 \times 10^3 \text{ N/m}^2$$
$$\therefore v = \frac{RT}{P} = \frac{8314.3 \times 313}{200 \times 10^3 \times 32.012}$$
$$= 0.406 \text{ m}^3/\text{kg}$$

13. $P=$ 일정에서 $\frac{v_1}{T_1} = \frac{v_2}{T_2}$ 이므로,

$$\therefore T_2 = T_1 \times \left(\frac{v_2}{v_1} \right)$$
$$= (273 + 200) \times \frac{0.2}{0.3}$$
$$= 315.3 \text{ K} = 42.3 \text{ ℃}$$

14. 기체상수 $R = \frac{848}{M}$ 에서 분자량 $M = 44 \text{ kg/kmol}$ 이므로,

$$\therefore R = \frac{848}{M} = \frac{848}{44} = 19.27 \text{ kg} \cdot \text{m/kg} \cdot \text{K}$$

15. 타이어가 변형되지 않으므로 "$v=$ 일정"이다.

$$\therefore v = \text{일정에서}, \frac{P_1}{T_1} = \frac{P_2}{T_2} = \text{일정}$$

$$\therefore P_2 = P_1 \times \frac{T_2}{T_1}$$
$$= (390 \times 10^3 + 101325) \times \frac{273 + 40}{273 + 20}$$
$$= 524862 \text{ N/m}^2$$
$$\doteqdot 524.9 \times 10^3 \text{ N/m}^2$$
$$\doteqdot 525 \text{ kPa}$$

16. $1 \text{ PS} = 75 \text{ kg} \cdot \text{m/s}$
$$= 75 \times 9.80665 \times 3600 \text{ N} \cdot \text{m/h}$$
$$\therefore 1 \text{ PS} \cdot \text{h} = 2647795.5 \text{ N} \cdot \text{m}(= \text{J})$$
$$\doteqdot 2647.8 \text{ kJ}$$

17. 제거해야 할 수량은 건조도 차이이다.
$$x_1 - x_2 = 0.0203 - 0.0093 = 0.011 \text{ kg/kg}$$

18. $MV = M_1 V_1 + M_2 V_2$ 에서,
$$M = M_\text{O} \frac{V_\text{O}}{V} + M_\text{N} \frac{V_\text{N}}{V}$$

여기서, $\frac{V_\text{O}}{V} = \frac{G_\text{O} R_\text{O}}{GR}$, $\frac{V_\text{N}}{V} = \frac{G_\text{N} R_\text{N}}{GR}$ 이므로,

$$R = R_\text{O} \frac{G_\text{O}}{G} + R_\text{N} \frac{G_\text{N}}{G}$$
$$= 259.8 \times \frac{23.2}{100} + 296.8 \times \frac{76.8}{100}$$
$$= 288.22 \text{ J/kg} \cdot \text{K}$$

$$\therefore \frac{V_\text{O}}{V} = \frac{23.2 \times 259.8}{100 \times 288.22} = 0.209$$
$$\frac{V_\text{N}}{V} = \frac{76.8 \times 296.8}{100 \times 288.22} = 0.791$$

$$\therefore M = M_\text{O} \frac{V_\text{O}}{V} + M_\text{N} \frac{V_\text{N}}{V}$$
$$= 32 \times 0.209 + 28.02 \times 0.791$$
$$= 28.85$$

19. 돌턴의 분압법칙에서, $P = P_a + P_w$ 이므로,

$$\therefore P = \frac{G_a R_a}{V} T + \frac{G_w R_w}{V} T$$
$$= (G_a R_a + G_w R_w) \frac{T}{V}$$
$$= (25 \times 287 + 7 \times 461.4) \times \frac{(273 + 85)}{20}$$
$$= 186246 \text{ N/m}^2 \doteqdot 186.25 \text{ kPa}$$

20. $\gamma = \gamma_a + \gamma_w$
$$= \gamma_a + \phi \gamma_s = 1.178 + 0.75 \times \frac{1}{51.81}$$
$$= 1.191 \text{ kg/m}^3$$

21. 체적이 일정(v = 일정)한 상태이므로

$$Q = GC_v(t_2 - t_1)$$

$$t_2 = \frac{Q}{GC_v} + t_1$$

혼합기체의 정적비열 C_v는,

$$C_v = \frac{G_a C_{va} + G_w C_{vw}}{G}$$

$$= \frac{25 \times 718 + 7 \times 1398.2}{32}$$

$$= 866.8 \text{ J/kg} \cdot \text{K}$$

$$\therefore t_2 = \frac{2520000}{32 \times 866.8} + 85 = 175.85 \text{℃} \doteq 176\text{℃}$$

22. 폴리트로프 변화에서 외부에 한 일은

$$W_a = \frac{1}{n-1}(P_1 v_1 - P_2 v_2)$$

$$= \frac{1}{n-1} R(T_1 - T_2)$$

$$\therefore T_2 = T_1 - \frac{W_a}{R}(n-1)$$

$$= (273 + 150) - \frac{120000}{287} \times (1.25 - 1)$$

$$= 318.5 \text{ K} \doteq 45.5\text{℃}$$

23. s = 일정에서 압축일은

$$W_t = -\int_1^2 VdP = \frac{k}{k-1}(P_1 V_1 - P_2 V_2)$$

변화 후 체적 V_2를 모르므로 s = 일정에서,

$$P_1 V_1^n = P_2 V_2^k$$

$$\therefore V_2 = V_1 \times \left(\frac{P_1}{P_2}\right)^{\frac{1}{k}}$$

$$= 4.5 \times \left(\frac{103}{800}\right)^{\frac{1}{1.4}} = 1.041 \text{ m}^3$$

$$\therefore W_t = \frac{1.4}{1.4-1} \times (103 \times 4.5 - 800 \times 1.04)$$

$$\doteq -1266.700 \text{ kN} \cdot \text{m} \doteq -1267 \text{ kJ}$$

24. $Q = GC_m(T_2 - T_1)$

$$\therefore C_m = \frac{Q}{G(T_2 - T_1)}$$

$$= \frac{Q}{G\left(\frac{P_2 V_2}{GR} - \frac{P_1 V_1}{GR}\right)}$$

$$= \frac{QR}{P_2 V_2 - P_1 V_1}$$

$(GRT_1 = P_1 V_1,\ GRT_2 = P_2 V_2)$

$$= \frac{349000 \times 287}{(105000 \times 2.5 - 350000 \times 0.56)}$$

$$= 1506.2 \text{ J/kg} \cdot \text{K}$$

25. Q_p와 Q_v의 차가 567 kJ이라 했으므로,

$$\Delta Q = Q_p - Q_v$$

$$= GC_p(t_2 - t_1) - GC_v(t_2 - t_1)$$

$$= G(t_2 - t_1)(C_p - C_v)$$

그런데, $C_p - C_v = R$

$$\therefore \Delta Q = G(t_2 - t_1)(C_p - C_v) = G(t_2 - t_1) \cdot R$$

$$\therefore 기체상수\ R = \frac{Q_p - Q_v}{G(t_2 - t_1)} = \frac{567}{10 \times 580}$$

$$= 0.09776 \text{ kJ/kg} \cdot \text{K}$$

$$= 97.76 \text{ J/kg} \cdot \text{K}$$

26. $P_{\text{CO}_2} = P \times \frac{n_{\text{CO}_2}}{n},\ P_{\text{H}_2} = P \times \frac{n_{\text{H}_2}}{n}$ 이므로

$n = \frac{G}{m}$ 에서

$$n_{\text{CO}_2} = \frac{90}{44} = 2.045,\ n_{\text{H}_2} = \frac{10}{2} = 5$$

$$\therefore n = n_{\text{CO}_2} + n_{\text{H}_2} = 2.045 + 5 = 7.045$$

$$\therefore P_{\text{CO}_2} = 100 \times \frac{2.045}{7.045} = 29.03 \text{ kPa}$$

$$P_{\text{H}_2} = 100 \times \frac{5}{7.045} = 79.97 \text{ kPa}$$

27. $G = 1 \text{ kg},\ T_1 = 240\text{℃},\ T_2 = 110\text{℃}$

$$\frac{v_2}{v_1} = 2,\ W_a = 88.2 \text{ kJ}$$

s = 일정 과정에서,

① $T_1 V_1^{k-1} = T_2 V_2^{k-1}$

$$k - 1 = \frac{\ln\left(\frac{T_1}{T_2}\right)}{\ln\left(\frac{V_2}{V_1}\right)} = \frac{\ln\left(\frac{513}{383}\right)}{\ln(2)} = 0.422$$

$$\therefore k = 1.422$$

② 외부에서 한 일

$$W_a = \frac{1}{k-1}(P_1 V_1 - P_2 V_2)$$

$$= \frac{GR}{k-1}(T_1 - T_2) \text{이므로}$$

$$\therefore 88200 = \frac{1 \times R}{1.422 - 1}(240 - 110)$$

$$\therefore R = 286.3 \text{ J/kg} \cdot \text{K}$$

③ 일반 기체 상수 $\overline{R} = MR = 8314.3$에서,

$$M = \frac{8314.3}{R} = 29.04$$

④ $C_p - C_v = R,\ \frac{C_p}{C_v} = k$

즉 $C_p = kC_v$ 이므로, $kC_v - C_v = R$

$$\therefore C_v = \frac{R}{k-1} = \frac{286.3}{1.422-1}$$
$$= 678.44 \text{ J/kg} \cdot \text{K}$$
$$C_p = kC_v = 1.422 \times 678.44 = 964.74 \text{ J/kg} \cdot \text{K}$$

28. (1) 등온변화
① 팽창 후 온도
등온변화이므로
$$T_1 = T_2 = 2030 + 273 = 2303 \text{ K}$$
② 팽창 후 체적
$P_1 V_1 = P_2 V_2$ 에서,
$$P_2 = P_1 \cdot \frac{V_1}{V_2} = 5 \text{ MPa} \times \frac{1}{9}$$
$$= 0.556 \text{ MPa}$$
③ 공기가 한 일
$$W_a = \int_1^2 P dV = \int_1^2 P_1 V_1 \frac{dV}{V}$$
$$= P_1 V_1 \cdot \ln \frac{V_2}{V_1} = P_1 V_1 \ln \frac{P_1}{P_2}$$
$$= GRT \cdot \ln \frac{V_2}{V_1} = GRT \ln \frac{P_1}{P_2}$$
$$= \frac{1}{1000} \times 287 \times 2303 \times \ln \frac{9}{1}$$
$$= 1452.3 \text{ J} = 1452.3 \text{ N} \cdot \text{m}$$
④ $Q = W_a = W_t = 1452.3 \text{ J}$
⑤ $\Delta U = GC_v dT = 0$

(2) 단열변화
① T_2 ; $Pv^k =$ 일정, $\dfrac{T_2}{T_1} = \left(\dfrac{V_1}{V_2}\right)^{k-1}$
$$= \left(\frac{P_2}{P_1}\right)^{\frac{k-1}{k}}$$
$$\therefore T_2 = T_1 \times \left(\frac{V_1}{V_2}\right)^{k-1} = 2303 \times \left(\frac{1}{9}\right)^{1.3-1}$$
$$= 1191.3 \text{ K} = 918.3 \text{ °C}$$
② $P_2 = P_1 \left(\dfrac{V_1}{V_2}\right)^k$
$$= 5 \text{ MPa} \times \left(\frac{1}{9}\right)^{1.3} = 0.2874 \text{ MPa}$$
③ $W_a = \int_1^2 P_1 V_1^k \dfrac{dV}{V^k}$
$$= \frac{1}{k-1}(P_1 V_1 - P_2 V_2)$$
$$= \frac{GR}{k-1}(T_1 - T_2)$$
$$= \frac{\frac{1}{1000 \times 287}}{1.3-1} \times (2303 - 1191.3)$$
$$= 1063.5 \text{ N} \cdot \text{m}$$
④ Q ; 단열변화이므로, $Q = 0$
⑤ ΔU ; $dQ = dU + PdV$ 에서,
$$Q = (U_2 - U_1) + W_a = 0$$
$$\therefore U_2 - U_1 = -W_a = -1063.5 \text{ J}$$

(3) 폴리트로프 변화
① $T_2 = T_1 \left(\dfrac{V_1}{V_2}\right)^{n-1} = 2303 \times \left(\dfrac{1}{9}\right)^{1.35-1}$
$$= 1067.36 \text{ K} = 794.36 \text{ °C}$$
② $P_2 = P_1 \left(\dfrac{V_1}{V_2}\right)^n = 5 \text{ MPa} \times \left(\dfrac{1}{9}\right)^{1.35}$
$$= 0.2575 \text{ MPa}$$
③ $W_a = \dfrac{GR}{n-1}(T_1 - T_2)$
$$= \frac{\frac{1}{1000 \times 287}}{1.35-1} \times (2303 - 1067.36)$$
$$= 1013.2 \text{ N} \cdot \text{m}$$
④ $Q = GC_n(T_2 - T_1)$
$$= G \frac{n-k}{n-1} C_v (T_2 - T_1)$$
$$= \frac{1}{1000} \times \frac{1.35-1.3}{1.35-1}$$
$$\times 957.6 \times (2303 - 1067.36)$$
$$= 169 \text{ J}$$
⑤ ΔU ; $dU = GC_v dT$ 에서,
$$\Delta U = U_2 - U_1 = GC_v(T_2 - T_1)$$
$$\therefore U_2 - U_1$$
$$= \frac{1}{1000} \times 957.6 \times (2303 - 1067.36)$$
$$= 1183.25 \text{ J}$$

29. ① $v_1 : 1 \to 2 (T = 일정), 2 \to 3 (s = 일정),$
$3 \to 1 (P = 일정)$
$P_1 v_1 = RT_1$ 에서,
$$\therefore v_1 = \frac{RT_1}{P_1} = 287 \times (273+15) \frac{z}{106 \times 10^3}$$
$$= 0.7798 \text{ m}^3/\text{kg}$$
② v_2 : $T =$ 일정에서, $P_1 v_1 = P_2 v_2$
$$\therefore v_2 = v_1 \times \frac{P_1}{P_2} = 0.7798 \times \frac{106}{1400}$$
$$= 0.059 \text{ m}^3/\text{kg}$$
③ $q_a(1 \to 2)$: $T =$ 일정에서 열량이므로,
$$\therefore q_a = W_a(1 \to 2) = P_1 v_1 \cdot \ln \frac{P_1}{P_2}$$
$$= (106 \times 10^3) \times (0.7798) \times \ln \frac{106}{1400}$$

$$= -213325 \, \text{N·m/kg}$$
$$\fallingdotseq -213.325 \, \text{kJ/kg}$$

④ $W_a(2 \to 3)$: 단열변화이므로,

$$\therefore W_a = \frac{R}{k-1}(T_2 - T_3)$$
$$= \frac{287}{1.4-1} \times (288 - 137.77)$$
$$= 107790 \, \text{J/kg} = 107.79 \, \text{kJ/kg}$$

* $\dfrac{T_3}{T_2} = \dfrac{T_3}{T_1} = \left(\dfrac{P_3}{P_2}\right)^{\frac{k-1}{k}}$

$\to T_3 = 288 \times \left(\dfrac{106}{1400}\right)^{\frac{0.4}{1.4}} = 137.77 \, \text{K}$

⑤ $(u_3 - u_2) \to dq = du + Pdv = 0$ (단열과정)

$\therefore du = -Pdv = -dw_a$

$\therefore u_3 - u_2 = -w_a(2 \to 3) = -107.79 \, \text{kJ/kg}$

30. $v_2 = 2v_1$, $P_1 = 5 \, \text{atm}$, $t_1 = 160℃ = 433 \, \text{K}$

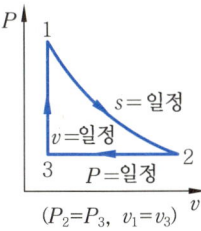

$(P_2 = P_3, \; v_1 = v_3)$

• $P_1 v_1 = GRT_1$에서,

$$v_1 = \frac{GRT_1}{P_1} = \frac{0.001 \times \dfrac{8314.3}{28} \times 433}{5 \times 101325}$$
$$= 2.54 \times 10^{-4} \, \text{m}^3$$

• $\left(\dfrac{P_2}{P_1}\right) = \left(\dfrac{v_1}{v_2}\right)^k$ 에서,

$$P_2 = P_1 \times \left(\frac{v_1}{v_2}\right)^k = 5 \, \text{atm} \times \left(\frac{1}{2}\right)^{1.4}$$
$$= 1.895 \, \text{atm}$$

• $\dfrac{T_2}{T_1} = \left(\dfrac{v_1}{v_2}\right)^{k-1}$ (단열과정)

$$T_2 = T_1 \times \left(\frac{v_1}{v_2}\right)^{k-1}$$
$$= 433 \times \left(\frac{1}{2}\right)^{0.4} = 328.15 \, \text{K}$$

• $\dfrac{T_3}{T_2} = \dfrac{v_3}{v_2}$ (정압과정)

$$T_3 = T_2 \times \left(\frac{v_3}{v_2}\right) = T_2 \times \left(\frac{v_1}{v_2}\right)$$
$$= 328.15 \times \frac{1}{2} = 164.075 \, \text{K}$$

① 전 일량 $W_t = {}_1W_2 + {}_2W_3 + {}_3W_1$ 이므로,

${}_1W_2$ (단열과정) $= \dfrac{1}{k-1}(P_1 v_1 - P_2 v_2)$

$$= \frac{GR}{k-1}(T_1 - T_2)$$
$$= \frac{0.001 \times 296.94}{1.4-1}(433 - 328.15)$$
$$= 77.835 \, \text{J}$$

${}_2W_3$ ($P = $ 일정) $= \int_2^3 Pdv = P_2(v_3 - v_2)$

$$= P_2(v_1 - v_2)$$
$$= (1.895 \times 101325) \times (v_1 - 2v_1)$$
$$= (1.895 \times 101325) \times (-2.54 \times 10^{-4})$$
$$= -48.77 \, \text{J}$$

${}_3W_1$ ($v = $ 일정) $= \int_3^1 Pdv = 0$ ($\because v = $ 일정, $dv = 0$)

$\therefore W_t = {}_1W_2 + {}_2W_3 + {}_3W_1$
$= 77.835 - 48.77 + 0 = 29.065 \, \text{J}$

② 전 열량 $Q_t = {}_1Q_2 + {}_2Q_3 + {}_3Q_1$ 이므로,

${}_1Q_2 = 0$ ($\because dq = 0$: 단열팽창)

${}_2Q_3$ ($P = $ 일정) $= \int_2^3 GC_p dT = GC_p(T_3 - T_2)$

$$= 0.001 \times 1038.8 \times (164.075 - 328.15)$$
$$= -170.44 \, \text{J}$$

${}_3Q_1$ ($v = $ 일정) $= GC_v(T_1 - T_3)$

$$= 0.001 \times 742 \times (433 - 164.075)$$
$$= 199.54 \, \text{J}$$

$\therefore Q_t = {}_1Q_2 + {}_2Q_3 + {}_3Q_1$
$= 0 - 170.44 + 199.54 = 291 \, \text{J}$

31. 중량비

$$\frac{z_i}{G} = g_i = \left(\frac{V_i}{V}\right)\left(\frac{M_i}{M}\right) = \frac{M_i\left(\dfrac{V_i}{V}\right)}{\sum M_i\left(\dfrac{V_i}{V}\right)}$$

$$= \frac{M_i \gamma_i}{\sum M_i \gamma_i} = \frac{M_i\left(\dfrac{P_i}{P}\right)}{\sum M_i\left(\dfrac{P_i}{P}\right)}$$

성분 가스	체적비 (γ_i)	분자량 (M_i)	$M_i \gamma_i$	$g_i = \dfrac{M_i \gamma_i}{\sum M_i \gamma_i} \times 100\%$
O_2	22	32	$22 \times 32 = 704$	$\dfrac{704}{3528} \times 100 = 19.95\%$
CO_2	40	44	$40 \times 44 = 1760$	$\dfrac{1760}{3528} \times 100 = 49.9\%$
N_2	20	28	$20 \times 28 = 560$	$\dfrac{560}{3528} \times 100 = 15.87\%$
CO	18	28	$18 \times 28 = 504$	$\dfrac{504}{3528} \times 100 = 14.28\%$
			$\sum M_i \gamma_i = 3528$	100 %

32. 정상류 과정이므로 (단열),

$$Q = W_t + \frac{G}{2}(w_2^2 - w_1^2) + G(h_2 - h_1) + G(z_2 - z_1)$$

$Q = 0$, $w_2 = w_1$, $z_2 = z_1$ 이므로,

$$W_t = -G(h_2 - h_1) = GC_p(T_1 - T_2)$$

① $dq = 0$ (단열)에서,

$$\frac{T_2}{T_1} = \left(\frac{P_2}{P_1}\right)^{\frac{k-1}{k}} \rightarrow T_2 = T_1 \times \left(\frac{P_2}{P_1}\right)^{\frac{k-1}{k}}$$

$$k = \frac{C_p}{C_v}\left(C_v = \frac{C_p}{k}\right), \quad C_p - C_v = R 에서$$

$C_p - \dfrac{C_p}{k} = R$를 정리하면,

$$\therefore k = \frac{C_p}{C_p - R} = \frac{1088.6}{1088.6 - \dfrac{8314.3}{32.2}}$$

$$= \frac{1088.6}{1088.6 - 258.208} = 1.31$$

$$\therefore T_2 = 1273 \times \left(\frac{100}{1000}\right)^{\frac{0.31}{1.31}} = 783.2 \text{ K}$$

② $W_t = GC_p(T_1 - T_2)$

$$= 2000 \text{ kg/h} \times 1088.6 \text{ J/kg·K}$$
$$\times (1273 - 783.2)$$
$$= 1066392560 \text{ J/h} = 296.2 \text{ kJ/s}$$
$$= 296.2 \text{ kW}$$

33. 포화수증기의 압력 17.53 mmHg는

$(760 : 101325 = 17.53 : x)$에서,

$$x = 101325 \times \frac{17.53}{760}$$
$$= 2337.14 \text{ N/m}^2 (= \text{Pa})$$

(1) 공기 중 수증기의 분압

$$P_w = \phi P_s = 0.3 \times 2337.14 = 701.142 \text{ Pa}$$

(2) 1m^3 중의 수증기의 중량

$$P_w v = RT_w$$

$$\gamma_w = \frac{1}{v} = \frac{P_w}{RT_w}$$

$$= \frac{701.142}{461.5 \times (273 + 20)}$$
$$= 0.00519 \text{ kg/m}^3$$

(3) 1 kg 의 건공기와 공존하는 수증기의 중량

$$\gamma_w = \phi \cdot \gamma_s$$
$$= 0.3 \times \frac{1}{57.8} = 0.00519 \text{ kg/m}^3$$

34. 두 탱크 속의 공기의 중량을 G_1, G_2라 하면,

$$G_1 = \frac{P_1 V_1}{RT_1} = \frac{(700 \times 10^3) \times 0.056}{287 \times (273 + 32)}$$
$$= 0.448 \text{ kg}$$

$$G_2 = \frac{P_2 V_2}{RT_2} = \frac{(350 \times 10^3) \times 0.064}{287 \times (273 + 15)}$$
$$= 0.271 \text{ kg}$$

평형 후의 공기 압력은

$$P = \frac{(G_1 + G_2)RT}{(V_1 + V_2)}$$
$$= \frac{(0.448 + 0.271) \times 287 \times (273 + 21)}{(0.056 + 0.064)}$$
$$\doteq 505565 \text{ N/m}^2$$
$$= 505.565 \times 10^3 \text{ N/m}^2$$
$$= 505.565 \text{ kPa}$$

35. (1) 공기의 분자량

$$M = M_1 \cdot \frac{V_1}{V} + M_2 \cdot \frac{V_2}{V} + M_3 \cdot \frac{V_3}{V}$$
$$= 28 \times 0.781 + 32 \times 0.21 + 39.9 \times 0.009$$
$$= 28.947$$

(2) 중량비

$$\frac{G_1}{G} = \frac{M_1}{M} \times \frac{V_1}{V}$$
$$= \frac{28}{28.947} \times 0.781$$
$$= 0.755$$

$$\frac{G_2}{G} = \frac{M_2}{M} \times \frac{V_2}{V}$$
$$= \frac{32}{28.947} \times 0.21$$
$$= 0.232$$

$$\frac{G_3}{G} = \frac{M_3}{M} \times \frac{V_3}{V}$$
$$= \frac{39.9}{28.947} \times 0.009$$
$$= 0.012$$

$\therefore \text{N}_2 : \text{O}_2 : \text{Ar} = 75.5 : 23.2 : 1.2$

(3) 기체상수

$$R = R_1 \cdot \frac{G_1}{G} + R_2 \cdot \frac{G_2}{G} + R_3 \cdot \frac{G_3}{G}$$
$$= \frac{847.8}{28} \times 0.755 + \frac{847.8}{32} \times 0.232$$
$$+ \frac{847.8}{39.9} \times 0.012$$
$$= 29.262 \text{ kg·m/kg·K}$$

제 4 장 열역학 제 2 법칙

4-1 열역학 제 2 법칙

열역학 제1법칙은 계가 어떤 사이클을 겪는 동안에 전열량의 사이클 적분이 일의 사이클 적분과 같다는 것을 말하고 있다. 그러나 열역학 제1법칙에서는 열과 일의 흐르는 방향에 대해서는 아무 제한도 하지 않았다.

실제적으로 일이 열로 변화($W \rightarrow Q$)하는 것은 쉽게 일어나는 자연적 현상이지만, 열이 일로 전환($W \rightarrow Q$)되는 것은 제한이 있다. 넓은 의미에서 제2법칙은 과정이 어떤 한 방향으로만 진행되고 반대 방향으로는 진행되지 않는다는 것을 말해 주고 있다. 뜨거운 커피잔은 주위로 열을 전달하고 냉각되지만 열은 보다 차가운 주위로부터 보다 뜨거운 커피잔으로 전달되지는 않는다. 가솔린은 언덕을 올라갈 때 소비된다. 그러나 기계동력을 사용하지 않고 굴러 내려갈 때 가솔린 탱크의 연료량은 다시 원상태로 되돌아가지 않는다. 이와 같은 흔히 있는 관찰 사항과 다른 많은 관찰들이 열역학의 제2법칙이 옳다는 증거가 된다.

열을 기계적으로 전환하는 장치, 즉 열기관을 다루는 데는 제1법칙만으로는 불충분하다. 따라서, 일과 열의 변환에 대한 방향성을 제시하는 법칙을 열역학 제2법칙(The 2nd law of thermodynamics)이라 한다. 열기관이 열을 일로 바꾸는 과정을 관찰하면 반드시 열을 공급하는 고열원과 열을 방출하는 저열원이 필요하게 된다. 즉, 온도차가 없다면 아무리 많은 열량이라도 일로 바꿀 수 없다. 그러므로 어떤 열원으로부터 열원의 온도를 떨어뜨리는 일 없이, 외부에 아무런 변화 없이 열을 기계적인 일로 바꾸는 운동이 있다면, 이와 같은 운동을 하는 기관을 제2종 영구기관(永久機關)이라 하며, 외부로부터 에너지의 공급 없이 영구히 일을 얻는다는 것은 절대로 불가능하다.

종합적으로, 열역학 제1법칙은 열을 일로 바꿀 수 있고, 또 그 역도 가능함을 말하는 데 대하여, 제2법칙은 그 변화가 일어나는 데 제한이 있는 것을 말하고 있다. 즉, 열이 일로 전환되는 것은 비가역현상인 것을 나타내는 점이 특징이다.

열역학 제2법칙은 정의되어 있지 않지만, 학자들은 여러 가지 방법으로 표현하고 있다.

(1) 클라우지우스(Clausius)의 표현

열은 스스로 다른 물체에 아무런 변화도 주지 않고, 저온 물체에서 고온 물체로 이동하지 않는다. [성능계수(ε)가 무한정한 냉동기의 제작은 불가능하다.]

(2) 켈빈 – 플랑크(Kelvin – Planck)의 표현

자연계에 아무런 변화도 남기지 않고 어느 열원의 열을 계속해서 일로 바꿀 수 없다. 즉, 고온물체의 열을 계속해서 일로 바꾸려면 저온물체로 열을 버려야만 한다.(효율이 100%인 열기관은 제작이 불가능하다.)

(3) 오스트발트(Ostwald)의 표현

제2종 영구기관은 존재할 수 없다 (제2종 영구기관의 존재 가능성을 부인).
결론적으로, 열역학 제2법칙은 다음 의문에 대한 해답을 얻는 데 그 가치가 있다.
① 어떤 주어진 조건하에서 작동되는 열기관의 최대효율은 어떠한가?
② 주어진 조건하에서 냉동기의 최대성능계수는 얼마인가?
③ 어떤 과정이 일어날 수 있는가?
④ 동작물질과 관계없는 절대온도의 눈금의 정의 등이다.

4–2 사이클, 열효율, 성능계수

(1) 사이클(cycle)

주어진 최초상태에 있는 계가 어떤 수의 다른 상태변화 또는 과정을 마치고 결국 최초상태로 되돌아왔을 때 계는 한 사이클(cycle)을 이루었다고 한다. 따라서, 한 사이클의 끝에서 모든 상태량은 처음과 동일한 값을 갖는다.

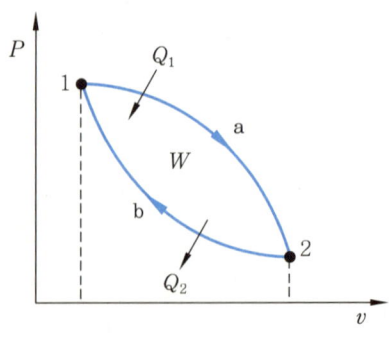

그림 4–1 사이클

그림 4–1과 같이 동작물질(유체)이 어느 한 상태로부터 시작하여 여러 과정의 변화를 연속적으로 행한 후 처음의 상태로 되돌아올 때, 이 변화를 선도($P-v$ 선도, 또는 $T-s$ 선

도) 상에 표시하면 하나의 폐곡선을 그리게 되는데 이러한 열역학적 과정이 되풀이되면서 얻어지는 폐곡선을 사이클(cycle)이라 한다. 이러한 사이클을 이루는 모든 과정이 가역과정으로 이루어지면 가역 사이클이 되며, 변화 중 한 부분이라도 비가역과정이 존재하면 비가역 사이클이 된다.

열을 공급받아 일을 하는 열기관과 외부로부터 일을 공급받아 열을 방출시키는 냉동기 등은 동작 물질이 이와 같은 상태변화를 반복하여 동력을 발생시키거나, 또는 동력을 소비하면서 냉동이나 압축일을 하게 된다.

또한, 그림에서 보는 바와 같이 한 사이클에서 공급열량 Q_1에서 방출열량 Q_2를 뺀 것이 실제 유효일 W로 전환된 것이며 선도 상의 폐곡선 1a2b1의 면적에 해당한다.

(2) 열효율(thermal efficiency)

열기관에서는 동작 물질이 고열원의 열량 Q_1을 공급하여 일을 하고 저열원으로 열량 Q_2를 방출한다. 즉, $Q_1 - Q_2$에 상당하는 열에너지를 일로 변환한 것이 된다. 따라서, 일정한 공급열량 Q_1에 대하여 발생일 $W = Q_1 - Q_2$가 클수록 열기관의 성능은 향상된다. 여기서 공급열량 Q_1과 사이클의 일 W와의 비를 열효율(熱效率)이라 하며, η로 표기하고 그 값이 클수록 좋은 것이다.

$$\eta = \frac{W}{Q_1} = \frac{Q_1 - Q_2}{Q_1} = 1 - \frac{Q_2}{Q_1} \tag{4-1}$$

(3) 성능계수(또는 성적계수, coeffcient of performance)

냉동기에서는 상온의 물 또는 공기 등을 고열원으로 하고 여기에 Q_1의 열을 주고 상온보다 저온인 냉장고 또는 제빙기 등을 저열원으로 하여 여기서 열량 Q_2를 흡수, 방출하는 것이며, 열펌프의 경우는 상온의 물 또는 공기 등을 저열원으로 하고 여기서 열 Q_2를 흡수하여 상온보다 고온인 고열원에 열량 Q_1을 주어 난방과 같은 목적에 사용되는 것이다.

① 냉동기의 성능 (성적)계수 : 저열원에서 흡수한 열량과 공급일량의 비이며, 냉동기의 성능(性能)을 나타내는 기준이 된다.

$$\varepsilon_R = \frac{Q_2}{Q_1 - Q_2} = \frac{Q_2}{W} \tag{4-2}$$

② 열펌프(heat pump)의 성능(성적)계수 : 고열원에서 흡수한 열량과 공급일량과의 비이며, 열펌프의 성능을 나타내는 기준이 된다.

$$\varepsilon_H = \frac{Q_1}{Q_1 - Q_2} = \frac{Q_1}{W} = \frac{Q_1 - Q_2 + Q_2}{Q_1 - Q_2} = 1 + \frac{Q_2}{Q_1 - Q_2} = 1 + \varepsilon_R$$

$$\therefore \varepsilon_H = \frac{Q_1}{Q_1 - Q_2} = \frac{Q_1}{W} = 1 + \varepsilon_R \tag{4-3}$$

(열펌프의 성능계수는 냉동기의 성능계수보다 항상 1만큼 크다.)

사이클은 과정이 이루어지는 방향에 따라 다른데, 사이클의 방향이 시계 방향과 같은 경우에는 1 사이클마다 외부에 일을 하며, 이러한 사이클을 열기관 사이클이라 한다. 이와 반대 방향의 사이클인 경우에는 1 사이클마다 일을 외부에서 공급받아 저열원에서 열량 Q_2를 빼앗아 고열원에 Q_1의 열량을 방출하면서 이루는 장치를 냉동기 또는 열펌프라 하며 이러한 사이클을 냉동 사이클이라 한다.

냉동기와 열펌프는 같은 장치이며, 저열원(Q_2)의 온도를 낮추는 것이 목적일 때는 냉동기라 하고, 고열원에 열을 공급하여 고열원의 온도를 높이는 목적으로 사용될 때 이를 열펌프라 하며, 냉동기에서의 동작물질을 냉매라 한다.

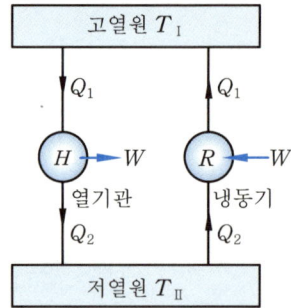

그림 4-2 열기관과 냉동기

예제 1. 어느 냉동기가 1 PS의 동력을 소모하여 시간당 13272 kJ의 열을 저열원에서 제거할 때, 이 냉동기의 성능계수를 구하시오.

[해설] 성능계수 : $\varepsilon = \dfrac{Q_L}{W}$

$$\varepsilon = \frac{13272 \text{ kJ/h}}{1 \text{ PS}} = \frac{13272}{0.7353 \times 3600} \fallingdotseq 5$$

* 1 PS = 0.7353 kJ/s ≒ 2647 kJ/h

예제 2. 동일 조건하에서 작동하는 냉동기와 열펌프의 성능계수 ε_r, ε_h의 관계를 표시하시오.

[해설] $\varepsilon_H = \dfrac{q_1}{q_1 - q_2} = \dfrac{q_1 - q_2 + q_2}{q_1 - q_2} = 1 + \dfrac{q_2}{q_1 - q_2} = 1 + \varepsilon_R$

∴ $\varepsilon_H > \varepsilon_R$

예제 3. 가역 사이클로 작동되는 이상적인 기관(냉동기 및 열펌프 겸용)이 -10℃의 저열원에서 열을 흡수하여, 30℃의 고열원으로 열을 방출한다. 이때 냉동기의 성능(성적)계수와 열펌프의 성능계수를 구하시오.

[해설] $\varepsilon_R = \dfrac{Q_2}{W} = \dfrac{Q_2}{Q_1 - Q_2} = \dfrac{T_2}{T_1 - T_2} = \dfrac{263}{303 - 263} = 6.58$

$\varepsilon_H = \dfrac{Q_1}{W} = \dfrac{Q_1}{Q_1 - Q_2} = \dfrac{Q_1 - Q_2 + Q_2}{Q_1 - Q_2} = 1 + \dfrac{Q_2}{Q_1 - Q_2}$

$= 1 + \varepsilon_R = 1 + 6.58 = 7.58$

예제 4. 가역 사이클로 작동하는 냉동기가 −20℃의 저열원에서 시간당 65100 kJ의 열을 흡수하여 30℃의 대기 중으로 방열할 때, 필요한 동력(PS)을 구하시오.

[해설] $\varepsilon_R = \dfrac{Q_2}{W}$ 에서, $\varepsilon_R = \dfrac{Q_2}{Q_1 - Q_2} = \dfrac{T_2}{T_1 - T_2}$ 이므로,

$\therefore \dfrac{T_2}{T_1 - T_2} = \dfrac{Q_2}{W}$

$\therefore W = \dfrac{Q_2}{\left(\dfrac{T_2}{T_1 - T_2}\right)} = \dfrac{65100}{\left(\dfrac{273 - 20}{303 - 253}\right)} = \dfrac{65100 \times 50}{253} = 12865.6 \text{ kJ/h}$

1 kW = 1 kJ/s = 1.36 PS 이므로,

$\therefore W = 12865.6 \text{ kJ/h} = 12865.6 \times 1.36 \div 3600 = 4.86 \text{ PS}$

4-3 카르노 사이클(Carnot cycle)

 모든 열기관의 열효율이 100 %보다 작다면 우리가 가질 수 있는 가장 효율이 좋은 사이클은 어떤 것일까? 고열원으로부터 열을 받아 저열원으로 열을 방출하는 한 열기관에 대하여 생각해보기로 한다. 이 열원들의 고저(高低) 양쪽 온도는 일정하고 또 전열량에는 관계없이 일정하게 유지된다.

 주어진 고열원과 저열원 사이에서 작동하는 이 열기관은 모든 과정이 가역적인 사이클로 작동한다고 가정하자. 만약 모든 과정이 가역적이면 이 사이클도 또한 가역적이다. 그리고 그 사이클이 역으로 진행되면 그 열기관은 냉동기가 된다. 이것이 2개의 일정한 온도 사이에서 작동하는 사이클 중에서 가장 효율이 좋은 사이클이며, 이것은 1824년 열역학 제2법칙을 제창한 프랑스의 카르노(Nicolas Néonard Sadi Carnot)가 제안한 일종의 이상 사이클로서 완전 가스를 작업물질로 하는 2개의 단열과정과 2개의 등온과정을 갖는 사이클이며, 고열원에서 열을 공급받아 일로 바꾸는 과정에서 어떻게 하면 공급열량을 최대로 유효하게 이용할 수 있겠는가 하는 문제를 만족시키고자 착안한 사이클이다. 즉, 카르노 사이클의 원리는,

① 열기관의 이상 사이클로서 최대의 효율을 갖는다.
② 동작물질의 온도를 열원의 온도와 같게 한 것이고, 이것은 열역학 제1법칙에 의해 열량을 주고 받을 때 가장 이상적인 방법이지만 실제로는 불가능하다.
③ 같은 두 열원에서 작동하는 모든 가역 사이클은 효율이 같다.

카르노 사이클은 작업유체가 무엇이든 항상 동일한 4개의 기본적인 과정을 갖는다는 것이 지적되어야 할 중요한 점이다.

- 고열원으로 또는 이로부터 열이 전달되는 가역등온과정
- 작업유체의 온도가 고열원의 온도로부터 저열원의 온도로 강하하는 가역단열과정
- 저열원으로 또는 이로부터 열이 전달되는 가역등온과정
- 작업유체의 온도가 저열원의 온도로부터 고열원의 온도로 상승하는 가역단열과정

지금까지 다루어 왔던 상태변화 중에서 가역과정은 등온변화와 단열변화뿐이다. 이 두 변화를 제외한 다른 변화는 열의 출입과 온도의 변화가 있으므로 그의 역(逆) 과정에 있어서는 어느 것이나 열을 저온에서 고온으로 이동시키지 않으면 안 되며 실제로 이것은 열적(熱的)으로 비가역이다. 비가역변화에서는 반드시 에너지 손실이 따르기 때문에 그만큼의 열효율이 저하되므로, 최고의 효율을 얻기 위해서는 가역과정인 등온과 단열 두 변화로 된 사이클이어야 한다.

카르노 사이클을 $P-v$, $T-s$ 선도 상에 표시하면 다음과 같다.

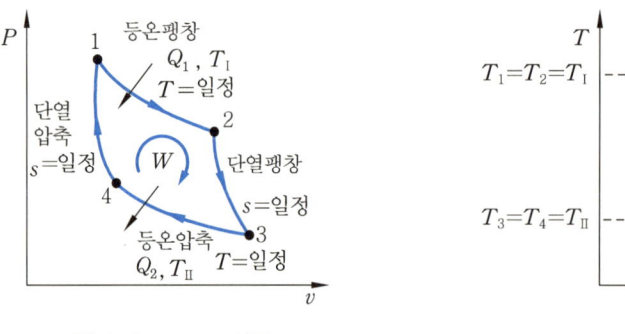

그림 4-3 $P-v$ 선도

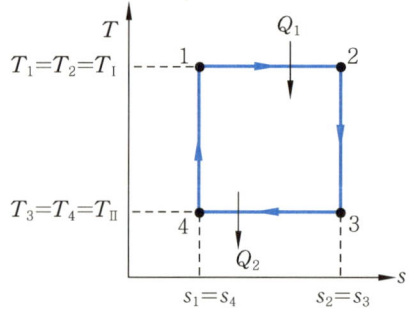

그림 4-4 $T-s$ 선도

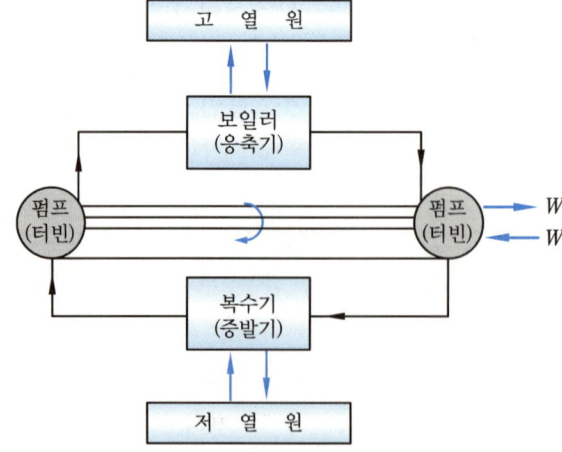

그림 4-5 카르노 사이클로 작동하는 열기관

카르노 사이클은 2개의 등온과정과 2개의 단열과정으로 이루어져 있으며 각 과정은 다음과 같다.

$1 \rightarrow 2$: 등온팽창(열량 Q_1을 받아 등온 T_I을 유지하면서 팽창하는 과정)

$2 \rightarrow 3$: 단열팽창과정

$3 \rightarrow 4$: 등온압축(열량 Q_2를 방출하면서 등온 T_{II}를 유지하면서 압축하는 과정)

$4 \rightarrow 1$: 단열압축과정

따라서, 유효일 $W = Q_1 - Q_2$(폐곡선 12341의 면적)

$$\text{열효율 } \eta_C = \frac{\text{유효일}(W)}{\text{공급열량}(Q_1)} = \frac{Q_1 - Q_2}{Q_1} = 1 - \frac{Q_2}{Q_1} \qquad (4-4)$$

각 과정에서 카르노 사이클이 완전 가스로서 상태변화를 행하는 경우를 보면 다음과 같다. ($1 \rightarrow 2$ 과정) 등온팽창($dT = 0$, $T = $ 일정)이므로 공급열량 Q_1은 모두 외부에 대한 절대일로 전환되므로,

$$Q_1 = GRT_I \cdot \ln \frac{v_2}{v_1} = GRT_I \ln \frac{P_1}{P_2} \qquad (4-5)$$

($2 \rightarrow 3$ 과정) 단열팽창($dQ = 0$, $s = $ 일정)이므로,

$$T_2 v_2^{k-1} = T_3 v_3^{k-1} \text{ 에서 } (T_2 = T_I, \ T_3 = T_{II}),$$

$$\therefore \frac{T_{II}}{T_I} = \frac{T_3}{T_2} = \left(\frac{v_2}{v_3}\right)^{k-1} \qquad (4-6)$$

($3 \rightarrow 4$ 과정) 등온압축이므로,

$$Q_2 = GRT_{II} \cdot \ln \frac{v_3}{v_4} = GRT_{II} \ln \frac{P_4}{P_3} \qquad (4-7)$$

($4 \rightarrow 1$ 과정) 단열압축이므로,

$$T_4 v_4^{k-1} = T_1 v_1^{k-1} \text{에서} (T_4 = T_{II}, \ T_1 = T_I)$$

$$\therefore \frac{T_{II}}{T_I} = \frac{T_4}{T_1} = \left(\frac{v_1}{v_4}\right)^{k-1} \qquad (4-8)$$

식 (4-6), (4-8)로부터,

$$\frac{T_{II}}{T_I} = \left(\frac{v_2}{v_3}\right)^{k-1} = \left(\frac{v_1}{v_4}\right)^{k-1} \text{ 이므로,}$$

$$\therefore \frac{v_2}{v_3} = \frac{v_1}{v_4} \text{ 또는 } \frac{v_2}{v_1} = \frac{v_3}{v_4} \qquad (4-9)$$

$$\therefore \frac{Q_2}{Q_1} = \frac{GRT_{II} \ln \frac{v_3}{v_4}}{GRT_I \ln \frac{v_2}{v_1}} = \frac{T_{II}}{T_I} \quad \left(\because \frac{v_2}{v_1} = \frac{v_3}{v_4}\right) \qquad (4-10)$$

따라서, 카르노 사이클의 열효율은,

$$\eta_C = \frac{W}{Q_1} = 1 - \frac{Q_2}{Q_1} = 1 - \frac{T_{II}(\text{저열원의 온도})}{T_I(\text{고열원의 온도})} \tag{4-11}$$

한편, 카르노 사이클과 반대 방향으로 작용하는 역 카르노 사이클인 경우에는 외부에서 작업유체에 W의 일을 공급하여 저열원으로부터 Q_2의 열을 빼앗아 고열원에 Q_1의 열을 공급한다. 즉, 역 카르노 사이클은 냉동기의 이상적 사이클이다.

예제 5. 고열원 350℃, 저열원 15℃에서 작동하는 카르노 사이클이 1사이클 당 3.36 kJ의 열을 공급받는다면 이 카르노 사이클의 1사이클 당의 일량을 구하시오.

[해설] $\eta_C = \dfrac{W}{Q_1} = 1 - \dfrac{Q_2}{Q_1} = 1 - \dfrac{T_{II}}{T_I} = 1 - \dfrac{15+273}{350+273} = 0.5377$

$W = \eta_C \cdot Q_1 = 0.5377 \times 3.36 = 1.807 \text{ kN}\cdot\text{m}$

예제 6. 동작물질(공기) 1 kg이 고열원 600℃, 저열원 100℃ 사이에서 작동하는 카르노 사이클 기관의 최고압력이 400 kPa abs이고, 등온팽창하여 체적이 2배가 되었다면 다음을 구하시오.
(1) 등온팽창 초(初)의 부피(m^3/kg)를 구하시오.
(2) 등온팽창 말(末)의 압력(kPa abs)을 구하시오.
(3) 단열팽창 말의 압력(kPa)을 구하시오.
(4) 등온압축 말의 압력(kPa)을 구하시오.
(5) 수열량(kJ/kg)을 구하시오.
(6) 방열량(kJ/kg)을 구하시오.
(7) 이 사이클에서 열효율(%)을 구하시오.

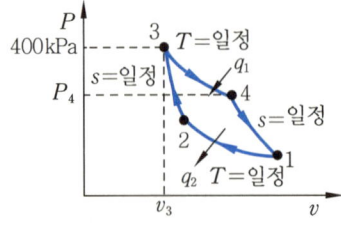
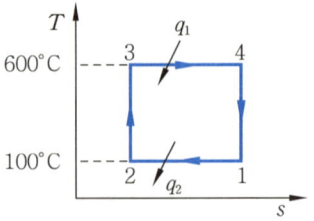

[해설] (1) $Pv = RT$ 에서, $R = 287$ J/kg·K, 등온팽창 초는 "3"이므로,

$$v_3 = \frac{RT_3}{P_3} = \frac{287 \times (273+600)}{400 \times 10^3} = 0.6264 \text{ m}^3/\text{kg}$$

(2) 등온팽창 말은 "4"이므로, $T =$ 일정에서 $P_3 \cdot v_3 = P_4 \cdot v_4$ 이다.

$$\therefore P_4 = P_3 \times \frac{v_3}{v_4} = 400 \text{ kPa} \times \left(\frac{1}{2}\right) = 200 \text{ kPa abs}$$

$\left(\text{팽창 후 체적이 } 2\text{배가 되었으므로 } \dfrac{v_3}{v_4} = \dfrac{1}{2}\right)$

(3) 단열팽창 말은 "1"이므로, $s=$ 일정에서 (공기의 비열비 $k=1.4$)

$T_4{}^k P_4{}^{1-k} = T_1{}^k P_1{}^{1-k}$

$P_1 = P_4 \times \left(\dfrac{T_1}{T_4}\right)^{\frac{k-1}{k}} = 200\,\text{kPa} \times \left(\dfrac{273+100}{273+600}\right)^{\frac{1.4-1}{1.4}} = 156.86\,\text{kPa}$

(4) 등온압축 말은 "2"이므로 $T=$ 일정에서,

$P_1 v_1 = P_2 v_2, \quad \dfrac{v_2}{v_1} = \dfrac{v_3}{v_4} = \dfrac{1}{2} \quad \therefore \dfrac{v_4}{v_3} = 2$

$\therefore P_2 = P_1 \times \left(\dfrac{v_1}{v_2}\right) = 156.86\,\text{kPa} \times \left(\dfrac{v_4}{v_3}\right) = 156.86 \times 2 = 313.72\,\text{kPa}$

(5) $T=$ 일정 상태에서 수열되므로,

$q_1 = P_3 v_3 \ln \dfrac{v_4}{v_3} = RT_3 \cdot \ln \dfrac{v_4}{v_3}$

$= 287 \times (273+600) \times \ln \dfrac{2}{1} = 173669\,\text{J/kg} \fallingdotseq 173.67\,\text{kJ/kg}$

(6) $T=$ 일정 상태에서 방열되므로,

$q_2 = P_1 v_1 \ln \dfrac{v_2}{v_1} = RT_1 \cdot \ln \dfrac{v_2}{v_1} = 287 \times (273+100) \times \ln \dfrac{1}{2}$

$= 74202\,\text{J/kg} \fallingdotseq 74.2\,\text{kJ/kg}$ (방열)

(7) $\eta_C = \dfrac{W}{Q_1} = 1 - \dfrac{Q_2}{Q_1} = 1 - \dfrac{T_1}{T_3} = 1 - \dfrac{273+100}{273+600} = 0.573 = 57.3\,\%$

예제 7. 저열원이 100℃, 고열원이 600℃인 범위에서 작동되는 카르노 사이클에 있어서 1사이클당 공급되는 열량이 168 kJ이라 하면, 한 사이클 당 일량(kJ)과 열효율(%)을 구하시오.

[해설] $\eta_C = \dfrac{W}{Q_1} = 1 - \dfrac{Q_2}{Q_1} = 1 - \dfrac{T_2}{T_1}$ 이므로,

$\eta_C = 1 - \dfrac{T_2}{T_1} = 1 - \dfrac{273+100}{273+600} = 0.573 = 57.3\,\%$

또, $W = \eta_C \times Q_1 = 0.573 \times 168 = 96.264\,\text{kJ}$

예제 8. 고열원 600℃, 저열원 15℃ 사이에서 작용하는 카르노 사이클에서 방열량과 수열량의 비를 구하시오.

[해설] 수열량 Q_1, 방열량 Q_2이고, 고열원 T_1, 저열원 T_2라면 카르노 사이클 η_C로부터

$\dfrac{Q_2}{Q_1} = \dfrac{T_2}{T_1}$ 이므로,

$\therefore \dfrac{Q_2}{Q_1} = \dfrac{T_2}{T_1} = \dfrac{275+15}{273+600} = 0.33$

■ 열역학적 절대온도(絕對溫度)

온도 t_1인 고열원에서 Q_1의 열을 받고 온도 t_2인 저열원에 Q_2의 열을 방출하는 카르노 사이클에서 $t_1 > t_2$, $Q_1 > Q_2$이다. t_2와 t_3의 온도 범위에서 작용하는 제2의 카르노 사이클을 생각할 때 t_2에서의 수열량을 제1 사이클에서의 방열량 Q_2와 같다하고 저열원 t_3에서의 방열량을 Q_3라 한다. 이와 같은 과정을 제3, 제4, ……, 제 $(n-1)$번째 사이클에서 이루어지는 경우 그림에서 폐곡선 11'2'2, 22'3'3, ……의 각각의 면적을 같게 하면 다음과 같이 표현할 수 있다.

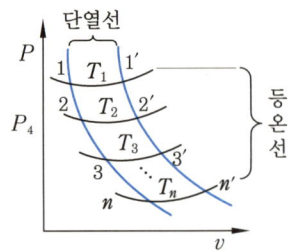

그림 4-6 카르노 사이클에서의 온도 결정(절대온도선도)

$$W_1 = W_2 = W_3 = \cdots\cdots W_{n-1} = W_0 = \frac{Q_1 - Q_n}{(n-1)}$$

위의 식에 맞는 온도 T_1, T_2, T_3, …를 선택할 수 있고 이 결정된 온도 T_1, T_2, T_3, …의 눈금 간격을 선택하는 것은 일의 크기에 따라 다르지만 카르노 사이클은 동작유체의 종류에는 관계가 없으므로 수온 또는 가스 온도계가 지시하는 온도와 같이 사용물질의 성질을 고려할 필요가 없다. 이러한 방법으로 결정한 온도를 켈빈(Kelvin)의 절대온도 또는 열역학적 절대온도(thermodynamics absolute temperature)라 한다. 이 온도에 따르면 그림에서 알 수 있듯이 T_1과 T_3 사이에서 작동하는 카르노 사이클의 효율은 T_1과 T_2 사이에서 작동하는 효율의 2배가 되고 T_1과 T_4 사이에서 작동하는 것은 3배가 된다. 따라서, T_1과 T_n 사이에서 작동하는 카르노 사이클의 효율은

$$\eta_C = \frac{W}{Q_1} = \frac{Q_1 - Q_n}{Q_1} = \frac{(n-1)W_0}{Q_1}$$

여기서, W_0는 온도에 비례하므로 비례상수를 k라 하면

$$W_0 = k(T_1 - T_2) = \frac{k}{n-1}(T_1 - T_n)$$

$$\therefore \eta_C = \frac{(n-1)W_0}{Q_1} = \frac{(n-1)\cdot \frac{k}{(n-1)}(T_1 - T_2)}{Q_1}$$

$$= \frac{k}{Q_1}(T_1 - T_n) = C(T_1 - T_n)$$

여기서, C는 T_1만의 함수이고 T_n과는 무관하며, 카르노의 함수라 한다.

효율이 1인 경우 $T_n = 0$인 경우이므로

$$\therefore \eta_C = C \cdot T_1 = 1, \qquad \therefore C = \frac{1}{T_1}$$

$n = 2$인 경우는

$$\eta_C = \frac{Q_1 - Q_2}{Q_1} = 1 - \frac{Q_2}{Q_1}$$

$$= \frac{W}{Q_1} = C(T_1 - T_2)$$

$$= \frac{T_1 - T_2}{T_1} = 1 - \frac{T_2}{T_1}$$

$$\therefore \frac{Q_2}{Q_1} = \frac{T_{\mathrm{II}}}{T_{\mathrm{I}}} \text{ (온도계의 절대온도)}$$

$$= \frac{T_2}{T_1} \text{ (열역학적 절대온도)}$$

위의 식에서 완전 가스 온도계의 절대온도와 열역학적 절대온도는 서로 비례한다. 열역학상으로 본다면 열역학적 절대온도와 완전 가스의 절대온도는 동일하므로 완전 가스의 절대온도를 사용한다. 완전 가스에 가장 가까운 성질을 가진 수소(H_2)를 사용한 수소온도계는 그 눈금이 열역학적 절대온도에 잘 맞기 때문에 표준온도계로 수소온도계를 사용하고 있다.

4-4 클라우지우스의 폐적분(Clausius integral)

그림 4-7과 같이 $P-v$ 선도 상의 한 가역 사이클을 편의상 많은 단열선으로 작은 카르노 사이클로 만들고, 각 사이클 고온부의 작동유체의 열역학적 온도를 $T_1, T_1', T_1'' \cdots$, 저온부의 온도를 $T_2, T_2', T_2'' \cdots$로 하고, 각각의 카르노 사이클의 고온부에서 유체가 얻는 열량을 $dQ_1, dQ_1', dQ_1'' \cdots$, 저온부에서의 방열량을 $dQ_2, dQ_2', dQ_2'' \cdots$로 표시하면, 각각의 카르노 사이클은 식 (4-10)에 의하여,

$$\frac{dQ_1}{dQ_2} = \frac{T_1}{T_2} \rightarrow \frac{dQ_1}{T_1} = \frac{dQ_2}{T_2}$$

$$\frac{dQ_1'}{dQ_2'} = \frac{T_1'}{T_2'} \rightarrow \frac{dQ_1'}{T_1'} = \frac{dQ_2'}{T_2'}$$

$$\vdots \qquad \vdots$$

의 관계가 있으며, 이 미소 사이클을 모두 합한 것은 처음의 가역 사이클이 된다.

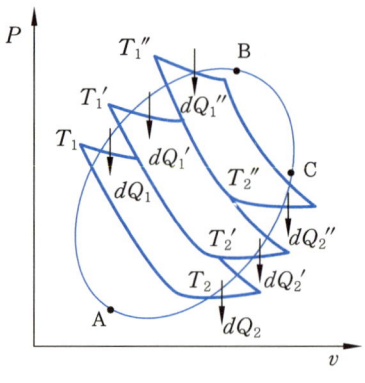

그림 4-7

따라서, 전 사이클에 대해서 합하면,

$$\left(\Sigma \frac{dQ_1}{T_1}\right) + \left(-\Sigma \frac{dQ_2}{T_2}\right) = 0$$

이 된다. 사이클에 있어서 가열량의 부호는 양(+), 방열량의 부호는 음(-)으로 규정하므로, 윗식을 다음과 같이 간단히 표시할 수 있다.

$$\Sigma \frac{dQ}{T} = 0$$

이것을 적분형으로 나타내고 한 사이클 전체의 적분을 $\oint$으로 표시하면

$$\oint \frac{dQ}{T} = 0 \text{ (가역과정)} \tag{4-12}$$

이 된다. 식 (4-12)는 모든 가역 사이클에 대한 동작유체가 얻은 $\frac{dQ}{T}$의 대수합은 0이 됨을 의미하고, 이 적분을 가역 사이클에 대한 클라우지우스(Clausius)의 폐적분이라 한다.

$$\oint \frac{dQ}{T} < 0 \text{ (비가역과정)} \tag{4-13}$$

윗식에서 비가역 사이클에 대한 클라우지우스의 적분은 0보다 작다는 것을 나타내며, 이 식 (4-13)을 클라우지우스의 부등식이라 한다.

4-5 엔트로피(entropy)

엔트로피는 무질서도를 나타내는 종량성 상태량으로 정의하며, 출입하는 열량의 이용가치를 나타내는 양으로 열역학상 중요한 의미를 가진다. 엔트로피는 에너지도 아니고, 온도와 같이 감각으로도 알 수 없으며, 또한 측정할 수도 없는 물리학상의 상태량이다. 어느 물체에 열을 가하면 엔트로피는 증가하고 냉각하면 감소하는 상상적인 양이다.

그림 4-8은 $P-v$ 선도 상의 가역 사이클에 1a2b1을 표시한 것이며, 이것은 가역 사이클이므로 클라우지우스 적분은 $0\left(\oint \dfrac{dQ}{T}=0\right)$이다. 이 적분의 경로 1a2b1을, 1a2와 2b1로 나누면,

$$\oint \dfrac{dQ}{T} = \int_{1\to a}^{2} \dfrac{dQ}{T} + \int_{2\to b}^{1} \dfrac{dQ}{T} = 0$$

가역 사이클이므로, $\int_{1\to a}^{2} \dfrac{dQ}{T} - \int_{1\to b}^{2} \dfrac{dQ}{T} = 0$이 되므로,

$$\int_{1\to a}^{2} \dfrac{dQ}{T} = \int_{1\to b}^{2} \dfrac{dQ}{T} = \int_{1}^{2} \dfrac{dQ}{T} \tag{4-14}$$

즉, 가역 사이클에서는 상태점 1과 상태점 2가 주어지면, 두 점 간의 어떠한 가역적인 경로에 대해서도 식 (4-14)가 성립한다. 따라서,

$$\int_{1}^{2} \dfrac{dQ}{T} = 일정 \tag{4-15}$$

여기서, 점 1을 정점인 기준점으로 하고, 점 2를 정하면 $\int_{1}^{2} \dfrac{dQ}{T}$의 값은 가역변화의 경로에 관계없이 결정되며, 점 2가 정하는 상태량에 의해서 결정되므로 한 개의 새로운 상태량(종량성 상태량)이라 할 수 있다.

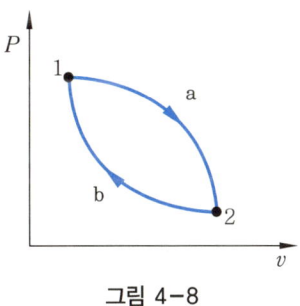

그림 4-8

1 kg에 대한 이 상태량을 비(比)엔트로피라 하며, $ds = \dfrac{dq}{T}$ [kJ/kg·K]로 표시하면, 전(全) 엔트로피, 즉 중량 G [kg]에 대하여 $dS = \dfrac{dQ}{T}$ [kJ/K]이다.

$$dS = \dfrac{dQ}{T},\ dQ = T \cdot dS \tag{4-16}$$

윗식에서 $dQ = dS \times T$는 "일=힘×거리"의 개념을 가지며, 엔트로피 dS를 열역학적 중량으로 볼 수 있다.

그림 4-8에서 상태변화가 1a2b1의 경로를 따라 이루어질 때 1a2는 가역변화, 2b1은 비가

역변화라 하면,

$$\int_{1\to a}^{2} \frac{dQ}{T} - \int_{1\to b}^{2} \frac{dQ}{T} < 0$$

상태 1, 2의 엔트로피를 S_1, S_2라 하면,

$$S_2 - S_1 = \int_{1\to a}^{2} \frac{dQ}{T} < \int_{1\to b}^{2} \frac{dQ}{T}$$

또, 가역단열변화이면 $dS = 0 (S = 일정)$, 비가역 단열변화이면 $dS > 0$이므로,

$$dS > \frac{dQ}{T}, \quad TdS > dQ$$

단열계에서 $dQ = 0$이므로,

$$dS \geq 0 \tag{4-17}$$

엔트로피는 감소하지 않으며, 가역이면 불변, 비가역이면 증가한다. 실제 자연계에서 일어나는 상태변화는 비가역변화를 동반하게 되므로, 엔트로피는 증가할 뿐이고 감소하는 일이 없다. 이것을 엔트로피 증가의 원리라 한다.

예제 9. 공기 5 kg이 온도 20℃에서 정적상태로 가열되어 엔트로피가 3.6 kJ/kg·K로 증가되었다. 이때 가해진 열량(kJ)을 구하시오.

[해설] $v = $ 일정에서,

$Q = GC_v(T_2 - T_1)$인데 T_2를 모르기 때문에

$\Delta s = s_2 - s_1 = GC_v \cdot \ln \dfrac{T_2}{T_1}$에서 T_2를 구하면 ($C_v = 718$ J/kg·K),

$\ln \dfrac{T_2}{273 + 20} = \Delta s \times \dfrac{1}{GC_v} = 3600 \times \dfrac{1}{5 \times 718} = 1.003$

∴ $T_2 = e^{1.003} \times 293 = 798.8$ K $= 525.8$℃

∴ $Q = G \cdot C_v (T_2 - T_1) = 5 \times 718(525.8 - 20)$
   $= 1815822$ J $\fallingdotseq 1816$ kJ

예제 10. 대기압 상태에서 0℃ 물 15 kg을 200℃의 과열증기로 만들 때, 증기의 정압비열이 2.394 kJ/kg·K, 증발열이 2256.8 kJ/kg일 때 엔트로피 증가량(kJ/K)을 구하시오.

[해설] "0℃ 물 ──①──→ 100℃ 물 ──②──→ 100℃ 증기 ──③──→ 200℃ 과열증기"이므로,

① 0℃ 물 → 100℃ 물 (포화수)로 만들 때,

$\Delta S = G \cdot C \cdot \ln \dfrac{T_2}{T_1} = 15 \times 4187 \times \ln \dfrac{273 + 100}{273 + 0} = 19602$ J/K

② 100℃ 물 → 100℃ 증기로 만들 때, 이때 드는 열량이 증발열로,

$$\Delta S = G \cdot \frac{1 q_2}{T} = 15 \times \frac{2256800}{273+100} = 90756 \text{ J/K}$$

③ 100℃ 증기 → 200℃ 과열증기로 만들 때, 정압과정이므로,

$$\Delta S = G C_p \cdot \ln \frac{T_2}{T_1} = 15 \times 2394 \times \ln \frac{273+200}{273+100} = 8529 \text{ J/K}$$

∴ 전 엔트로피 증가량은

$$\Delta S = 19602 + 90756 + 8529 = 118887 \text{ J/K} ≒ 118.9 \text{ kJ/K}$$

예제 11. 공기 1 kg이 정압상태로 300 K로부터 600 K까지 가열되었다면, 압력은 408 kPa에서 306 kPa의 상태로 등온변화하였다. 공기의 C_p=1005 J/kg·K, 가스 상수 R=287 N·m/kg·K라면, 엔트로피 변화량(kJ/kg·K)을 구하시오.

[해설] $\Delta s = \Delta s_p + \Delta s_T$

$$= C_p \cdot \ln \frac{T_2}{T_1} - R \cdot \ln \frac{P_2}{P_1} \text{ 이므로}(T 와 P 의 함수)$$

$$\therefore \Delta s = 1005 \times \ln \frac{600}{300} - 287 \times \ln \frac{306}{408} = 696.6 - (-82.6)$$

$$= 779.2 \text{ J/kg·K} = 0.7792 \text{ kJ/kg·K}$$

4-6 완전 가스의 엔트로피의 식과 상태변화

(1) 완전 가스의 엔트로피

엔트로피란 앞에서 설명한 것과 같이 그 변화량은 경로에 관계없이 결정되는 값으로서 점함수(point function)이다. 따라서, 어떤 기준상태에서의 엔트로피의 값을 구하면 엔트로피는 P, v, T, u, h의 상태량의 함수로 나타낼 수 있다.

① T와 v의 함수 : 열역학 제 1 법칙식으로부터 엔트로피 변화를 T, v항으로 표시하면,

$$dq = du + Pdv = C_v dT + Pdv = T \cdot ds$$

$$\therefore ds = C_v \frac{dT}{T} + \frac{Pdv}{T} = C_v \frac{dT}{T} + R \frac{dv}{v} \quad (\leftarrow Pv = RT \text{에서})$$

$$\therefore \Delta s = s_2 - s_1 = \int_1^2 ds = C_v \ln \frac{T_2}{T_1} + R \cdot \ln \frac{v_2}{v_1} \qquad (4-18)$$

② T와 P의 함수 : 같은 방법으로 엔트로피 변화를 T, P항으로 표시하면,

$$dq = dh - vdP = C_p dT - vdP = T \cdot ds \text{ 에서,}$$

$$ds = C_p \cdot \frac{dT}{T} - \frac{v}{T} \cdot dP = C_p \frac{dT}{T} - R \frac{dP}{P}$$

$$\therefore \Delta s = s_2 - s_1 = \int_1^2 ds = C_p \ln \frac{T_2}{T_1} - R \cdot \ln \frac{P_2}{P_1} \qquad (4-19)$$

③ P와 v의 함수

$$dq = dh - vdP = C_p dT - vdP = T \cdot ds 에서,$$

$$ds = \frac{dh}{T} - \frac{v}{T} dP = C_p \frac{dT}{T} - R \frac{dP}{P} \quad \left(Pv = RT, \ \frac{v}{T} = \frac{R}{P} \right)$$

$$\therefore \Delta s = s_2 - s_1 = C_p \ln \frac{T_2}{T_1} - R \cdot \ln \frac{P_2}{P_1}$$

$$= C_p \ln \frac{T_2}{T_1} - (C_p - C_v) \cdot \ln \frac{P_2}{P_1}$$

$$= C_p \ln \left(\frac{T_2}{T_1} \times \frac{P_1}{P_2} \right) + C_v \ln \frac{P_2}{P_1}$$

$$= C_p \ln \frac{v_2}{v_1} + C_v \ln \frac{P_2}{P_1} \qquad (4-20)$$

(2) $T-S$ 선도와 상태변화

① $T-S$ 선도(線圖) : 그림 4-9(a)에서 절대온도 T를 세로축, 엔트로피 S를 가로축으로 한 선도는 $dQ = T \cdot dS$인 관계에서 알 수 있듯이 곡선 1-2와 S축의 면적으로 변화 중의 열의 출입량 및 마찰 등에 의한 내부발생열량을 표시할 수 있다. 이 선도를 엔트로피 선도 또는 $T-S$ 선도라 한다. $P-V$ 선도 상의 면적은 일량을 나타내며, $T-S$ 선도 상의 면적은 열량을 나타낸다. 따라서, 이 선도를 열선도(heat diagram)라고도 한다.

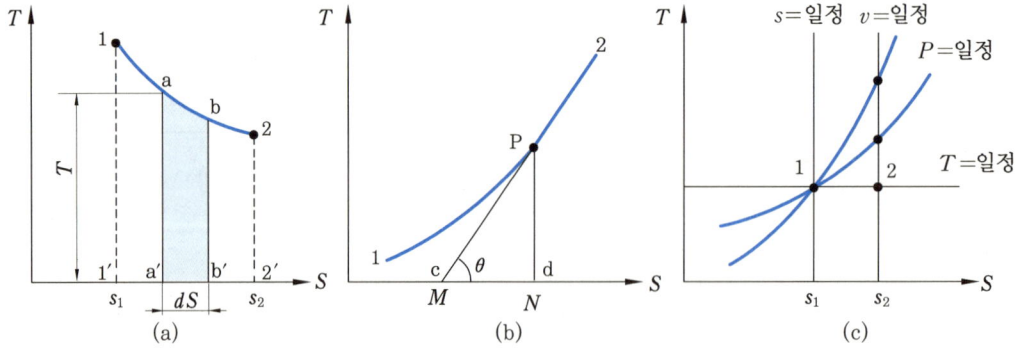

그림 4-9 $T-S$ 선도 ($T-S$ diagram)

그림 4-9 (a)에서,

$$\text{면적 abb'a'a} = T \cdot dS = dQ \rightarrow Q = \int_1^2 T \cdot dS$$

그림 4-9 (b)에서와 같이 곡선 상의 임의의 점 P에서 곡선에 접선을 그었을 때 P점에서의 곡선의 기울기를 생각하면 다음과 같다.

$$\frac{MN}{PN} = \frac{dS}{dT}$$

$$MN = PN \times \frac{dS}{dT} = T \cdot \frac{dS}{dT} = \frac{dQ}{dT}$$

여기서, $\frac{dQ}{dT}$ 는 비열을 나타내는 값이므로 비열을 C라 할 때,

$$C = \frac{dQ}{dT} = MN$$

그러므로 $C_p > C_v$의 관계로부터 그림 4-9 (c)와 같이 등적선의 경사가 등압선의 경사보다 급한 상태임을 알 수 있다.

② 등적변화($v=$ 일정, $dv=0$) : 완전 가스 상태 1에서 2로 등적팽창하면,

$$dq = du + Pdv = du = C_v dT$$

$dq = C_v dT = T \cdot ds$ 에서,

$$\therefore \Delta s = s_2 - s_1 = \int_1^2 ds = \int_1^2 \frac{dq}{T}$$

$$= \int_1^2 \frac{C_v dT}{T} = C_v \ln \frac{T_2}{T_1} = C_v \cdot \ln\left(\frac{P_2}{P_1}\right) \quad (4-21)$$

③ 등압변화($P=$ 일정, $dP=0$) : 완전 가스 상태 1에서 2로 등압팽창하면,

$$dq = dh - vdP = dh = C_p dT$$

$dq = C_p dT = Tds$ 에서,

$$\therefore \Delta s = s_2 - s_1 = \int_1^2 ds = \int_1^2 \frac{dq}{T}$$

$$= \int_1^2 \frac{C_p dT}{T} = C_p \ln \frac{T_2}{T_1} = C_p \cdot \ln\left(\frac{v_2}{v_1}\right) \quad (4-22)$$

④ 등온변화($T=$ 일정) : $ds = \frac{dq}{T}$ 에서 등온과정에서 $T=$ 일정하므로,

$$\Delta s = \int_1^2 ds = \int_1^2 \frac{dq}{T} = \frac{1}{T} q$$

$T=$ 일정에서 $q = RT \ln \frac{v_2}{v_1} = RT \ln \frac{P_1}{P_2}$ 이므로,

$$\therefore \Delta s = s_2 - s_1 = \frac{q}{T} = R \ln \frac{v_2}{v_1} = R \ln \frac{P_1}{P_2} \quad (4-23)$$

⑤ 단열변화($dq=0$) : $ds = \frac{dq}{T}$ 에서 $dq=0$이므로 $ds=0$이다.

따라서, $ds=0$ 또는 $\Delta s = s_2 - s_1 = 0$ ($\therefore s_1 = s_2$)

단열변화는 등엔트로피 변화($s=$ 일정)이다. $\quad (4-24)$

⑥ 폴리트로프 변화

$$dq = C_v \frac{n-k}{n-1} \cdot dT = C_n \cdot dT = Tds \text{ 에서,}$$

$$q = C_n(T_2 - T_1) = C_v \frac{n-k}{n-1} \cdot (T_2 - T_1)$$

$$\therefore \Delta s = s_2 - s_1 = \int_1^2 ds = \int_1^2 \frac{dq}{T} = C_n \int_1^2 \frac{dT}{T} = C_n \ln \frac{T_2}{T_1}$$

$$= C_v \frac{n-k}{n-1} (T_2 - T_1) \tag{4-25}$$

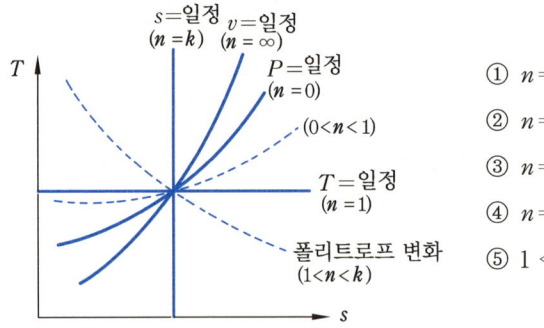

① $n = 0$: 등압변화($P =$ 일정)
② $n = 1$: 등온변화($T =$ 일정)
③ $n = k$: 단열변화($s =$ 일정)
④ $n = \infty$: 등적변화($v =$ 일정)
⑤ $1 < n < k$: 폴리트로프 변화

그림 4-10 폴리트로프 지수 n의 각 특성값에 대한 상태변화

예제 12. 공기 1 kg이 130℃인 상태에서 일정 체적하에서 400℃의 상태로 변했을 때 엔트로피의 변화량을 구하시오. (단, $C_p = 718$ J/kg·K이다.)

[해설] $v =$ 일정 상태에서,

$$\Delta s = s_2 - s_1 = \int \frac{dq}{T} = \int \frac{du}{T} = C_p \cdot \ln \frac{T_2}{T_1} = 718 \times \ln \frac{273 + 400}{273 + 130}$$
$$= 368.2 \, \text{J/kg·K} = 0.3682 \, \text{kJ/kg·K}$$

예제 13. He (헬륨) 1 kg이 1 atm 상태에서 정압 가열되어 온도가 100 K에서 150 K로 되었고, 엔탈피 $h = 5.238\,T$ [kJ/kg]의 관계를 가질 때 엔트로피의 변화량을 구하시오.

[해설] $P =$ 일정에서,

$$ds = \left[\frac{dq}{T}\right]_{P=\text{일정}} = \frac{dh}{T} = \frac{5.238}{T} dT \text{ 이므로 } (h = 5.238\,T \rightarrow dh = 5.238)$$
$$\Delta s = \int_1^2 ds = \int_1^2 \frac{5.238}{T} dT = 5.238 \ln \frac{T_2}{T_1}$$
$$= 5.238 \times \ln \frac{150}{100} = 2.124 \, \text{kJ/kg·K}$$

예제 14. 1 kg의 공기가 온도 20℃인 상태에서 등온적으로 변화하여 체적이 1 m³, 엔트로피가 0.84 kJ/kg·K로 증가했을 때 처음 압력을 구하시오.

[해설] $P_1 v_1 = RT_1$에서,

$$P_1 = \frac{RT_1}{v_1}$$ 인데 v_1을 모르므로,

$$\Delta s = R \cdot \ln \frac{v_2}{v_1} = R \cdot \ln \frac{v_1 + 1}{v_1}$$

$$\therefore \ln \frac{v_1 + 1}{v_1} = \frac{\Delta s}{R} = \frac{840}{287} = 2.927$$

$$\therefore \frac{v_1 + 1}{v_1} = e^{2.927}$$에서, $v_1 = 0.057 \text{ m}^3/\text{kg}$

$$\therefore P_1 = \frac{RT_1}{v_1} = \frac{287 \times 293}{0.057} = 1475280 \text{ N/m}^2$$

$$= 1.475 \times 10^6 \text{ N/m}^2 = 1.475 \text{ MPa}$$

예제 15. 3 kg의 공기를 온도 27℃에서 527℃로 가열하는 경우, 압력이 102 kPa에서 510 kPa로 변하였다. 공기의 $C_p = 1005$ J/kg·K, $C_v = 718$ J/kg·K일 때 이 변화에서 엔트로피의 변화량(kJ/K)을 구하시오.

[해설] 어떤 변화의 조건이 없으므로 폴리트로프 변화로 보면,

$$\Delta S = S_2 - S_1 = GC_n \ln \frac{T_2}{T_1} = G \cdot \frac{n-k}{n-1} C_v \ln \frac{T_2}{T_1}$$

에서, 폴리트로프 지수 n을 구해야 하므로,

$$\left(\frac{T_2}{T_1}\right)^n = \left(\frac{P_2}{P_1}\right)^{n-1}$$

양변에 자연대수 ln을 취하여 정리하면,

$$\frac{n-1}{n} = \frac{\ln \frac{T_2}{T_1}}{\ln \frac{P_2}{P_1}} = \frac{\ln \frac{800}{300}}{\ln \frac{510}{102}} = 0.6094$$에서, $n = 2.56$

$$\therefore \Delta S = G \cdot \frac{n-k}{n-1} C_v \cdot \ln \frac{T_2}{T_1}$$

$$= 3 \times \frac{2.56 - 1.4}{2.56 - 1} \times 718 \times \ln \frac{800}{300}$$

$$= 1571 \text{ J/K} = 1.571 \text{ kJ/K}$$

예제 16. 1 kg의 공기가 700 kPa, 300℃인 상태에서 200 kPa, 0.7 m³인 상태로 변화하였다. 변화 후의 엔트로피(kJ/kg·K)를 구하시오.(단, 공기의 $C_p = 1005$ J/kg·K, $C_v = 718$ J/kg·K, $R = 287$ J/kg·K이다.)

[해설] $\Delta s = s_2 - s_1$

$$= \underbrace{C_p \cdot \ln \frac{v_2}{v_1} + C_v \cdot \ln \frac{P_2}{P_1}}_{P,\ v\ 함수} = \underbrace{C_v \cdot \ln \frac{T_2}{T_1} + R \cdot \ln \frac{v_2}{v_1}}_{T,\ v\ 함수} = \underbrace{C_p \cdot \ln \frac{T_2}{T_1} - R \cdot \ln \frac{P_2}{P_1}}_{T,\ P\ 함수}$$

$P_2 v_2 = RT_2$에서, T_2를 구한다.

$$\therefore T_2 = \frac{P_2 v_2}{R} = \frac{(200 \times 10^3) \times 0.7}{287} = 487.8 \text{ K}$$

$$\therefore \Delta s = 1005 \times \ln \frac{487.8}{573} - 287 \times \ln \frac{200}{700}$$

$$= -161.8 - (-359.5)$$

$$= 197.8 \text{ J/kg·K}$$

$$= 0.1978 \text{ kJ/kg·K}$$

예제 17. 공기 1 kg이 표준대기압하에서 18℃로부터 60℃로 가열되는 동안에 체적이 0.824 m³에서 0.943 m³로 되었다. 이 과정 중 엔트로피의 변화량은 얼마인지 구하시오.

[해설] 변화과정 중 T와 v가 변화하였으므로, T와 v의 함수식인 식 (4-18)로부터,

$$\Delta s = C_v \cdot \ln \frac{T_2}{T_1} + R \cdot \ln \frac{v_2}{v_1} \text{ (공기의 } C_v = 718 \text{ J/kg·K)}$$

$$= 718 \times \ln \frac{273+60}{273+18} + 287 \times \ln \frac{0.943}{0.824}$$

$$= 96.8 + 38.72$$

$$= 135.52 \text{ J/kg·K}$$

4-7 비가역과정에서 엔트로피의 증가

가역변화의 엔트로피는 변화 전후의 값이 일정하나, 비가역 변화의 경우 엔트로피는 항상 증가한다. 비가역 상태변화의 요인을 들어 설명하면 다음과 같다.

(1) 열이동

고온체 T_1과 저온체 T_2의 두 물체가 접촉하면 열이 이동한다. 고온체에서는 ΔQ만큼 열을 방출하고, 저온체에서는 ΔQ만큼 열을 얻었으므로,

고온체의 엔트로피 감소량 : $\dfrac{(-\Delta Q)}{T_1} = -\Delta s_1$

저온체의 엔트로피 증가량 : $\dfrac{(\Delta Q)}{T_2} = \Delta s_2$

$$\therefore \Delta s = \Delta s_2 - (-\Delta s_1) = \Delta s_2 + \Delta s_1 > 0 \tag{4-26}$$

따라서, 열이동과 같은 비가역과정에서는 엔트로피가 증가함을 알 수 있다.

(2) 마 찰

유체가 관로를 흐를 때 유체가 관의 내부면과 접촉하여 생기는 마찰이나 와류(渦流) 등에 의하여 유체는 마찰일을 해야 한다. 이 일은 열로 변하여 관에 가해진다. 유체가 발생한 열을 ΔQ라 하면, $\Delta Q > 0$이므로 엔트로피 $\Delta s = \dfrac{\Delta Q}{T}$로 0보다 크다. 즉, 엔트

로피는 증가한다.

(3) 교축 (throttling)

교축에서는 엔탈피는 항상 일정하므로 교축 전후의 온도는 같고, 압력은 내려가므로 ($P_1 > P_2$), 엔트로피의 일반 공식은

$$\Delta s = C_p \cdot \ln \frac{T_2}{T_1} + R \cdot \ln \frac{P_1}{P_2} = 0 + R \cdot \ln \frac{P_1}{P_2} = R \cdot \ln \frac{P_1}{P_2} > 0$$

따라서, Δs는 0보다 크다. 즉, 엔트로피는 증가한다.

예제 18. 온도가 T_1, T_2인 두 물체가 있다. T_1에서 T_2로 Q의 열이 전달될 때 이 두 물체가 이루는 계의 엔트로피 변화가 다음과 같음을 보이시오.

$$\Delta s = \frac{Q(T_1 - T_2)}{T_1 T_2}$$

[해설] 고열원 T_1의 엔트로피 감소 $\frac{Q}{T_1}$, 저열원 T_2의 엔트로피 증가 $\frac{Q}{T_2}$

따라서, 엔트로피 변화 Δs는,

$$\Delta s = -\frac{Q}{T_1} + \frac{Q}{T_2} = -\frac{QT_2 + QT_1}{T_1 T_2} = \frac{Q(T_1 - T_2)}{T_1 T_2}$$

예제 19. 질소 10 kg이 일정압력 상태에서 체적이 1.5 m³에서 0.3 m³로 감소될 때까지 냉각되었을 때 엔트로피의 변화량을 구하시오. (단, $C_p = 14.2926$ kJ/kg·K이다.)

[해설] $dS = \frac{dQ}{T}$ 이므로,

$$\Delta S = \int \frac{dQ}{T} = G \int \frac{dh}{T} = GC_p \int_1^2 \frac{dT}{T}$$

$$= GC_p \cdot \ln \frac{T_2}{T_1} = GC_p \cdot \ln \frac{V_2}{V_1}$$

$$= 10 \times 14.2926 \times \ln \frac{0.3}{1.5}$$

$$= -230 \text{ kJ/K}$$

예제 20. 공기 1.5 kg이 압력 300 kPa abs, 온도 20℃인 상태에서 정압가열하여 온도 250℃인 상태로 변하였다. 기체상수 $R = 287$ N·m/kg·K, 정압비열 $C_p = 1.005$ kJ/kg·K라면 다음을 구하시오.
(1) 공급 가열량(kJ)
(2) 외부에 한 일량(N·m)
(3) 엔트로피의 변화량(kJ/K)

[해설] (1) $dq = dh - vdP$ 에서 $dP = 0$ 이므로,
∴ $Q_a = G \cdot C_p (T_2 - T_1)$
$= 1.5 \times 1.005 \times (250 - 20)$
$= 346.7 \, kJ$

(2) $P =$ 일정에서,
$W_a = \int PdV = P(V_2 - V_1) = GR(T_2 - T_1)$
$= 1.5 \times 287 \times (250 - 20)$
$= 99015 \, J$
$= 99015 \, N \cdot m$

(3) $\Delta S = GC_p \cdot \ln \dfrac{T_2}{T_1}$
$= 1.5 \times 1.005 \times \ln \dfrac{523}{293}$
$= 0.8735 \, kJ/K$

4-8 유효 에너지와 무효 에너지

온도 T의 고열원에서 열량 Q를 얻고, 온도 T_0인 저열원에 Q_0로 방출하여 일을 얻을 때 이용할 수 있는 유효 열에너지는 $Q_a = Q - Q_0$이다.

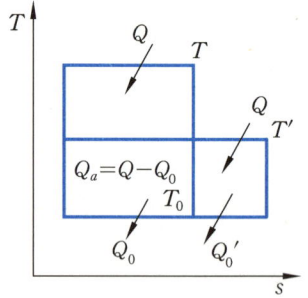

그림 4-7 유효·무효 에너지(Carnot cycle)

Q_a를 가능한 한 증대시키려면 가역기관을 사용하면 된다. 가역기관에서의 열효율은

$$\eta_C = \dfrac{Q - Q_0}{Q} = 1 - \dfrac{Q_0}{Q} = 1 - \dfrac{T_0}{T}$$

∴ $Q_a = Q - Q_0 = Q\left(1 - \dfrac{Q_0}{Q}\right)$

$= Q\left(1 - \dfrac{T_0}{T}\right) = Q \cdot \eta_C$ \hfill (4-27)

$Q_o = Q \cdot \dfrac{T_0}{T} = Q(1 - \eta_C)$ \hfill (4-28)

여기서, Q_a를 유효 에너지, Q_0를 무효 에너지라고 한다. Q_a는 T가 클수록 증대한다. 고열원의 온도가 높을수록 엔트로피가 감소하여 유효 에너지 Q_a는 증가하고 무효 에너지 Q_0는 감소하므로 기관의 열효율은 증대한다.

또, Q_0는 온도비 $\dfrac{T_0}{T}$에 비례하며 이 값이 1에 접근할수록 커진다. 그림은 수열량 Q가 같은 두 개의 카르노 사이클을 비교한 것이며, 고열원의 온도가 저하하여 T'가 되면 Q_a는 감소하고, Q_0가 증대함을 알 수 있다.

지금 카르노 사이클에서 고열원 T의 온도를 일정하게 유지하면서 Q의 열을 공급하면 이때의 엔트로피 변화는

$$\Delta S_1 = \frac{Q}{T}, \quad \Delta S_2 = \frac{Q_0}{T_0}$$

$$\left. \begin{array}{l} Q_a = Q - T_0 \cdot \Delta S \\ Q_0 = T_0 \cdot \Delta S \end{array} \right\} \tag{4-29}$$

엔트로피가 증가하면 유효 에너지는 감소하고, 반면에 무효 에너지는 증가한다.

예제 21. 물 1 kg을 100℃로부터 등온도의 증기로 변화시키기 위해서는 2256 kJ의 열량이 필요하다. 최저온도를 0℃로 할 때, 유효 에너지와 무효 에너지를 구하여라.

해설 유효 에너지 $Q_a = Q - T_0 \cdot \Delta S = Q - T_0 \dfrac{Q}{T}$

$$= 2256 - 273 \times \frac{2256}{373}$$
$$= 605 \text{ J/kg}$$

무효 에너지 $Q_0 = Q(1 - \eta_C) = Q \dfrac{T_0}{T}$

$$= 2256 \times \frac{273}{373}$$
$$= 1651 \text{ J/kg}$$

예제 22. 대기 온도가 15℃일 때 20℃의 물 3 kg과 90℃의 물 3 kg을 혼합하였더니 55℃가 되었다. 이때 무효 에너지(kJ)를 구하시오.(단, 물의 비열은 4187 J/kg·K로 본다.)

해설 무효 에너지 $Q_0 = T_0 \times \Delta S$이므로,

$$\Delta S = \Delta S_1 + \Delta S_2 = GC \cdot \ln \frac{T_m}{T_1} + GC \cdot \ln \frac{T_m}{T_2}$$

$$= 3 \times 4187 \times \ln \frac{273 + 55}{273 + 20} + 3 \times 4187 \times \ln \frac{273 + 55}{273 + 90}$$

$$= 143.85 \text{ J/K}$$

$\therefore Q_2 = T_0 \cdot \Delta S = (273 + 15) \times 143.85$

$$= 41429 \text{ J} \fallingdotseq 414.3 \text{ kJ}$$

예제 23. 공기 1 kg을 저열원의 온도를 0℃로 하여, 정적인 상태로 20℃에서 100℃까지 가열하고, 다시 정압인 상태로 100℃에서 200℃까지 가열하였다. 공기의 비열을 $C_p = 1.005$ kJ/kg·K, $C_v = 0.718$ kJ/kg·K라 할 때, 무효 에너지(kJ/kg)와 유효 에너지(kJ/kg)를 각각 구하시오.

[해설] 무효 에너지 $q_2 = q_1 \times \dfrac{T_{\text{II}}}{T_{\text{I}}} = T_2 \times \Delta s$이므로,

$$\therefore q_2 = T_{\text{II}} \times (\Delta s_v + \Delta s_p) = T_{\text{II}} \times \left(C_v \ln \dfrac{T_2}{T_1} + C_p \ln \dfrac{T_2'}{T_1'} \right)$$

$$q_a = q_1 - q_2 = (273 + 0) \times \left(0.718 \times \ln \dfrac{373}{293} + 1.005 \times \ln \dfrac{473}{373} \right) = 112.5 \text{ kJ/kg}$$

유효 에너지이므로,
가열량 $q_1 = C_v(T_2 - T_1) + C_p(T_2 - T_1)$
$= 0.718(100 - 20) + 1.005(200 - 100) = 157.9$ kJ/kg

$\therefore q_a = 157.9 - 112.5 = 45.4$ kJ/kg

4-9 자유 에너지와 자유 엔탈피 (헬름홀츠 함수와 기브스 함수)

엔탈피 h가 $h = u + Pv$로 정의된 유도성질인 것과 같이 다른 성질도 필요에 따라 유도될 수 있다. 흔히 사용되는 성질로서 헬름홀츠(Helmholtz) 함수 또는 자유 에너지(free energy)라 부르는 F와 기브스(Gibbs) 함수 또는 자유 엔탈피(free enthalpy)라 부르는 G가 있다. 이것은 화학 방면에 중요한 상태량이다.

어떤 밀폐계가 온도 T에서 주위와 등온변화를 하는 경우 계가 받는 열량은 열역학 제 2 법칙으로부터,

$$dq \leq T \cdot ds$$

계가 하는 미소일 dW를 팽창일 Pdv와 그 외의 외부일 dW_0로 나누어 생각하면 열역학 제 1 법칙으로부터,

$$dW_0 + Pdv = dW = dq - du$$

윗 식으로부터,

$$dW_0 \leq -(du - T \cdot ds) - Pdv \tag{4-30}$$

$$f = u - T \cdot s \tag{4-31}$$

계가 하는 외부일은 가역변화일 때 최대이며, f의 감소량과 같고, 비가역 변화에서는 작아진다. f는 성질로서 헬름홀츠의 함수 또는 자유 에너지라 부른다. $f = \dfrac{F}{G}$, 즉 단위중량당의 양이다.

$$\therefore F = U - T \cdot S \tag{4-32}$$

또, 식 (4-30)은

$$dW_0 \leqq -(dh - T \cdot ds) + vdP \tag{4-33}$$
$$g = h - T \cdot s \tag{4-34}$$

여기서, g도 하나의 성질로서 기브스 함수 또는 자유 엔탈피라 부른다. g 역시 단위중량당의 양이다.

$$\therefore G = H - T \cdot S \tag{4-35}$$

이상에서 f와 g는 u, h와 같이 에너지의 일종이다.

4-10 열역학 제 3 법칙

절대 0도에 있어서는 모든 순수한 고체 또는 액체의 엔트로피와 등압비열의 증가량은 0이 된다. 바꾸어 말하면 절대온도를 떨어뜨려서 0에 가깝게 할 경우 엔트로피는 극한 0 K에 있어서 0의 값을 취한다. 따라서, 각 물질의 온도 T[K]에서 엔트로피의 절대값은 0 K의 값을 기준으로 다음 식을 구할 수 있다.

$$S_T = \int_0^T C_p \frac{dT}{T} \tag{4-36}$$

이것을 열역학 제 3 법칙(the third law of thermodynamics)이라 한다. 또, 네른스트(Nernst)는 "어떤 방법으로도 물체의 온도를 절대 영도로 내릴 수 없다"라 표현했고, 플랑크(Planck)는 "균질인 결정체의 엔트로피는 절대 0도 부근에서는 0에 접근한다"고 표현했다.

절대온도의 정의에서 그림과 같이 가스가 완전히 팽창하여 그 이상 행할 수 없을 경우의 $T_2 = 0$ K를 표현하는 가역 사이클에서는 $ds = 0$이므로 $dq = T \cdot ds = 0$이다. 따라서, $T_2 = 0$ K에서는 열의 주고받음이 없는 것이다.

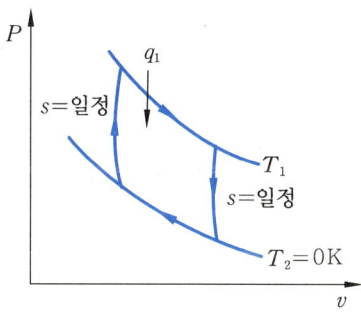

그림 4-8 열역학 제 3 법칙

연습문제

1. 기브스(Gibbs) 함수를 바르게 유도하시오.

2. 카르노 사이클로 작동되는 기관에서 한 사이클마다 98 N·m의 일을 얻고자 한다. 한 사이클당 공급열량이 0.882 kJ이고, 고열원의 온도가 250℃라고 한다면 저열원의 온도(℃)를 구하시오.

3. 0℃와 100℃ 사이에서 작동하는 카르노 사이클과 500℃와 600℃ 사이에서 작동하는 카르노 사이클의 열효율을 비교하시오.

4. 카르노 사이클로 작동되는 기관에서 고온도가 500℃, 저온도가 20℃일 때 1 사이클 당 공급열량이 108 kJ이면 사이클당 정미(正味)일량을 구하시오.

5. 표준대기압 상태에서 물의 빙점과 비등점 사이에서 작동하는 카르노 사이클의 열효율(%)을 구하시오.

6. 저열원의 온도를 20℃, 고열원의 온도를 각각 100℃, 500℃, 1000℃로 할 때, "T = 일정" 상태에서 2100 kJ의 열을 공급받았을 때 무효 에너지가 가장 작은 때를 구하시오.

7. 표준대기압 상태에서 온도가 227℃의 산소 64 kg이 가지는 일의 양을 구하시오.

8. 그림 p 4-1과 같은 $T-S$선도 상에서 곡선 ①, ②, ③, ④, ⑤의 상태변화를 설명하시오.

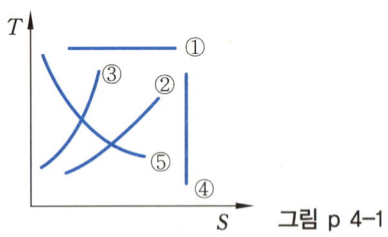

그림 p 4-1

9. 고열원의 온도가 727℃에서 한 계가 12600 kJ의 열을 공급받는다. 이 계의 온도는 327℃이며, 이 계는 상태변화 후 27℃에서 열을 방출한다. 이때 각각의 온도가 일정하다고 하면, ① 열원의 엔트로피, ② 열전달에 의한 엔트로피의 증가, ③ 원래의 유효 에너지, ④ 열전달 후의 유효 에너지, ⑤ 비가역에 의한 무효 에너지의 증가를 구하시오.

10. 카르노 사이클에서 고열원과 저열원의 온도가 각각 800℃, 20℃이고, 저열원에 버리는 열량이 21 kJ/s일 때 열효율과 유효일을 구하고, 냉동기가 −10℃의 저열원으로부터

42000 kJ/s의 열량을 흡수하여 20℃의 고열원에 방출할 때, 성적계수, 버리지 않으면 안 될 최소열량, 최소소요동력을 구하시오.

11. 1 kg의 공기가 152 kPa 의 정압상태에서 50℃에서 300℃까지 열이 가해질 때 유효 에너지는 몇 kJ/kg인지 구하시오.(단, 공기의 C_p=1.005 kJ/kg이다.)

12. 20.49 kJ이 100℃에서 카르노 사이클에 공급되고 15 kJ이 0℃에서 방출될 때 섭씨 척도로 절대 0도는 얼마인지 구하시오.

13. 완전 가스의 $P-v$ 선도가 그림 p 4-2와 같을 때 $T-s$ 선도를 그리시오.

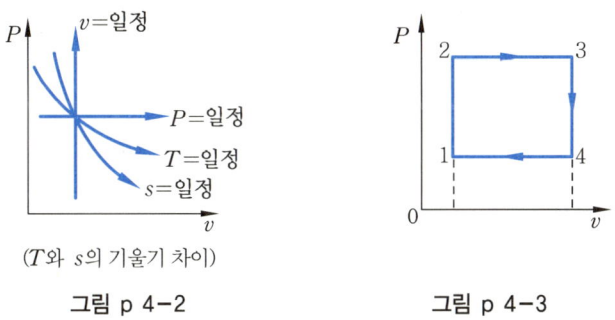

그림 p 4-2   그림 p 4-3

14. 그림 p 4-3과 같은 사이클에서 공기 1 kg의 온도가 각각 t_1=40℃, t_2=160℃, t_3=240℃일 때 이 사이클의 열효율을 구하시오.(단, C_p=1005 J/kg·K, C_v=718 J/kg·K이다.)

15. 실린더 내에 있는 N_2를 가역과정으로 100 kPa, 20℃로부터 500 kPa까지 압축했다. 압축과정 동안 P와 v의 관계는 $Pv^{1.3}$=일정이다. R=0.2968 kJ/kg·K, C_v=0.7448 kJ/kg·K라 할 때, 압축일량(kJ/kg)과 방출열량(kJ/kg)을 구하시오.

16. 카르노 사이클에 대하여 설명하시오.

17. 클라우시우스의 적분이란 무엇인지 설명하시오.

18. 엔트로피를 설명하시오.

19. 열역학 제 3 법칙에 대하여 설명하시오.

연습문제 풀이

1. $dq = dh - vdp$에서,
$$W_t = \int_1^2 dq - \int_1^2 dh$$
$$= T(s_2 - s_1) - (h_2 - h_1)$$
$$= (h_1 - T \cdot s_1) - (h_2 - T \cdot s_2)$$
$$= g_1 - g_2$$
여기서, $g = h - T \cdot s$
$G = H - T \cdot S$를 기브스 함수 또는 자유 엔탈피라 한다.

2. $\eta_C = \dfrac{W}{Q_1} = 1 - \dfrac{T_2}{T_1}$ 에서,
$$\therefore T_2 = T_1 \times \left(1 - \dfrac{W}{Q_1}\right)$$
$$= (273 + 250) \times \left(1 - \dfrac{98}{0.882 \times 1000}\right)$$
$$= 464.89 \text{ K} = 191.89 ℃$$

3. $\eta_C = 1 - \dfrac{T_2}{T_1}$ 에서,
$$\eta_{C_1} = 1 - \dfrac{273 + 0}{273 + 100} = 0.27$$
$$\eta_{C_2} = 1 - \dfrac{273 + 500}{273 + 600} = 0.115$$
$$\therefore \dfrac{\eta_1}{\eta_2} = \dfrac{0.27}{0.115} = 2.35$$

4. $\eta_C = \dfrac{W}{Q_1} = 1 - \dfrac{T_2}{T_1}$ 에서,
$$W = Q_1 \left(1 - \dfrac{T_2}{T_1}\right) = 108 \times \left(1 - \dfrac{273 + 20}{273 + 500}\right)$$
$$= 69.86 \text{ kJ} ≒ 70 \text{ kJ}$$

5. 물의 빙점 0℃, 물의 비등점 100℃이므로,
$$\therefore \eta_C = 1 - \dfrac{T_2}{T_1} = 1 - \dfrac{273 + 0}{273 + 100}$$
$$= 0.268 ≒ 26.8 \%$$

6. $\dfrac{T_2}{T_1} = \dfrac{Q_2}{Q_1}$ 이므로,
무효 에너지 $Q_2 = Q_1 \times \dfrac{T_2}{T_1}$

① 20℃ → 100℃인 경우 무효 에너지
$$Q_{100} = 2100 \times \dfrac{273 + 20}{273 + 100} = 1649.6 \text{ kJ}$$
② 20℃ → 500℃인 경우 무효 에너지
$$Q_{500} = 2100 \times \dfrac{273 + 20}{273 + 500} = 796 \text{ kJ}$$
③ 20℃ → 1000℃인 경우 무효 에너지
$$Q_{1000} = 2100 \times \dfrac{273 + 20}{273 + 1000} = 483.3 \text{ kJ}$$
따라서, 고열원의 온도가 높을수록 무효 에너지는 작아진다.

7. $W = Pv = RT$
$$= 8314.3 \times \dfrac{64}{32} \times (273 + 227)$$
$$= 8314300 \text{ N} \cdot \text{m}$$
$$= 8314.3 \text{ kN} \cdot \text{m}$$

8. ① $T =$ 일정 : 등온변화
② $P =$ 일정 : 등압변화
③ $v =$ 일정 : 등적변화
④ $s =$ 일정 : 단열변화
⑤ $Pv =$ 일정 : 폴리트로프 변화

9. ① 열원의 엔트로피 변화 : 고열원은 12600 kJ의 열을 계에 방출하였으므로 (고열원 → 계에 방출),
$$\Delta S_1 = \int_1^2 \dfrac{dQ}{T} = \dfrac{\Delta Q}{T} = -\dfrac{12600}{273 + 727}$$
$$= -\dfrac{12600}{1000} = -12.6 \text{ kJ/K}$$
② 계의 엔트로피 변화 (계는 고열원의 열을 공급받음)
$$\Delta S_2 = \int_1^2 \dfrac{dQ}{T} = \dfrac{\Delta Q}{T}$$
$$= \dfrac{12600}{273 + 327} = 21 \text{ kJ/K}$$
$$\therefore \Delta S_p = S_2 - S_1 = 21 - 12.6 = 8.4 \text{ kJ/K}$$
③ 원래의 유효 에너지
$$Q_a = Q_1 - T_0 \cdot \Delta S_1$$
$$= 12600 - (273 + 27) \times 12.6 = 8820 \text{ kJ}$$

④ 열전달이 일어난 후의 유효 에너지
$$Q_a = Q_1 - T_0 \cdot \Delta S_2$$
$$= 12600 - (273+27) \times 21 = 6300 \text{ kJ}$$
⑤ 무효 에너지의 증가
$$\Delta Q_0' = T_0 \cdot \Delta S_p = (273+27) \times 8.4 = 2520 \text{ kJ}$$

10. (1) ① 열효율
$$\eta = 1 - \frac{Q_2}{Q_1} = 1 - \frac{T_{\mathrm{II}}}{T_{\mathrm{I}}}$$
$$= 1 - \frac{273+20}{273+800} = 0.727 = 72.7 \%$$
② 유효일
$$\eta = \frac{W}{Q_1} = 1 - \frac{Q_2}{Q_1} = 1 - \frac{T_{\mathrm{II}}}{T_{\mathrm{I}}} \text{ 에서}$$
$W = Q_1 \cdot \eta$ 이므로,
$$Q_1 = \frac{Q_2}{1-\eta} = \frac{21}{1-0.727} = 76.9 \text{ kJ/s}$$
∴ 유효일 $W = Q_1 \cdot \eta = 76.9 \times 0.727$
$$= 55.9 \text{ kJ/s} = 55.9 \text{ kN·m/s}$$

(2) ① 성적계수
$$\varepsilon_R = (COP)_R = \frac{Q_2}{Q_1-Q_2}$$
$$= \frac{T_{\mathrm{II}}}{T_{\mathrm{I}} - T_{\mathrm{II}}} = \frac{263}{293-263} \doteq 8.77$$
② 최소방출열량 : Q_1 (냉동기이므로, Q_2 : 흡수, Q_1 : 방출)
$$\varepsilon = \frac{Q_2}{Q_1-Q_2} \text{ 에서,}$$
$$Q_1 = \frac{1+\varepsilon}{\varepsilon} \times Q_2 = \frac{9.77}{8.77} \times 420000$$
$$= 467890.5 \text{ kJ/h}$$
③ 최소소요동력
$$W = Q_1 - Q_2 = 467890.5 - 420000$$
$$= 47890.5 \text{ kJ/h}$$
$$= 13.3 \text{ kW} = 13.3 \times 1.36 \text{ PS} = 18.1 \text{ PS}$$

11. $\eta = \dfrac{W}{Q_1} = \dfrac{Q_1-Q_2}{Q_1} = \dfrac{Q_a}{Q_1} = 1 - \dfrac{T_2}{T_1}$

∴ 유효 에너지는
$$q_a = W = q_1 \left(1 - \frac{T_2}{T_1}\right) = \int_1^2 \left(1 - \frac{T_2}{T_1}\right) C_p dT$$
$$= \int_1^2 C_p dT - \int_1^2 \frac{T_0}{T_1} \cdot C_p dT$$
$$= \underline{C_p(T_2-T_1)} - \underline{C_p \cdot T_0 \ln \frac{T_2}{T_1}}$$
　　　　총에너지　　　무효 에너지

$$= 1.005 \times (573-323) - 1.005 \times 323 \times \ln \frac{573}{323}$$
$$= 251.25 - 186.08$$
$$= 65.17 \text{ kJ/kg}$$

12. $\eta_C = 1 - \dfrac{Q_2}{Q_1} = 1 - \dfrac{T_{\mathrm{II}}}{T_{\mathrm{I}}}$ 에서,

$$\frac{Q_2}{Q_1} = \frac{T_{\mathrm{II}}}{T_{\mathrm{I}}} \to \frac{15}{20.49} = \frac{T+0}{T+100} = 0.732$$
$$\therefore T - 0.732 T = 0.732 \times 100$$
$$\therefore T = \frac{73.2}{0.268} = 273.134$$

따라서, 절대 0도는 -273.134°C 이다.

13.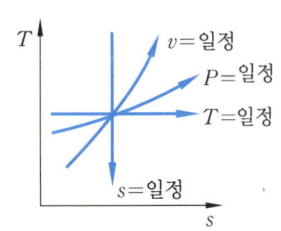

(P와 v의 기울기 차이)

예를 들어,

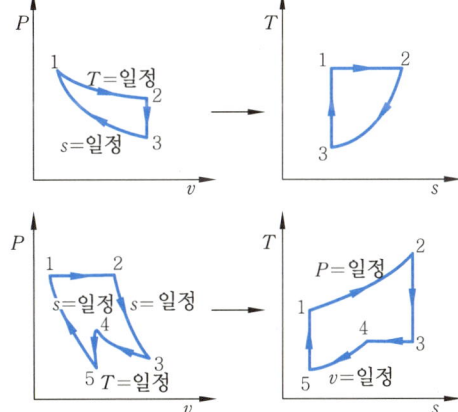

14. $T-s$ 선도에서,

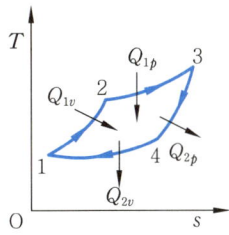

① 가열량 $= Q_{1v} + Q_{1p}$
$\qquad = C_v(T_2 - T_1) + C_p(T_3 - T_2)$

② 방열량 $= Q_{2v} + Q_{2p}$
$\qquad = C_v(T_4 - T_3) + C_p(T_1 - T_4)$

③ 각 과정의 P, v, T 관계

$1 \to 2$ ($v=$ 일정) : $v_1 = v_2$

$\therefore \dfrac{P_1}{T_1} = \dfrac{P_2}{T_2} \to \dfrac{T_2}{T_1} = \dfrac{P_2}{P_1}$

$2 \to 3$ ($P=$ 일정) : $P_2 = P_3$

$3 \to 4$ ($v=$ 일정) : $v_3 = v_4$

$\therefore \dfrac{P_3}{T_3} = \dfrac{P_4}{T_4} \to T_4 = T_3 \times \dfrac{P_4}{P_3}$

$4 \to 1$ ($P=$ 일정) : $P_4 = P_1$

$\therefore \dfrac{P_1}{P_2} = \dfrac{P_4}{P_3} = \dfrac{T_1}{T_2}$

$\therefore T_4 = T_3 \times \dfrac{P_4}{P_3} = T_3 \times \dfrac{T_1}{T_2}$

$\qquad = (273 + 240) \times \dfrac{273 + 40}{273 + 160}$

$\qquad = 370.83 \text{ K} = 97.83 \text{ °C}$

$\therefore q_1 = C_v(T_2 - T_1) + C_p(T_3 - T_2)$

$\qquad = 718 \times (160 - 40) + 1005 \times (240 - 160)$

$\qquad = 166560 \text{ J/kg}$

$q_2 = C_v(T_4 - T_3) + C_p(T_1 - T_4)$

$\qquad = 718 \times (97.83 - 240) + 1005 \times (40 - 97.83)$

$\qquad = -160197 \text{ J/kg}$

$\therefore \eta = 1 - \dfrac{q_2}{q_1} = 1 - \dfrac{160197}{166560}$

$\qquad = 0.0382 = 3.82 \%$

15. $Pv^{1.3} =$ 일정, 폴리트로프 변화이므로,

① 압축일량

$W_a = \dfrac{1}{n-1}(P_1 v_1 - P_2 v_2)$

$\qquad = \dfrac{R}{n-1}(T_1 - T_2)$

$\dfrac{T_2}{T_1} = \left(\dfrac{v_1}{v_2}\right)^{n-1} = \left(\dfrac{P_2}{P_1}\right)^{\frac{n-1}{n}}$

$\to T_2 = T_1 \times \left(\dfrac{P_2}{P_1}\right)^{\frac{n-1}{n}}$

$\qquad = 293 \times \left(\dfrac{500}{100}\right)^{\frac{1.3-1}{1.3}}$

$\qquad \fallingdotseq 425 \text{ K}$

$\therefore W_a = \dfrac{1}{1.3-1} \times 0.2968 \times (293 - 425)$

$\qquad = -130.59 \text{ kJ/kg}$ (압축일)

② 방출열량

$dq = du + dW = C_p dT + dW$

$\therefore q = C_p(T_2 - T_1) + W_a$

$\qquad = 0.7448 \times (425 - 293) - 130.59$

$\qquad = -32.3 \text{ kJ/kg}$ (방출열)

16. 본문 참조

17. 본문 참조

18. 본문 참조

19. 본문 참조

제5장 증 기

5-1 증기의 일반적 성질

균일하고 일정불변인 화학 구성을 갖는 물질, 즉 화학적으로 균일하고 화학적 성분이 고정된 물질을 순수물질(純粹物質, pure substance)이라 한다. 물(液相), 물과 수증기의 혼합물, 또는 얼음과 물의 혼합물은 모두 순수물질이다. 물, 수증기, 얼음은 모두 같은 화학적 구성을 갖고 있기 때문이다. 이와 반대로 액체 공기와 기체 공기의 혼합물은 모두 액상(液相)의 조성이 기상(氣相)의 조성과 다르기 때문에 이는 순수물질이 아니다. 순수물질의 상태는 보통 전기, 자기 또는 표면장력의 효과가 없는 한두 개의 독립성질(한 성질이 일정할 때, 다른 성질이 어떤 범위 내에서 변할 수 있는 성질)의 값에 의해 결정된다.

공기의 압력과 온도가 결정되면 밀도, 내부 에너지, 엔탈피, 점성계수 등의 공기의 다른 모든 성질의 값을 구할 수 있다. 그러나 일반적으로 온도, 압력, 체적, 열 등을 실험적으로 측정함으로써 내부 에너지, 엔탈피, 엔트로피 등을 구할 수 있다.

그림의 $P-T$ 선도에서 고체, 액체, 기체가 동시에 공존하는 것을 3중점(triple point)이라 하며, 이 점 이하의 온도와 압력에서는 고체와 기체가 공존하면서 평형을 이루고 액체는 존재하지 못한다.

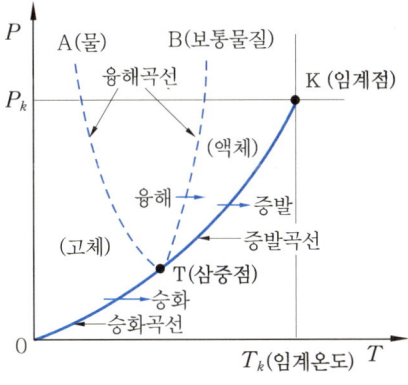

그림 5-1 물의 3중점

등온과정에서 "기상(氣相) → 액상(液相)의 시작 → 액상과 기상의 혼합 → 액상의 시작 → 고상(固相)의 결정이 생성되기 시작 → 액상과 고상의 혼합 → 고상"의 과정을 진행시킬 때 기체에서 액체로 상변화(相變化)가 시작할 때까지는 더 높은 압력과 더 적은 비체적이 요구되며, 물질이 완전히 액화되면 그 비체적은 낮은 온도에서 보다 더 커진다.

어떤 특별한 온도에서는 기체의 비체적과 액체의 비체적이 같아진다. 이 온도를 임계온도(臨界溫度, critical temperature)라 하며 임계온도 이상에서는 큰 체적으로부터의 등온압축에 의해서 서로 다른 2개의 상(相)으로 분리되지 않는다. 즉, 액상은 생기지 않고 압력이 매우 커지면 기상과 고상의 분리는 일어날 수 있다.

임계온도에서는 기체와 액체의 비체적이 같으므로 이것을 임계비체적, 이에 대응되는 압력을 임계압력이라고 한다. P, v, T 선도에서 좌표가 P_c, v_c, T_c인 점을 임계점(critical point) K라 한다.

표 5-1 비등온도 및 임계상대값

물 질	기 호	비등온도(℃)	임계온도(℃)	임계압력(ata)	임계비체적(L/kg)
수은	Hg	357	1470	1000	0.2
물	H_2O	100	374.15	225.5	3.18
벤젠	C_6H_6	80	290	50	3.3
알코올	C_2H_5OH	78	243	65	3.6
아황산가스	SO_2	-10	157.5	80.3	1.92
암모니아	NH_3	-33	133	116.0	4.24
탄산가스	CO_3	-78	31	75.3	2.16
메탄	CH_4	-164	-82.9	47.3	6.18
산소	O_2	-183	-119	51.4	2.33
일산화탄소	CO	-190	-139	35.8	3.22
공기	-	-193	-141	8.5	3.2
질소	N_2	-196	-147	34.5	3.22
수소	H_2	-253	-240	13.2	32.3
헬륨	He	-269	-268	2.34	15

기체의 비체적은 액체에서의 비체적보다 훨씬 크고, 계(系)의 체적은 증가한다. 즉, 액체 속에서 일어나는 기화의 현상을 비등(boil)이라 한다. 액체에 일정하게 압력을 유지시키면서 계로부터 열을 제거하면 계는 액체+고체의 2상(相)으로 된다.

고체의 비체적은 액체의 비체적보다 크고, 액체 또는 기체가 고체로 되는 현상을 응고(solidification)라고 한다.

5-2 증발과정(蒸發過程)

동작유체로서 내연기관의 연소가스와 같이 액화와 증발현상 등이 잘 일어나지 않는 상태의 것을 가스라 하고, 증기 원동기의 수증기와 냉동기의 냉매와 같이 동작 중 액화 및 기화를 되풀이하는 물질, 즉 액화나 기화가 용이한 동작물질을 증기라 한다. 따라서, 기체는 편의상 가스와 증기로 구분한다.

액체가 물(H_2O)인 경우의 증기를 수증기(水蒸氣)라 부르며, 외연(外然) 열동력에서는 주로 수증기가 동작유체이다.

가스는 근사적으로 완전 가스로 취급할 수 있으므로 $Pv=RT$인 상태식을 만족하지만 증기는 고온과 저압인 경우를 제외하고는 간단한 상태식으로 표시할 수 없으며 매우 복잡한 성질을 갖게 된다. 따라서, 증기는 실측 결과에 기초를 두고 어떤 압력 또는 온도 조건하에서 비체적(v), 엔탈피(h), 엔트로피(s) 등의 표(table) 또는 선도(diagram) 등을 이용하는 것이 일반적이다.

액체의 증발과정을 살펴보기 위해 일정한 양의 액체(H_2O)를 일정한 압력하에서 가열하는 경우, 그림 5-2와 같이 실린더 속에 0℃의 물 1 kg을 넣은 다음 피스톤에 중량 G [kg]이 작용하여 일정한 압력을 가하면서 물을 가열할 때의 상태변화를 관찰한다.

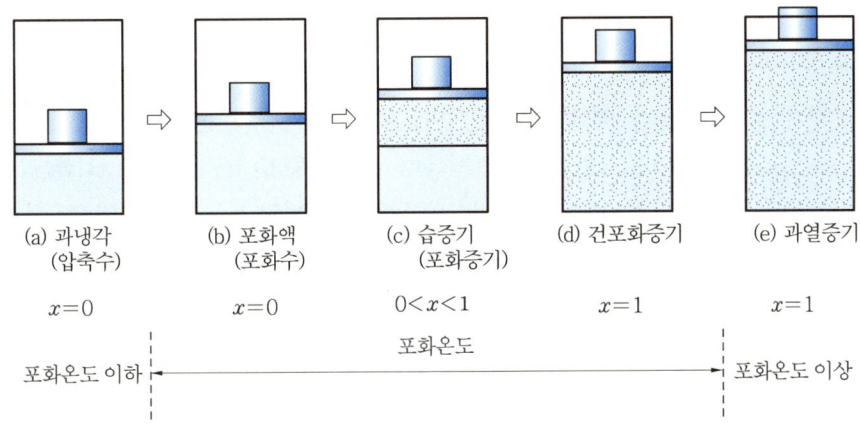

그림 5-2 정압상태에서의 증발상태

(1) 액체열(液體熱)

그림 5-2에서 실린더에 외부에서 열을 가하면 가열된 열은 액체의 온도를 상승시키고 일부는 액체의 체적 팽창에 따른 일을 한다. 이 일의 양은 매우 작아 무시하면 가열한 열은 전부 내부 에너지로 저장된다고 볼 수 있으며, 이때의 열, 즉 포화상태까지 소요되는 열량을 액체열(liquid heat), 또는 감열(感熱, sensible heat)이라 한다.

(2) 포화액(飽和液)

액체에 열을 가하면 온도가 상승하며 일정한 압력하에서 어느 온도에 이르면 액체의 온도 상승은 정지하며 증발이 시작된다. 이때 증발온도는 액체의 성질과 액체에 가해지는 압력에 따라 정해지며, 이 온도를 포화온도(saturated temperature)라 하고, 이때의 액체를 포화액(saturated liquid)이라 한다.

(3) 포화증기(飽和蒸氣)

물의 포화온도는 1 atm에서 100℃이다. 이 물에 계속하여 열을 가하면 가한 열은 액체의 증발에 소요되며, 따라서 증발이 활발해져 증기의 양이 증가된다. 액체가 완전히 증기로 증발할 때까지는 액체의 온도와 증기의 온도는 일정하며 포화온도상태이다. 이때의 증기를 포화증기(saturated vapour)라 한다.

① 건도와 습도 : 지금 1 kg의 습증기 속에 x [kg]이 증기라 하면 $1-x$ [kg]은 액체이다. 이때, x를 건도(dryness), 또는 질(質, quality)이라 하고, $1-x$를 습도(wetness)라 한다. 예를 들어, 1 kg의 습증기 중에 0.9 kg이 증기라고 하면, 건도는 0.9 또는 90 %, 습도는 0.1 또는 10 %이다.

② 습포화증기 : 실린더 속에 액체와 증기가 공존하는 상태는 정확히 말하여 포화액과 포화상태의 증기가 공존하고 있는 것이며, 이와 같은 포화증기의 혼합체를 습포화증기(wet saturated vapour), 또는 습증기(wet vapour)라 한다.

(4) 건포화증기(乾飽和蒸氣)

모든 액체가 증발이 끝나 액체 전부가 증기가 되는 순간이 존재하며 이 상태는 건도 100 %인, 즉 $x=1$인 포화증기이므로 이를 특히 건포화증기(dry saturated vapour) 또는 건증기(dry vapour)라 부른다. 포화수가 포화증기로 되는 동안 소요열량을 증발잠열(latent heat of vaporizations) 또는 증발열(latent heat)이라 한다.

(5) 과열증기(過熱蒸氣)

건포화증기에 열을 가하면 증기의 온도는 계속 상승하여 포화온도 이상의 온도가 되는데 이때의 증기를 과열증기(superheated vapour)라 한다.

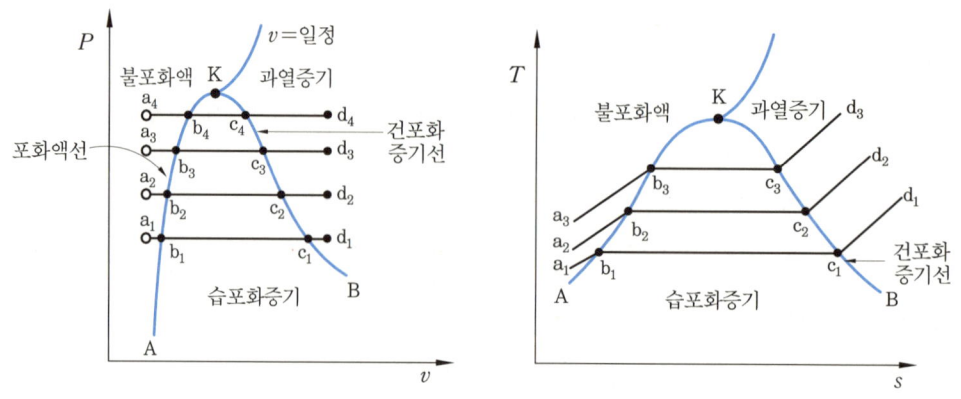

그림 5-3 증기의 등압선 ($P=$ 일정)

압력과 온도 여하에 따라 과열증기의 상태는 다르며 어떤 상태에서의 과열증기의 온도와 포화온도와의 차를 과열도(過熱度)라 한다. 과열증기의 과열도가 증가함에 따라 증기는 완전 가스의 성질에 가까워진다.

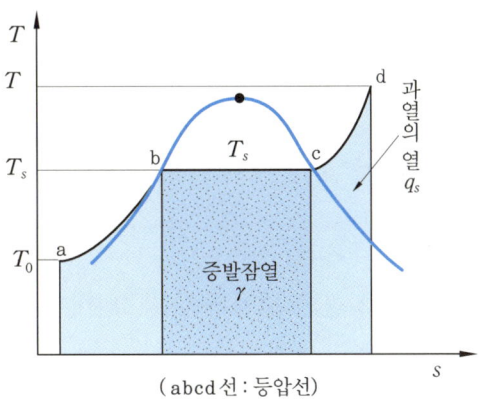

그림 5-4 액체의 등압가열변화

5-3 증기의 열적 상태량

증기의 열적 상태량이란 내부 에너지 u, 엔탈피 h, 엔트로피 s를 말하며, 실제의 응용에 활용되는 것은 주로 h와 s이다.

물의 경우 0℃의 포화액에서의 h와 s를 0으로 놓고 이것을 기준으로 한다.

일반적으로 포화액(v', u', h', s'), 건포화증기(v'', u'', h'', s'')에서 각 상태의 상태량을 살펴보자.

(1) 포화액(= 포화수)

국제 증기표에서 물의 삼중점(0.01℃, 0.001 m³/kg, 611.25 N/m²)을 기준상태로 하여 이때의 포화수의 내부 에너지 및 엔탈피의 값을 0으로 취하고 있다. 그러므로 0℃ 포화액(=압축수)의 비엔탈피(h_0)의 값은 측정오차보다 작아 0으로 보아도 좋다.

0℃ 포화액 : 엔탈피 h_0', 엔트로피 s_0'는

$$h_0' = 0, \quad s_0' = 0 \qquad (5-1)$$

$h_0' = u_0' + P_0 v_0' = 0$이고, 포화액의 $P_0 = 611.25 \text{ N/m}^2$, $v_0' = 0.001 \text{ m}^3/\text{kg}$이므로,

$$u_0' = -P_0 v_0' = -611.25 \times 0.001$$
$$= -0.61125 \text{ J/kg} = -611.25 \times 10^{-6} \text{ kJ/kg}$$

이다. 따라서, 무시해도 상관없다.

$$\therefore u_0' = 0 \tag{5-2}$$

0℃의 물에 대한 엔탈피는

$$h_0 = u_0 + Pv_0 \tag{5-3}$$

에서, 0℃의 물을 등온상태에서 압력을 가하여 100 kg/cm²(=9.8 MPa)정도까지는 $u_0 \fallingdotseq 0$ 으로 취급해도 무방하다. 따라서, $h_0 = Pv_0$로 취급해도 무리가 없다.

지금 주어진 압력하에서 0℃ 물 1 kg을 그 압력에 상당하는 포화온도 T_s [℃]까지 가열하는 데 필요한 열량, 즉 액체열 q_l은,

$$q_l = \int_0^{T_s} C \cdot dt \tag{5-4}$$

이 q_l은 주어진 압력하에서 0℃ 물의 비체적을 v_0, 비내부 에너지를 u_0라 하면,

$$q_l = (u' - u_0) + P(v' - v_0) = h' - h_0 \tag{5-5}$$

로 되어, 대부분의 열량은 내부 에너지의 증가에 소비된다.

포화액의 엔탈피 $\quad h' = h_0 + \int_{273.16}^{T_s} C \cdot dT \ [\text{kJ/kg}]$ (5-6)

포화액의 엔트로피 $\quad s' = s_0 + \int_{273.16}^{T_s} C \cdot \dfrac{dT}{T}$

$$\therefore s' - s_0 = \int_{273.16}^{T_s} C \cdot \frac{dT}{T} = C \cdot \ln \frac{T_s}{273.16} \tag{5-7}$$

예제 1. 표준 대기압하에서 1 kg의 포화수의 내부 에너지를 구하시오.(단, 이 상태에서의 엔탈피는 418.87 kJ/kg, 비체적은 0.001435 m³/kg이다.)

해설 포화수의 내부 에너지 u'는

$u' = h' - Pv' = (418.87 \times 10^3 \ \text{J/kg}) - (101325 \ \text{N/m}^2) \times (0.0010435 \ \text{m}^3/\text{kg})$
$\quad = 418764 \ \text{J/kg} \fallingdotseq 418.764 \ \text{kJ/kg}$

예제 2. 온도 25℃의 물 1500 kg에 100℃의 건포화증기를 도입하여 온도를 50℃로 올리려고할 때, 필요한 증기량(kg)을 구하시오. (단, 물의 비열은 4187 J/kg·K, 증발열은 2263 kJ/kg으로 한다.)

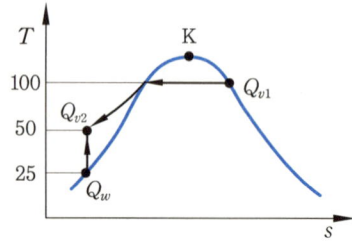

[해설] 물이 얻은 열량 $Q_w = 1500 \times 4.187 \times (50 - 25)$

증기가 잃은 열량 $Q_v = $ 증발열 $+ G_v C_v (100 - 50)$
$$= G_v \times 2263 + G_v \times 4.187 \times (100 - 50)$$

∴ $1500 \times 4.187 \times 25 = G_v \times (2263 + 4.187 \times 50)$

∴ $G_v = 63.5 \, \text{kg}$

예제 3. 다음 중 압력 6 MPa하에서 과열증기를 90℃ 만큼 과열시키는 데 필요한 열량 (kJ/kg)을 구하시오.(단, 과열증기의 평균비열은 3.402 kJ/kg이다.)

[해설] 과열의 열은
$$q_s = \int_{T_s}^{T} C_p dT = C_p (T - T_s)$$
$$= 3.402 \times 90 = 306.18 \, \text{kJ/kg}$$

(2) 포화증기

1 kg의 포화액을 등압하에서 건포화증기가 될 때까지 가열하는 데 필요한 열량, 즉 증발열 γ는, 에너지 기초식 $dq = du + Pdv$ 또는 $dq = dh - vdP$에서,

$$\gamma = u'' - u' + P(v'' - v')$$
$$= (u'' + Pv'') - (u' + Pv') = h'' - h'$$
∴ $\gamma = h'' - h' = (u'' - u') + P(v'' - v') = \rho + \psi$ \hfill (5-8)

여기서, $\rho = u'' - u'$: 내부 증발열

$\psi = P(v'' - v')$: 외부 증발열

증발열 $\gamma = \rho + \psi$는 액체에서 기체로 만들기 위한 내부 에너지의 증가와 체적 팽창으로 인한 외부에 대하여 하는 일량에 상당하는 열량의 합이다.

또 전(全) 열량을 Q_T라면,

$$Q_T = q_l + \gamma \hfill (5-9)$$

증발과정의 엔트로피 증가는,

$$\Delta s = s'' - s' = \frac{\gamma}{T_s} \hfill (5-10)$$

▶ 습증기 구역

두 포화한계선 사이에 있는 습증기 구역의 건도 x인 상태에서 v_x, u_x, h_x, s_x의 값은 다음의 관계로부터 구할 수 있다.

$$\left. \begin{array}{l} v_x = xv'' + (1-x)v' = v' + x(v'' - v') \doteqdot xv'' \\ u_x = xu'' + (1-x)u' = u' + x(u'' - u') = u' + x\rho \\ h_x = xh'' + (1-x)h' = h' + x(h'' - h') = h' + x\gamma \\ s_x = xs'' + (1-x)s' = s' + x(s'' - s') = s' + x\dfrac{\gamma}{T_s} \end{array} \right\} \hfill (5-11)$$

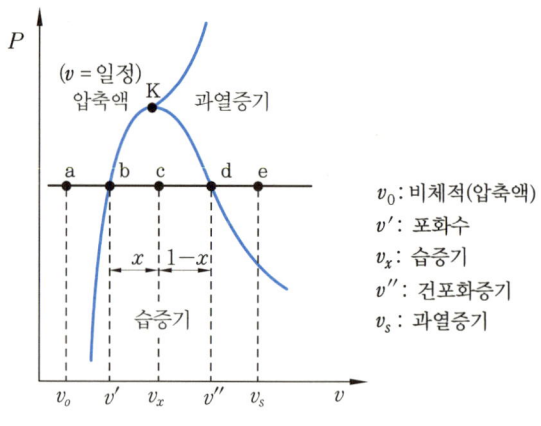

그림 5-5 증기의 $P-v$ 선도

(3) 과열증기

건포화증기를 포화온도 T_s로부터 임의의 온도 T까지 과열시키는 데 요하는 열량, 즉 과열에 필요한 열 q_s는 과열증기의 비열이 C_p라면 다음 식으로 구할 수 있다.

과열의 열 $q_s = \int_{T_s}^{T} C_p \cdot dT$ (5-12)

과열증기의 엔탈피 $h = h'' + q_s = h'' + \int_{T_s}^{T} C_p dT$ (5-13)

과열증기의 엔트로피 $s = s'' + \int_{T_s}^{T} C_p \cdot \dfrac{dT}{T}$ (5-14)

과열증기의 내부 에너지 $u = h - Pv = u'' + \int_{T_s}^{T} C_v dT$ (5-15)

예제 4. 압력 2 MPa인 건포화증기의 상태량은 다음과 같다. 포화온도 211.38℃, 포화액 및 건포화증기의 비체적 $v' = 0.0011749 \text{ m}^3/\text{kg}$, $v'' = 0.1015 \text{ m}^3/\text{kg}$, 포화액 및 건포화증기의 엔탈피 $h' = 906.44 \text{ kJ/kg}$, $h'' = 2807.7 \text{ kJ/kg}$이다. 이 증기를 등압하에서 400℃까지 가열하면 비체적은 0.1543 m³/kg, 엔탈피는 3258.78 kJ/kg이 된다. 과열도와 증기 정압비열이 2.4 kJ/kg·K일 때의 과열의 열, 내부 에너지의 증가, 엔트로피를 구하시오.

해설 ① 과열도 $t_s = 400 - 211.38 = 188.62$ ℃

② 과열의 열 $q_s = \int_{T_s}^{T} C_p dT = C_p(T - T_s)$
$= 2.4 \times (400 - 211.38) = 452.89 \text{ kJ/kg}$

③ 내부 에너지의 증가 : $h = u + Pv \rightarrow u = h - Pv$에서,
$\Delta u = u - u'' =$ (과열증기의 내부 에너지) - (건포화증기의 내부 에너지)
$u = h - Pv = 3528.78 \text{ kJ/kg} - 2000 \text{ kN/m}^2 \times 0.1543 \text{ m}^3/\text{kg}$
$= 2950.18 \text{ kJ/kg}$

$$u'' = h'' - Pv'' = 2807.7 \text{ kJ/kg} - 2000 \text{ kN/m}^2 \times 0.1015 \text{ m}^3/\text{kg}$$
$$= 2604.7 \text{ kJ/kg}$$
$$\therefore \Delta u = u - u'' = 2950.18 - 2604.7 = 345.48 \text{ kJ/kg}$$

④ 엔트로피

$$s = s'' + \int_{T_s}^{T} C_p \frac{dT}{T} = \left(s' + \frac{\gamma}{T_s}\right) + \int_{T_s}^{T} C_p \frac{dT}{T}$$
$$= C \cdot \ln \frac{T_s}{273} + \frac{h'' - h'}{T_s} + C_p \cdot \ln \frac{T}{T_s}$$
$$= 4.2 \times \ln \frac{273 + 211.38}{273} + \frac{2807.7 - 906.44}{273 + 211.38} + 2.4 \times \ln \frac{273 + 400}{273 + 211.38}$$
$$= 2.3 \text{ kJ/kg} \cdot \text{K} + 3.96 \text{ kJ/kg} \cdot \text{K} + 0.789 \text{ kJ/kg} \cdot \text{K}$$
$$= 7.05 \text{ kJ/kg} \cdot \text{K}$$

5-4 증기표와 증기선도

증기공학, 냉동공학 등에서 설계, 기타의 계산을 할 경우 증기의 성질을 알 필요가 있을 때는 증기표를 사용하지만, 광범위한 열역학적 상태 변화 및 상태량을 알기 위해서는 증기선도를 사용한다.

(1) 증기표

증기표에는 포화액 및 건포화증기의 포화온도 및 포화압력에 대한 v, h, γ, s 등의 여러 가지 성질의 값을 나타내고 있다. 일반적으로 포화증기표와 과열증기로 나누어진다. 포화증기의 경우 온도와 압력을 기준으로 한 두 종류가 있으며, 과열증기의 경우 압력에 대한 온도를 기준으로 한다. 증기표에 없는 값은 그 온도 및 압력에 대한 값은 보간법에 의하여 구할 수 있으며 증기표에는 내부 에너지가 주어지지 않으며 이는 실용상 가치가 없기 때문이다. 다만 필요 시 $u = h + Pv$로 계산한다.

표 5-2 온도기준 포화증기표

온도 t [°C]	포화압력 P		비체적 (m²/kg)		엔탈피(kJ/kg)			엔트로피(kJ/kg·K)	
	bar	mmHg	v'	v''	h'	h''	$r = h'' - h'$	s'	s''
0	0.006108	4.6	0.0010002	206.3	−0.04	2501.6	2501.6	−0.0002	9.1577
0.01	0.006112	4.6	0.0010002	206.2	0.00	2501.6	2501.6	0.0000	9.1575
2	0.007055	5.3	0.0010001	179.9	8.39	2505.2	2496.8	0.0306	9.1047
4	0.008129	6.1	0.0010000	157.3	16.80	2508.9	2492.1	0.0611	9.0526
6	0.009345	7.0	0.0010000	137.8	25.21	2512.6	2487.4	0.0913	9.0015
8	0.010720	8.0	0.0010001	121.0	33.60	2516.2	2482.6	0.1213	8.9513
10	0.012270	9.2	0.0010003	106.4	41.99	2519.9	2477.9	0.1510	8.9020
12	0.014014	10.5	0.0010004	93.84	50.38	2523.6	2473.2	0.1805	8.8536
14	0.015973	12.0	0.0010007	82.90	58.75	2527.2	2468.5	0.2098	8.8060
16	0.018168	13.6	0.0010010	73.38	67.13	2530.9	2463.8	0.2388	8.7593
18	0.02062	15.5	0.0010013	65.09	75.50	2534.5	2459.0	0.2677	8.7135

표 5-3 압력기준 포화증기표

압력 P		온도 t [℃]	비체적 (m³/kg)		엔탈피 (kJ/kg)			엔트로피(kJ/kg·K)	
bar	mmHg		v'	v''	h'	h''	$r = h'' - h'$	s'	s''
0.01	7.5	6.9828	0.0010001	129.20	29.34	2514.4	2485.0	0.1060	8.9767
0.02	15.0	17.513	0.0010012	67.01	73.46	2533.6	2460.2	0.2607	8.7246
0.04	30.0	28.983	0.0010040	34.80	121.41	2554.5	2433.1	0.4225	8.4755
0.06	45.0	36.183	0.0010064	23.74	151.50	2567.5	2416.0	0.5209	8.3312
0.08	60.0	41.534	0.0010084	18.10	173.86	2577.1	2403.2	0.5925	8.2296
0.10	75.0	45.833	0.0010102	14.67	191.83	2584.8	2392.9	0.6493	8.1511
0.2	150.0	60.086	0.0010172	7.650	251.45	2609.9	2358.4	0.8321	7.9094
0.3	225.0	69.124	0.0010223	5.229	289.30	2625.4	2336.1	0.9441	7.7695
0.4	300.0	75.886	0.0010265	3.993	317.65	2636.9	2319.2	1.0261	7.6709
0.5	375.0	81.345	0.0010301	3.240	340.56	2646.0	2305.4	1.0921	7.5947
0.6	450.0	85.954	0.0010333	2.732	359.93	2653.6	2293.6	1.1454	7.5327

표 5-4 압축수와 과열증기표

압력(bar) 포화온도(℃)		온도 (℃)											
		50	60	70	80	90	100	110	120	130	140	150	160	170
0.1 45.83	v	14.869	15.336	15.801	16.266	16.731	17.195	17.659	18.123	18.586	19.050	19.512	19.975	20.438
	h	2592.7	2611.6	2630.6	2649.5	2668.5	2687.5	2706.6	2725.6	2744.7	2763.9	2783.1	2802.3	2821.6
	s	8.1757	8.2334	8.2894	8.3439	8.3969	8.4486	8.4989	8.5481	8.5961	8.6430	8.6888	8.7337	8.7777
0.2 60.09	v	.0010121	.0010171	7.883	8.117	8.351	8.585	8.818	9.051	9.283	9.516	9.748	9.980	10.212
	h	209.3	251.1	2628.8	2648.6	2667.1	2686.3	2705.5	2724.6	2743.8	2763.1	2782.3	2801.6	2821.0
	s	0.7035	0.8310	7.9656	8.0206	8.0740	8.1261	8.1768	8.2262	8.2744	8.3215	8.3676	8.4127	8.4568

(2) 증기선도

연구 결과로 밝혀진 증기의 성질 P, v, T, h, s 중에서 임의의 두 가지를 좌표로 잡아 각 성질의 변화를 표시한 것이 증기선도이다.

일반적으로 널리 사용되는 선도는 $P-v$ 선도, $T-s$ 선도, $h-s$ 선도, $P-h$ 선도이며, 증기기관에서는 $P-v$, $T-s$ 선도, 증기터빈에서는 $h-s$, $T-s$ 선도, 냉동기에는 $P-h$, $T-s$ 선도가 주로 활용되고 있다.

① $P-v$ (압력 - 비체적) 선도 : 지압선도(indicator diagram)라고도 하며, 일은 이 선도 상의 면적으로 표시한다.

② $T-s$ (온도 - 엔트로피) 선도 : 증기가 상태변화를 하는 동안 주고받은 열량을 면적으로 나타낼 수 있다.

③ $h-s$ (엔탈피 - 엔트로피) 선도 : 증기의 등엔탈피, 등엔트로피 변화와 터빈의 작동유체의 상태변화(등엔트로피 변화), 교축변화의 해석에 주로 이용되며, 몰리에르 선도(Mollier chart)라고도 한다.

④ $P-h$(압력-엔탈피) 선도 : 냉동 사이클의 해석에 이용된다.

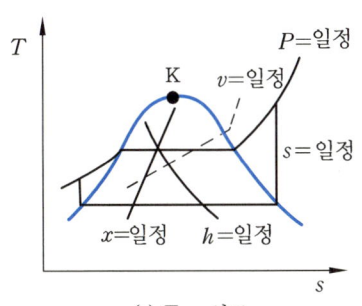

(a) $T-s$ 선도

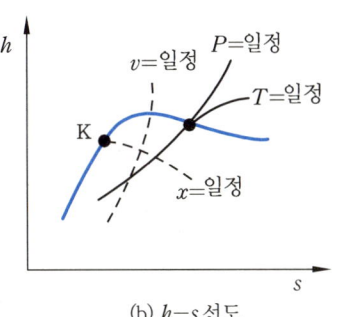

(b) $h-s$ 선도

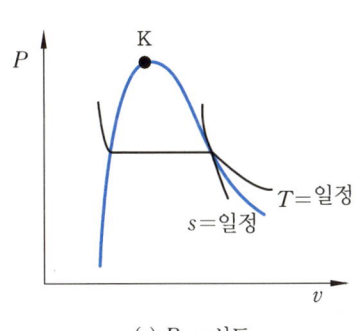

(c) $P-v$ 선도

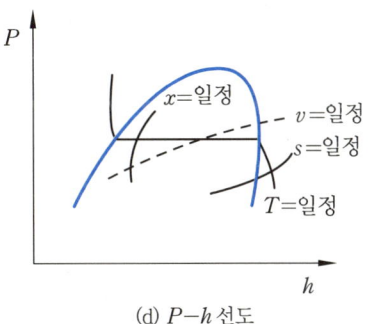

(d) $P-h$ 선도

그림 5-6 증기의 선도

예제 5. 온도 200℃, 건도 0.95인 증기가 단열변화하여 온도가 100℃로 되었을 때, 변화 후의 건조도 x_2, 변화 후의 비체적 v_2, 외부에 한 일 W_a를 구하시오.
  단, 증기표에서, 온도 200℃일 때
    $P = 1.2856$ MPa, $v' = 0.0011565$ m³/kg, $v'' = 0.1273$ m³/kg
    $h' = 854.66$ kJ/kg, $h'' = 2801.4$ kJ/kg, $\gamma = 1946.7$ kJ/kg
    $s' = 2.3369$ kJ/kg·K, $s'' = 6.4516$ kJ/kg·K이며,
  온도 100℃일 때
    $P = 0.101325$ MPa, $v' = 0.0010435$ m³/kg, $v'' = 1.673$ m³/kg
    $h' = 420.0$ kJ/kg, $h'' = 2682.96$ kJ/kg, $\gamma = 2262.96$ kJ/kg
    $s' = 1.3104$ kJ/kg·K, $s' = 7.3748$ kJ/kg·K

해설 ① 단열변화를 하므로

$$s_1 = \left(s_1' + x_1 \frac{\gamma_1}{T_1}\right) = \left(s_2' + x_2 \frac{\gamma_2}{T_2}\right) = s_2$$

$$x_2 = \frac{T_2}{\gamma_2}\left[(s_1' - s_2') + x_1 \frac{\gamma_1}{T_2}\right]$$에서 온도 200℃가 상태 1이고 100℃가 상태 2이므로,

$$\therefore x_2 = \frac{373}{2262.96}\left[(2.3369 - 1.3104) + 0.95 \times \frac{1946.7}{473}\right]$$

$$= 2262.96 = 0.8137 \doteqdot 81.4\,\%$$

② $v_2 = v_2' + x_2(v_2'' - v_2')$
　　$= 0.0010435 + 0.814 \times (1.673 - 0.0010435) = 1.36202 \text{ m}^3/\text{kg}$

③ $q_a = du + dW_a = 0$ (단열상태이므로)
　　$W_a = (u_1 - u_2) = [(h_1 - h_2) - (P_1 v_1 - P_2 v_2)]$에서,
　　$h_1 = h_1' + \gamma_1 x_1 = 854.66 + 1946.7 \times 0.95 = 2704.025 \text{ kJ/kg}$
　　$h_2 = h_2' + \gamma_2 x_2 = 420.0 + 2262.96 \times 0.814 = 2262.049 \text{ kJ/kg}$
　　$v_1 = v_1' + x_1(v_1'' - v_1') = 0.0011565 + 0.95 \times (0.1273 - 0.0011565) = 0.12099 \text{ m}^3/\text{kg}$
　　$v_2 = 1.36202 \text{ m}^3/\text{kg}$
　　$\therefore W_a = (h_1 - h_2) - (P_1 v_1 - P_2 v_2)$
　　$= (2704.025 - 2262.049) - [(1.2856 \times 10^3) \times 0.12099 - (0.101325 \times 10^3) \times 1.36202]$
　　$= 424.44 \text{ kJ/kg}$

예제 6. 온도 10℃에서 압력 0.98 MPa의 건포화증기 1000 kg을 발생시킬 때 필요한 열량(kJ)과 저위발열량이 28560 kJ/kg인 석탄을 사용하는 증기원동소의 열효율이 80 %라면 필요한 석탄의 양(kg)을 구하시오.(단, 온도 10℃에서 $h' = 43.68$ kJ/kg, $h'' = 2526.3$ kJ/kg이다.)

[해설] $P=$ 일정 상태에서,
　　$dq = dh - vdP = dh$
　　$Q_a = G(h_2 - h_1) = G(h'' - h')$
　　$\therefore Q_a = 1000 \times (2526.3 - 43.68) = 2482620 \text{ kJ}$

또, $\eta = \dfrac{Q_a}{G \times H_l}$ 이므로,

　　$\therefore G = \dfrac{Q_a}{\eta \times H_l} = \dfrac{2482620}{0.8 \times 28560} = 108.66 \text{ kg}$

예제 7. 압력 1.96 MPa, 온도 400℃의 과열증기 60 kg에 20℃의 물을 넣었을 때 같은 압력에서 건조도 90 %의 습증기가 되었다면, 이때 물의 양(kg)을 구하시오. (단, 1.96 MPa, 400℃의 과열증기의 엔탈피는 3174.78 kJ/kg, 1.96 MPa의 포화증기표에서 포화온도 $t = 211.38$ ℃, 증발열 $\gamma = 1901.34$ kJ/kg이다.)

[해설] $G_1 \cdot h_1 + G_2 \cdot h_2 = (G_1 + G_2) \cdot h$에서,
　　$G_1 = 60$ kg, $h_1 = 3174.78$ kJ/kg, $h_2 = 84$ kJ/kg (∵ 20℃ 물 = 20 kcal ≒ 84 kJ)
　　$h = h' + x \cdot \gamma = \underline{887.8} + 0.90 \times 1901.34$ kJ/kg
　　　　　　　　　　　↑
　　(포화증기표에서는 $h' = 906.44$ kJ/kg이나 값이 주어지지 않았으므로 포화온도로 대치
　　211.38℃ = 211.38 kcal/kg ≒ 887.8 kJ/kg)
　　$\therefore 60 \times 3174.78 + G_2 \times 84 = (60 + G_2) \times (887.8 + 0.90 \times 1901.34)$
　　$190486.8 + G_2 \times 84 = (60 + G_2) \times 2599$
　　$34546.8 = 2515 G_2$
　　$\therefore G_2 = 13.74$ kg

5-5 증기의 상태변화

단위중량당의 증기의 상태변화(가역과정)는 다음과 같다.

(1) 등적변화 ($dv = 0$, $v =$ 일정)

그림 5-7에서 증기가 상태 1에서 상태 2로 등적변화하여 건도가 x_1에서 x_2로 증가했다면,

$$\left. \begin{array}{l} v_1 = v_1' + (v_1'' - v_1')x_1 \\ v_2 = v_2' + (v_2'' - v_2')x_2 \end{array} \right\} \text{에서 } v_1 = v_2 \text{이므로,}$$

$$\therefore x_1 = \frac{v_2 - v_1'}{v_1'' - v_1'} \quad \text{(상태 2가 과열증기일 때)} \tag{5-16}$$

$v_1 = v_1' + (v_1'' - v_1')x_1 = v_2' + (v_2'' - v_2')x_2 = v_2$ 에서,

$$x_2 = \frac{v_1'' - v_1'}{v_2'' - v_2'} x_1 + \frac{v_1' - v_2'}{v_2'' - v_2'} \tag{5-17}$$

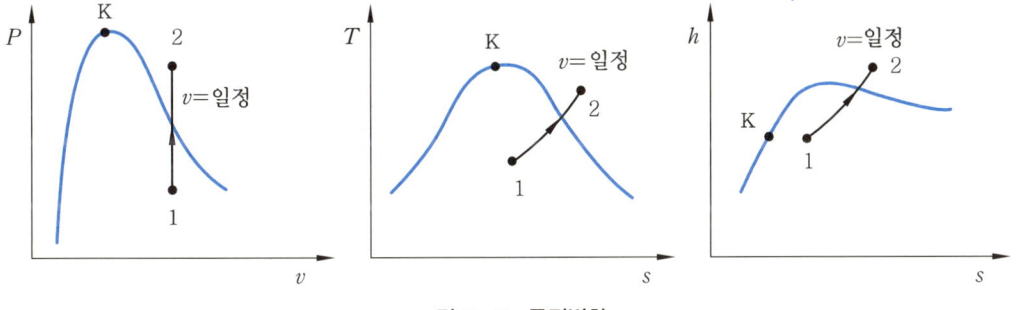

그림 5-7 등적변화

일반적으로 포화액의 비체적은 압력이 변화하여도 거의 변화하지 않으므로 $v_1' \approx v_2'$이 되며, 변화 후 건도 x_2는 다음과 같다.

$$\therefore x_2 = \frac{v_1'' - v_1'}{v_2'' - v_2'} x_1 \tag{5-18}$$

또 변화 중 가열량 q는 $dq = du + Pdv$에서,

$$q = u_2 - u_1 = \{u_2' + (u_2'' - u_2')x_2\} - \{u_1' + (u_1'' - u_1')x_1\}$$
$$= (u_2' + \rho_2 x_2) - (u_1' + \rho_1 x_1) \tag{5-19}$$

변화 중의 일은 절대일 $dw_a = Pdv = 0$

공업일 $w_t = -\int v dP = -v(P_2 - P_1)$ \tag{5-20}

등적과정에서 절대일은 없고, 가열량은 내부 에너지로만 변화한다.

예제 8. 압력 1.47 MPa, 체적 0.4m³인 습포화 증기 10 kg이 일정 체적하에서 0.588 MPa로 되었을 때 다음을 구하시오.

단, 증기표에서 1.47 MPa일 때

$t_s = 197.36℃$, $v' = 0.0011524$ m³/kg, $v'' = 0.1344$ m³/kg

$h' = 842.65$ kJ/kg, $h'' = 2799.72$ kJ/kg, $\gamma = 1957.2$ kJ/kg

0.58 MPa일 때

$t_s = 150.08$ ℃, $v' = 0.0010998$ m³/kg, $v'' = 0.3215$ m³/kg

$h' = 668.85$ kJ/kg, $h'' = 2764.02$ kJ/kg, $\gamma = 2094.96$ kJ/kg

(1) 최초 건도(x_1)　　(2) 변화 후의 건도(x_2)　　(3) 증기에서 제거한 열량

해설 (1) $v_1 = 0.4$ m³/10kg $\left(v = \dfrac{V}{G}\right) = 0.04$ m³/kg 이므로, $v_1 = v_1' + x_1(v_1'' - v_1')$ 에서

$$x_1 = \frac{v_1 - v_1'}{v_1'' - v_1'} = \frac{0.04 - 0.0011524}{0.1344 - 0.0011524}$$

$$= 0.2915 = 29.15\%$$

(2) $v=$ 일정 상태이므로

$$\left.\begin{array}{l} v_1 = v_1' + x_1(v_1'' - v_1') \\ v_2 = v_2' + x_2(v_2'' - v_2') \end{array}\right\} \text{에서} \quad v_1 = v_2$$

변화 후의 건도 x_2는,

$$x_2 = \frac{v_1'' - v_1'}{v_2'' - v_2'} x_1 + \frac{v_1' - v_2'}{v_2'' - v_2'}$$

$$= \frac{0.1344 - 0.0011524}{0.3215 - 0.0010998} \times 0.2915 + \frac{0.0011524 - 0.0010998}{0.3215 - 0.0010998}$$

$$= 0.1214 = 12.14\%$$

(3) Q 는 $v=$ 일정 상태이므로

$$Q = U'' - U' = U_2 - U_1 = (H_2 - P_2 V) - (H_1 - P_1 V)$$

$$= G(h_2 - h_1) + V(P_1 - P_2)$$

$$= 10 \times (923.2 - 1413.14) + 0.4 \times (1.47 - 0.588) \times 10^3 = -4546.6 \text{ kJ}$$

＊ $h_1 = h_1' + x_1(h_1'' - h_1')$

$$= 842.65 + 0.2915 \times (2799.72 - 842.65) = 1413.14 \text{ kJ/kg}$$

$h_2 = h_2' + x_2(h_2'' - h_2')$

$$= 668.85 + 0.1214 \times (2764.02 - 668.85) = 923.2 \text{ kJ/kg}$$

(2) 등압변화 ($dP=0$, $P=$ 일정) : 보일러 복수기, 냉동기의 증발기, 응축기

변화 중 가열량 q는 $dq = du + Pdv$ 에서,

$$q = u_2 - u_1 + P(v_2 - v_1)$$

$$= (u_2 + Pv_2) - (u_1 + Pv_1) = h_2 - h_1$$

$$= [h_2' + x_2(h_2'' - h_2')] - [h_1' + x_1(h_1'' - h_1')]$$

$$\therefore q = (u_2 - u_1) + P(v_2 - v_1) = h_2 - h_1 = (x_2 - x_1)\gamma \qquad (5-21)$$

일은 $w_a = \int_1^2 Pdv = P(v_2 - v_1)$
$\qquad = P(x_2 - x_1)[v'' - v'] = (x_2 - x_1) \cdot \phi$ (5-22)
$w_t = -\int_1^2 vdP = 0$

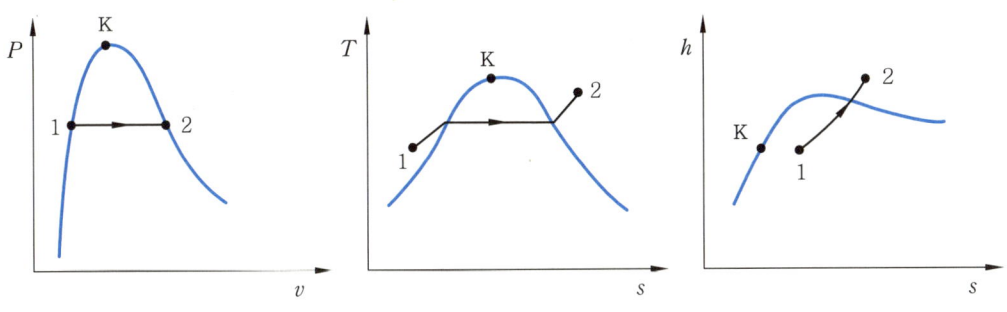

그림 5-8 등압변화

등압변화에서 공업일은 없고, 가열량은 엔탈피 변화량과 같다. 또한 습증기 구역에서 등압선과 등온선은 일치하며, 가열량 q에 의한 내부 에너지 증가는

$$\Delta u = u_2 - u_1 = (x_2 - x_1)\rho \qquad (5-23)$$

여기서, ρ : 내부 증발열

습증기 구역에서 등압선과 등온선은 일치한다.

예제 9. 일정 압력 1.76 MPa 상태에서 포화수를 증발시켜 건포화증기를 만들 때 다음을 구하시오. (단, 1.76 MPa에서, $v_1' = 0.0011662 \text{m}^3/\text{kg}$, $v_1'' = 0.1126 \text{ m}^3/\text{kg}$, $h_1' = 882.6$ kJ/kg, $h_1'' = 2805.2$ kJ/kg이다.)

(1) 외부에 한 일   (2) 필요한 열량   (3) 내부 에너지 변화량

해설 (1) $w_a = \int Pdv = P(v'' - v')$
$\qquad = (1.76 \times 10^3) \times (0.1126 - 0.0011662)$
$\qquad = 196.12 \text{ kN·m/kg}$

(2) $q = h'' - h'$ ($\because P =$ 일정에서는 $q = h'' - h'$)
$\qquad = 2805.2 - 882.6$
$\qquad = 1922.6 \text{ kJ/kg}$

(3) $P =$ 일정에서,
$\qquad q = (u'' - u') + P(v'' - v') \rightarrow (dq = du + P \cdot dv)$
$\qquad = (u'' - u') + w_a$
$\therefore \Delta u = u'' - u' = q - w_a$
$\qquad = 1922.6 - 196.12 = 1726.48 \text{ kJ/kg}$

(3) 등온변화 ($dt = 0$, $T = $ 일정)

등온변화 중 출입하는 열량은, 증기 1 kg 에 대하여

$$q = u_2 - u_1 + \int_1^2 P dv$$

$$= \int_1^2 T \cdot ds = T(s_2 - s_1) \tag{5-24}$$

습증기 구역에서 등온선과 등압선은 일치한다. 따라서, 등압변화와 같으므로

$$q = h_2 - h_1 = (x_2 - x_1)\gamma \tag{5-25}$$

또, 팽창일(절대일) $W_a = \int_1^2 P dv = q - (u_2 - u_1)$ 이므로,

$$W_a = \int_1^2 P dv$$

$$= T(s_2 - s_1) - (u_2 - u_1)$$

$$= T(s_2 - s_1) - \{(h_2 - P_2 v_2) - (h_1 - P_1 v_1)\} \tag{5-26}$$

습증기 구역에서는

$$W_a = P(v_2 - v_1) = P(v_2'' - v_1')(x_2 - x_1) \tag{5-27}$$

공업일 (압축일) W_t

$$W_t = -\int_1^2 v dP = q - (h_2 - h_1)$$

$$(\because dq = dh - vdP \text{에서}, \ -vdP = dq - dh)$$

$$= T(s_2 - s_1) - (u_2 - u_1) - (P_2 v_2 - P_1 v_1)$$

$$= W_a + P_1 v_1 - P_2 v_2 \tag{5-28}$$

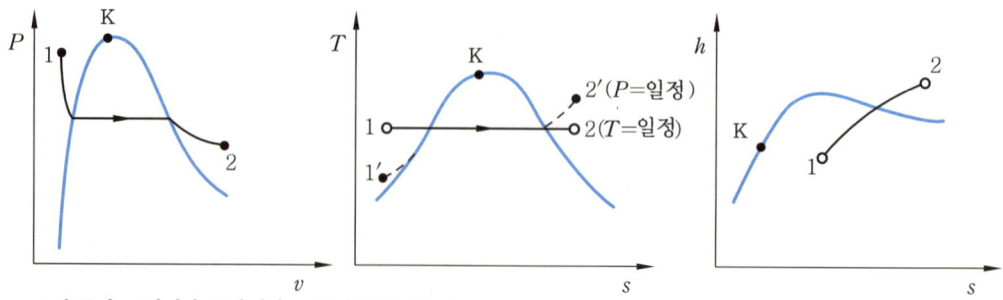

※ 습증기 구역에서 등압선과 등온선은 일치한다($P-v$, $T-s$).

그림 5-9 등온변화

예제 10. 0.7 MPa, 300℃의 과열증기가 등온적으로 열을 제거당하여 건도가 60 % 로 되었다.

0.7 MPa, 300℃에서
$$v_1 = 0.3790 \text{ m}^3/\text{kg}, \quad h_1 = 3069.36 \text{ kJ/kg}, \quad s_1 = 7.3311 \text{ kJ/kg·K}$$
$$P_2 = 8.7611 \text{ MPa}, \quad v_2' = 0.0014036 \text{ m}^3/\text{kg}, \quad v_2'' = 0.0216 \text{ m}^3/\text{kg},$$
$$h_2' = 1348.12 \text{ kJ/kg}, \quad h_2'' = 2756.46 \text{ kJ/kg}, \quad \gamma_2 = 1408.26 \text{ kJ/kg}$$
$$s_2' = 3.2630 \text{ kJ/kg·K}, \quad s_2'' = 5.7204 \text{ kJ/kg·K}$$

일 때 다음을 구하시오

(1) 증기에서 제거한 열량(kJ/kg)
(2) 내부 에너지의 증가량(kJ/kg)
(3) 증기가 한 일(kN·m/kg)

[해설] (1) $q = \int_1^2 T ds = T(s_2 - s_1)$ 인데 s_2 를 모르므로,
$$s_2 = s_2' + x_2(s_2'' - s_2')$$
$$= 3.2630 + 0.6(5.7204 - 3.2630)$$
$$= 4.7374 \text{ kJ/kg·K}$$
∴ $q = (300 + 273) \times (4.7374 - 7.3311)$
$$= -1486.19 \text{ kJ/kg}$$

(2) 내부 에너지 증가량 $\Delta u = u_2 - u_1 = (h_2 - p_2 v_2) - (h_1 - p_1 v_1)$ 에서,
$$h_2 = h_2' + x_2(h_2'' - h_2')$$
$$= 1348.12 + 0.6(2756.46 - 1348.12)$$
$$= 2193.124 \text{ kJ/kg}$$
$$v_2 = v_2' + x_2(v_2'' - v_2')$$
$$= 0.0014036 + 0.6(0.0216 - 0.0014036)$$
$$= 0.01352 \text{ m}^3/\text{kg}$$
∴ $\Delta u = [2193.124 - (8.7611 \times 10^3) \times 0.01352] - [3069.36 - (0.7 \times 10^3) \times 0.3790]$
$$= -729.4 \text{ kJ/kg}$$

(3) $dq = du + dW_a$ 에서,
$q = \Delta u + W_a$
∴ $W_a = (q - \Delta u) = -1486.19 - (-729.4) = -756.8 \text{ kN·m/kg}$

(4) 단열변화 ($ds = 0$, $s =$ 일정)

$T-s$ 선도에서 보는 바와 같이 과열증기를 단열팽창시키면 팽창에 따라 점점 과열도 및 건도가 감소하며 응축되어 습공기가 되고, 만약 임계점 왼쪽의 비포화액(압축수)을 팽창시키면 증발하여 습증기상태로 변한다.

상태 1, 2 에서의 엔트로피 값을 s_1, s_2 라 하면 습증기 구역에서의 건도는

$$s_1 = s_1' + x_1(s_1'' - s_1') = s_1' + x_1 \frac{\gamma_1}{T_1}$$

$$s_2 = s_2' + x_2(s_2'' - s_2') = s_2' + x_2 \frac{\gamma_2}{T_2} \text{에서}$$

단열변화 $(s_1 = s_2)$ 이므로,

$$x_2 = x_1 \frac{s_1'' - s_1'}{s_2'' - s_2'} + \frac{s_1' - s_2'}{s_2'' - s_2'} = \frac{\dfrac{x_1 \gamma_1}{T_1} + (s_1' - s_2')}{\dfrac{\gamma_2}{T_2}} \tag{5-29}$$

단열변화 중에는 열 출입이 없으므로 $dq = 0$ 이다.

$$dq = du + Pdv = dh - vdP = 0$$

외부에 행하는 절대일 W_a 는,

$$W_a = \int_1^2 Pdv = -\int_1^2 du$$
$$= (u_1 - u_2) = u_1' - u_2' + x_1\rho_1 - x_2\rho_2 \tag{5-30}$$

또, 공업일 W_t 는

$$W_t = -\int_1^2 vdP = (h_1 - h_2) \tag{5-31}$$

단열변화에서 공업일은 엔탈피 변화와 같다.

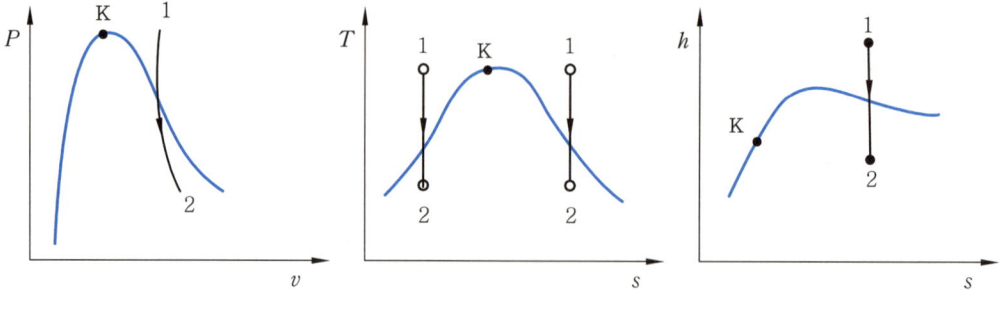

그림 5-10 단열변화

증기의 단열변화는 근사적으로 $Pv^n = $ 일정을 만족하며, n의 값은 압력이 그다지 높지 않은 과열증기에 대해서 $n = 1.3$ 이고, 포화증기에 대해서는 $n = 1.035 + 0.1x$ 가 된다.

예제 11. 20 bar, 500℃의 과열증기를 단열적으로 0.1 bar까지 팽창시킬 때 다음 물음에 답하시오.
(1) 팽창 후의 질(건도)   (2) 엔탈피의 변화량
(3) 내부 에너지의 변화량   (4) 비유동일
(5) $\Delta E_k = \Delta E_p = 0$ 일 때 정상유동일

[해설]

과열증기표	20 bar 50℃	$v = 0.1756$ m³/kg	$u = 3116$ kJ/kg	$h = 3467$ kJ/kg	$s = 7.431$ kJ/kg·K
압력기준 포화증기표	0.1 bar 48.5℃	$v' = 14.67$ m³/kg	$u' = 192$ kJ/kg $u'' = 2437$ kJ/kg	$h' = 192$ kJ/kg $h'' = 2854$ kJ/kg $\gamma = 2392$ kJ/kg	$s' = 0.649$ kJ/kg·K $s'' = 8.149$ kJ/kg·K $s''-s' = 7.5$ kJ/kg·K

① $s_2 = s_1 = s(dq = 0)$

　$s_2 = s = s_2' + x_2(s_2'' - s_2')$

　$\therefore x_2 = \dfrac{s - s_2'}{s_2'' - s_2'} = \dfrac{7.431 - 0.649}{7.5} = 0.904 = 90.4\%$

② $\Delta h = h_2 - h_1 = h_2' + x_2(h_2'' - h_0') - h_1 = 192 + 0.904 \times (2584 - 192) - 3467$

　$= 2354.4 - 3467 = -1112.6$ kJ/kg

③ $\Delta u = u_2 - u_1 = u_2' + x_2(u_2'' - u_2') - u_1 = 192 + 0.904(2437 - 192) - 3116$

　$= 2221.5 - 3116 = -894.5$ kJ/kg

④ $dq = du + dW$, $dq = 0$이므로

　$W = -\Delta u = -(u_2 - u_1) = 894.5$ kJ/kg

⑤ $q = W + \Delta h + \Delta E_k + \Delta E_p$에서 $q = 0$, $\Delta E_k = \Delta E_p = 0$이므로

　$W = -\Delta h = 1112.6$ kJ/kg

(5) 교축과정 (throttling process, 등엔탈피 과정, h = 일정)

교축과정이란 증기가 밸브나 오리피스 등의 작은 단면을 통과할 때, 외부에 대해서 하는 일 없고 압력 강하만 일어나는 현상이며, 비가역과정으로 외부와의 열전달이 없고 ($q = 0$), 일을 하지 않으며 ($W_t = 0$), 엔탈피가 일정 ($dh = 0$, $h_1 = h_2$)한 과정으로서 엔트로피는 항상 증가하고 압력은 강하한다.

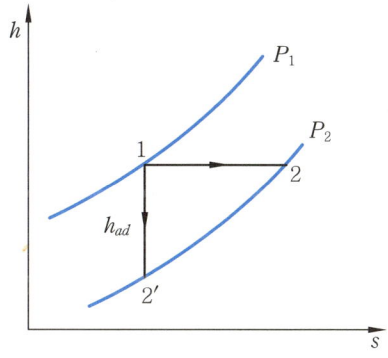

그림 5-11 교축과정

교축과정은 비가역변화이므로, 압력이 감소되는 방향으로 일어나는 반면, 엔트로피는 항상 증가한다. 습증기를 교축하면 건도가 증가하여, 결국 건도는 1이 되며 건도 1의 증기를 교축하면 과열증기가 된다. 이 현상을 이용하여 습포화증기의 건도를 측정하는 계

기를 교축열량계라 한다.

고압의 포화액 냉매를 냉동기의 팽창 밸브를 통하여 교축팽창시키면 난류에 의한 마찰열은 유체에 회수되며 포화액의 일부는 증발, 기화하여 습포화증기가 된다. 이 과정도 $h=$ 일정의 상태 변화이다.

① 습포화증기의 교축

$$h_1 = h_1' + x_1\gamma_1 = h_2' + x_2\gamma_2$$

$$\therefore x_2 = \frac{h_1' - h_2'}{\gamma_2} + x_1\frac{\gamma_1}{\gamma_2} : (h_1' - h_2' \approx t_1 - t_2) \tag{5-32}$$

② 포화증기의 건도 x 가 1에 가까울 경우의 교축

$$h_2 = h_1 = h_1' + x_1\gamma_1$$

$$\therefore x_1 = \frac{h_2 - h_1'}{\gamma_1} \tag{5-33}$$

③ 과열증기의 교축

$$h = \frac{k}{k-1} \times Pv + k \quad (k=1.3) \tag{5-34}$$

교축의 결과는 유체에 따라 다르다. 즉, 완전 가스의 경우는 등엔탈피이지만 교축에 의하여 온도 역시 변하지 않는다. 그러나 냉동기의 냉매인 CO_3 가스, 암모니아, 공기 등과 같이 실제 가스는 교축에 의하여 압력과 더불어 온도가 낮아지는데 이러한 현상을 줄 톰슨(Joule-Thomson) 효과라 한다.

예제 12. 20 ata, 350℃ 의 과열증기를 3 ata까지 팽창시킬 때 다음을 구하시오.
  (1) 단열팽창일 (kN·m)   (2) "$Pv^{1.3}=$ 일정"일 때의 팽창일 (kN·m)

[해설] 과열증기표와 압력기준 포화증기표를 이용하면 다음의 값을 얻는다.

과열증기표	20 ata 350℃	$v = 0.1415$ m³/kg	$h = 3147.9$ kJ/kg	$s = 6.9888$ kJ/kg·K
압력기준 포화 증기표	3 ata 포화온도 132.88℃	$v' = 0.0010725$ $v'' = 0.6170$	$h' = 603.25$ $h'' = 2745.54$ $\gamma = 2171.82$	$s' = 1.6695$ $s'' = 7.0182$

(1) 단열팽창일 W_a [kN·m]
 ① 비엔트로피 계산식을 이용하여 변화 후의 건도 (x_2)를 구한다.

$$s_2 = s_2' + x_2(s_2'' - s_2')$$

$$x_2 = \frac{s_2 - s_2'}{s_2'' - s_2'} = \frac{6.9888 - 1.6695}{7.0182 - 1.6695} = 0.995$$

 ② 건도 (x_2)를 이용하여 변화 후의 비체적 (v_2)과 비엔탈피 (h_2)를 구한다.

$$v_2 = v_2' + x_2(v_2'' - v_2')$$

$$= 0.0010725 + 0.995(0.6170 - 0.0010725) = 0.614 \text{ m}^3/\text{kg}$$

$$h_2 = h_2' + x_2(h_2'' - h_2')$$

$$= 603.25 + 0.995 \times (2745.54 - 603.25) = 2734.84 \text{ kJ/kg}$$

③ 엔탈피 정의식 $h = u + Pv$ 로부터,

$$u_1 = h_1 - P_1 v_1$$

$$= 3147.9 - (1960 \text{ kN/m}^2 \times 0.1415) = 2870.56 \text{ kJ}$$

$$u_2 = h_2 - P_2 v_2$$

$$= 2734.83 - (294 \text{ kN/m}^2 \times 0.614) = 2554.31 \text{ kJ}$$

따라서, 단열팽창일 W_a [kN·m/kg]은 열역학 제1법칙으로 구하면 다음과 같다.

$$dq = du + dw, \quad 0 = du + dw, \quad dw = -du$$

$$W_a = -\int_1^2 du = -(u_2 - u_1) = (u_1 - u_2) = (2870.56 - 2554.31)$$

$$= 316.25 \text{ kJ/kg} = 316.25 \text{ kN·m/kg}$$

(2) $Pv^{1.3} =$ 일정하의 팽창일 W_n [kN·m/kg]

폴리트로프 변화의 P, v, T 관계식 $\dfrac{T_2}{T_1} = \left(\dfrac{v_1}{v_2}\right)^{n-1} = \left(\dfrac{P_2}{P_1}\right)^{\frac{n-1}{n}}$ 에서,

$$v_2 = v_1 \cdot \left(\dfrac{P_1}{P_2}\right)^{\frac{1}{n}} = 0.1415 \times \left(\dfrac{20}{3}\right)^{\frac{1}{1.3}} = 0.6088 \text{ m}^3/\text{kg}$$

폴리트로프 팽창일 W_n은

$$W_n = \dfrac{1}{n-1} \cdot (P_1 v_1 - P_2 v_2)$$

$$= \dfrac{1}{1.3-1} \times (1960 \times 0.1415 - 294 \times 0.6088)$$

$$= 327.84 \text{ kN·m/kg}$$

예제 13. 1.57 MPa의 습포화증기의 건도를 측정하기 위하여 압력 98 kPa까지 교축하여 압력을 저하시켰다. 이때 온도가 110℃로 떨어졌다고 할 때, 증기의 건도를 구하시오.

해설 선도에서 $h_2 = 2704.8 \text{ kJ/kg}, \gamma_1 = 1941.24 \text{ kJ/kg}, h_1' = 856.8 \text{ J/kg}$

$h_1 = h_1' + x_1 \gamma_1 = h_2$ 인 교축상태이므로,

$$\therefore x_1 = \dfrac{h_2 - h_1'}{\gamma_1}$$

$$= \dfrac{2704.8 - 856.8}{1941.24}$$

$$\doteqdot 0.952 = 95.2\%$$

연습문제

1. 다음은 증기의 몰리에르 선도를 표시하고 있다.

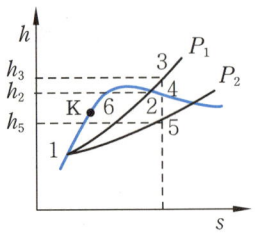

    (1) 그림의 선도에서 가역단열과정은?
    (2) 건도(x)가 100 %인 점은 어느 곳인가?
    (3) 교축(throttling)과정은 어느 것인가?

2. 습(포화)증기를 가역단열상태로 압축하면 증기의 건도는 어떻게 되는지 설명하시오.

3. 다음 용어를 설명하시오.
    (1) 액체열   (2) 증발열   (3) 과열의 열

4. 건포화증기를 체적이 일정한 상태로 압력을 높이는 경우와 낮추는 경우 각각 무엇이 되는지 설명하시오.

5. 정적하에서 압력을 증가시키면 습포화증기는 대부분 어떻게 되는지 설명하시오.

6. 몰리에르 선도에서 교축과정은 어떻게 나타나는지 설명하시오.

7. 1 MPa의 일정한 압력하에서 포화수를 증발시켜 건포화증기를 만든다면, 이때 증기 1 kg당 내부 에너지 증가(kJ/kg)를 구하시오. (단, 포화수의 비체적은 0.001126 m³/kg, 건포화증기의 비체적은 0.1981 m³/kg, 증발열은 2256.8 kJ/kg이다.)

8. 부피 0.4 m³인 탱크 속에 70 kg의 습포화 증기가 채워져 있다면, 온도 350℃인 증기의 건도(x)는 얼마인지 구하시오. (단, 온도 350℃에서 $v'=0.0017468$ m³/kg, $v''=0.008811$ m³/kg이다.)

9. 압력 0.98 MPa, 건도 60 %인 습포화증기 1 kg이 가열에 의하여 건도가 90 %가 되었다. 이 증기가 외부에 행한 일(kN·m/kg)을 구하시오. (단, 압력에서 $v'=0.0011262$ m³/kg, $v''=0.1981$ m³/kg이다.)

10. 300 kPa의 압력하에서 물 1 kg이 증발하여 체적이 800 L만큼 늘어났다. 증발열이 2184

kJ/kg일 때 내부 증발열(ρ)과 외부 증발열(ψ)을 구하시오.

11. 압력이 1.47 MPa, 포화온도 197.36℃인 포화증기는 포화수의 엔탈피가 842.65 kJ/kg, 건포화증기의 엔탈피가 2800 kJ/kg일 때 건도 70 %인 습증기의 엔탈피를 구하시오.

12. 10 kg, 압력 1.96 MPa, 건도 0.32인 포화증기를 가열하여 건도가 0.87이 되게 하려고 한다. 증발열이 1901.3 kJ/kg일 때 가열에 필요한 열량(kJ)을 구하시오.

13. 15℃의 물 1500 L에 100℃ 건포화증기 75 kg을 넣었을 때 물의 온도(℃)를 구하시오. (단, 물의 증발열은 2263 kJ/kg이다.)

14. 압력 6 MPa인 물의 포화온도가 274℃, 건포화증기의 비체적은 0.033 m³/kg이다. 이 압력 하에서 건포화증기의 상태로부터 347℃로 과열되면 비체적은 0.043 m³/kg이 된다. 과열증기의 정압비열이 3.402 kJ/kg일 때 다음 물음에 답하시오.
 (1) 과열의 열(kJ/kg)을 구하시오.
 (2) 과열에 의한 엔트로피 증가를 구하시오.
 (3) 과열에 의한 내부 에너지 증가를 구하시오.

15. 어떤 교축 열량계로 증기의 건도를 측정하려고 하는데 그 열량계로 읽을 수 있는 엔탈피의 최저값이 2735 kJ/kg이라면, 이 열량계는 증기 주관 내의 압력이 0.98 MPa일 때 건도는 최저 몇 %까지 사용할 수 있는지 구하시오.(단, 압력 0.98 MPa에서 h' = 761 kJ/kg, γ = 2024.4 kJ/kg이다.)

16. 입구압력 0.4 MPa, 출구압력 0.1 MPa, 출구온도 393 K(120℃)인 과열증기의 건도(%)를 교축열량계를 이용하여 구하시오.〔단, 0.4 MPa에서 t_s = 142.92℃, h' = 603.25 kJ/kg, h'' = 2745.54 kJ/kg이고, 0.1 MPa (120℃)에서 h = 2724.96 kJ/kg이다.〕

17. 온도 300℃이고, 체적 0.05 m³인 증기 1 kg이 등온하에서 팽창하여 체적 0.09 m³로 증가하였다. 이 증기에 공급된 열량(kJ/kg)을 구하시오.(단, 처음 건도 x_1 = 0.524, 나중 건도 x_2 = 0.905, s' = 3.2630 kJ/kg·K, s'' = 5.7204 kJ/kg·K이다.)

18. 압력 1.96 MPa, 건도 70 %인 습증기 100 m³의 중량을 구하시오.(단, 1.96 MPa의 v' = 0.0011373 m³/kg, v'' = 0.1662 m³/kg이다.)

19. 압력 3 MPa인 물의 포화온도는 505.75 K이다. 이 포화수를 일정압력 상태에서 693 K의 과열증기로 만들었을 때 과열도(℃)를 구하시오.

20. 1.5 MPa, 건도 0.97의 습포화증기가 밸브에 의해서 교축되어 압력이 0.5 MPa로 될 때 다음을 구하시오.

단, 1.5 MPa일 때,
　　$v' = 0.0011524 \ m^3/kg$,　$v'' = 0.1344 \ m^3/kg$,　$h' = 842.65 \ kJ/kg$
　　$h'' = 2799.72 \ kJ/kg$,　$s' = 2.3117 \ kJ/kg \cdot K$,　$s'' = 6.4714 \ kJ/kg \cdot K$

0.5 MPa일 때,
　　$v' = 0.0010918 \ m^3/kg$,　$v'' = 0.3818 \ m^3/kg$,　$h' = 638.6 \ kJ/kg$
　　$h'' = 2755.6 \ kJ/kg$,　$s' = 1.8585 \ kJ/kg \cdot K$,　$s'' = 6.8481 \ kJ/kg \cdot K$

(1) 교축 후의 건도　　(2) 교축 후의 비체적　　(3) 교축 후의 엔트로피 증가

21. 압력 20 ata, 건도 0.85인 1 kg의 습포화증기의 비체적, 엔탈피, 엔트로피, 내부 에너지를 구하시오.

단, 20 ata일 때,
　　$v' = 0.0011749 \ m^3/kg$,　$v'' = 0.1015 \ m^3/kg$,　$h' = 906.44 \ kJ/kg$
　　$h'' = 2807.7 \ kJ/kg$,　$s' = 2.4444 \ kJ/kg \cdot K$,　$s'' = 6.3676 \ kJ/kg \cdot K$

22. $P = 3$ ata에서 $x_1 = 0.5$인 습증기 1 kg이 등온에서 가열되어 $x_2 = 0.95$인 상태로 되었다. 가열량, 팽창일, 엔트로피의 증가량을 구하시오.

단, $P = 3$ ata일 때,
　　$t_s = 132.88\,℃$,　$v' = 0.0010725 \ m^3/kg$,　$v'' = 0.6170 \ m^3/kg$
　　$\gamma = 2171.82 \ kJ/kg$,　$s' = 1.6695 \ kJ/kg \cdot K$,　$s'' = 7.0182 \ kJ/kg \cdot K$

23. 압력 20 ata, 건도 95 %인 습(포화)증기 500 kg을 일정한 압력하에서 450℃의 과열증기로 할 경우 다음을 구하시오.

단, $h' = 906.44 \ kJ/kg$,　$\gamma = 1901.34 \ kJ/kg$,　$h_2 = 3368.4 \ kJ/kg$
　　$v_1' = 0.0011749 \ m^3/kg$,　$v_1'' = 0.1015 \ m^3/kg$,　$v_2 = 0.1669 \ m^3/kg$

(1) 필요 열량　　(2) 팽창에 의하여 하는 일　　(3) 내부 에너지 증가

24. 압력 81.06 bar, 500℃의 과열증기를 1.013 bar 까지 단열팽창시킬 경우에 팽창 후의 건도 및 팽창에 의하여 외부에 한 일을 구하시오.

단, 81.06 bar일 때,
　　$v_1 = 0.04262 \ m^3/kg$,　$h_1 = 3412.92 \ kJ/kg$,　$s_1 = 6.75906 \ kJ/kg \cdot K$

1.013 bar 일 때,
　　$t_2 = 99.09\,℃$,　$v_2' = 0.0010428 \ m^3/kg$,　$v_2'' = 1.725 \ m^3/kg$
　　$h_2' = 416.304 \ kJ/kg$,　$h_2'' = 2681.7 \ kJ/kg$,　$\gamma_2 = 2265.48 \ kJ/kg$
　　$s_2' = 1.30032 \ kJ/kg \cdot K$,　$s_2'' = 7.38612 \ kJ/kg \cdot K$

25. 교축열량계를 통하여 습증기의 건도를 측정하였더니, 입구의 압력이 10.1325 bar(= 10 ata), 출구의 압력이 1.01325 bar(=1 ata), 온도 130℃로 되었다. 이 증기의 건도 및 변화

후의 엔트로피를 구하시오.

단, $P = 10.1325$ bar 일 때,

$h_1' = 761$ kJ/kg, $h_1'' = 2785.44$ kJ/kg, $\gamma_1 = 2024.4$ kJ/kg

$s_1' = 2.1361$ kJ/kg·K, $s_1'' = 6.6129$ kJ/kg·K

$P = 1.01325$ bar인 과열증기에서,

$h_2 = 2745.12$ kJ/kg

26. 압력이 2 bar 인 포화증기를 가역정압적으로 가열하여 온도가 200℃가 되었다. 내부 에너지 변화, 엔탈피의 변화, 엔트로피의 변화, 비유동일을 구하시오.

단, 2 bar일 때,

$v_1' = 0.8856$ m³/kg, $u_1' = 505$ kJ/kg, $u_1'' = 2530$ kJ/kg

$h_1' = 505$ kJ/kg, $h_1'' = 2707$ kJ/kg, $\gamma_1 = 2202$ kJ/kg,

$s_1' = 1.53$ kJ/kg·K, $s_1'' = 7.127$ kJ/kg·K

과열증기에서,

$v_2 = 1.081$ m³/kg, $u_2 = 2655$ kJ/kg

$h_2 = 2871$ kJ/kg, $s_2 = 7.507$ kJ/kg·K

27. 압력 1 bar, 건도 0.9인 습증기가 가역 등온과정으로 방열하여 포화액체가 되었다. Δs, q_a, Δu 와 비유동과정의 일, $\Delta K_e = \Delta P_e = 0$ 일 때 정상유동 과정에서의 일을 구하시오.

단, $P = 1$ bar 일 때,

$t_s = 99.6$ ℃, $u' = 417$ kJ/kg, $u'' = 2506$ kJ/kg

$h' = 417$ kJ/kg, $h'' = 2675$ kJ/kg, $\gamma = 2258$ kJ/kg

$s' = 1.303$ kJ/kg·K, $s'' = 7.359$ kJ/kg·K

연습문제 풀이

1. (1) 3-5
  (2) 2, 3, 4
  (3) 5-6

2. $T-s$ 선도에서,

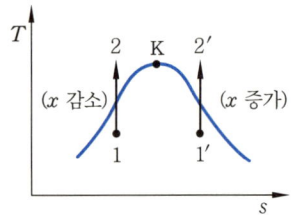

① 1→2는 습증기가 과랭액이 되었으므로, 건도 x는 감소
② 1'→2'는 습증기가 과열증기가 되었으므로, 건도 x는 증가
따라서, 감소하기도 하고 증가하기도 한다.

3. (1) 액체열 (q_l) : 0℃의 물 1 kg을 주어진 압력하에서 포화온도 (T_s)까지 가열하는 데 필요한 열량은
$$q_l = \int_{273.16}^{T_s} C\,dT$$

(2) 증발(잠)열 (γ) : 포화액 1 kg을 정압 하에서 가열하여 건포화증기로 만드는 데 필요한 열량은
$$\gamma = h'' - h' = (u'' - u') + P(v'' - v')$$

(3) 과열의 열 (q_s) : 건포화증기를 포화온도 (T_s)에서 임의의 온도 T까지 과열시키는 데 필요한 열량은
$$q_s = h - h'' = \int_{T_s}^{T} C_p\,dT$$

4. $P-v$ 선도에서,
1→2는 정적 상태로 압력을 높이면 과열증기가 되며, 1→2'는 정적 상태로 압력을 낮추면 습증기가 된다.

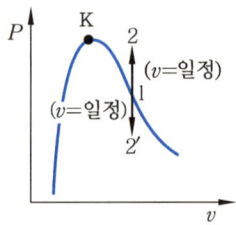

5. $P-v$ 선도에서

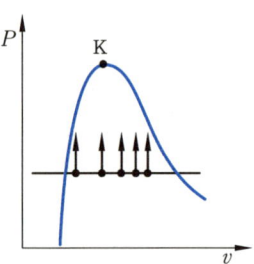

선도에서 각 점의 압력을 $v=$일정 상태에서 상승시키면 대부분이 과열증기(건포화증기 거쳐서)가 된다.

6. $h=$ 일정, 즉 등엔탈피(교축) 과정은 수평선이다.

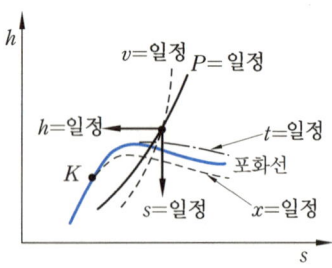

7. $dq = du + Pdv$
∴ $\Delta u = (u'' - u') = q - P(v'' - v')$
∴ $\Delta u = 2256.8 \text{ kJ/kg} - (1 \times 10^3 \text{ kN/m}^2)$
  $\times (0.1981 - 0.001126 \text{ m}^3)$
  $\fallingdotseq 2060 \text{ kJ/kg}$

[별해] 증발열 $\gamma = \rho + \phi$에서,

내부 증발열 $\rho = u'' - u' = \Delta u$
$= \gamma - \phi = \gamma - p(v'' - v')$

8. 탱크는 체적이 $0.4\ \mathrm{m^3}$ 이므로,

$$v = v' + x(v'' - v')$$

$v = \dfrac{V}{G}$ 에서

$$x = \dfrac{\dfrac{V}{G} - v'}{v'' - v'} = \dfrac{\dfrac{0.4}{70} - 0.0017468}{0.008811 - 0.0017468}$$
$$= 0.5616$$

9. 건도가 0.6에서 0.9로 변했으므로 상태 1, 2 모두 습증기 구역이다.

습증기 구역에서,

팽창일 $W_a = \int P dv = P(v_2 - v_1)$
$= P(v'' - v')(x_2 - x_1)$

$\therefore\ W_a = (0.98 \times 10^6)$
$\times (0.1981 - 0.0011262)(0.9 - 0.6)$
$= 57910\ \mathrm{N \cdot m/kg} = 57.91\ \mathrm{kN \cdot m/kg}$

10. $\gamma = \rho + \phi$

외부 증발열 $\phi = P(v'' - v')$
$= (300 \times 10^3) \times (0.8)$
$= 240000\ \mathrm{N \cdot m/kg}$
$= 240\ \mathrm{kJ/kg}$

내부 증발열 $\rho = \gamma - \phi$
$= 2184 - 240 = 1944\ \mathrm{kJ/kg}$

11. 습증기의 엔탈피는

$h_x = h' + x(h'' - h')$
$= 842.65 + 0.7 \times (2800 - 842.65)$
$= 2212.8\ \mathrm{kJ/kg}$

12. 건도 $x_1 = 0.32$, $x_2 = 0.87$이므로 습증기구역이다.

습증기 구역에서 $dq = dh (P = 일정)$이므로,

$\therefore\ q = h_2 - h_1 = \gamma(x_2 - x_1)$

따라서, $Q = G(h_2 - h_1)$
$= G\gamma(x_2 - x_1)$
$= 10 \times 1901.3 \times (0.87 - 0.32)$
$= 10457\ \mathrm{kJ}$

13. $1500 \times 4.187 \times (t_x - 15)$ ($\rightarrow$ 물이 얻은 열량)

$= \dfrac{2263 \times 75 + 75 \times 4.187 \times (100 - t_x)}{(증기가\ 잃은\ 열량)}$

$\therefore\ t_x(1500 \times 4.187 + 75 \times 4.187)$
$= 2263 \times 75 + 1500 \times 4.187 \times 15$
$+ 75 \times 4.187 \times 100$

$\therefore\ t_x = 44.78\ ℃$

14. (1) $q_s = \int_{T_s}^{T} C_p dT = C_p(T - T_s)$
$= 3.402 \times (347 - 274)$
$= 248.346\ \mathrm{kJ/kg}$

(2) $\Delta s = \int_{T_s}^{T} \dfrac{dq}{T}$
$= \int_{T_s}^{T} C_p \dfrac{dT}{T} = C_p \cdot \ln \dfrac{T}{T_s}$
$= 3.402 \times \ln \dfrac{347}{274} = 0.8035\ \mathrm{kJ/kg}$

(3) $dq = du + Pdv$에서,
$\Delta u = u - u'' = q_s - P(v - v'')$
$= 248.35 - (6 \times 10^3)(0.043 - 0.033)$
$= 188.35\ \mathrm{kJ/kg}$
($\ast\ 6\ \mathrm{MPa} = 6 \times 10^6\ \mathrm{N/m^2} = 6 \times 10^3\ \mathrm{kN/m^2}$)

15. 교축과정 $\rightarrow$ 등엔탈피 과정이므로,

$h = h_1 = h_2 =$ 일정
$h_1 = h_1' + \gamma \cdot x_1 = h_2$

$\therefore\ x_1 = \dfrac{1}{\gamma}(h_2 - h_1') = \dfrac{1}{2024.4}(2735 - 761)$
$= 0.975 = 97.5\ \%$

16. 교축상태에서

$h_1 = h_1' + x_1(h_1'' - h_1') = h_2$

$\therefore\ x_1 = \dfrac{h_2 - h_1'}{h_1'' - h_1'} = \dfrac{2724.96 - 603.25}{2745.54 - 603.25}$
$\fallingdotseq 0.99 = 99\ \%$

17. $x_1 = 0.524 \rightarrow x_2 = 0.905$이므로 습증기 구역에서의 변화이므로,

$q = T(s_2 - s_1)$
$s_1 = s' + x_1(s'' - s')$
$= 3.2630 + 0.524(5.7204 - 3.2630)$
$= 4.5507\ \mathrm{kJ/kg \cdot K}$

$s_2 = s' + x_2(s'' - s')$
$= 3.2630 + 0.905(5.7204 - 3.2630)$

$= 5.4870 \text{ kJ/kg·K}$

$\therefore q = T(s_2 - s_1)$
$= (300 + 273) \times (5.4870 - 4.5507)$
$= 536.5 \text{ kJ/kg}$

18. $G = \dfrac{V}{v}$ 에서,

$v = v' + x(v'' - v')$
$= 0.0011373 + 0.7(0.1662 - 0.001373)$
$= 0.11668 \text{ m}^3/\text{kg}$

$\therefore G = \dfrac{V}{v} = \dfrac{100}{0.11668} \fallingdotseq 857 \text{ kg}$

19. 과열도 = 과열증기의 온도 - 포화온도
$= 693 - 505.75 = 187.25 \text{°C}$

20. (1) $h_1 = h_2$ 인 교축상태이므로,

$(h_2 = h_2' + x_2 \gamma_2) = (h_1 = h_1' + x_1 \gamma_1)$

$\therefore x_2 = \dfrac{h_1' + x_1 \gamma_1 - h_2'}{\gamma_2}$

$= \dfrac{h_1' + x_1(h_1'' - h_1') - h_2'}{(h_2'' - h_2')}$

$= \dfrac{842.65 + 0.97 \times (2799.72 - 842.65) - 638.6}{(2755.6 - 638.6)}$

$= 0.9931 = 99.31 \%$

(2) $v_2 = v_2' + x_2(v_2'' - v_2')$
$= 0.0010918 + 0.993 \times (0.3818 - 0.0010918)$
$= 0.37914 \text{ m}^3/\text{kg}$

(3) $\Delta s = s_2 - s_1$
$= [s_2' + x_2(s_2'' - s_2')]$
$\quad - [s_1' + x_1(s_1'' - s_1')]$
$= [1.8585 + 0.993 \times (6.8481 - 1.8585)]$
$\quad - [2.3117 + 0.97 \times (6.4714 - 2.3117)]$
$= 0.4666 \text{ kJ/kg}$

21. 습(포화)증기의 각 상태량은

$v_x = v' + x(v'' - v')$
$= 0.0011749 + 0.85 \times (0.1015 - 0.0011749)$
$= 0.08645 \text{ m}^3/\text{kg}$

$h_x = h' + x(h'' - h')$
$= 906.44 + 0.85 \times (2807.7 - 906.44)$
$= 2522.5 \text{ kJ/kg}$

$s_x = s' + x(s'' - s')$
$= 2.444 + 0.85 \times (6.3676 - 2.4444)$
$= 5.7792 \text{ kJ/kg·K}$

$u_x = u' + x(u'' - u')$
$= h_x - Pv_x = 2522.5 - (1960 \times 0.08645)$
$= 2353.1 \text{ kJ/kg}$

22. ① 가열량

$q = T_s \cdot (s_2 - s_1) = \gamma(x_2 - x_1)$
$= 2171.82 \times (0.95 - 0.5)$
$= 977.32 \text{ kJ/kg}$

② 팽창일

$W = P(x_2 - x_1)(v'' - v')$
$= 294 \text{ kN/m}^2 \times (0.95 - 0.5)$
$\quad \times (0.6170 - 0.0010725)$
$= 81.487 \text{ kN·m/kg}$

③ 엔트로피의 증가량

$\Delta s = s_2 - s_1 = \dfrac{q}{T}$

$= \dfrac{977.32}{132.88 + 273} = 2.408 \text{ kJ/kg·K}$

또는 $\Delta s = s_2 - s_1 = (x_2 - x_1)(s'' - s')$
$= (0.95 - 0.5)(7.0182 - 1.6695)$
$= 2.407 \text{ kJ/kg·K}$

23. $h_1 = h_1' + x \cdot \gamma_1$
$= 906.44 + 0.95 \times 1901.34$
$= 2712.7 \text{ kJ/kg}$

$v_1 = v_1' + x(v_1'' - v_1')$
$= 0.0011749 + 0.95 \times (0.1015 - 0.0011749)$
$= 0.0965 \text{ m}^3/\text{kg}$

① 필요한 열량 = 가열량
$Q = G(h_2 - h_1) = 500 \times (3368.4 - 2712.7)$
$= 327850 \text{ kJ}$

② 팽창에 의하여 하는 일 = 외부에 한 일
$W = GP(v_2 - v_1)$
$= 500 \times (1960 \text{ kN/m}^2) \times (0.1669 - 0.0965)$
$= 68992 \text{ kN·m}$

③ 내부 에너지 증가 $\Delta U = G(u_2 - u_1)$
$u_1 = h_1 - P_1 v_1$
$= 2712.7 - 1960 \times 0.0965 = 2523.56 \text{ kJ/kg}$
$u_2 = h_2 - P_2 v_2$
$= 3368.4 - 1960 \times 0.1669 = 3041.28 \text{ kJ/kg}$
$\therefore \Delta U = 500 \times (3041.28 - 2523.56) = 258860 \text{ kJ}$

24. ① $s_1 = s_2' + x_2 \dfrac{\gamma_2}{T_2}$

(단열팽창이므로 $s_1 = s_2$) 에서,

$$x_2 = (s_1 - s_2') \times \frac{T_2}{\gamma_2}$$

$$= (6.75906 - 1.30032) \times \frac{(273 + 99.09)}{2265.48}$$

$$= 0.8966$$

② $\begin{cases} v_2 = v_2' + x(v_2'' - v_2') \\ \quad = 0.0014028 + 0.897 \times (1.725 - 0.0014028) \\ \quad = 1.5474 \text{ m}^3/\text{kg} \\ h_2 = h_2' + \gamma_2 \cdot x_2 \\ \quad = 416.304 + 2265.48 \times 0.897 \\ \quad = 2448.44 \text{ kJ/kg} \end{cases}$

$\begin{cases} u_1 = h_1 - P_1 v_1 \\ \quad = 3412.92 - (81.06 \times 10^2 \text{ kN/m}^2) \times 0.04262 \\ \quad = 3067.4 \text{ kJ/kg} \\ u_2 = h_2 - P_2 v_2 \\ \quad = 2448.44 - (1.013 \times 10^2 \text{ kN/m}^2) \times 1.5474 \\ \quad = 2291.7 \text{ kJ/kg} \end{cases}$

∴ $W = u_1 - u_2 = 3067.4 - 2291.4$
$\quad = 775.7 \text{ kJ/kg} = 775.7 \text{ kN·m/kg}$

25. 교축과정 = 등엔탈피 ($h_1 = h_2 = h$) 과정

∴ $h_1 = h_1' + \gamma_1 x = h_2$

∴ $x = \frac{h_2 - h_1'}{\gamma_1} = \frac{2745.12 - 761}{2024.4}$

$\quad = 0.9801 = 98.01 \%$

$s_1 = s_1' + x(s_1'' - s_1')$
$\quad = 2.1361 + 0.9801 \times (6.6129 - 2.1361)$
$\quad = 6.5238 \text{ kJ/kg·K}$

26. 이 문제는 포화증기 → 과열증기 과정으로 포화증기 상태에서 $x = 1$임에 유의하여 풀어야 한다.

① $\Delta u = u_2 - u_1, \quad x = 1$
$u_1 = u_1' + x(u_1'' - u_1')$
$\quad = u_1' + u_1'' - u_1' = u_1''$
∴ $u_1 = u_1''$
∴ $\Delta u = u_2 - u_1 = u_2 - u_1''$
$\quad = 2655 - 2530 = 125 \text{ kJ/kg}$

② $\Delta h = h_2 - h_1$
$\quad = h_2 - [h_1' + x(h_1'' - h_1')] = h_2 - h_1''$
$\quad = 2871 - 2707 = 164 \text{ kJ/kg} = q_a$

③ $\Delta s = s_2 - s_1$

$\quad = s_2 - [s_1' + x(s_1'' - s_1')] = s_2 - s_1''$
$\quad = 7.507 - 7.127 = 0.38 \text{ kJ/kg·K}$

④ $W_a = P(v_2 - v_1)$
$\quad = (2 \times 1.01325 \times 10^2 \text{ kN/m}^2)(1.081 - 0.8856)$
$\quad ≒ 39.6 \text{ kN·m/kg}$
$\quad = 39.6 \text{ kJ/kg}$

27. 습증기 → 포화액 과정이므로,

• 상태 1 = 습증기 (x),
• 상태 2 = 포화액

① 엔트로피 변화량 : $\Delta s = s_2 - s_1$에서,
s_2 (포화액) $= s'$ (포화액) $= 1.303$
$s_1 = s_1' + x(s_1'' - s_1')$
$\quad = 1.303 + 0.9 \times (7.359 - 1.303) ≒ 6.753$
∴ $\Delta s = s_2 - s_1 = s_1' - s_1$
$\quad = 1.303 - 6.753$
$\quad = -5.45 \text{ kJ/kg·K}$

② q_a (이동열량) : 등온과정
$dq = T_s \cdot ds$ 에서,
$q_a = T_s (s_2 - s_1)$
$\quad = (273 + 99.6) \times (-5.45)$
$\quad = -2030.67 \text{ kJ/kg}$

③ Δu (내부 에너지 변화)
$\quad = u_2 - u_1$
$\quad = u_1' - u_1 [\because u_2(\text{포화액}) = u'(\text{포화액})]$
$\quad = u_1' - [u_1' + x(u_1'' - u_1')]$
$\quad = 417 - [417 + 0.9 \times (2506 - 417)]$
$\quad = -1880.1 \text{ kJ/kg}$

④ W_a (비유동과정의 일) : $dq = du + dW_a$
∴ $W_a = q_a - \Delta u$
$\quad = -2030.67 - (-1880.1)$
$\quad = -150.57 \text{ kJ/kg}$

⑤ 정상유동과정에서,
$q = W_t + \Delta K_e + \Delta P_e + \Delta h$
$(\Delta K_e = \Delta P_e = 0)$
∴ $W_t = q - \Delta h = q - (h_2 - h_1)$
$\quad = q - [h_1' - (h_1' - x_1 \cdot (h_1'' - h_1')]$
$\quad = q - x_1 \cdot \gamma_1$
$\quad = -2030.67 + 0.9 \times 2258$
$\quad = 1.53 \text{ kJ/kg}$

여기서, $h_1'' - h_1' = \gamma_1$

제6장 가스 및 증기의 유동

6-1 유체의 유동

 관로나 노즐, 오리피스 내의 기체에 대한 상태변화, 증기 터빈이나 터보 압축기 내의 기체의 작용 등 공학상 중요한 여러 문제에서는 지금까지 취급한 열역학적 상태량뿐만 아니라 유체의 속도를 고려하지 않으면 안 되는 경우가 대단히 많다. 이러한 관점에서 열역학에 관계되는 유체의 유동 문제를 다루어 보는 것도 중요한 것이다. 이를 해석하고 설명하기 위해서는 다음과 같은 과정을 만족하는 이상적인 정상유동을 취급한다.

① 그림 6-1과 같은 관로에서 단면 1에서 단면 2로 흐르는 유체유동은 각 단면에 대하여 직각이라고 생각하고 이 단면을 거쳐 나가는 유동은 연속적이며, 또한 층류라고 한다.

② 같은 단면 위에서는 모든 점에서 압력, 비체적 및 유속이 같다.

③ 유체는 유로를 완전히 충만하여 흐르며 단위 시간에 각 단면을 흐르는 유량은 항상 일정하다.

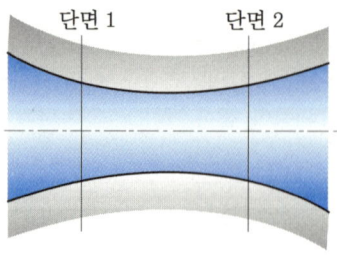

그림 6-1 유동로

【참고】 ① 정상류 : 유체의 물성치가 시간에 관계없이 일정한 흐름
  ② 비정상류 (unsteady flow) : 유체의 물성치가 시간에 따라 변하는 흐름
  ③ 층류 (laminar flow) : 물체가 관 속을 비교적 저속으로 흐를 때 유체는 규칙적으로 흘러서 유선이 관로에 평행하게 되는 흐름
  ④ 난류 (turbulent flow) : 층류와는 달리 유체의 흐름이 비교적 고속으로 흐를 때 흐름의 선이 불규칙한 변화를 하면서 흐르는 흐름

6-2 유동의 일반 에너지식

(1) 유 량

매 초당 각 단면을 흐르는 유량 G는

$$G = \frac{a_1 w_1}{v_1} = \frac{a_2 w_2}{v_2} \quad [\text{kgf/s, N/s}] \tag{6-1}$$

식 (6-1)을 유체의 연속방정식이라 한다(단, 유로단면적 $a\,[\text{m}^2]$, 유속 $w\,[\text{m/s}]$, 비체적 $v\,[\text{m}^3/\text{kg}]$이고, 첨자 1, 2는 각각 단면 1, 단면 2).

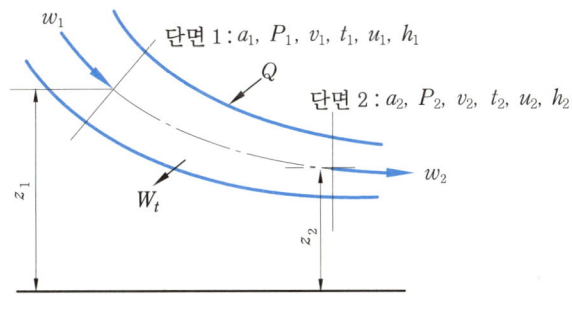

그림 6-2 관 속의 유체 유동

(2) 정상류의 일반 에너지식

유체가 유로를 통과할 때, 엔탈피 h, 운동 에너지 $\frac{w^2}{2}$, 위치 에너지 z, 관벽을 통하여 전달되는 에너지 q, 외부에 대한 공업일(유동일) W_t라 하면, 개방계에 대한 유동 유체의 일반 에너지식은

$$q = \frac{1}{2}(w_2^2 - w_1^2) + (h_2 - h_1) + g(z_2 - z_1) \pm W_t$$

또는, $(h_1 - h_2) + q = \frac{1}{2}(w_2^2 - w_1^2) + g(z_2 - z_1) \pm W_t$

단, W_t는 외부에 대한 유동일(공업일)이다.

미분형으로 표시하면

$$dq \pm dW_t = dh + w\,dw + g\,dz$$

열역학 제1법칙의 식 $dq = dh - v\,dP$로부터

$$-v\,dP = w\,dw + g\,dz \pm dW_t$$

양변을 적분하면

$$-\int vdP = \frac{(w_2^2 - w_1^2)}{2} + g(z_2 - z_1) \pm W_t$$

외부로부터 받은일, $W_t = 0$이라 하면

$$v(P_1 - P_2) = \frac{(w_2^2 - w_1^2)}{2} + g(z_2 - z_1)$$

예제 1. 4.9 bar, 120℃의 압축공기를 98 kPa에 향하여 분출할 때, 이 변화가 $Pv^{1.3}=$ 일정을 출입하는 열량을 구하시오.(단, $w_2 = 550.5$ m/s, $T_2 = 271.1$ K이다.)

해설 $q = \Delta h + \dfrac{w_2^2}{2} = C_p(T_2 - T_1) + \dfrac{1}{2} w_2^2$

$\qquad = 1005(271.1 - 393) + \dfrac{550.5^2}{2}$

$\qquad = 29015.6$ J/kg $\fallingdotseq 29.02$ kJ/kg

(3) 단열유동

오리피스나 노즐의 유로(流路)로 물체를 분출시킬 때 이 유로를 통하는 동안 외부에 대하여 열 및 일의 출입이 없고 마찰 등을 무시할 때, 단열유동(斷熱流動)이라 할 수 있다.

마찰이 없을 때 단열이므로 $Q=0$이고, 제 1 유동단면과 제 2 유동단면의 거리가 비교적 가깝고, 경사가 심하지 않으면 보통 $z_1 \approx z_2$로 보기 때문에 일반 에너지식으로부터,

$$h_1 - h_2 = \frac{1}{2}(w_2^2 - w_1^2) + W_t \qquad (6-2)$$

가 되며, 노즐에서와 같이 $w_1 \ll w_2$이면, $w_1 \approx 0$으로 볼 수 있고, 노즐에서는 외부에 대한 일 $W_t = 0$이므로 엔탈피 차이는 속도에너지 증가로 변하므로,

$$h_1 - h_2 = \frac{1}{2} w_2^2 \qquad (6-3)$$

이 되며 $\Delta h = h_1 - h_2$를 단열열낙차(heat drop)이라 한다.

노즐 출구의 유속 w_2는

$$w_2 = 44.64\sqrt{h_1 - h_2} \text{ [m/s]} (h : \text{kJ/kg})$$

$$\fallingdotseq \sqrt{\frac{2g}{A}(h_1 - h_2)} = 91.5\sqrt{h_1 - h_2} \text{ [m/s]} (h : \text{kcal/kg}) \qquad (6-4)$$

가 된다.〔일반적으로 임의의 단면에서도 $w_2 = \sqrt{2(h_1 - h_2)}$ 가 된다.〕

노즐 입출구에서 엔탈피 값을 알 때 노즐 출구에서의 유출 속도를 구하는 식이다.

예제 2. 압력 12 ata, 온도 300℃인 과열증기를 이상적인 단열분류로서 2.4 ata까지 분출시킬 경우, 최대분출속도를 구하여라. 또 분출량을 5000 kg/h이라 할 때, 분출구의 단면적을 구하시오. (단, 12 ata일 때, $t=300℃$, $h=3057.6$ kJ/kg, 2.4 ata일 때, $h=2713.2$ kJ/kg, $v=0.7565$ m³/kg, $x_2=0.995$이다.)

[해설] 최대분출속도 $w_2 = 44.64\sqrt{(h_1-h_2)}$ [kJ/kg]

$$\fallingdotseq 44.64\sqrt{3057.6-2713.2} = 828.43 \text{ m/s}$$

$G = \dfrac{a \cdot w}{v}$ 에서,

$$a_2 = \frac{Gv_2}{w_2} = \frac{5000 \times 0.7565}{828.43 \times 3600}$$

$$= 12.68 \times 10^{-4} \text{ m}^2 = 12.68 \text{ cm}^2$$

(4) 단열열낙차

 어떤 탱크 속에 들어 있는 유체를 오리피스나 노즐 등의 유로로 분출시킬 때 이 유로를 통과하는 동안 외부에 대하여 열 및 일의 출입이 없고 마찰 등을 무시할 경우 이는 단열유동이 된다.

 마찰을 동반하는 유동에서는 마찰열은 유체로 흡수되어 유체는 엔트로피가 증가되며, 압력 P_1에서 P_2까지의 단열유동에서 상태량 h, s의 변화를 나타내면 그림 6−3과 같다.

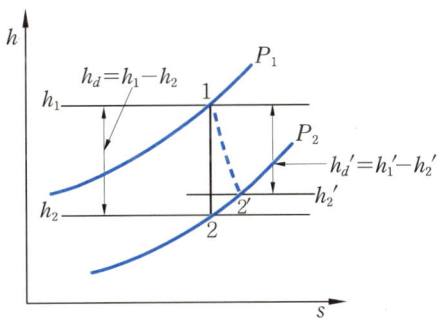

그림 6−3 단열 분류 변화

그림 6−3에서,

① 1 → 2 [단열(무마찰유동)] : 압력 P_1의 상태로부터 압력 P_2까지 팽창하면 그때의 엔탈피는 h_1에서 h_2로 변하며, 이 변화는 단열과정이므로 엔트로피가 일정하여 수직으로 변한다. 이때 엔탈피의 차 h_1-h_2를 단열열낙차(h_d)라 한다.

  단열열낙차 $h_d = h_1 - h_2$

② 1 → 2′ [단열(마찰유동)] : 유로 출구에서의 유속을 위의 경우 각각 w_2, $w_2{}'$라고 하면,

$$w_2 = \sqrt{2(h_1 - h_2)} \fallingdotseq 44.64\sqrt{h_1 - h_2},$$
$$w_2' = 44.64\sqrt{h_1 - h_2'} : (h_1 - h_2 > h_1 - h_2')$$

∴ $w_2 > w_2'$ 가 되며,

$$\left(\frac{h_1 - h_2'}{h_1 - h_2}\right) = \left(\frac{w_2'}{w_2}\right)^2 = \varphi^2 = \eta_n$$

여기서, φ : 속도계수 $\left(\dfrac{w_2'}{w_2}\right)$, η_n : 노즐 효율 (φ^2)

예제 3. 압력 9.8 bar, 온도 500℃인 과열증기를 이상적인 단열 분류로서 2.35 bar까지 분출시킬 경우, 최대분출속도는 몇 m/s인지 구하시오. 또, 분출량을 4000 kg/h라고 하면 분출구의 단면적은 몇 cm²인지 구하시오.

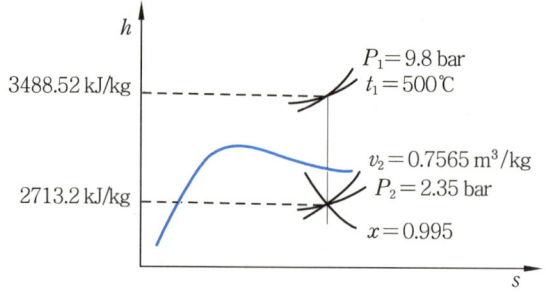

[해설] $w_2 = \sqrt{2(h_1 - h_2)}$ [J/kg]
$= \sqrt{2000(h_1 - h_2)}$ [kJ/kg]
$= 44.64\sqrt{h_1 - h_2}$
$= 44.64\sqrt{3488.52 - 2713.2}$
$= 1242.98$ m/s

$G = \dfrac{a_1 w_1}{v_1} = \dfrac{a_2 w_2}{v_2}$ 에서,

$a_2 = \dfrac{G v_2}{w_2} = \dfrac{4000 \times 0.7565}{1242.9 \times 3600}$
$= 6.76 \times 10^{-4}$ m² $= 6.76$ cm²

예제 4. 어느 노즐에서 단열열낙차가 399 kJ/kg이고, 노즐 속도계수는 0.893이다. 실제 열낙차는 몇 kJ/kg인지 구하시오.

[해설] 속도계수 ϕ, 실제 열낙차 $h_1 - h_2'$, 단열열낙차 $h_1 - h_2$라고 하면,

$\phi = \sqrt{\dfrac{h_1 - h_2'}{h_1 - h_2}} = \sqrt{\dfrac{h_1 - h_2'}{399}} = 0.893$

∴ $h_1 - h_2' = 0.893^2 \times 399 = 318.18$ kJ/kg

6-3 노즐 (nozzle) 에서의 유동

노즐은 이것을 통과하는 유체의 팽창에 의하여 유체의 열에너지 또는 압력 에너지를 운동 에너지로 바꾸어 주는 장치이다.

(1) 분출속도

노즐 내에 유체가 흐를 경우, 통과하는 시간이 짧기 때문에 열의 출입량도 대단히 적으므로 단열팽창으로 보아도 무방하다. 따라서, 노즐로부터 분출되는 속도는

$$\frac{(w_2^2 - w_1^2)}{2} = h_1 - h_2 = C_p(T_1 - T_2) = \frac{k}{k-1} R(T_1 - T_2)$$
$$= \frac{k}{k-1}(P_1 v_1 - P_2 v_2) = \frac{k}{k-1} P_1 v_1 \left(1 - \frac{T_2}{T_1}\right) \quad (6-5)$$

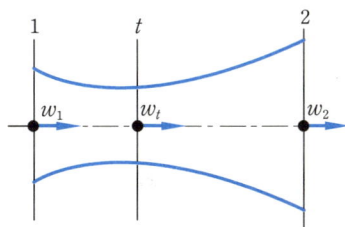

그림 6-4 노즐에서의 유동

가역단열변화인 경우 $\dfrac{T_2}{T_1} = \left(\dfrac{P_2}{P_1}\right)^{\frac{k-1}{k}}$ 이므로,

$$\frac{(w_2^2 - w_1^2)}{2} = \frac{k}{k-1} P_1 v_1 \left\{1 - \left(\frac{P_2}{P_1}\right)^{\frac{k-1}{k}}\right\} \quad (6-6)$$

초속도 w_1을 생략 ($w_2 \gg w_1$)하면,

$$w_2 = \sqrt{2 \times \frac{k}{k-1} \cdot P_1 v_1 \left\{1 - \left(\frac{P_2}{P_1}\right)^{\frac{k-1}{k}}\right\}} \quad (6-7)$$

여기서, 비열비 k는 공기 1.4, 과열증기 1.3, 건포화증기 1.135

예제 5. 압력 800 kPa, 온도 100℃인 압축공기를 대기 속에 분출시킬 경우, 이 변화가 가역단열적이라 할 때, 최대분출속도, 분출하는 공기의 온도를 구하시오. (단, 초기속도는 무시한다.)

[해설] $P_1 v_1 = RT_1$에서,

$$v_1 = \frac{RT_1}{P_1} = \frac{287 \times 373}{800 \times 10^3} = 0.1338 \text{ m}^2/\text{kg}$$

$$\therefore w_2 = \sqrt{2 \cdot \frac{k}{k-1} P_1 v_1 \cdot \left\{1 - \left(\frac{P_2}{P_1}\right)^{\frac{k-1}{k}}\right\}}$$

$$= \sqrt{2 \times \frac{1.4}{1.4-1} \times (800 \times 10^3) \times (0.1338) \times \left\{1 - \left(\frac{101325}{800 \times 10^3}\right)^{\frac{0.4}{1.4}}\right\}} = 578 \text{ m/s}$$

$$T_2 = \left(\frac{P_2}{P_1}\right)^{\frac{k-1}{k}} \times T_1 = \left(\frac{101325}{800 \times 10^3}\right)^{\frac{0.4}{1.4}} \times 373 = 206.7 \text{ K} = -66.3 \text{℃}$$

(2) 유량

유량 G [kg/s]는 출구의 단면적을 a_2라 할 때,

$$G = \frac{a_2 w_2}{v_2}, \quad P_1 v_1^k = P_2 v_2^k \text{에서}, \quad \frac{1}{v_2} = \frac{1}{v_1} \times \left(\frac{P_2}{P_1}\right)^{\frac{1}{k}}$$

$$G = \frac{a_2 w_2}{v_2} = \frac{a_2 w_2}{v_1} \times \left(\frac{P_2}{P_1}\right)^{\frac{1}{k}}$$

$$= a_2 \cdot \sqrt{2 \times \frac{k}{k-1} \cdot \frac{P_1}{v_1} \cdot \left\{\left(\frac{P_2}{P_1}\right)^{\frac{2}{k}} - \left(\frac{P_2}{P_1}\right)^{\frac{k+1}{k}}\right\}} \qquad (6-8)$$

윗식에서 a_2= 일정인 경우 G를 최대로 하고, G= 일정일 경우 a_2를 최소로 하는 조건은, $\left\{\left(\frac{P_2}{P_1}\right)^{\frac{2}{k}} - \left(\frac{P_2}{P_1}\right)^{\frac{k+1}{k}}\right\}$이 최대이어야 하므로 이 조건은

$$\frac{d\left\{\left(\frac{P_2}{P_1}\right)^{\frac{2}{k}} - \left(\frac{P_2}{P_1}\right)^{\frac{k+1}{k}}\right\}}{d\left(\frac{P_2}{P_1}\right)} = 0$$

이므로 이를 풀어서 G를 최대로 하는 압력 $P_2 = P_c$라 하면,

$$P_c = P_1 \left(\frac{2}{k+1}\right)^{\frac{k}{k-1}} \qquad (6-9)$$

이 P_c를 임계압력(cirtical pressure)이라 하며 P_c는 최초의 압력 P_1과 기체의 종류에만 관계되며 임계압력비 $\frac{P_c}{P_1}$는 공기($k=1.4$)일 때 $\frac{P_c}{P_1}=0.5289$, 과열증기($k=1.3$)일 때 $\frac{P_c}{P_1}=0.546$, 건포화증기($k=1.135$)일 때 $\frac{P_c}{P_1}=0.577$이다.

임계압력에서의 분출속도, 즉 임계분출속도 w_c는

$$w_c = \sqrt{2 \cdot \frac{k}{k-1} \cdot P_1 v_1 \cdot \left(1 - \frac{2}{k+1}\right)} = \sqrt{2 \cdot \frac{k}{k+1} \cdot P_1 v_1} \qquad (6-10)$$

임계상태에서의 비체적 v_c는

$$v_c = v_1 \left(\frac{P_1}{P_c}\right)^{\frac{1}{k}} = v_1 \left(\frac{k+1}{2}\right)^{\frac{1}{k-1}} \qquad (6-11)$$

임계압력 P_c는 $P_1 v_1^k = P_c v_c^k$에서,

$$P_c = P_1 \left(\frac{v_1}{v_c}\right)^k \tag{6-12}$$

$$\therefore \frac{T_c}{T_1} = \left(\frac{v_1}{v_c}\right)^{k-1} = \left(\frac{P_c}{P_1}\right)^{\frac{k-1}{k}} = \frac{2}{k+1} \tag{6-13}$$

$$\therefore w_c = \sqrt{k \cdot P_c v_c} = \sqrt{kRT_c} \tag{6-14}$$

이며, P_c, v_c의 상태에 있어서의 유속은 음속(音速, sonic velocity)과 같게 된다.

노즐의 최소단면적을 a_c라 하고, 이것을 통과하는 최대유량을 G_c라 하면,

$$\begin{aligned}G_c &= a_c \cdot \sqrt{2 \cdot \frac{k}{k+1} \cdot \left(\frac{2}{k+1}\right)^{\frac{2}{k-1}} \cdot \left(\frac{P_1}{v_1}\right)} \\ &= a_c \sqrt{k\left(\frac{2}{k+1}\right)^{\frac{k+1}{k-1}} \cdot \left(\frac{P_1}{v_1}\right)} = a_c \sqrt{k \frac{P_c}{v_c}}\end{aligned} \tag{6-15}$$

유로(流路)의 최소단면적인 노즐의 목(throat)에서의 압력, 즉 목압력 P_t는 항상 출구 압력 P_2와 같다고 가정하고 있으나, 실제로는 $P_2 \geq P_c$인 동안에는 $P_2 = P_t$이지만, $P_2 < P_c$인 경우에는 $P_t = P_c$로 되어 P_t는 P_c 이하로 떨어지지 않는다. 따라서 P_2를 아무리 저하시 켜도 G는 G_c와 같고, 목에서의 유속 w_2는 w_c와 같다. 따라서, P_2가 P_c 보다 크고 작음에 의해 노즐의 형상이 달라진다.

(3) 노즐의 형상(形狀)

① $P_2 > P_c = P_1 \left(\frac{2}{k+1}\right)^{\frac{k}{k-1}}$ 의 경우 : 노즐 출구의 압력이 임계압력보다 높을 경우에는 노즐 끝의 단면이 축소되는 선단 축소 노즐(convergent nozzle)이 된다. 선단 축소 노즐에서는 P_2가 P_c보다 낮아지더라도 음속 이상의 속도로 분출할 수 없다.

② $P_2 = P_c$의 경우 : 노즐 끝의 단면적은 최소단면적인 임계단면적 a_c가 되고 a_c의 크기와 평행한 단면을 가지는 평행 노즐(parallel nozzle)이 된다. 유출속도는 임계속도이며 $w_c = \sqrt{2 \frac{k}{k+1} P_1 v_1} = \sqrt{kP_c v_c}$가 되어 음속과 같아진다.

③ $P_2 < P_c$인 경우 : 노즐 출구의 압력 P_2가 임계압력 P_c보다 낮은 경우로 노즐 속에서 유체를 P_1에서부터 P_2까지 완전히 팽창시켜서 음속 이상의 유출속도를 얻으려면 노즐 끝의 단면이 점점 넓어지는 선단 확대 노즐(divergent nozzle)을 사용해야 한다. 출구 단면적을 크게 하면 압력강하, 즉 열강하를 증가시켜 유효하게 분출속도를 증가시킬 수 있으므로 음속 이상의 속도를 얻을 수 있다. 노즐 출구의 단면적 a_2와 목의 단면적 a_c와의 비를 노즐 확대율이라 하며, 다음과 같이 표시한다.

노즐 확대율 $\rho = \dfrac{a_2}{a_c}$ (6-16)

$$\dfrac{1}{\rho} = \dfrac{a_c}{a_2} = \left(\dfrac{k+1}{2}\right)^{\frac{1}{k-1}} \cdot \left(\dfrac{P_2}{P_1}\right)^{\frac{1}{k}} \sqrt{\dfrac{k+1}{k-1}\left\{1 - \left(\dfrac{P_2}{P_1}\right)^{\frac{k+1}{k}}\right\}}$$ (6-17)

이 되고, 출구속도와 목의 속도의 비는,

$$\dfrac{w_2}{w_c} = \sqrt{\dfrac{k+1}{k-1}\left\{1 - \left(\dfrac{P_2}{P_1}\right)^{\frac{k-1}{k}}\right\}}$$ (6-18)

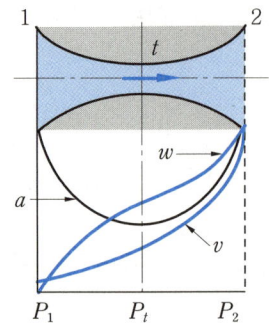

그림 6-5 노즐에서의 변화

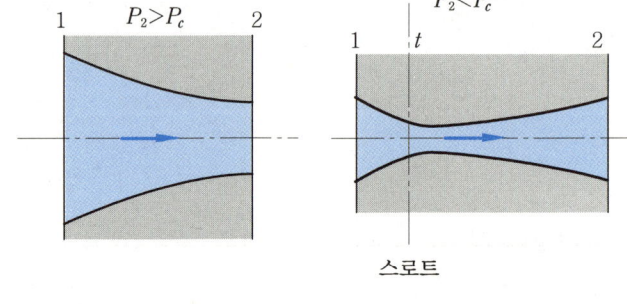

(a) 선단 축소 노즐   (b) 선단 확대 노즐

그림 6-6 노즐의 형상

(4) 마찰유동

노즐 내에서 유체가 흐를 때 와류, 표면저항 등에 의한 마찰저항이 발생하게 되므로 노즐 내의 유동은 엄밀하게 말해서 가역단열과정으로 취급할 수 없다. 유체의 팽창에 의하여 속도 에너지로 바뀐 열량은 그림 6-7에서

가역단열 (무마찰유동) : $h_1 - h_2 \rightarrow$ 등엔트로피 유동 $\rightarrow \overline{12}$

마찰손실이 있는 가역단열 : $h_1 - h_2' \rightarrow \overline{12'}$

마찰에 의한 에너지 손실은 가역단열 열낙차 $h_1 - h_2$와 유효 열낙차 $h_1 - h_2'$의 차로서,

$$(h_1 - h_2) - (h_1 - h_2') = h_2 - h_2'$$ (6-19)

또, 노즐 효율 $= \dfrac{\text{유효 열낙차}}{\text{가역단열 열낙차}}$ $\left(\eta = \dfrac{h_1 - h_2'}{h_1 - h_2}\right)$ (6-20)

손실계수(S)는 에너지 손실의 가역단열 열낙차에 대한 비로서,

$$S = \dfrac{h_2 - h_2'}{h_1 - h_2} = 1 - \eta$$ (6-21)

가역단열팽창 시 유출속도를 w, 실제로 마찰을 수반하는 유출속도를 w_r라 하면,

$$w = \sqrt{\frac{2g}{A}(h_1-h_2)}, \quad w_r = \sqrt{\frac{2g}{A}(h_1-h_2')} \; [h : \text{kcal/kg}] \tag{6-22}$$

속도계수 ϕ는 위의 관계로부터,

$$\phi = \frac{w_r}{w} = \frac{\sqrt{\frac{2g}{A}(h_1-h_2')}}{\sqrt{\frac{2g}{A}(h_1-h_2)}} \text{에서}, \; \phi = \sqrt{\frac{(h_1-h_2')}{(h_1-h_2)}} = \sqrt{\eta} = \sqrt{1-S}$$

$$\therefore \; \phi^2 = \eta = 1-S \tag{6-23}$$

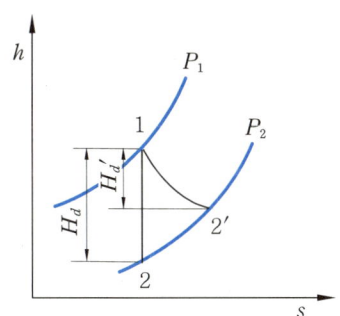 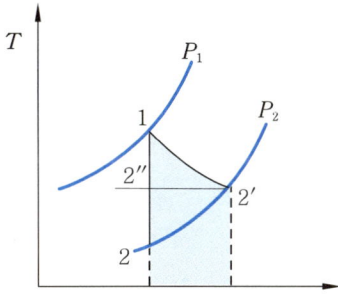

그림 6-7 마찰유동

예제 6. 임계압력이 0℃, 760 mmHg인 공기의 임계속도를 구하시오.

[해설] 임계속도 $w_c = \sqrt{kgRT} = \sqrt{kgP_c v_c}$ 에서(중력단위),

$$w_c = \sqrt{1.4 \times 9.8 \times (1.0332 \times 10^4) \times 0.7734} = 331 \text{ m/s}$$

* $P_c v_c = RT_c$ 에서, $v_c = \dfrac{RT_c}{P_c} = \dfrac{29.27 \times 273}{1.0332 \times 10^4} = 0.7734 \text{ m}^3/\text{kg}$

예제 7. 어느 노즐에서 노즐 효율이 $\eta=90\%$일 때 단열열낙차가 378 kJ/kg일 때 이 노즐 출구의 분출속도(m/s)를 구하시오.

[해설] 노즐 효율 $\eta = \dfrac{\text{유효열낙차}(h_1-h_2')}{\text{단열열낙차}(h_1-h_2)}$ 에서,

$h_1 - h_2' = \eta \times (h_1 - h_2) = 0.9 \times 378 = 340.2 \text{ kJ/kg}$

$\therefore$ 분출속도 $w_2 = 44.64\sqrt{\Delta h} = 44.64\sqrt{340.2} = 823.4 \text{ m/s}$

예제 8. 176.4 kPa, 650℃인 연소 가스($R=297.92$ J/kg·K, $k=1.25$)가 출구 면적 40 cm² 의 단면 축소 노즐에서 대기압까지 등엔트로피 팽창할 때, 분출속도 및 유량(kg/s)을 구하시오.

[해설] $w_2 = \sqrt{2 \times \dfrac{k}{k-1} \times P_1 v_1 \left\{ 1 - \left(\dfrac{P_2}{P_1}\right)^{\frac{k-1}{k}} \right\}}$

$= \sqrt{2 \times \dfrac{k}{k-1} \times RT_1 \left\{ 1 - \left(\dfrac{P_2}{P_1}\right)^{\frac{k-1}{k}} \right\}}$

$= \sqrt{2 \times \dfrac{1.25}{1.25-1} \times 297.92 \times (650+273) \times \left\{ 1 - \left(\dfrac{101325}{176400}\right)^{\frac{0.25}{1.25}} \right\}}$

$= 537.34 \text{ m/s}$

또, $G = \dfrac{a_2 w_2}{v_2} = \dfrac{a_2 w_2}{\dfrac{RT_2}{P_2}}$ 에서,

$* T_2 = T_1 \times \left(\dfrac{P_2}{P_1}\right)^{\frac{k-1}{k}} = (650+273) \times \left(\dfrac{101325}{176400}\right)^{\frac{0.25}{1.25}} = 826 \text{ K}$

$\therefore G = \dfrac{40 \times 10^{-4} \times 537.34 \times 101325}{297.92 \times 826} = 0.885 \text{ kg/s}$

예제 9. 압력 16 kg/cm², 온도 300℃인 증기가 압력 784 kPa까지 단열팽창할 때, 다음 물음에 답하시오.
(1) 노즐의 속도계수를 0.95로 한다면 분출속도를 구하시오.(단, $h_1 = 3045$ kJ/kg, $h_2 = 2877$ kJ/kg이다.)
(2) 실제 열낙차(kJ/kg)를 구하시오.
(3) 단위면적당 증기량을 구하시오.(단, $h_2' = 2893.4$ kJ/kg 에서, $v = 0.2797$ m³/kg이다.)

[해설] (1) $w_2' = w_2 \times \phi = \phi \times 44.64 \sqrt{h_1 - h_2}$
$= 0.95 \times 44.64 \times \sqrt{3045 - 2877} \fallingdotseq 549.67 \text{ m/s}$

(2) $\varphi = \sqrt{\dfrac{h_1 - h_2'}{h_1 - h_2}}$ 에서,

$\Delta h' = h_1 - h_2' = \phi^2 \cdot \Delta h = \phi^2 \cdot (h_1 - h_2)$
$= (0.95)^2 \times (3045 - 2877) = 151.62 \text{ kJ/kg}$

(3) 단위면적당 증기량 $\dfrac{G}{a}$ 는

$\dfrac{G}{a} = \dfrac{w_2'}{v} = \dfrac{550}{0.2797} = 1966.4 \text{ kg/m}^2 \cdot \text{s}$

연습문제

1. 축소 확대 노즐 내에서 완전 가스가 마찰 없는 단열변화(등엔트로피 변화)를 할 때, 초음속 구간에서 단면적이 넓어지면 어떻게 되는지 설명하시오.

2. 디퓨저(diffuser)에 대해 설명하시오.

3. 1.6 MPa의 건포화증기에 대한 임계속도(m/s)를 구하시오.(단, $k=1.135$, $v_1=0.1263$ m³/kg)

4. 11.76 bar, 330℃의 과열증기를 목의 지름이 20 mm인 노즐로 분출할 때의 유량을 구하시오.(단, $P_c=6.421$ bar, $v_c=0.36798$ m³/kg, $k=1.3$이다.)

5. 단면 확대 노즐을 건포화증기가 단열적으로 흐르는 사이에 엔탈피가 575.4 kJ/kg 만큼 감소하였다. 입구의 속도를 무시할 경우, 노즐 출구의 속도를 구하시오.

6. 압력 980 kPa, 온도 280℃인 과열증기를 외기압력 49 kPa을 향하여 분출되는 축소 확대 노즐에서 매초 1 kg의 증기를 분출시키려할 때, 목부분의 지름을 구하시오.(단, $P_c=535.08$ kPa, $v_c=0.4032$ m³/kg, $k=1.3$이다.)

7. 압력 2.4 MPa, 온도 450℃의 과열증기를 압력 0.16 MPa까지 단열적으로 팽창(분출)시켰더니, 출구 속도가 1085m/s였다. 이때의 속도계수를 구하시오.(단, $h_1=3363.4$ kJ/kg, $h_2=2702.7$ kJ/kg이다.)

8. 축소 확대 노즐에 대해 설명하시오.

9. 100 m/s의 속도를 갖는 공기 중에 온도계를 삽입할 때, 온도계의 지시온도와 실제온도와는 어느 정도 차가 생기는지 설명하시오.

10. $M=0.82$이고, 높이 10000 m에서 $P=25.676$ kPa, $t=-50$℃인 상태하에서 비행하는 터보 제트의 압축기의 입구온도(℃)를 구하시오.

11. 온도 200 K, 300 K인 공기 중의 음속을 구하시오.(단, 공기의 $R=0.287$ kN·m/kg·K, $k=1.4$이다.)

12. 끝이 넓은 노즐 속을 건포화증기가 단열적으로 흐르는 동안 엔탈피의 감소가 495.6 kJ/kg이었다. 노즐 입구의 속도를 생략할 수 있을 정도로 작은 것일 때 노즐 출구의 속도를 구하시오. 또, 노즐 속의 유량을 0.3 kg/s, 출구의 비용적을 6.5 m³/kg이라 할 때, 출구의 단면적을 구하시오.(단, 마찰손실은 무시한다.)

13. 압력 11.76 bar, 온도 300℃인 과열증기를 이상적인 단열분류로서 2.352 bar까지 분출시킬 때 최대의 분출속도를 구하시오. 또한 분출량을 5000 kg/h라고 할 때, 분출구의 단면적을 구하시오.(단, 초속은 무시하며, h_1=3056.34 kJ/kg, h_2=2711.1 kJ/kg, h_2'=528.53 kJ/kg, h_2''=2721.6 kJ/kg, v_2'=0.0010653 m³/kg, v_2''=0.7603 m³/kg이다.)

14. 압력 1.2 MPa의 건포화증기가 1개의 노즐을 통하여 압력 0.1 MPa에 유출한다. 매 시간 7200 kg의 증기를 유출시킬 때 노즐목의 단면적과, 목에서의 임계압력, 임계속도를 각각 구하시오.(단, 마찰은 무시하고, k=1.135, v_1=0.1662 m³/kg이다.)

15. 6.86 bar, 300℃의 과열증기를 선단 확대 노즐을 통해서 0.98 bar로 분출시킨다. 이 경우 노즐목의 지름이 2 cm이면 이 노즐을 통해서 흐르는 매 시간당 증기의 양(kg)과 출구면적과 목 및 출구에 있어서의 속도를 구하시오.(단, k=1.3, v_1=0.3790 m³/kg, h_1=3069.36 kJ/kg, h_2=2675.4 kJ/kg이다.)

16. 39.2 bar, 500℃(h=3457.44 kJ/kg)의 과열증기를 0.98 bar(h=2681.7 kJ/kg) 까지 이상적인 단열분류로 시간당 3500 kg을 분출시키고 있다. 압력 0.98 bar일 때 증기의 비체적이 0.6835 m³/kg이라면 다음을 구하시오.
 (1) 최대분출속도 w_2 [m/s]
 (2) 분출구의 단면적 a_2 [cm²]
 (3) 실제 분출속도가 1025 m/s일 때 속도계수 ϕ
 (4) 노즐 효율 η

17. P_1=29.4 bar, t_1=400℃인 과열증기가 단면 확대 노즐을 통과하여 P_2=39.2 kPa의 크기로 복수기로 유입한다. 증기의 k=1.35, 노즐목의 지름이 0.03 m, h_1=3075.66 kJ/kg, h_2=2178.12 kJ/kg일 때 다음을 구하시오.
 (1) 노즐목에서의 압력(=임계압력) P_c [bar]
 (2) 임계압력비 P_c/P_1
 (3) 노즐목에서 증기의 임계비체적 v_c [m³/kg]
 (4) 증기의 중량유량 G [kg/s]
 (5) 출구의 유출속도 w_2 [m/s]

18. 압력 14.7 bar, 온도 400℃, 비체적 0.2072 m³/kg인 과열증기가 원관 속에서 30 m/s의 속도로 단위시간당 8000 kg이 흐르고 있다. 관의 길이가 50 m이고, 관마찰계수가 0.03일 때 다음을 구하시오.
 (1) 관의 지름 d [cm]
 (2) 압력강하 ΔP [ata]

연습문제 풀이

1. 온도와 압력이 감소한다.

2. ① 노즐과는 그 기능이 반대이다.
② 유체압축기 등에 많이 이용된다.
③ 속도를 감소시켜 유체의 정압력을 증가시킨다.

3. $w_c = \sqrt{kRT_c} = \sqrt{kP_c v_c}$

$$P_c = P_1 \left(\frac{k}{k+1}\right)^{\frac{k}{k-1}}$$

$$= 1600 \times \left(\frac{1.135}{1+1.135}\right)^{\frac{1.135}{1.135-1}}$$

$$= 7.89 \text{ kPa} = 9.24 \text{ kg/cm}^2$$

$$v_c = v_1 \left(\frac{k+1}{2}\right)^{\frac{1}{k-1}}$$

$$= 0.1263 \times \left(\frac{1.135+1}{2}\right)^{\frac{1}{1.135-1}}$$

$$= 0.2049 \text{ m}^3/\text{kg}$$

$$\therefore w_c = \sqrt{1.4 \times (7.89 \times 10^3) \times 0.2049}$$

$$= 47.57 \text{ m/s}$$

4. $G = a_c \sqrt{k \dfrac{P_c}{v_c}}$

$$= \frac{\pi}{4}(0.02)^2 \times \sqrt{1.3 \times \frac{6.421 \times 10^5}{0.36798}}$$

$$= 0.473 \text{ kg/s}$$

(∗ 1 bar = 10^5 N/m² = 10^5 Pa,
1 kg/cm² = 9.8×10^4 N/m² = 98000 Pa)

5. $w_2 = 44.64\sqrt{\Delta h}$

$$= 44.64\sqrt{575.4} = 1070.8 \text{ m/s}$$

6. $a_c = \dfrac{G}{\sqrt{kP_c/v_c}}$

$$= \frac{1}{\sqrt{\dfrac{1.3 \times 535089}{0.4032}}}$$

$$= 7.613 \times 10^{-4} \text{ m}^2 = 7.613 \text{ cm}^2$$

따라서, 목부분 지름 $d_t = \sqrt{\dfrac{4}{\pi} \times a_c}$

$$= \sqrt{\frac{4}{\pi} \times 7.613}$$

$$= 3.11 \text{ cm}$$

7. 속도계수 $\phi = \dfrac{w_2{'}}{w_2}$ 에서,

$$\therefore \phi = \frac{w_2{'}}{44.64\sqrt{h_1 - h_2}}$$

$$= \frac{1085}{44.64\sqrt{3363.4 - 2702.7}} = 0.9456$$

8. ① 노즐의 목에서 임계압력에 도달할 수 있다.
② 노즐의 목에서 임계압력이 되면 분출속도는 초음속이 된다.
③ 노즐의 목에서 음속이 되지 못하면 분출속도는 음속이 될 수 없다.

9. $\Delta h = h_1 - h_2 = C_p(T_1 - T_2)$

$$= \frac{1}{2}w^2 \text{(SI 단위)} = \frac{A}{2g}w^2 \text{(중력단위)} 에서,$$

$$T_1 - T_2 = \frac{1}{2} \times \frac{w^2}{C_p}$$

$$= \frac{1}{2} \times \frac{100^2}{1005} \fallingdotseq 4.97 \text{℃}$$

10. $\dfrac{T_1}{T_2} = \left(1 + \dfrac{k-1}{2}M^2\right)$ 에서,

$$T_1 = T_2 \times \left(1 + \frac{k-1}{2}M^2\right)$$

$$= (273 - 50) \times \left(1 + \frac{1.4-1}{2} \times 0.82^2\right)$$

$$= 253 \text{ K} = -20 \text{℃}$$

11. $(w_2)_{200} = \sqrt{kRT}$

$$= \sqrt{1.4 \times 287 \times 200} = 283.5 \text{ m/s}$$

$(w_2)_{300} = \sqrt{kRT}$

$$= \sqrt{1.4 \times 287 \times 300} = 347.2 \text{ m/s}$$

12. 정상류의 일반 에너지식

$$q_a = \frac{1}{2}(w_2^2 - w_1^2) + (h_2 - h_1)$$
$$+ q(z_2 - z_1) + W_t 에서,$$

증기의 유동은 단열적이고, 노즐 내 마찰, 노즐의 높이 차, 입구의 속도를 무시하면
($q = 0$, $W_t = 0$, $z_1 = z_2$, $w_1 = 0$),

① $h_2 - h_1 + \dfrac{w_2^2}{2} = 0$

$$\therefore w_2 = \sqrt{2(h_1-h_2)} \ (h: \text{J/kg})$$
$$= 44.64\sqrt{h_1-h_2}$$
$$= 44.64\sqrt{495.6} \doteqdot 994 \text{ m/s}$$

② $G = \dfrac{aw}{v}$ 에서,

$$\therefore a_2 = \dfrac{Gv_2}{w_2} = \dfrac{0.3 \times 6.5}{994}$$
$$= 1.962 \times 10^{-3} \text{ m}^2$$
$$= 19.62 \text{ cm}^2$$

13. ① 분출속도 $w_2 = 44.64\sqrt{h_1-h_2}$
$$= 44.64\sqrt{3056.34-2711.1}$$
$$= 829.4 \text{ m/s}$$

② $G = \dfrac{a_2 w_2}{v_2}$ 에서 $a = \dfrac{Gv_2}{w_2}$ 이므로,

$$v_2 = v_2' + x(v_2'' - v_2')$$
$$= v_2' + \left(\dfrac{h_2 - h_2'}{h_2'' - h_2'}\right) \cdot (v_2'' - v_2')$$
$$= 0.0010653 + \left(\dfrac{2711.1-528.53}{2721.6-528.53}\right)$$
$$\times (0.7603-0.0010653)$$
$$= 0.75666 \text{ m}^3/\text{kg}$$

$$\therefore a_2 = \dfrac{Gv_2}{w_2} = \dfrac{5000 \times 0.75666}{3600 \times 829.4}$$
$$= 1.267 \times 10^{-3} \text{ m}^2 = 12.67 \text{ cm}^2$$

14. ① 임계압력
$$P_c = P_1 \left(\dfrac{2}{k+1}\right)^{\frac{k}{k-1}}$$
$$= (1.2 \times 10^6) \times \left(\dfrac{2}{1.135+1}\right)^{\frac{1.135}{0.135}}$$
$$= 692916.5 \text{ Pa} \doteqdot 0.693 \text{ MPa}$$

② 임계비체적
$$v_c = v_1 \left(\dfrac{P_1}{P_c}\right)^{\frac{1}{k}} = 0.1662 \times \left(\dfrac{1.2 \times 10^6}{692916.5}\right)^{\frac{1}{1.135}}$$
$$= 0.2696 \text{ m}^3/\text{kg}$$

③ $a_2 = \dfrac{G_c}{\sqrt{k\dfrac{P_c}{v_c}}} = \dfrac{\dfrac{7200}{3600}}{\sqrt{1.135 \times \dfrac{692916.5}{0.2696}}}$
$$= 1.171 \times 10^{-3} \text{ m}^3 = 11.71 \text{ cm}^2$$

④ $w_c = \sqrt{kP_c v_c}$
$$= \sqrt{1.135 \times 692916.5 \times 0.2696}$$
$$= 460.5 \text{ m/s}$$

15. ① $G = a_c \cdot \sqrt{k\dfrac{P_c}{v_c}}$ 에서,

$$P_c = P_1 \cdot \left(\dfrac{2}{k+1}\right)^{\frac{k}{k-1}}$$
$$= 6.86 \text{ bar} \times \left(\dfrac{2}{1.3+1}\right)^{\frac{1.3}{0.3}} = 3.744 \text{ bar}$$

$$v_c = v_1 \cdot \left(\dfrac{k+1}{2}\right)^{\frac{1}{k-1}}$$
$$= 0.3790 \times \left(\dfrac{1.3+1}{2}\right)^{\frac{1}{0.3}} = 0.6039 \text{ m}^3/\text{kg}$$

$$a_c = \dfrac{\pi}{4}d_c^2 = \dfrac{\pi}{4} \times 0.02^2$$
$$= 3.14 \times 10^{-4} \text{ m}^2$$

$$\therefore G = a_c \cdot \sqrt{k\dfrac{P_c}{v_c}}$$
$$= (3.14 \times 10^{-4}) \times \sqrt{1.3 \times \dfrac{3.744 \times 10^5}{0.6039}}$$
$$= 0.2819 \text{ kg/s}$$

② $\dfrac{1}{\rho} = \dfrac{a_c}{a_2}$

$$= \left(\dfrac{k+1}{2}\right)^{\frac{1}{k-1}} \cdot \left(\dfrac{P_2}{P_1}\right)^{\frac{1}{k}}$$
$$\cdot \sqrt{\dfrac{k+1}{k-1} \cdot \left\{1-\left(\dfrac{P_2}{P_1}\right)^{\frac{k-1}{k}}\right\}}$$
$$= \left(\dfrac{1.3+1}{2}\right)^{\frac{1}{0.3}} \cdot \left(\dfrac{0.98}{6.86}\right)^{\frac{1}{1.3}}$$
$$\cdot \sqrt{\left(\dfrac{1.3+1}{1.3-1}\right) \cdot \left\{1-\left(\dfrac{0.98}{6.86}\right)^{\frac{0.3}{1.3}}\right\}}$$
$$= 0.594$$

$$\therefore a_2 = \dfrac{a_c}{0.594} = \dfrac{3.14 \times 10^{-4}}{0.594}$$
$$= 5.286 \times 10^{-4} \text{ m}^2$$
$$= 5.286 \text{ m}^2$$

③ $w_2 = 44.64\sqrt{h_1-h_2}$
$$= 44.64\sqrt{3069.36-2675.4}$$
$$= 886 \text{ m/s}$$
$$w_c = \sqrt{kRT_c} = \sqrt{kP_c v_c}$$
$$= \sqrt{1.3 \times (3.744 \times 10^5) \times 0.6039}$$
$$= 542.15 \text{ m/s}$$

16. (1) 최대분출속도
$$w_2 [\text{m/s}] = \sqrt{2(h_1-h_2)}$$
$$= 44.64\sqrt{h_1-h_2}$$
$$= 44.64\sqrt{3457.44-2681.7}$$
$$= 1243.3 \text{ m/s}$$

(2) 분출구의 단면적 $a_2\ [\text{cm}^2]$

유량 $G = \dfrac{a_1 w_1}{v_1} = \dfrac{a_2 w_2}{v_2}$ 로부터,

$$a_2 = \dfrac{G \cdot v_2}{w_2} = \dfrac{3500 \times 0.6835}{1243.3 \times 3600}$$

$$= 5.34 \times 10^{-4}\,\text{m}^2 = 5.34\,\text{cm}^2$$

(3) 실제 분출속도가 1025 m/s인 경우 속도계수 ϕ는

$$\phi = \dfrac{w_r}{w} = \dfrac{1025}{1243.3} = 0.824$$

(4) 노즐 효율 $\eta = \sqrt{\phi} = \sqrt{0.824} = 0.9077$

17. (1) 노즐목에서의 임계압력

$$P_c = P_2 = P_1 \left(\dfrac{2}{k+1}\right)^{\frac{k}{k-1}}$$

$$= 29.4 \times \left(\dfrac{2}{1.35+1}\right)^{\frac{1.35}{0.35}} = 15.78\,\text{bar}$$

(2) 임계압력비

$$\dfrac{P_c}{P_1} = \left(\dfrac{2}{k+1}\right)^{\frac{k-1}{k}}$$

$$= \left(\dfrac{2}{1.35+1}\right)^{\frac{1.35}{0.35}} = 0.54$$

(3) 노즐목에서의 증기의 임계비체적 v_c, $P_1 = 29.4$ bar, $t_1 = 400\,°\text{C}$에서 과열증기의 비체적 v_1은 과열증기표에서 $v_1 = 0.1025\,\text{m}^3/\text{kg}$이다. 노즐에서 단열팽창이므로,

$$\dfrac{T_c}{T_1} = \left(\dfrac{v_1}{v_c}\right)^{k-1} = \left(\dfrac{P_c}{P_1}\right)^{\frac{k-1}{k}} = \left(\dfrac{2}{k+1}\right)$$

$$\therefore v_c = v_1 \left(\dfrac{k+1}{2}\right)^{\frac{1}{k-1}}$$

$$= 0.1025 \times \left(\dfrac{1.35+1}{2}\right)^{\frac{1}{0.35}}$$

$$= 0.1625\,\text{m}^3/\text{kg}$$

(4) 증기의 중량유량

$$G = \dfrac{a_2 w_2}{v_2} = a_2 \sqrt{k \cdot \dfrac{P_c}{v_c}}$$

$$= \dfrac{\pi}{4} \times 0.03^2 \times \sqrt{1.35 \times \dfrac{15.78 \times 10^5}{0.1625}}$$

$$= 2.56\,\text{kg/s}$$

(5) 출구의 유출속도

$$w_2 = 44.64\sqrt{h_1 - h_2}$$

$$= 44.64\sqrt{3075.66 - 2178.12}$$

$$= 1337.4\,\text{m/s}$$

18. (1) 관의 지름 $G = \dfrac{a \cdot w}{v}$ 에서

$a = \dfrac{\pi}{4}d^2 = \dfrac{Gv}{w}$ 이므로,

$$d = \sqrt{\dfrac{4Gv}{\pi w}}$$

$$\therefore d = \sqrt{\dfrac{4 \times 8000 \times 0.2072}{\pi \times 30 \times 3600}}$$

$$= 0.140\,\text{m} = 14.0\,\text{cm}$$

(2) 압력강하

$$\Delta P = \lambda \cdot \gamma \cdot \dfrac{l}{d} \cdot \dfrac{w^2}{2}$$

$$= \lambda \cdot \left(\dfrac{1}{v}\right) \cdot \dfrac{l}{d} \cdot \dfrac{w^2}{2}$$

$$= 0.03 \times \dfrac{1}{0.2072} \times \dfrac{50}{0.14} \times \dfrac{30^2}{2}$$

$$= 23269\,\text{N/m}^2 = 0.23269\,\text{bar}$$

제7장 기체 압축 사이클

7-1 압축기(壓縮機)

외부에서 일을 공급받아 저압의 유체를 압축하여 고압으로 송출하는 기계를 압축기(compressor)라 하며, 대표적인 압축유체는 공기이다.
압축기에는 다음과 같은 종류가 있다.
① 회전식 압축기(rotary blower) : 저압 소용량
② 원심 압축기(centrifugal blower) : 저중압 대용량
③ 왕복식 압축기(reciprocating compressor) : 중고압 소용량

압축기 이론 사이클은 비열이 일정한 완전 가스를 동작물질로 하며 정상유동의 상태로 보고 취급한다. 유체마찰을 무시할 경우 단위중량당 유체량에 대한 정상유동의 일반 에너지식으로부터, h [kJ/kg], q [kJ/kg], W [N·m/kg]일 때, 압축기 입구와 출구의 상태를 1, 2라고 하면,

$$(h_2 - h_1) + \frac{1}{2}(w_2^2 - w_1^2) = q - W \tag{7-1}$$

에너지 기초식 $dq = dh - vdP$ 에서,

$$q = (h_2 - h_1) - \int_1^2 vdP \tag{7-2}$$

를 정리하면

$$\left. \begin{array}{l} 압축일 \quad W_C = \dfrac{1}{2}(w_2^2 - w_1^2) + \int_1^2 vdP \ (이론) \\ \\ W_C = \int_1^2 vdP \ (실제) = 면적\ 12341\ (실제\ 압축기에서\ w_1 \approx w_2) \end{array} \right\} \tag{7-3}$$

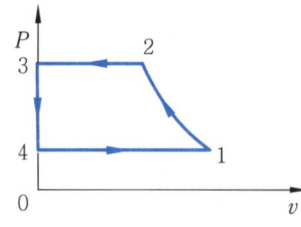

1→2 : 압축과정(단열압축, 등온압축, 폴리트로프 압축)
2→3 : 토출과정
3→4 : 토출 후 최초상태로의 복귀
4→1 : 흡입과정

그림 7-1 압축일

7-2 기본 압축 사이클(통극체적이 없는 경우)

일반적으로 압축기에서 공기를 압축하는 목적은 최종 상태의 밀도 또는 압력을 높이는 것이다. 그림에서 과정 12″는 단열과정, 과정 12는 폴리트로프 변화, 과정 12′는 등온변화 과정이다. 압축일은 $P-v$선도 상에서 P축에 투영한 면적이라고 했는데, 이 과정 중 압축일이 가장 적은 것은 등온압축 12′ 과정임을 알 수 있다. 그러나 압축과정은 보통 단열과정으로 취급되며, 실제는 완전단열이 있을 수 없으므로 실제 과정은 등온과 단열의 중간인 $1 < n < k$, 즉 폴리트로프 과정이 된다.

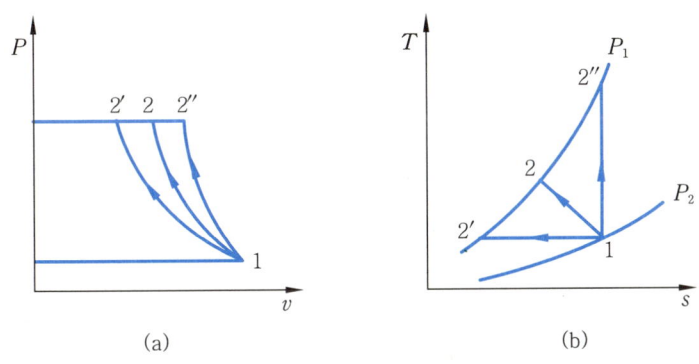

그림 7-2 압축곡선

그림 7-2(a)의 경우와 같이 통극체적(clearance volume)이 없는 경우에 1 kg의 유량에 대한 압축일은 유체마찰을 무시하면 다음과 같다.

(1) 단열압축과정($q=0$, $s=$ 일정)

$$(u_1 + P_1 v_1) + \frac{1}{2} w_1^2 + W_k = (u_2 + P_2 v_2) + \frac{1}{2} w_2^2$$

$$\therefore W_k = (h_2 - h_1) + \frac{1}{2}(w_2^2 - w_1^2) \tag{7-4}$$

$(h = u + Pv)$

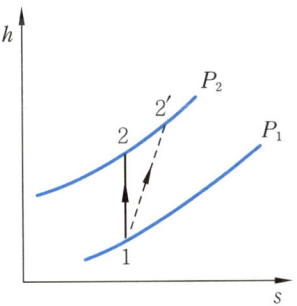

그림 7-3 단열압축

단열과정에서, $dh = dq + vdP$ 이므로,

$$\therefore h_2 - h_1 = \int_1^2 vdP$$

$$= \frac{k}{k-1} \cdot P_1 v_1 \left\{ \left(\frac{P_2}{P_1} \right)^{\frac{k-1}{k}} - 1 \right\} = \frac{k}{k-1} R(T_2 - T_1)$$

$\therefore$ 단열과정 압축일 : $W_k = \frac{k}{k-1} P_1 v_1 \left\{ \left(\frac{P_2}{P_1} \right)^{\frac{k-1}{k}} - 1 \right\} + \frac{1}{2}(w_2^2 - w_1^2)$

$$= \frac{k}{k-1} R \cdot (T_2 - T_1) + \frac{1}{2}(w_2^2 - w_1^2) \quad (7-5)$$

(2) 폴리트로프 과정

$$W_n = \frac{n}{n-1} P_1 v_1 \left\{ \left(\frac{P_2}{P_1} \right)^{\frac{n-1}{n}} - 1 \right\} + \frac{1}{2}(w_2^2 - w_1^2)$$

$$= \frac{n}{n-1} R \cdot (T_2 - T_1) + \frac{1+}{2}(w_2^2 - w_1^2) \quad (7-6)$$

(3) 등온압축과정 ($q \neq 0$, $T =$ 일정)

$$h_1 + \frac{1}{2} w_1^2 + W_t = h_2 + \frac{1}{2} w_2^2 + q \, (h_1 \approx h_2)$$

등온변화에서,

$$q = \int_1^2 P(-dv) = P_1 v_1 \ln \frac{v_1}{v_2}$$

$$= P_1 v_1 \ln \frac{P_2}{P_1} = RT_1 \cdot \ln \frac{v_1}{v_2}$$

$u_1 + P_1 v_1 = u_2 + P_2 v_2$ 에서,

$$W_t = \frac{1}{2}(w_2^2 - w_1^2) + q$$

$$= \frac{1}{2}(w_2^2 - w_1^2) + P_1 v_1 \cdot \ln \frac{P_2}{P_1} \quad (7-7)$$

위의 (3)과정에서 실제 압축기에서 입구 및 출구의 속도차는 극히 작으므로 속도 에너지에 의한 압축일은 무시할 수 있으므로 속도에 의한 에너지항 $\frac{1}{2}(w_2^2 - w_1^2)$은 생략해도 된다.

각각의 압축과정 중 냉각열량은 다음과 같다.

단열과정 : $q = 0$

폴리트로프 과정 : $q = C_n(T_2 - T_1) = C_v \cdot \frac{n-k}{n-1}(T_2 - T_1)$ \quad (7-8)

등온과정 : $q = P_1 v_1 \ln\left(\dfrac{v_1}{v_2}\right) = P_1 v_1 \ln\left(\dfrac{P_2}{P_1}\right)$, $(Pv_1 = RT_1)$ \hfill (7-9)

또, 압축기의 성능을 표시하는 기준인 압축기효율은,

$\eta_{ad} =$ 단열압축효율(adiabatic compression efficiency)

$= \dfrac{\text{상태 1에서 상태 2까지 단열압축하는 데 소요되는 이론일}}{\text{상태 1에서 상태 2까지 단열압축하는 데 소요되는 실제일}}$

$= \dfrac{h_2 - h_1}{h_2' - h_1}$ \hfill (7-10)

예제 1. 온도 15℃인 공기 1 kg을 압력 0.1 MPa에서 0.25 MPa까지 통극이 없는 1단압축기로 압축할 때 이론열과 압축 후의 온도를 ① 등온압축, ② 단열압축, ③ $Pv^{1.3}$ — 일정인 압축에 대하여 구하시오.(단, 속도 에너지는 무시한다.)

[해설] ① 등온압축 : $T =$ 일정

- $W_T = \dfrac{1}{2}(w_2^2 - w_1^2) + P_1 v_1 \ln \dfrac{P_2}{P_1}$ (속도 에너지 무시)

  $= RT_1 \cdot \ln \dfrac{P_2}{P_1} = 287 \text{ J/kg·K} \times (273 + 15) \text{ K} \times \ln \dfrac{0.25}{0.1}$

  $= 75737 \text{ J/kg} = 75.737 \text{ kJ/kg} (= \text{kN·m/kg})$

- $T_2 = T_1 = 288 \text{ K} (= 15 \text{ ℃})$

② 단열압축 : $dq = 0$, $s =$ 일정

- $W_k = \dfrac{k}{k-1} R(T_2 - T_1) + \underbrace{\dfrac{1}{2}(w_2^2 - w_1^2)}_{\text{무시}}$

  $= \dfrac{k}{k-1} P_1 v_1 \left\{ \left(\dfrac{P_2}{P_1}\right)^{\frac{k-1}{k}} - 1 \right\}$

  $= \dfrac{k}{k-1} RT_1 \left\{ \left(\dfrac{P_2}{P_1}\right)^{\frac{k-1}{k}} - 1 \right\}$

  $= \dfrac{1.4}{1.4-1} \times 287 \text{ J/kg·K} \times (288 \text{ K}) \times \left\{ \left(\dfrac{0.25}{0.1}\right)^{\frac{0.4}{1.4}} - 1 \right\}$

  $= 86575 \text{ J/kg} = 86.575 \text{ kJ/kg} (= \text{kN·m/kg})$

- $T_2 = T_1 \left(\dfrac{P_2}{P_1}\right)^{\frac{k-1}{k}} = 288 \times \left(\dfrac{0.25}{0.1}\right)^{\frac{0.4}{1.4}} = 374 \text{ K} (= 101 \text{ ℃})$

③ 폴리트로프 압축 : $Pv^{1.3} =$ 일정

- $W_n = \dfrac{n}{n-1} P_1 v_1 \left\{ \left(\dfrac{P_2}{P_1}\right)^{\frac{n-1}{n}} - 1 \right\} + \underbrace{\dfrac{1}{2}(w_2^2 - w_1^2)}_{\text{무시}}$

  $= \dfrac{n}{n-1} RT_1 \left\{ \left(\dfrac{P_2}{P_1}\right)^{\frac{n-1}{n}} - 1 \right\}$

$$= \frac{1.3}{1.3-1} \times 287 \times 288 \times \left\{ \left(\frac{0.25}{0.1}\right)^{\frac{0.3}{1.3}} - 1 \right\}$$
$$= 84340 \text{ J/kg}$$
$$= 84.34 \text{ kJ/kg} (= \text{kN·m/kg})$$

- $T_2 = T_1 \left(\dfrac{P_2}{P_1}\right)^{\frac{n-1}{n}} = 288 \times \left(\dfrac{0.25}{0.1}\right)^{\frac{0.3}{1.3}}$
$$= 355.8 \text{ K} (= 82.8 \text{℃})$$
∴ $W_k > W_n > W_t$

7-3 왕복식 압축기(통극체적이 있는 경우)

실제 왕복식 압축기는 다음 그림에서와 같이 피스톤 상사점에 약간의 간극(통극)이 있으며, 이 곳에 남은 가스는 다음의 흡입행정이 시작할 때 다시 팽창한다.

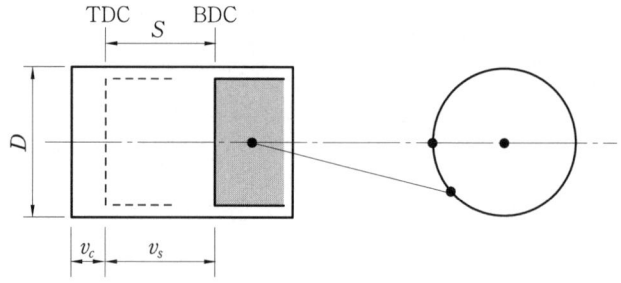

그림 7-4 피스톤의 행정

(1) 용어 및 정의

① 통지름 : 실린더 지름(D)

② 행정 : 실린더 내에서 피스톤의 이동거리(S)

③ 상사점(TDC) : 실린더 체적이 최소일 때 피스톤의 위치(top dead center)

④ 하사점(BDC) : 실린더 체적이 최대일 때 피스톤의 위치(bottom dead center)

⑤ 통극(clearance)체적(v_c) : 피스톤이 상사점에 있을 때 가스(gas)가 차지하는 체적 (실린더 최소체적), 간극이라고도 한다.

$$\text{통극(간극)비} = \frac{\text{통극체적}}{\text{행정체적}} \quad \left(\lambda = \frac{v_c}{v_s}\right) \tag{7-11}$$

⑥ 행정(stroke)체적(v_s) : 피스톤이 배제하는 체적

$$v_s = \frac{\pi}{4} D^2 \cdot S \tag{7-12}$$

⑦ 압축비(compression ratio) : 왕복(내연)기관의 성능을 좌우하는 중요 변수

압축비 = $\dfrac{\text{실린더 체적}}{\text{통극체적}}$ $\left(\varepsilon = \dfrac{v_c + v_s}{v_c} = \dfrac{1+\lambda}{\lambda}\right)$ (7-13)

(2) 1단압축기 (왕복식 압축기)

그림 7-5에서 보는 바와 같이 다음의 것들을 정의할 수 있다.

$$\lambda = \dfrac{v_3}{v_s} \text{ (통극비)} = \dfrac{v_c}{v_s}$$

$$v_s' = v_1 - v_4 \text{ (유효흡입행정)}$$

$$v_s = \text{피스톤 행정체적}$$

$$\eta_v = \dfrac{v_s'}{v_s} \text{ (체적효율)}$$

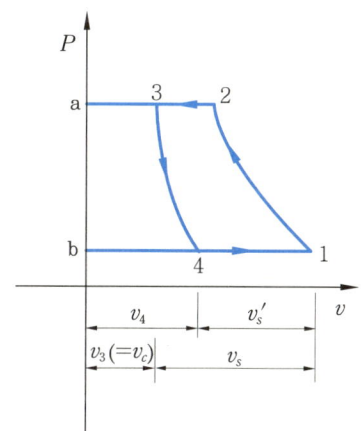

그림 7-5

$3 \to 4$ 과정(단열과정)에서, $P_3 v_3^k = P_4 v_4^k$ 이므로,

$$v_4 = \left(\dfrac{P_3}{P_4}\right)^{\frac{1}{k}} v_3 = \left(\dfrac{P_3}{P_4}\right)^{\frac{1}{k}} \lambda \cdot v_s$$

$$\therefore \eta_v = \dfrac{v_s'}{v_s} = \dfrac{v_1 - v_4}{v_s} = \dfrac{(v_3 + v_s) - v_4}{v_s}$$

$$= \dfrac{v_s \cdot \lambda + v_s - v_4}{v_s} = \dfrac{v_s(1+\lambda) - v_4}{v_s} \qquad (7-14)$$

$$= 1 + \lambda - \dfrac{v_4}{v_s} = 1 + \lambda - \left(\dfrac{P_3}{P_4}\right)^{\frac{1}{k}} \cdot \lambda = 1 - \lambda \left\{\left(\dfrac{P_3}{P_4}\right)^{\frac{1}{k}} - 1\right\} \qquad (7-15)$$

$(P_1 = P_4,\ P_2 = P_3)$

이 식에서 체적효율은 통극비와 압력비$\left(\dfrac{P_3}{P_4}\right)$의 함수이며, 통극비 λ는 보통 압축기에

서 0.05~0.10, 고압 소형 실린더에서 0.15~0.25 정도이다. 간극이 작아지면 압력비는 커져도 η_v는 그다지 저하되지 않으나 구조상 한계가 있다. 따라서, 압력비를 크게 하면 체적효율이 나빠지고 배출온도가 높아져 기계의 윤활과 기밀성에 문제가 생기므로 압축비를 높이고자 할 때는 다단압축을 행한다.

압축기의 일 W_C는 속도 에너지를 무시할 때,

$$W_C = \frac{k}{k-1} P_1 v_1 \left\{ \left(\frac{P_2}{P_1}\right)^{\frac{k-1}{k}} - 1 \right\} - \frac{k}{k-1} P_4 v_4 \left\{ \left(\frac{P_3}{P_4}\right)^{\frac{k-1}{k}} - 1 \right\}$$

$$= \frac{k}{k-1} \left(\varphi^{\frac{k-1}{k}} - 1 \right) (P_1 v_1 - P_4 v_4) \quad \left(\varphi = \frac{P_2}{P_1} = \frac{P_3}{P_4} \right)$$

$$= \frac{k}{k-1} \left(\varphi^{\frac{k-1}{k}} - 1 \right) P_1 (v_1 - v_4) \quad (\because P_1 = P_4)$$

$$= \frac{k}{k-1} \left(\varphi^{\frac{k-1}{k}} - 1 \right) P_1 v_s{'}$$

$$= \frac{k}{k-1} \left(\varphi^{\frac{k-1}{k}} - 1 \right) P_1 \eta_v v_s \tag{7-16}$$

폴리트로프 변화인 경우,

$$W_C = \frac{n}{n-1} \left(\varphi^{\frac{n-1}{n}} - 1 \right) \cdot P_1 v_s \cdot \eta_v \tag{7-17}$$

예제 2. 피스톤의 행정체적 22000 cc, 간극비 0.05인 1단 공기압축기에서 100 kPa, 25℃의 공기를 750 kPa까지 압축한다. 압축과 팽창과정이 모두 $Pv^{1.3}$ = 일정에 따라 변화할 때, 체적효율 및 사이클당 압축기의 소요일을 구하시오.

[해설] ① 체적효율 η_v

$$\eta_v = 1 - \lambda \left\{ \left(\frac{P_2}{P_1}\right)^{\frac{1}{n}} - 1 \right\}$$

$$= 1 - 0.05 \times \left\{ \left(\frac{750}{100}\right)^{\frac{1}{1.3}} - 1 \right\} = 0.8144 = 81.44\ \%$$

② 압축일 W_C

$$W_C = \frac{n}{n-1} \left(\varphi^{\frac{k-1}{k}} - 1 \right) P_1 \cdot v_s \cdot \eta_v$$

$$= \frac{1.3}{1.3-1} \times \left[\left(\frac{750}{100}\right)^{\frac{0.3}{1.3}} - 1 \right] \times (100 \times 10^3) \times 0.022 \times 0.8144$$

$$= 4596\ \text{N·m/cycle}$$

$$= 4.596\ \text{kN·m/cycle}\ (= \text{kJ/cycle})$$

여기서, $\varphi = \dfrac{P_2}{P_1}$

(3) 다단압축기

다단압축기는 2개 이상의 압축기가 직렬로 되어 있으며, 각 압축기를 단(段, stage)이라고 한다. 각 단이 단열적으로 작동하고 한 단에서 다음 단으로 유동하는 동안 유체에 열출입이 없다면 전체의 압축기는 단열적으로 작동된다. 이 경우에도 각 단과 전체의 압축기에 대한 단열압축효율을 정의할 수 있다.

각 단의 효율이 서로 동일할 때 전체 압축기효율은 한 단의 압축기효율보다 낮으며, 압축기를 여러 단으로 하는 이유는 각 단 사이에서 공기의 압축열을 냉각시킴으로써 전체의 압축일을 감소시킬 수 있기 때문이다. 이와 같이 압축 도중 각 단의 중간에서 냉각하는 것을 중간냉각(中間冷却, intercolling)이라 한다.

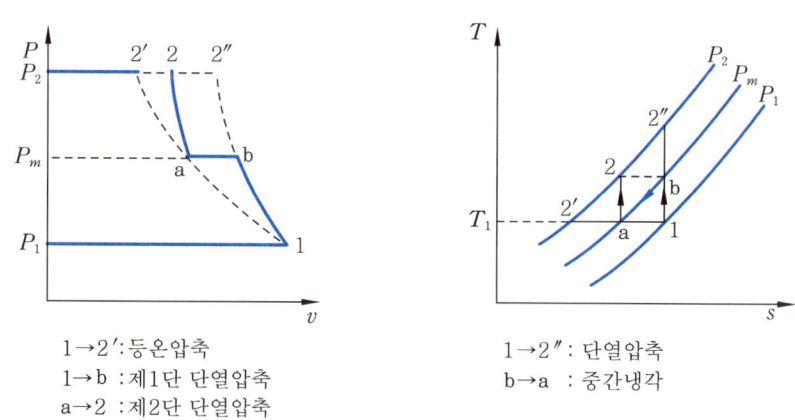

1→2′ : 등온압축
1→b : 제1단 단열압축
a→2 : 제2단 단열압축

1→2″ : 단열압축
b→a : 중간냉각

그림 7-6 압축과정(중간냉각 사이클)-2단 압축

압축비(ε)가 클 때, 일을 적게 하고 체적효율(η_v)을 크게 하기 위하여, 중간냉각과정을 갖는 다단 압축을 행하면 전체에 대해 등온압축에 가깝도록 할 수 있다.

속도 에너지의 차를 무시하면,

$$\text{압축일} = (1 \rightarrow b \text{ 과정}) + (a \rightarrow 2 \text{ 과정})$$

$$W_C = \frac{k}{k-1} GRT_1 \left\{ \left(\frac{P_m}{P_1}\right)^{\frac{k-1}{k}} - 1 \right\} + \frac{k}{k-1} GRT_1 \left\{ \left(\frac{P_2}{P_m}\right)^{\frac{k-1}{k}} - 1 \right\}$$

$$\therefore W_C = \frac{k}{k-1} GRT_1 \left\{ \left(\frac{P_m}{P_1}\right)^{\frac{k-1}{k}} + \left(\frac{P_2}{P_m}\right)^{\frac{k-1}{k}} - 2 \right\} \tag{7-18}$$

압축일을 최소로 하는 조건이 $\dfrac{dW_C}{dP_m} = 0$ 에서,

$$\left. \begin{array}{l} \text{중간압력} \quad P_m = \sqrt{P_1 \cdot P_2} \\ \text{또는} \quad \dfrac{P_m}{P_1} = \dfrac{P_2}{P_m} = \dfrac{P_2}{\sqrt{P_1 P_2}} = \sqrt{\dfrac{P_2}{P_1}} \end{array} \right\} \tag{7-19}$$

m단 압축에서 중간단의 압력은 $P_{m1}, P_{m2}, \ldots, P_{mm}$이고, 초압 P_1, 최종압 P_2로 할 때,

$$\frac{P_{m1}}{P_1} = \frac{P_{m2}}{P_{m1}} = \frac{P_{m3}}{P_{m2}} = \ldots = \frac{P_2}{P_{mm}} = \left(\frac{P_2}{P_1}\right)^{\frac{1}{m}}$$

따라서, m단 단열압축인 경우 통극체적이 없고, 유출입 속도의 에너지 차를 무시할 때 압축일 W_C는,

$$W_C = \frac{k}{k-1} \times m \times P_1 v_1 \left\{\left(\frac{P_2}{P_1}\right)^{\frac{1}{m} \times \frac{k-1}{k}} - 1\right\} \tag{7-20}$$

여기서, m : 단수

압축 후의 온도 $T_2 = T_1 \cdot \left(\frac{P_2}{P_1}\right)^{\frac{k-1}{mk}}$ \hfill (7-21)

예제 3. 압력 100 kPa, 온도 30℃의 공기를 1 MPa까지 압축하는 경우 2단 압축을 하면 1단 압축에 비하여 압축에 요하는 일을 얼마만큼 절약할 수 있는지 구하시오.(단, 공기의 상태변화는 $Pv^{1.3}$ = 일정을 따른다고 한다.)

해설 ① 1단의 경우
$$W_1 = \frac{n}{n-1} RT_1 \left\{\left(\frac{P_2}{P_1}\right)^{\frac{n-1}{n}} - 1\right\}$$
$$= \frac{1.3}{1.3-1} \times 287 \times 303 \times \left\{\left(\frac{1000}{100}\right)^{\frac{0.3}{1.3}} - 1\right\}$$
$$= 264254 \text{ J/kg}$$

② 2단 압축의 경우
$$W_2 = \frac{m \cdot n}{n-1} RT_1 \left\{\left(\frac{P_2}{P_1}\right)^{\frac{n-1}{mn}} - 1\right\}$$
$$= \frac{2 \times 1.3}{1.3-1} \times 287 \times 303 \times \left\{\left(\frac{1000}{100}\right)^{\frac{0.3}{2 \times 1.3}} - 1\right\}$$
$$= 229355 \text{ J/kg}$$

따라서, 2단으로 하여 절약되는 일의 비율은,
$$R = \frac{W_1 - W_2}{W_1} = \frac{264254 - 229355}{64254} = 0.132 = 13.2\%$$

예제 4. 압력 100 kPa, 온도 303 K인 공기를 압력 3 MPa까지 2단 압축할 때, 2단 압축이 1단 압축에 비해, 공기 1 kg당 얼마만큼의 압축일이 절약되는지 구하시오.(단, 폴리트로프 지수 $n = 1.3$이다.)

해설 1단 압축일 : $W_1 = \frac{n}{n-1} RT_1 \left\{\left(\frac{P_2}{P_1}\right)^{\frac{n-1}{n}} - 1\right\}$
$$= \frac{1.3}{0.3} \times 287 \times 303 \times \left\{\left(\frac{3000}{100}\right)^{\frac{0.3}{1.3}} - 1\right\}$$
$$= 449246 \text{ N·m/kg}$$

2단 압축일 : $W_2 = \dfrac{n \times N}{n-1} RT_1 \left\{ \left(\dfrac{P_2}{P_1}\right)^{\frac{n-1}{nN}} - 1 \right\}$

$\qquad\qquad\quad = \dfrac{1.3 \times 2}{0.3} \times 287 \times 303 \times \left\{ \left(\dfrac{3000}{100}\right)^{\frac{0.3}{1.3 \times 2}} - 1 \right\}$

$\qquad\qquad\quad = 362208 \text{ N·m/kg}$

$\therefore\ W_1 - W_2 = 449246 - 362208 = 87038 \text{ N·m/kg}$

7-4 압축기의 소요동력과 여러 가지 효율

(1) 소요동력

초압 P_1, 압축 후의 압력 P_2 [kg/m²], 초온 T_1, 압축 후의 온도 T_2, 흡입체적 v_1, 행정체적 v_2 [m³/s], 흡입 공기량을 G [kg/s]라고 하면,

① 등온압축마력 : N_t

$$N_t = P_1 v_1 \ln \dfrac{P_2}{P_1} = GRT_1 \ln \dfrac{P_2}{P_1} \qquad (7-22)$$

② 단열압축마력 : N_k

$$N_k = \left[\dfrac{k}{k-1} P_1 v_1 \left\{ \left(\dfrac{P_2}{P_1}\right)^{\frac{k-1}{mk}} - 1 \right\} \right] \times m$$

$$\quad = \left[\dfrac{k}{k-1} GRT_1 \left\{ \left(\dfrac{P_2}{P_1}\right)^{\frac{k-1}{mk}} - 1 \right\} \right] \times m \qquad (7-23)$$

여기서, m : 단수

③ 폴리트로프 압축마력 : N_n

$$N_n = \left[\dfrac{n}{n-1} P_1 v_1 \left\{ \left(\dfrac{P_2}{P_1}\right)^{\frac{n-1}{n}} - 1 \right\} \right]$$

$$\quad = \left[\dfrac{n}{n-1} GRT_1 \left\{ \left(\dfrac{P_2}{P_1}\right)^{\frac{n-1}{n}} - 1 \right\} \right] \qquad (7-24)$$

④ 공기마력 : N_a (송풍기 팬 등 압력비가 작은 공기기계)

$$N_a = G \left[(P_2 - P_1) v_1 + \dfrac{1}{2} (w_2^2 - w_1^2) \right] \qquad (7-25)$$

(유입, 유출의 속도 에너지 고려)

＊N [PS]인 경우 75로, N [kW]인 경우 102로 나눈다.

실제 압축기 사이클은 여러 가지 원인으로 인하여 이론 사이클과 다소의 차이가 있으며, 실제로 압축기에 공급해야 할 동력은 이론 사이클의 소요동력보다 크다.

(2) 여러 가지 효율 (efficiency)

① 전등온 압축효율(overall isothermal compressive efficiency) : η_{ot}

$$\eta_{ot} = \frac{N_t(\text{등온압축마력})}{N_e(\text{정미압축마력})} = \eta_t \times \eta_m \tag{7-26}$$

② 등온압축효율(isothermal compressive efficiency) : η_t

$$\eta_t = \frac{N_t(\text{등온압축마력})}{N_i(\text{도시압축마력})} \tag{7-27}$$

③ 전단열 압축효율(overall adiabatic compressive efficiency) : η_{ok}

$$\eta_{ok} = \frac{N_k(\text{단열압축마력})}{N_e(\text{정미압축마력})} = \eta_k \times \eta_m \tag{7-28}$$

④ 단열압축효율(adiabatic efficiency) : η_k

$$\eta_k = \frac{N_k(\text{단열압축마력})}{N_i(\text{도시압축마력})} \tag{7-29}$$

⑤ 기계효율 (mechanical efficiency) : η_m

$$\eta_m = \frac{N_i(\text{도시압축마력})}{N_e(\text{정미압축마력})} \tag{7-30}$$

압축기가 매분 실린더 속에 흡입하는 체적을 V, 실린더 지름을 d, 피스톤 행정을 s, 매분회전수 n, 체적효율을 η_v라고 하면,

$$V = Z \cdot i \cdot \left(\frac{\pi}{4} d^2\right) \cdot s \cdot n \cdot \eta_v = z i V_s n \cdot \eta_v \tag{7-31}$$

z는 실린더 수이고, i는 단동압축기에서 1, 복동압축기에서 2이며, 이 식에 의해서 실린더의 크기가 정해진다.

예제 5. 흡입압력 105 kPa, 토출압력 480 kPa, 흡입공기량 3 m³/min인 공기압축기의 등온압축마력 및 단열압축마력을 구하시오.

해설 ① 등온압축마력

$$\begin{aligned}
N_t &= P_1 v_1 \cdot \ln \frac{P_2}{P_1} \\
&= (105 \times 10^3 \,[\text{N/m}^2]) \times \left(\frac{3}{60} \,\text{m}^3/\text{s}\right) \times \ln \frac{480}{105} \\
&= 7979 \,\text{N·m/s} \,(=\text{J/s}) \\
&= 7.979 \,\text{kJ/s} \\
&= 7.979 \,\text{kW} = 7.979 \times 1.36 = 10.85 \,\text{PS}
\end{aligned}$$

② 단열압축마력

$$N_k = \frac{k}{k-1} P_1 v_1 \left\{ \left(\frac{P_2}{P_1} \right)^{\frac{k-1}{k}} - 1 \right\}$$

$$= \frac{1.4}{1.4-1} \times (105 \times 10^3) \times \frac{3}{60} \times \left\{ \left(\frac{480}{105} \right)^{\frac{0.4}{1.4}} - 1 \right\}$$

$$= 9992 \text{ N·m/s} (=\text{J/s})$$

$$= 9.992 \text{ kJ/s} (=\text{kW})$$

$$= 9.992 \times 1.36 = 13.6 \text{ PS}$$

예제 6. 압력 1 bar, 온도 30℃인 공기를 12 kg/min씩 5 bar로 1단 압축한다. 이 압축기의 전단열효율이 74 %, 기계효율이 85 %일 때 단열압축 마력, 정미압축마력과 도시압축마력을 각각 구하시오.

해설 $P_1 = 1$ bar, $P_2 = 5$ bar, $T_1 = 303$ K, $k = 1.4$, $\eta_{ok} = 0.74$, $\eta_m = 0.85$ 이므로,

① 단열압축마력 : $N_k = \dfrac{k}{k-1} \times GRT_1 \left\{ \left(\dfrac{P_2}{P_1} \right)^{\frac{k-1}{k}} - 1 \right\}$

$$= \frac{1.4}{1.4-1} \times \left(\frac{12 \times 287 \times 303}{60} \right) \times \left\{ \left(\frac{5}{1} \right)^{\frac{0.4}{1.4}} - 1 \right\}$$

$$= 35538.7 \text{ J/s}$$

$$= 35.5387 \text{ kJ/s} (=\text{kW})$$

$$\fallingdotseq 48.3 \text{ PS}$$

② 정미압축마력 : $N_e = \dfrac{N_k}{\eta_{ok}} = \dfrac{48.3}{0.74} = 65.3 \text{ PS}$

③ 도시압축마력 : $N_i = \eta_m \times N_e = 0.85 \times 65.3 = 55.5 \text{ PS}$

연습문제

1. 공기를 같은 압력까지 압축할 때, 비가역 단열압축 후의 온도는 가역단열압축 후의 온도보다 어떤지 설명하시오.

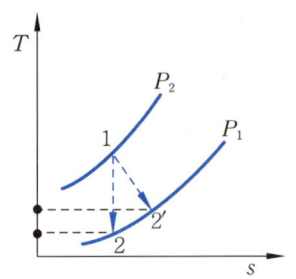

1 → 2 : 가역단열, 1 → 2′ : 비가역단열

2. 정상 유동과정에서 압축일이 가장 작은 과정을 말하시오.

3. 압축기의 압축은 비열비 k가 작아지면 어떻게 되는지 설명하시오.

4. 간극비(ε_0)가 증가하면 체적효율은 어떻게 되는지 설명하시오.(단, 압력비는 일정하다.)

5. 이상기체를 등온압축했을 경우와 단열압축했을 경우의 내부 에너지 관계를 설명하시오.

6. 압력 150 kPa, 온도 20℃인 공기를 1.5 MPa까지 2단 압축할 경우, 가장 적합한 중간압력 P_m [kPa]을 구하시오.

7. 온도 15℃, 압력 100 kPa인 공기 8 m³/min을 1 MPa까지 압축하는 압축기의 정미마력 (N_e)이 70 PS일 때 전(全) 단열효율(%)을 구하시오.

8. 피스톤의 행정체적이 2500 cc, 통극비 0.04인 1단 압축기로 100 kPa, 20℃인 공기를 450 kPa까지 압축할 때, 체적효율(%) 및 압축일(N·m)을 구하시오.(단, 단열지수 $n=1.3$이다.)

9. 온도 15℃, 압력 100 kPa인 공기 5 m³를 흡입하여 800 kPa까지 압축하는 통극이 없는 1단 압축기가 있다. 공기의 상태변화는 $Pv^{1.3}=$ 일정으로 하고, 속도 에너지는 무시한다. 압축기의 일을 구하시오.

10. 30℃의 공기를 1 ata에서 81 ata까지 3단 압축하는 압축기의 압력비를 구하시오.

11. 압력 100 kPa, 온도 20℃인 공기를 600 kPa까지 2단 단열압축할 때, 완전냉각한다면 중간냉각기의 방열량을 구하시오.(단, $k=1.4$, $C_p=1005$ kJ/kg·K이다.)

12. 간극(통극)이 0.05인 1단압축기가 압력 755 mmHg, 온도 20℃인 공기를 흡입하여 500 kPa까지 압축한다. 공기가 팽창할 때 체적효율을 구하시오.

13. 통극체적이 없는 1단압축기가 100 kPa, 20℃인 공기를 1.5 MPa까지 압축하는데 압축 중에 냉각수에 버리는 열량을 구하시오. (단, 폴리트로프 압축과정으로서 폴리트로프 지수 $n=1.3$이고, 공기의 $C_v = 718$ J/kg·K이다.)

14. 압력 100 kPa인 공기 5 m³/min을 흡입하여 압력 1.8 MPa로 압축하는 2단압축기가 있다. 이 압축기의 단열압축마력을 구하시오.

15. 매분 30 kg의 공기를 20℃, 1 bar에서 6 bar까지 등온압축하는 압축기의 등온효율이 80%일 때 압축기의 도시마력을 구하시오.

16. 지름이 200 mm이고, 행정이 220 mm인 공기압축기가 있다. 입구에서 압력이 100 kPa, 온도 30℃이고, 체적효율이 75%일 경우 실제 흡입공기량을 구하시오.

17. 압력 1 bar, 온도 30℃의 공기 1 kg을 5 bar까지 간극이 없는 1단압축기로 압축한다. 압축 시 속도 에너지는 무시하고, $k=1.4$, $n=1.3$일 때 다음 물음에 답하시오.
　(1) 등온압축 시 압축일 및 압축 후의 온도를 구하시오.
　(2) 단열압축 시 압축일 및 압축 후의 온도를 구하시오.
　(3) 폴리트로프 압축 시 압축일 및 압축 후의 온도를 구하시오.

18. 피스톤의 지름이 200 mm이고, 실린더의 행정이 220 mm, 통극이 6%인 압축기로 $P_1=1.5$ bar, $T_1=288$ K인 공기를 폴리트로프 압축($Pv^{1.3}=$ 일정)으로 9 bar까지 압축한다. 이 압축기의 체적효율 및 압축기일을 구하시오.

19. 압축기에서 유입, 유출 에너지의 차를 무시할 때, "압축일 = ( ) 에너지 - ( ) 에너지 + ( )일"로서 표시할 수 있다. ( ) 안에 알맞은 말을 넣으시오.

20. 공기 4 m³/min을 압축하기 위한 압축기 회전속도를 500 rpm, 체적효율을 80%, 평균 피스톤 속도를 2.5 m/s로 할 때, 실린더의 지름을 구하시오.

21. 3단 공기압축기에서 매분 1 kg을 압축한다. 흡입온도 및 압력이 30℃, 0.95 bar이고, 토출압력이 63.7 bar일 때 각 단의 중간압력과 완전냉각 시 압축일과 폴리트로프 압축마력을 각각 구하시오.

22. 100 kPa, 15℃의 공기를 매분 2 kg씩 3 MPa, 30℃로 압축하는 2단압축기가 단동으로 매분 400 회전하며, 체적효율이 저압실린더는 90%, 고압 실린더는 85%일 때 양실린더 각

각의 행정체적(L)을 구하시오.

23. 2 실린더, 행정체적 9.8 L 인 1단압축기에서 단동으로 매분 400회전하에서 15℃, 1 bar에서 5 bar로 압축 시 송출되는 공기량(kg/min)을 구하시오.(단, 체적효율은 82%이다.)

24. 통지름 200 mm, 행정 220 mm, 통극 8%인 압축기로 1 bar, 15℃의 공기를 6 bar까지 등엔트로피적으로 압축한다. 압축기는 600 rpm의 속도로 회전하며, 기계효율이 0.88일 때 체적효율, 공기 흡입량(kg), 사이클당 지시일(PS), 제동마력(PS)을 구하시오.

25. 공기 100 kPa를 30℃에서 600 kPa까지 가역정상류 과정으로 압축한다. 등온과정에서 압축일, 엔트로피 변화, 최종온도, 이동열량을 구하시오.(단, 운동 에너지는 무시하고, $R=287$ J/kg·K, $C_p=1005$ J/kg·K, $C_v=718$ J/kg·K이다.)

연습문제 풀이

1. 높다.

2.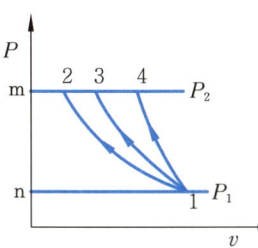

$1 \to 2$ ($T = $일정) : $W_t = $ 면적 12mn1
$2 \to 3$ (폴리트로프) : $W_n = $ 면적 13mn1
$1 \to 4$ ($s = $일정) : $W_x = $ 면적 14mn1
압축일 $= P$ 축에 투영한 면적
따라서, 등온과정이다.

3. 압축일 $W_C = \dfrac{k}{k-1} GRT_1 \left\{ \left(\dfrac{P_2}{P_1} \right)^{\frac{k-1}{k}} - 1 \right\}$ 에서 k가 작아지면 W_C는 감소한다.

4. $\eta_v = 1 - \varepsilon_0 \left\{ \left(\dfrac{P_2}{P_1} \right)^{\frac{1}{k}} - 1 \right\}$ 에서, ε_0가 증가하면 η_v는 감소한다.

5. $T = $ 일정 ; $dU = 0$
$s = $ 일정 ; $dQ = dU + AP \cdot dV$
$\therefore dU = -AP \cdot dV = +A \cdot dW$ (압축이므로 dW가 "$-$")
따라서, 등온압축 시 내부 에너지 < 단열압축시 내부 에너지

6. $P_m = \sqrt{P_1 \times P_2} = \sqrt{150 \times 1500} = 474.3 \text{ kPa}$

7. 단열압축마력

$N_k = P_1 v_1 \times \dfrac{k}{k-1} \times \left\{ \left(\dfrac{P_2}{P_1} \right)^{\frac{k-1}{k}} - 1 \right\}$

$= \dfrac{(100 \times 10^3) \times 8}{60} \times \dfrac{1.4}{1.4 - 1} \left\{ \left(\dfrac{1000}{100} \right)^{\frac{0.4}{1.4}} - 1 \right\}$

$= 43432.7 \text{ N·m/s}$
$= 43.4327 \text{ kJ/s}$
$= 43.4327 \text{ kW}$

$= 43.4327 \times 1.36 = 59 \text{ PS}$
따라서, 전 단열효율
$\eta_{ok} = \dfrac{N_k}{N_e} = \dfrac{59}{70} = 0.843 = 84.3 \%$

8. $\eta_v = 1 - \lambda \left\{ \left(\dfrac{P_2}{P_1} \right)^{\frac{1}{n}} - 1 \right\}$

$= 1 - 0.04 \left\{ \left(\dfrac{450}{100} \right)^{\frac{1}{1.3}} - 1 \right\} = 0.9128$

$W_n = \dfrac{n}{n-1} P_1 \eta_v (v_1 - v_4) \left\{ \left(\dfrac{P_2}{P_1} \right)^{\frac{n-1}{n}} - 1 \right\}$

$= \dfrac{n}{n-1} \times P_1 \times \eta_v \times v_s \left\{ \left(\dfrac{P_2}{P_1} \right)^{\frac{n-1}{n}} - 1 \right\}$

$= \dfrac{1.3}{0.3 \times (100 \times 10^3)} \times 0.9128 \times (2.5 \times 10^{-3})$

$\times \left\{ \left(\dfrac{450}{100} \right)^{\frac{0.3}{1.3}} - 1 \right\}$

$= 410.33 \text{ N·m}$
($\ast 1 \text{ cc} = 1 \text{ cm}^3 = 10^{-6} \text{ m}^3$)

9. $Pv^{1.3} = $ 일정이므로,

$W_n = \dfrac{n}{n-1} P_1 v_1 \left\{ \left(\dfrac{P_2}{P_1} \right)^{\frac{n-1}{n}} - 1 \right\}$

$= \dfrac{1.3}{1.3 - 1} \times (100 \times 10^3) \times 5$

$\times \left\{ \left(\dfrac{8}{1} \right)^{\frac{1.3-1}{1.3}} - 1 \right\}$

$= 1334376.6 \text{ N·m}$

10. 압력비 $(\varphi) = \left(\dfrac{P_2}{P_1} \right)^{\frac{1}{N}} = \left(\dfrac{81}{1} \right)^{\frac{1}{3}} = 4.33$

11. $q = C_p (T_m - T_1)$에서,
• 중간압력
$P_m = \sqrt{P_1 \times P_2}$
$= \sqrt{100 \times 600} = 245 \text{ kPa}$
• 중간온도
$T_m = T_1 \times \left(\dfrac{P_m}{P_1} \right)^{\frac{k-1}{mk}}$

$= 293 \times \left(\dfrac{245}{100} \right)^{\frac{0.4}{2 \times 1.4}} = 333$

$\therefore$ 방출열 $q = 1005 \times (333-293)$
$= 40200 \text{ J/kg}$
$= 40.2 \text{ kJ/kg}(=\text{kN} \cdot \text{m/kg})$

12. $\eta_v = 1 - \lambda \left\{ \left(\dfrac{P_2}{P_1}\right)^{\frac{1}{k}} - 1 \right\}$

$= 1 - 0.05 \left\{ \left(\dfrac{500000}{100658}\right)^{\frac{1}{1.4}} - 1 \right\} = 0.894$

* $755 \text{ mmHg} = \dfrac{755 \times 101325}{760} = 100658 \text{ N/m}^2$

13. $q = \dfrac{n-k}{n-1} C_v (T_2 - T_1)$

$= \dfrac{1.3 - 1.4}{1.3 - 1} \times 718 \times (274.4 - 20)$

$= -60886.4 \text{ J/kg} \fallingdotseq -60.9 \text{ kJ/kg}$

* $T_2 = T_1 \left(\dfrac{P_2}{P_1}\right)^{\frac{n-1}{n}} = 293 \times \left(\dfrac{15}{1}\right)^{\frac{0.3}{1.3}}$

$= 547.4 \text{ K} = 274.4\ ℃$

14. $N_k = \dfrac{k}{k-1} \times (N \text{단})$

$\times P_1 v_1 \left\{ \left(\dfrac{P_2}{P_1}\right)^{\frac{k-1}{kN}} - 1 \right\}$

$= \dfrac{1.4}{1.4-1} \times 2 \times \dfrac{(100 \times 10^3) \times 5}{60}$

$\times \left\{ \left(\dfrac{1800}{100}\right)^{\frac{1.4-1}{1.4 \times 2}} - 1 \right\}$

$= 29820.55 \text{ N} \cdot \text{m/s}(=\text{J/s})$

$= 29.821 \text{ kJ/s}(=\text{kW})$

$= 29.821 \times 1.36 = 40.56 \text{ PS}$

15. $N_i = \dfrac{N_t}{\eta_t} = \dfrac{1}{\eta_t} \times \left(GRT_1 \ln \dfrac{P_2}{P_1} \right)$

$= \dfrac{1}{0.8} \times \left(\dfrac{30}{60} \times 287 \times 293 \times \ln \dfrac{6}{1} \right)$

$= 94169.3 \text{ J/s}$

$= 94.1693 \text{ kJ/s}(=\text{kW})$

$= 94.1693 \times 1.36$

$= 128.07 \text{ PS}$

16. 실제 흡입공기량

$G_a = \dfrac{P_a V_a}{RT_a}$

$= \dfrac{(100 \times 10^3) \times (5.181 \times 10^{-3})}{287 \times 303}$

$= 5.958 \times 10^{-3} \text{ kg}$

* $\eta_v = \dfrac{V_a}{V_o} = \dfrac{\text{유효흡입행정}}{\text{피스톤 행정체적}}$

$\therefore V_a = \eta_v \times V_o$

$= 0.75 \times \dfrac{\pi}{4} \times 0.2^2 \times 0.22$

$= 5.181 \times 10^{-3} \text{ m}^3$

17. (1) $W_t = GRT_1 \times \ln \dfrac{P_2}{P_1}$

$= 1 \times 287 \times 303 \times \ln \dfrac{5}{1}$

$= 139958 \text{ J}(=\text{N} \cdot \text{m})$

$\fallingdotseq 140 \text{ kJ}(=\text{kN} \cdot \text{m})$

* $T_2 = T_1 = 30\ ℃$ (등온압축이므로)

(2) $W_k = \dfrac{k}{k-1} \times GRT_1 \times \left\{ \left(\dfrac{P_2}{P_1}\right)^{\frac{k-1}{k}} - 1 \right\}$

$= \dfrac{1.4}{1.4-1} \times 1 \times 287 \times 303 \times \left\{ \left(\dfrac{5}{1}\right)^{\frac{0.4}{1.4}} - 1 \right\}$

$= 177693 \text{ J}(=\text{N} \cdot \text{m})$

$\fallingdotseq 177.7 \text{ kJ}(=\text{kN} \cdot \text{m})$

$T_2 = T_1 \times \left(\dfrac{P_2}{P_1}\right)^{\frac{k-1}{k}} = 303 \times \left(\dfrac{5}{1}\right)^{\frac{0.4}{1.4}}$

$= 479.9 \text{ K} = 206.9\ ℃$

(3) $W_n = \dfrac{n}{n-1} \times GRT_1 \times \left\{ \left(\dfrac{P_2}{P_1}\right)^{\frac{n-1}{n}} - 1 \right\}$

$= \dfrac{1.3}{1.3-1} \times 1 \times 287 \times 303 \times \left\{ \left(\dfrac{5}{1}\right)^{\frac{0.3}{1.3}} - 1 \right\}$

$= 169489 \text{ J}(=\text{N} \cdot \text{m})$

$\fallingdotseq 169.5 \text{ kJ}(=\text{kN} \cdot \text{m})$

$T_2 = T_1 \times \left(\dfrac{P_2}{P_1}\right)^{\frac{n-1}{n}} = 303 \times \left(\dfrac{5}{1}\right)^{\frac{0.3}{1.3}}$

$= 439.3 \text{ K} = 166.3\ ℃$

18. $\eta_v = 1 - \lambda \cdot \left\{ \left(\dfrac{P_2}{P_1}\right)^{\frac{1}{n}} - 1 \right\}$

$= 1 - 0.06 \times \left\{ \left(\dfrac{9}{1.5}\right)^{\frac{1}{1.3}} - 1 \right\}$

$= 0.822 = 82.2\ \%$

$W_n = \dfrac{n}{n-1} \times \eta_v \times P_1 \times V_s \left\{ \left(\dfrac{P_2}{P_1}\right)^{\frac{n-1}{n}} - 1 \right\}$

$= \dfrac{1.3}{1.3-1} \times 0.822 \times (1.5 \times 10^5)$

$\times (6.908 \times 10^{-3}) \times \left\{ \left(\dfrac{9}{1.5}\right)^{\frac{0.3}{1.3}} - 1 \right\}$

$= 1890 \text{ N} \cdot \text{m/cycle}$

* $V_s = \dfrac{\pi}{4} D^2 \cdot S = \dfrac{\pi}{4} \times 0.2^2 \times 0.22$
  $= 6.908 \times 10^{-3}$ m³

19. $W = \int_1^2 vdP = (P_2 v_2 - P_1 v_1) + \int_1^2 Pdv$ 에서,

① $\int_1^2 vdP =$ 유동일 (압축일) $= (h_2 - h_1)$
② $P_2 v_2 =$ 토출 (유출)압력 에너지
③ $P_1 v_1 =$ 흡입(유입)압력 에너지
④ $\int_1^2 Pdv =$ 압축절대일

20. 매분 실린더 속에 흡입하는 체적
$V = z \cdot V_s \cdot n \cdot \eta_v$ 에서,

• 행정체적
$V_s = \dfrac{V}{zn\eta_v} = \dfrac{4}{1 \times 500 \times 0.8} = 0.01$ m³

• 피스톤 행정
$s = \dfrac{60w}{2n} = \dfrac{60 \times 2.5}{2 \times 500} = 0.15$ m
$\therefore V_s = \dfrac{\pi}{4} D^2 \cdot s$

• 실린더 지름
$D = \sqrt{\dfrac{4V_s}{\pi s}} = \sqrt{\dfrac{4 \times 0.01}{\pi \times 0.15}}$
$= 0.291$ m
$= 29.1$ cm

21. ① 3단의 압력비
$\phi = \sqrt[3]{\dfrac{P_2}{P_1}} = \sqrt[3]{\dfrac{63.7}{0.95}} = 4.0626$

• 1단 중간압력
$P_{m1} = P_1 \times \phi$
$= 0.95 \times 4.0626$
$= 3.8595$ bar

• 2단 중간압력
$P_{m2} = P_{m1} \times \phi = 3.8595 \times 4.0626$
$= 15.6796$ bar

• 3단 중간압력
$P_{m3} = P_{m2} \times \phi$
$= 15.6796 \times 4.0626$
$= 63.7$ bar $= P_2$

$\therefore W_{m3} = \dfrac{n}{n-1} \cdot m \cdot GRT_1 \times \left\{ \left(\dfrac{P_2}{P_1}\right)^{\frac{n-1}{mn}} - 1 \right\}$

$= \dfrac{1.3}{1.3-1} \times 3 \times 1 \times 287 \times 303$
$\times \left\{ \left(\dfrac{63.7}{0.95}\right)^{\frac{1.3-1}{3 \times 1.3}} - 1 \right\}$
$= 431796$ N·m/min
$\fallingdotseq 431.8$ kN·m/min
$= 431.8$ kJ/min

② 폴리트로프 압축마력
$N_{m3} = \dfrac{431.8}{60}$ kJ/s
$= 7.2$ kW $\fallingdotseq 9.79$ PS

22. 체적유량 $G = z \cdot V_s \cdot n \cdot \eta_v = V$

저압 실린더 $V_{SL} = \dfrac{V_L}{z \cdot n \cdot \eta_v}$

$= \dfrac{\left(\dfrac{GRT_L}{P_L}\right)}{z \cdot n \cdot \eta_v}$

$= \dfrac{\left(\dfrac{2 \times 287 \times 288}{100 \times 10^3}\right)}{1 \times 400 \times 0.9}$

$= 4.59 \times 10^{-3}$ m³
$= 4.59$ L

1 cm³ = 1 cc (1 cubic centimeter)

고압 실린더 $V_{SH} = \dfrac{V_H}{z \cdot n \cdot \eta_v} = \dfrac{\left(\dfrac{GRT_H}{P_H}\right)}{z \cdot n \cdot \eta_v}$

$= \dfrac{\left(\dfrac{2 \times 287 \times 303}{547.7 \times 10^3}\right)}{1 \times 400 \times 0.85}$

$= 9.34 \times 10^{-3}$ m³
$= 9.34$ L

* $P_H = \sqrt{P_1 \cdot P_2} = \sqrt{100 \times 3000}$
$= 547.7$ kPa

23. $v_1 = \dfrac{RT_1}{P_1} = \dfrac{287 \times 288}{1 \times 10^5}$

$= 0.8266$ m³/kg
$V_1 = z \cdot n \cdot \eta_v \cdot V_s = G \cdot v_1$ 에서,
$\therefore G = \dfrac{z \cdot n \cdot \eta_v \cdot V_s}{v_1}$

$= \dfrac{2 \times 400 \times 0.82 \times (9.8 \times 10^{-3})}{0.8266}$

$= 7.78$ kg/min

24. ① $\eta_v = 1 - \lambda \left\{ \left(\dfrac{P_2}{P_1} \right)^{\frac{1}{k}} - 1 \right\}$

$\quad\quad = 1 - 0.08 \times \left\{ \left(\dfrac{6}{1} \right)^{\frac{1}{1.4}} - 1 \right\}$

$\quad\quad = 0.7923$

$\quad\quad = 79.23\,\%$

② 공기 흡입량 G : $\eta_v = \dfrac{V_s'}{V_s}$ 에서

$\quad V_s' = \eta_v \cdot V_s$

$\quad V_s' = \eta_v \times \left(\dfrac{\pi}{4} D^2 \cdot S \right)$

$\quad\quad = 0.7923 \times \dfrac{\pi}{4} \times 0.2^2 \times 0.22$

$\quad\quad = 5.473 \times 10^{-3}\,\mathrm{m^3/cycle}$

1분당 600 cycle → 1초당 10 cycle이므로,

$\quad V_s' = 10 \times 5.473 \times 10^{-3}$

$\quad\quad = 0.05473\,\mathrm{m^3/s}$

$\quad \therefore\ G = \dfrac{P_1 V_s'}{R T_1}$

$\quad\quad = \dfrac{(1 \times 10^5) \times 0.05473}{287 \times 288}$

$\quad\quad = 0.066\,\mathrm{kg/s}$

③ 사이클당 지시일

$W = \dfrac{k}{k-1} P_1 \cdot V_s' \cdot \left\{ \left(\dfrac{P_2}{P_1} \right)^{\frac{k-1}{k}} - 1 \right\}$

$\quad = \dfrac{1.4}{1.4-1} \times (1 \times 10^5)$

$\quad\quad \times 0.05473 \times \left\{ \left(\dfrac{6}{1} \right)^{\frac{0.4}{1.4}} - 1 \right\}$

$\quad = 12805.65\,\mathrm{N \cdot m/s}$

$\quad = 12.80565\,\mathrm{kJ/s}(=\mathrm{kW})$

$\quad = 17.416\,\mathrm{PS}$

④ 제동마력 $\eta_m = \dfrac{N_i}{N_e}$ 에서,

$N_e = \dfrac{N_i}{\eta_m} = \dfrac{17.416}{0.88} = 19.8\,\mathrm{PS}$

25. $W_C = RT_1 \cdot \ln\left(\dfrac{P_2}{P_1} \right)$

$\quad = 287 \times 303 \times \ln 6$

$\quad = 155813\,\mathrm{J/kg}$

$\quad = 155.8\,\mathrm{kJ/kg}$

$\Delta s = R \cdot \ln\left(\dfrac{P_2}{P_1} \right) = 541\,\mathrm{J/kg \cdot K}$

$\quad = 0.541\,\mathrm{kJ/kg \cdot K}$

$T_2 = T_1 = 30\,\mathrm{℃}$

$q = W_C = 155.8\,\mathrm{kJ/kg}$ ($\because\ T =$ 일정)

제 8 장   가스 동력 사이클

8-1 가스 3동력 사이클

(1) 기관의 분류

가스 동력 사이클은 다음과 같이 두가지로 나눌 수 있다.
① 연소 가스를 동작물질로 하는 열기관인 내연기관에는 가솔린 엔진, 디젤 엔진, 로터리 엔진, 개방계 가스 터빈, 제트 엔진 등이 있다.
② 보일러, 기타 열교환기를 통하여 열을 공급받는 형식의 열기관인 외연기관(external combustion engine)에는 증기원동기, 밀폐계 가스터빈 등이 있다.
    내연기관에서 동작물질은 연소 전에는 공기와 연료의 혼합물과 실린더 내의 잔류 가스 등의 혼합 가스이며, 연소 후에는 연소가스가 된다. 이 가스들은 복잡한 화학적 변화를 일으키지만, 우리는 열역학적 특성을 파악하는 것이 목적이므로 연소 가스를 완전 가스인 공기로 취급하면 매우 단순해지며, 이러한 것을 공기표준해석(air standard analysis)이라 하고, 이렇게 해석하는 사이클을 공기표준 사이클이라 한다.

(2) 공기표준 사이클을 해석하는 데 필요한 가정

내연기관은 작업유체(동작물)가 기관 내에서 완전한 열역학적 사이클을 이루지 않기 때문에 기관이 기계적 사이클로는 작동한다 하더라도 개방 사이클로 작동한다고 한다. 그러나 내연기관을 해석하기 위해서는 이 개방 사이클에 아주 근접한 밀폐 사이클을 생각하게 되며 그것은 다음과 같은 가정을 기초로 한다.
① 동작물질은 공기(완전 가스로 취급)만으로 되어 있다.
② 비열은 일정하다.
③ 동작물질은 밀폐된 공간에서 외부로부터 열을 공급받고, 외부로 방출한다.
④ 과정 중 압축과 팽창은 단열(등엔트로피)과정이다.
⑤ 연소 과정 중 열해리(熱解離) 현상은 일어나지 않는다.
⑥ 각 과정은 모두 가역 과정이다.

열기관 사이클에는 실제 제작이 불가능하지만 효율이 가장 좋은 이상(理想) 사이클인 카르노 사이클(Carnot cycle)이 있고, 현재 상용(常用)되고 있는 왕복식 내연기관의 기본 사이클에는 오토 사이클(Otto cycle), 디젤 사이클(Diesel cycle), 사바테 사이클(Sabathé cycle)과 회전식 내연기관에는 가스 터빈 사이클의 기본 사이클인 브레이턴 사이클(Brayton cycle)이 있으며 이외에도 실용가치가 없는 다수의 가스기관 사이클이 있다.

한편, 실제 기관에서는 연소를 비롯하여 유동 및 전열 등의 복잡한 과정을 포함하므로 정확한 해석은 곤란하지만 열역학적인 기본적 성질을 알기 위해서는 우선 이상 사이클로 취급하여 해석한 다음 실제적인 여러 가지 인자(因子)를 고려하여 실제 기관에 접근시키는 것이 효과적인 방법이다.

8-2 카르노 사이클 (Carnot cycle)

열기관에서 가장 효율이 좋은 이상 사이클로서, 실제 제작이 불가능하며 2개의 등온과정과 2개의 단열과정으로 구성된 사이클이다.

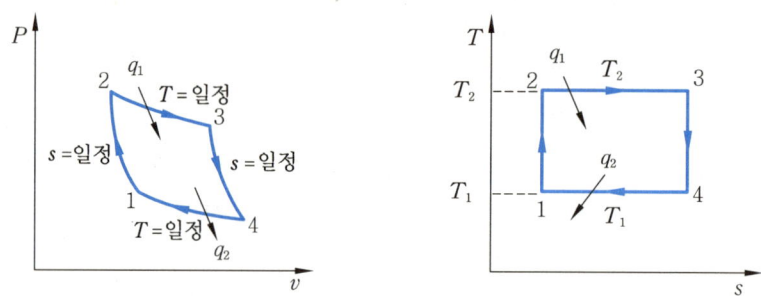

그림 8-1 카르노 사이클

공기 1 kg에 대하여 등온변화 $2 \to 3$, $1 \to 4$이므로,

① 가열량 : $q_1 = RT_2 \cdot \ln \dfrac{v_3}{v_2}$　　(T_2 : 고열원)

② 방열량 : $q_2 = RT_1 \cdot \ln \dfrac{v_4}{v_1}$　　(T_1 : 저열원)

단열변화 $3 \to 4$, $1 \to 2$에 대하여,

$$\frac{T_4}{T_3} = \frac{T_1}{T_2} = \left(\frac{v_3}{v_4}\right)^{k-1} = \left(\frac{v_2}{v_1}\right)^{k-1}$$

$$\therefore \frac{v_3}{v_2} = \frac{v_4}{v_1}$$

③ 카르노 사이클의 열효율

$$\eta_C = 1 - \frac{q_2}{q_1} = 1 - \frac{T_1}{T_2} \tag{8-1}$$

$1 \to 2$ (단열)에서, $\dfrac{T_1}{T_2} = \left(\dfrac{v_2}{v_1}\right)^{k-1} = \left(\dfrac{P_1}{P_2}\right)^{\frac{k-1}{k}}$ 이므로

$$\eta_C = 1 - \left(\frac{v_2}{v_1}\right)^{k-1} = 1 - \left(\frac{P_1}{P_2}\right)^{\frac{k-1}{k}} \tag{8-2}$$

사이클은 고열원의 온도 T_1에서 열을 공급받아 저열원의 온도 T_2에 열을 방출하며, 왕복형과 정상유동형 사이클 모두에 적용되는 카르노 사이클의 실질적 난점은 등온과정으로 열전환을 할 수 없다는 것이며, 따라서 카르노 사이클로 작동되는 기관을 만들 수 없고, 이 기관은 효율이 가장 좋은 이상 사이클로 다른 기관의 효율을 비교하는 데 표준이 되는 사이클이다.

> **예제 1.** 15℃를 저열원으로 하고 327℃의 고온체에서 열을 받는 열기관 사이클로 가장 이상적인 열효율은 얼마인지 구하시오.

[해설] $\eta_{th} = 1 - \dfrac{T_2}{T_1} = 1 - \dfrac{15+273}{327+273} = 1 - \dfrac{288}{600} = 0.52$

8-3 오토 사이클 (Otto cycle)

공기표준 오토 사이클은 전기점화기관의 이상 사이클로서 일정 체적하에서 동작유체의 열 공급과 방출이 행해지므로 정적(또는 등적) 사이클이라 한다.

공기 1 kg에 대해서,

① 가열량 : $q_1 = C_v(T_3 - T_2)$
② 방열량 : $q_2 = C_v(T_4 - T_1)$ $\tag{8-3}$

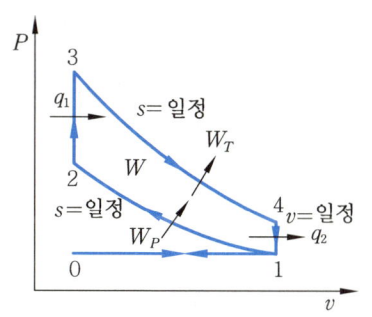

0 → 1 : 흡입과정   1 → 2 : 단열압축과정   2 → 3 : 정적가열과정(폭발)
3 → 4 : 단열팽창과정 4 → 1 : 정적방열과정   1 → 0 : 배기과정
* $v_1 - v_2$: 행정체적, v_2 : 통극체적

그림 8-2 오토 사이클

각 과정의 P, v, T 관계는 다음과 같다.

(가) 1 → 2 (단열압축) 과정 : $T_1 v_1^{k-1} = T_2 v_2^{k-1}$ 에서,

$$\frac{T_1}{T_2} = \left(\frac{v_2}{v_1}\right)^{k-1} = \left(\frac{P_1}{P_2}\right)^{\frac{k-1}{k}}$$

$$\therefore T_2 = T_1 \left(\frac{v_1}{v_2}\right)^{k-1} \tag{8-4}$$

(나) 2 → 3 (정적가열) 과정 : $v_2 = v_3 =$ 일정

(다) 3 → 4 (단열팽창) 과정 : $T_3 v_3^{k-1} = T_4 v_4^{k-1}$ 에서,

$$\frac{T_4}{T_3} = \left(\frac{v_3}{v_4}\right)^{k-1} = \left(\frac{P_4}{P_3}\right)^{\frac{k-1}{k}}$$

$$\therefore T_3 = T_4 \left(\frac{v_4}{v_3}\right)^{k-1} = T_4 \left(\frac{v_1}{v_2}\right)^{k-1} \tag{8-5}$$

(라) 4 → 1 (정적방열) 과정 : $v_1 = v_4 =$ 일정

③ 이론열효율

$$\eta_{thO} = \frac{W}{q_1} = \frac{q_1 - q_2}{q_1} = 1 - \frac{q_2}{q_1} = 1 - \frac{T_4 - T_1}{T_3 - T_2}$$

$$= 1 - \frac{(T_4 - T_1)}{\left(\frac{v_1}{v_2}\right)^{k-1} \times (T_4 - T_1)} = 1 - \frac{1}{\left(\frac{v_1}{v_2}\right)^{k-1}} = 1 - \frac{1}{\varepsilon^{k-1}}$$

여기서, $\frac{v_1}{v_2} = \varepsilon$ (압축비 : compression ratio)

$$\therefore \eta_{thO} = \frac{W}{q_1} = 1 - \frac{1}{\varepsilon^{k-1}} \quad \left(\varepsilon = \frac{v_1}{v_2}\right) \tag{8-6}$$

오토 사이클의 열효율은 압축비와 비열비의 함수이고, 압축비가 클수록 효율은 증대한다. 실제 오토 사이클 기관에서는 압축비 ε이 크게 되면 노킹(knocking) 현상이 발생하므로 $\varepsilon = 5 \sim 10$ 정도로 제한을 받는다.

실제 기관에서는 압축비가 증대됨에 따라 연료의 이상연소(異常燃燒, detonation)가 증대되는데, 이상연소는 연료의 아주 급격한 연소와 스파크 노크(spark knock)를 일으키는 기관 실린더 내의 강한 압력파가 그 특징이므로 최대압축비는 이상연소 방지를 위해 제한된다.

실제 기관에서 오랜 시간에 걸쳐 압축비의 증가는 주로 연료에 4에틸납을 첨가하여 보다 높은 반(反)노크성을 가진 연료를 개발함으로써 가능하게 되었다. 그러나 최근에는 대기오염을 저감시키려는 노력으로 높은 반노크성을 가진 무연(無鉛) 가솔린이 개발된 것이다.

④ 평균유효압력 : 1 사이클당의 압력변화의 평균값, 즉 1 사이클 중에 이루어지는 일을 행정체적으로 나눈 값을 말한다. 평균유효압력은 전동력 행정에 걸쳐 이 압력이 피스톤에 작용하면 실제로 피스톤에 대해서 한 일과 같은 양의 일을 하게 되는 그런 압력이다. 1사이클 중의 일은 이 평균유효압력에 피스톤 면적을 곱하고 또 행정을 곱하면 구할 수 있다.

$$P_{me} = \frac{W}{v_1 - v_2} = \frac{\eta_{thO} \cdot q_1}{(v_1 - v_2)} \quad (\because \eta_{thO} = \frac{W}{q_1})$$

$$= \frac{\eta_{thO} \cdot q_1}{v_1 \left(1 - \frac{1}{\varepsilon}\right)}$$

$$= \frac{P_1}{RT_1} \times q_1 \times \frac{\varepsilon}{\varepsilon - 1} \times \eta_{thO}$$

$$= P_1 \frac{(a-1)(\varepsilon^k - \varepsilon)}{(k-1)(\varepsilon - 1)} \tag{8-7}$$

여기서, $a = \frac{P_3}{P_2}$ 로서 압력비(pressure ratio)라 한다.

예제 2. 공기 표준 오토 사이클에서 압축비는 8이다. 압축행정 초에 있어서 압력은 0.1 MPa 이고, 온도는 15℃이고, 사이클 당 공기에 대한 전열량은 1800 kJ/kg일 때 다음을 구하시오. (단, $C_v = 0.717$ kJ/kg·K, $R = 287$ J/kg·K이다.)

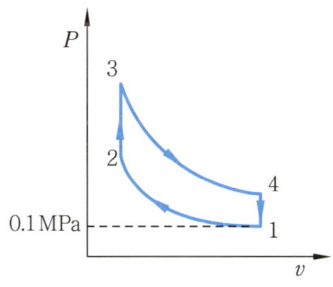
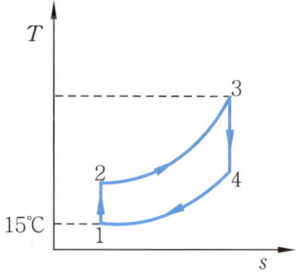

(1) 단열압축 후의 온도(K)를 구하시오.
(2) 정적팽창 후의 온도(K)를 구하시오.
(3) 단열압축 후의 압력(MPa)을 구하시오.
(4) 정적팽창 후의 압력(MPa)을 구하시오.
(5) 단열팽창 후의 온도(K)를 구하시오.
(6) 단열팽창 후의 압력(MPa)을 구하시오.
(7) 평균유효압력(MPa)을 구하시오.
(8) 열효율(%)을 구하시오.

[해설] (1) $\dfrac{T_2}{T_1} = \left(\dfrac{v_1}{v_2}\right)^{k-1} = \left(\dfrac{P_2}{P_1}\right)^{\frac{k-1}{k}}$

$T_2 = T_1 \left(\dfrac{v_1}{v_2}\right)^{k-1} = T_1 \cdot \varepsilon^{k-1} = 288 \times 8^{0.4} = 662$

(2) $q_1 = C_v(T_3 - T_2)$

$\therefore T_3 = \dfrac{q_1}{C_v} + T_2 = \dfrac{1800}{0.717} + 662 = 3172.5$

(3) $P_2 = P_1\left(\dfrac{v_1}{v_2}\right)^k = P_1 \cdot \varepsilon^k = 0.1 \times 8^{1.4} = 1.84$

(4) $v_2 = v_3$, $\dfrac{P_2}{T_2} = \dfrac{P_3}{T_3}$

$\therefore P_3 = \dfrac{P_2 T_3}{T_2} = \dfrac{1.838 \times 3172.5}{662} = 8.81$

(5) $\dfrac{T_4}{T_3} = \left(\dfrac{v_3}{v_4}\right)^{k-1} = \left(\dfrac{P_4}{P_3}\right)^{\frac{k-1}{k}}$

$\therefore v_2 = v_3, \quad v_1 = v_4$

$\therefore T_4 = T_3 \left(\dfrac{v_2}{v_1}\right)^{k-1} = 3172.5 \left(\dfrac{1}{8}\right)^{0.4} = 1380.9$

(6) $P_4 = P_3 \left(\dfrac{v_3}{v_4}\right)^k = P_3 \left(\dfrac{v_2}{v_1}\right)^k = 8.81 \left(\dfrac{1}{8}\right)^{1.4} = 0.479$

(7) $P_m = \dfrac{W_{net}}{v_1 - v_2} = \dfrac{1016.4 \text{ kJ/kg}}{0.827 - 0.1034 \text{ [m}^3\text{/kg]}} = 1404.6 \text{ kJ/m}^3$

$= 1404.6 \text{ kN/m}^2 (= \text{kPa}) \fallingdotseq 1.405 \text{ MPa}$

① $W_{net} = q_1 - q_2 = 1800 - 783.6 = 1016.5 \text{ kJ/kg}$

[여기서, $q_2 = C_v(T_4 - T_1) = 0.717(1380.9 - 288) = 783.6 \text{ kJ/kg}$]

② $v_1 = \dfrac{RT_1}{P_1} = \dfrac{287 \text{ J/kg·K} \times 288 \text{ K}}{0.1 \times 10^6 \text{ [N/m}^2\text{]}}$

$= \dfrac{287 \times 2.88 \text{ J/kg}}{0.1 \times 10^6 \text{ [J/m}^3\text{]}} = 0.827 \text{ m}^3\text{/kg}$

$\dfrac{v_1}{v_2} = 8$에서, $v_2 = \dfrac{v_1}{8} = 0.1034 \text{ m}^3\text{/kg}$

(8) $\eta_O = 1 - \left(\dfrac{1}{\varepsilon}\right)^{k-1} = 1 - \left(\dfrac{1}{8}\right)^{0.4} = 0.5647$

예제 3. 통극체적이 행정체적의 18 %인 가솔린 기관의 이론열효율을 구하시오.(단, $k = 1.4$이다.)

[해설] $v_2 =$ 통극체적, $v_1 - v_2 =$ 행정체적

$\therefore v_2 = (v_1 - v_2) \times 0.18$

$\dfrac{v_1}{v_2} = \varepsilon = \dfrac{1 + 0.18}{0.18} = 6.56$

$$\therefore \eta_{thO} = 1 - \left(\frac{1}{\varepsilon}\right)^{k-1} = 1 - \left(\frac{1}{6.56}\right)^{1.4-1} = 52.88\%$$

8-4 디젤 사이클(Diesel cycle)

디젤 사이클은 압축착화기관의 기본 사이클로서, 2개의 단열과정과 정압과정 1개, 정적과정 1개로 이루어진 사이클이며, 저속 디젤 기관의 기본 사이클이다. 특히, 정압 하에서 가열(연소)이 이루어지므로 정압(등압) 사이클이라고도 한다.

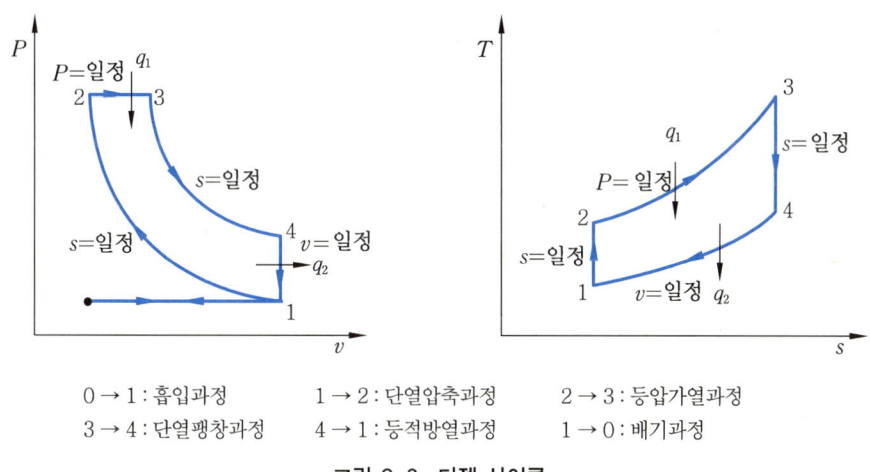

0 → 1 : 흡입과정   1 → 2 : 단열압축과정   2 → 3 : 등압가열과정
3 → 4 : 단열팽창과정   4 → 1 : 등적방열과정   1 → 0 : 배기과정

그림 8-3 디젤 사이클

공기 1 kg에 대해서, 정압하에서 공급열량이 q_1, 정적하에서 방열량이 q_2이므로,

① 가열량 : $q_1 = C_p(T_3 - T_2)$
② 방열량 : $q_2 = C_v(T_4 - T_1)$ (8-8)

각 과정의 P, v, T 관계는, 다음과 같다.

(가) 1 → 2 (단열압축) 과정 : $T_1 v_1^{k-1} = T_2 v_2^{k-1}$에서

$$\frac{T_2}{T_1} = \left(\frac{v_1}{v_2}\right)^{k-1}$$
$$\therefore T_2 = T_1 \cdot \varepsilon^{k-1} \qquad (8-9)$$

(나) 2 → 3 (등압가열) 과정 : $\frac{v_2}{T_2} = \frac{v_3}{T_3}$ 에서,

$$T_3 = \frac{v_3}{v_2} \cdot T_2 = \sigma \cdot T_2 = \sigma \cdot \varepsilon^{k-1} \cdot T_1 \qquad (8-10)$$

여기서, $\sigma = \frac{v_3}{v_2} =$ 체절(단절)비(cut off ratio)이다.

(다) $3 \to 4$ (단열팽창) 과정 : $T_3 v_3^{k-1} = T_4 \cdot v_4^{k-1}$ 에서,

$$\frac{T_4}{T_3} = \left(\frac{v_3}{v_4}\right)^{k-1} = \left(\frac{v_3}{v_1}\right)^{k-1} = \left(\frac{v_3}{v_2} \cdot \frac{v_2}{v_1}\right)^{k-1}$$

$$\therefore T_4 = T_3 \cdot \left(\sigma \cdot \frac{1}{\varepsilon}\right)^{k-1}$$

$$= (T_1 \cdot \sigma \cdot \varepsilon^{k-1}) \sigma^{k-1} \cdot \frac{1}{\varepsilon^{k-1}} = T_1 \cdot \sigma^k \qquad (8-11)$$

③ 이론열효율

$$\eta_{thD} = \frac{W}{q_1} = 1 - \frac{q_2}{q_1} = 1 - \frac{C_v(T_4-T_1)}{C_p(T_3-T_2)} = 1 - \frac{1}{k} \times \frac{T_4-T_1}{T_3-T_2}$$

$$= 1 - \frac{1}{\varepsilon^{k-1}} \cdot \frac{\sigma^k - 1}{k(\sigma - 1)}$$

$$\therefore \eta_{thD} = \frac{W}{q_1} = 1 - \frac{1}{\varepsilon^{k-1}} \cdot \frac{\sigma^k - 1}{k(\sigma - 1)} \qquad (8-12)$$

디젤 사이클의 열효율은 압축비, 체절비의 함수이다.

④ 평균유효압력 (mean effective pressure)

$$P_{me} = \frac{W}{v_1 - v_2} = \frac{\eta_{thD} \cdot q_1}{(v_1 - v_2)} = \frac{\eta_{thD} \cdot q_1}{v_1\left(1 - \frac{1}{\varepsilon}\right)}$$

$$= \frac{P_1}{RT_1} \times q_1 \times \frac{\varepsilon}{\varepsilon - 1} \times \eta_{thD}$$

$$= P_1 \frac{k\varepsilon^k(\sigma-1) - \varepsilon(\sigma^k - 1)}{(k-1)(\varepsilon - 1)} \qquad (8-13)$$

디젤 사이클의 열효율은 압축비가 클수록 높아지고, 단절비가 클수록 감소한다. 디젤기관에서는 ε 을 아무리 높여도 노킹 현상의 염려가 없으므로 가솔린 기관보다 더 높일 수 있으나 최대압력이 커지므로 구조의 강도를 위한 중량의 증가와 실린더 벽의 냉각 등 문제점이 생겨서 실용상 13~20 정도에서 주로 사용한다.

> **예제 4.** 디젤 사이클 엔진이 초온 300 K, 초압 100 kPa이고, 최고온도 2500 K, 최고압력이 3 MPa로 작동할 때 열효율(%)을 구하시오.(단, $k=1.4$이다.)

[해설] 압축비 $\varepsilon = \frac{v_1}{v_2} = \left(\frac{P_2}{P_1}\right)^{\frac{1}{k}} = \left(\frac{30}{1}\right)^{\frac{1}{1.4}} = 11.35$

단절비 $\sigma = \frac{v_3}{v_2} = \frac{T_3}{T_2} = \frac{T_3}{T_1 \cdot \varepsilon^{k-1}} = \frac{2500}{300 \times (11.35)^{1.4-1}} = 3.15$

$\eta_D = 1 - \left(\frac{1}{\varepsilon}\right)^{k-1} \cdot \frac{\sigma^k - 1}{k(\sigma-1)} = 1 - \left(\frac{1}{11.35}\right)^{1.4-1} \cdot \frac{3.15^{1.4} - 1}{1.4(3.15-1)} = 0.499 = 49.9\%$

8-4 디젤 사이클

예제 5. 제동열효율이 31%, 기계효율이 82%인 디젤 기관을 전부 하루 1시간 운전하는 데 18 kg의 연료가 필요하다. 연료의 발열량이 44100 kJ/kg일 때 도시마력(PS)을 구하시오.

[해설] $\eta_e = \dfrac{N_e}{G \cdot H_l}$ 에서,

$0.31 = \dfrac{N_e}{18 \times 44100}$

∴ $N_e = 246078 \text{ kJ/h} = \dfrac{246078}{3600} = 68.355 \text{ kJ/s}(= \text{kW}) = 92.96 \text{ PS}$

∴ $N_i = \dfrac{N_e}{\eta_m} = \dfrac{92.96}{0.82} = 113.4 \text{ PS}$

예제 6. 3000 kW의 디젤 발전소에서 기관을 전개 운전하면 1시간당 소비하는 연료의 양을 구하시오. (단, 42840 kJ/kg의 저발열량을 가진 연료를 사용하고, 효율은 40%이다.)

[해설] $\eta = \dfrac{N_e}{GH_l}$ 에서,

$G = \dfrac{N_e}{\eta H_l} = \dfrac{3000}{0.4 \times 42840} = 0.175 \text{ kg/s} = 630.25 \text{ kg/h}$

예제 7. 최고압력 및 최고온도가 각각 4 MPa, 2500 K이고, 초온과 초압이 300 K, 100 kPa인 디젤 사이클에서 다음 값을 구하시오. (단, $k = 1.4$이다.)

(1) 이 디젤 사이클의 이론열효율(%)을 구하시오.

(2) 동일 압축비인 오토 사이클과의 효율비 $\left(\dfrac{\eta_D}{\eta_O}\right)$를 구하시오.

(3) 저위발열량이 44100 kJ/kg인 가솔린을 공급하여 연료 소비율이 260 g/PS·h인 기관의 정미열효율을 구하시오.

(4) 디젤 사이클에서 열효율이 60%이고, 단절비가 1.5, $k = 1.3$인 경우 압축비(ε)를 구하시오.

(5) 디젤 사이클에서 $T_1 = 300$ K, 단절비가 3, 압축비가 14 일 경우 최고온도($T_{\max}$)(℃)를 구하시오. (단, $k = 1.4$이다.)

(6) 압축비 7인 오토 기관에서 그 효율비가 58%, 기계효율이 90%일 경우 열효율의 저위발열량이 44100 kJ/kg일 때, 제동에 필요한 연료소비율 G [g/PS·h]를 구하시오.

(7) 실린더 안지름 60 mm, 피스톤 행정 76 mm의 4 실린더 엔진에 대하여 총 배기량 (cc)을 구하시오.

[해설] (1) $\varepsilon = \dfrac{v_2}{v_1} = \left(\dfrac{P_2}{P_1}\right)^{\frac{1}{k}} = \left(\dfrac{4000}{100}\right)^{\frac{1}{1.4}} = 13.94$

제 8 장 가스 동력 사이클

$$\sigma = \frac{v_3}{v_2} = \frac{T_3}{T_2} = \frac{T_3}{T_1 \varepsilon^{k-1}} = \frac{2500}{300 \times 13.94^{0.4}} = 2.9 \text{이므로},$$

$$\eta_D = 1 - \frac{1}{\varepsilon^{k-1}} \times \frac{\sigma^k - 1}{k(\sigma - 1)}$$

$$= 1 - \frac{1}{13.94^{0.4}} \times \frac{2.9^{1.4} - 1}{1.4 \times (2.9 - 1)} = 0.549$$

(2) $\eta_O = 1 - \frac{1}{\varepsilon^{k-1}} = 1 - \frac{1}{13.94^{0.4}} = 0.6514$

$\therefore \frac{\eta_D}{\eta_O} = \frac{0.549}{0.6514} = 0.8428$

(3) $\eta_e = \frac{\text{PS}}{GH_l} = \frac{1 \text{PS}}{44100 \text{ kJ/kg} \times 0.260 \text{ kg/h}}$

$$= \frac{1 \text{PS}}{11466 \div 3600 \text{ kJ/s}}$$

$$= \frac{1 \text{PS}}{3.185 \times 1.36 \text{ PS}} \fallingdotseq 0.231$$

(4) $\eta_D = 1 - \frac{1}{\varepsilon^{k-1}} \times \frac{\sigma^k - 1}{k(\sigma - 1)}$ 에서,

$$\varepsilon = \left\{ \frac{\sigma^k - 1}{(1 - \eta_d) k (\sigma - 1)} \right\}^{\frac{1}{k-1}}$$

$$= \left\{ \frac{1.5^{1.3} - 1}{(1 - 0.60) \times 1.3 \times (1.5 - 1)} \right\}^{\frac{1}{0.3}} = 26.38$$

(5) $\sigma = \frac{v_3}{v_2} = \frac{T_3}{T_2}$

$T_3 = T_2 \sigma = \sigma T_1 \varepsilon^{k-1}$

$= 3 \times 300 \times 14^{0.4} = 2586.39 \text{ K} = 2313.39 \text{°C}$

(6) $G = \frac{1}{\eta_e \times H_l} = \frac{1}{\eta_e \times 44100 \text{ kJ/kg}}$

$$= \frac{1}{0.282 \times \frac{44100}{3600 \times 1000} \times 1.36 \text{ PS·h/g}}$$

$= 212.85 \text{ g/PS·h}$

* $\eta_{th} = 1 - \frac{1}{\varepsilon^{k-1}} = 1 - \left(\frac{1}{\eta}\right)^{0.4} = 0.541$

$\eta_e = \eta_{th} \cdot \eta_g \cdot \eta_m = 0.541 \times 0.58 \times 0.9 = 0.282$

(7) 총 배기량 $V_{st} = \frac{\pi}{4} D^2 S z = \frac{\pi}{4} \times 6^2 \times 7.6 \times 4 = 859 \text{ cc}$

8-5 사바테 사이클 (Sabathé cycle, 복합 사이클)

사바테 사이클은 2개의 단열과정, 2개의 정적과정, 1개의 정압과정으로 구성된 사이클로 정적정압(복합) 사이클로서, 2중 연소 사이클이라고도 하며, 고속 디젤기관(무기분사 ; 無氣噴射)의 기본 사이클이다.

고속 디젤 기관에서 연소시간을 단축하기 위하여 정압연소와 정적연소를 거의 동시에 발생케 하며, 이것은 연료분사 시기를 전진(前進)시킴으로써 이루어지며, 일찍 분사된 연료는 압축착화 후 뒤에 분사되는 연료는 정압하에서 연소시켜 사이클을 형성한다.

사바테 사이클은 오토 사이클과 디젤 사이클이 합성된 사이클로 합성(合成) 사이클(combined cycle)이라고도 한다.

동작유체의 비열이 일정하다면 가스 1 kg당 공급열량과 방열량은 다음과 같다.

① 가열량 : $q_1 = q_{1v} + q_{1p}$

$$\therefore\ q_1 = C_v(T_3' - T_2) + C_p(T_3 - T_3') \qquad (8-14)$$

② 방열량 : $q_2 = C_v(T_4 - T_1)$

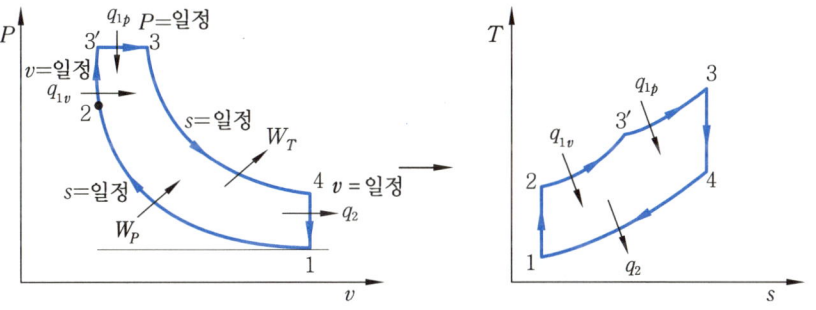

$0 \to 1$: 흡입과정 $1 \to 2$: 단열압축과정 $2 \to 3'$: 정적가열과정(폭발)
$3' \to 3$: 정압가열과정 $3 \to 4$: 단열팽창과정 $4 \to 1$: 등적방열과정
$0 \to 1$: 배기과정

그림 8-4 사바테 사이클

각 과정의 P, v, T 관계는 다음과 같다.

(가) $1 \to 2$ (단열압축) 과정 : $T_1 v_1^{k-1} = T_2 v_2^{k-1}$ 에서,

$$\therefore\ T_2 = T_1 \left(\frac{v_1}{v_2}\right)^{k-1} = T_1 \cdot \varepsilon^{k-1} \qquad (8-15)$$

(나) $2 \to 3'$ (등적가열) 과정 : $\dfrac{P_2}{T_2} = \dfrac{P_3'}{T_3'}$ 에서,

$$\therefore T_3' = T_2\left(\frac{P_3'}{P_2}\right) = T_2 \cdot \alpha = T_1 \cdot \varepsilon^{k-1} \cdot \alpha \tag{8-16}$$

여기서, $\dfrac{P_3'}{P_2} = \alpha$: 폭발비(explosion ratio)

(다) $3' \to 3$ (등압가열) 과정 : $\dfrac{v_3'}{T_3'} = \dfrac{v_3}{T_3}$ 에서,

$$\therefore T_3 = \left(\frac{v_3}{v_3'}\right)T_3' = \sigma \cdot T_3' = \sigma \cdot \alpha \cdot \varepsilon^{k-1} \cdot T_1 \tag{8-17}$$

여기서, $\dfrac{v_3}{v_3'} = \sigma$ (단절비)

(라) $3 \to 4$ (단열팽창) 과정 : $T_3 v_3^{k-1} = T_4 v_4^{k-1}$ 에서,

$$\therefore T_4 = T_3\left(\frac{v_3}{v_4}\right)^{k-1} = T_3\left(\frac{v_3}{v_3'} \cdot \frac{v_3'}{v_4}\right)^{k-1}$$

$$= T_3\left(\frac{v_3}{v_2} \cdot \frac{v_2}{v_4}\right)^{k-1} = T_3 \cdot \left(\sigma \cdot \frac{1}{\varepsilon}\right)^{k-1}$$

$$= \sigma^k \cdot \alpha \cdot T_1 \tag{8-18}$$

③ 이론열효율 : $\eta_{thS} = \dfrac{W}{q_1} = 1 - \dfrac{q_2}{q_1} = 1 - \dfrac{C_v(T_4 - T_1)}{C_v(T_3' - T_2) + C_p(T_3 - T_3')}$ 에 위의 $T_2 \sim T_4$ 를 대입 정리하면 사바테 사이클의 이론열효율은

$$\eta_{thS} = 1 - \frac{C_v(T_4 - T_1)}{C_v(T_3' - T_2) + C_p(T_3 - T_3')}$$

$$= 1 - \frac{1}{\varepsilon^{k-1}} \times \frac{\alpha \cdot \sigma^k - 1}{(\alpha - 1) + k\alpha(\sigma - 1)} \tag{8-19}$$

사바테 사이클의 이론열효율은 k가 같을 때 ε와 α가 클수록, σ가 작을수록 높아지며 $\sigma = 1$일 때 $\eta_{thS} = \eta_{thO}$가 되고, $\alpha = 1$일 때 $\eta_{thS} = \eta_{thD}$가 된다.

④ 평균유효압력

$$P_{me} = \frac{W}{v_1 - v_2} = \frac{\eta_{thS} \cdot q_1}{(v_1 - v_2)}$$

$$= \frac{P_1}{RT_1}(q_{1v} + q_{1p}) \cdot \frac{\varepsilon}{\varepsilon - 1} \eta_{thS}$$

$$= P_1 \frac{\varepsilon^k\{(\alpha-1) + k\alpha(\sigma-1)\} - \varepsilon(\alpha\sigma^k - 1)}{(k-1)(\varepsilon - 1)} \tag{8-20}$$

예제 8. 사바테(Sabathé) 사이클로 작동하는 기관에서 압축비 15, 압축 전의 압력 90 kPa, 온도 60℃, 최고압력 6 MPa, 최고온도 2400℃, $k=1.35$일 때 다음을 구하시오.
(1) 폭발온도(T_3)(K)를 구하시오.
(2) 압축 후의 압력과 온도(P_2, T_2)를 구하시오.

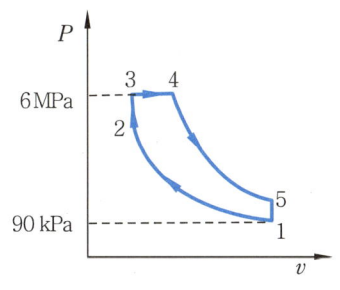 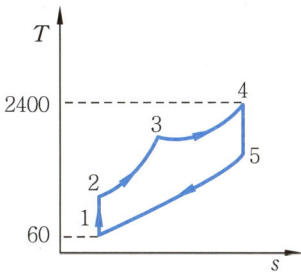

(3) 체절비(σ)와 압력상승비(α)를 각각 구하시오.
(4) 열효율을 구하시오.

[해설] (1) $T_3 = T_2 \dfrac{P_3}{P_2} = 859.16 \times \dfrac{6000}{3483} = 1480 \text{ K}$

(2) 단열압축 과정이므로,

$$P_2 = P_1 \left(\dfrac{v_1}{v_2}\right)^k = 90 \times 15^{1.35} = 3483 \text{ kPa}$$

$$T_2 = T_1 \left(\dfrac{v_1}{v_2}\right)^{k-1} = (273+60) \times 15^{0.35} = 859.16 \text{ K}$$

(3) $\sigma = \dfrac{v_4}{v_3} = \dfrac{T_4}{T_3} = \dfrac{2673}{1480} = 1.81$

$\alpha = \dfrac{P_3}{P_2} = \dfrac{6000}{3483} = 1.72$

(4) $\eta_s = 1 - \dfrac{1}{\varepsilon^{k-1}} \times \dfrac{\alpha\sigma^k - 1}{(\alpha-1) + k\alpha(\sigma-1)}$

$= 1 - \dfrac{1}{15^{0.35}} \times \dfrac{1.72 \times 1.81^{1.35} - 1}{0.72 + 1.35 \times 1.72 \times 0.81} = 0.578 = 57.8 \%$

예제 9. 사바테 사이클에서 다음 조건이 주어졌을 때 이론열효율과 평균유효압력을 구하시오.(단, 압축비 $\varepsilon=14$, 체절비 $\sigma=1.8$, 압력비 $\alpha=1.2$, $k=1.4$, 최저압력은 100 kPa 이다.)

[해설] 이론열효율 η_{thS}

$\eta_{thS} = 1 - \dfrac{1}{\varepsilon^{k-1}} \cdot \dfrac{\alpha \cdot \sigma^k - 1}{(\alpha-1) + k\alpha(\sigma-1)}$

$= 1 - \dfrac{1}{14^{0.4}} \cdot \dfrac{1.2 \times 1.8^{1.4} - 1}{(1.2-1) + 1.4 \times 1.2 \times (1.8-1)} = 0.6095 = 60.95 \%$

평균유효압력 P_{me}

$$P_{me} = P_1 \times \frac{\varepsilon^k\{(a-1)+ka(\sigma-1)\}-\varepsilon(a\cdot\sigma^k-1)}{(k-1)(\varepsilon-1)}$$

$$= 100 \times \frac{14^{1.4}\{(1.2-1)+1.4\times1.2\times(1.8-1)\}-14\times(1.2\times1.8^{1.4}-1)}{(1.4-1)(14-1)} = 728 \text{ kPa}$$

8-6 각 사이클의 비교

(1) 카르노 사이클과 오토 사이클의 비교

그림 8-5에서처럼 같은 온도 범위에서 작동하는 카르노 사이클과 오토 사이클을 비교해 보면, $q_1 < q_1'$, $q_2 > q_2'$ 이므로, $\alpha = \frac{q_1'}{q_1}$, $\beta = \frac{q_2'}{q_2}$ 라 놓으면, $\alpha > 1$, $\beta < 1$ 이다.

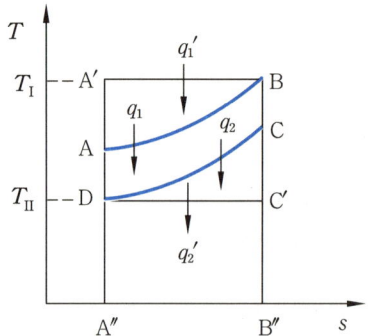

그림 8-5 카르노 사이클과 오토 사이클의 비교

$$\eta_{thO} = 1 - \frac{q_2}{q_1}, \quad \eta_{thC} = 1 - \frac{q_2'}{q_1'} = 1 - \left(\frac{\beta}{\alpha}\right)\left(\frac{q_2}{q_1}\right), \quad \frac{\beta}{\alpha} < 1$$

$$\therefore \eta_{thC} > \eta_{thO} \tag{8-21}$$

카르노 사이클이 오토 사이클보다 이론열효율이 높다.

(2) 오토 사이클과 디젤 사이클의 비교

① 초온, 초압, 공급열량 및 압축비가 같은 경우

오토, 디젤, 사바테 사이클의 $P-v$, $T-s$ 선도는 그림 8-6과 같으며 기준이 되는 사이클은 오토 사이클이다.

공급열량이 동일하기 위해서는 $T-s$ 선도 상의 각 사이클의 면적이 같아야 한다.

오토 사이클의 면적(=01247A)=디젤 사이클의 면적(=0126″7″C)
　　　　　　　　　　　　　　=사바테 사이클의 면적(=01235′6′B)

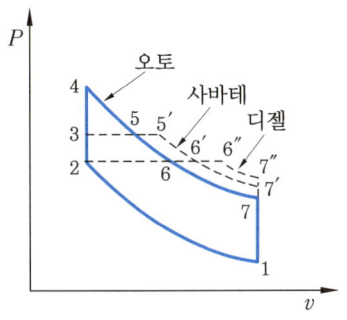
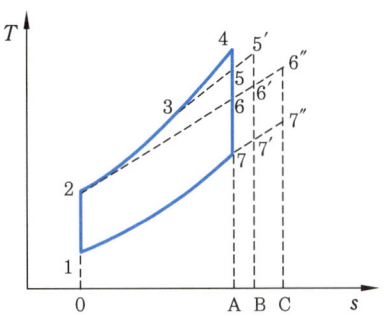

그림 8-6 기본 사이클의 비교(1)

$T-s$ 선도 상에서 가열량의 면적은 세 사이클 모두 같지만 방열량의 면적이 다르다. 그러므로 공급열량이 일정할 때 열효율은 방열량에 반비례하므로 이 경우 열효율은 다음과 같이 된다.

$$\eta_{thO} > \eta_{thS} > \eta_{thD} \tag{8-22}$$

즉, 초온, 초압, 공급열량, 압축비가 같을 때 오토 사이클의 효율이 가장 좋으나 실제로는 압축비를 동일하게 할 수는 없다.

② 초온, 초압, 공급열량 및 최고압력이 같은 경우

기준이 되는 사이클은 디젤 사이클이며, 공급열량이 동일하므로 각 사이클의 $T-s$ 선도 상의 면적이 같아야 한다. 즉,

디젤 사이클의 면적(=01467A)=오토 사이클의 면적(=0126″7″C)
=사바테 사이클의 면적(=01356′7′B)

공급열량이 일정할 때 열효율은 방출열량에 반비례하므로 $T-s$ 선도에서 방출열량은 오토 사이클> 사바테 사이클>디젤 사이클순이며, 열효율은 다음과 같다.

$$\eta_{thD} > \eta_{thS} > \eta_{thO} \tag{8-23}$$

즉, 초온, 초압, 공급열량, 최고압력이 같을 때 열효율은 디젤 사이클이 가장 높다.

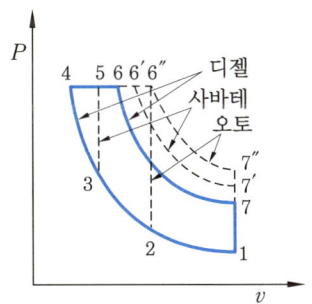
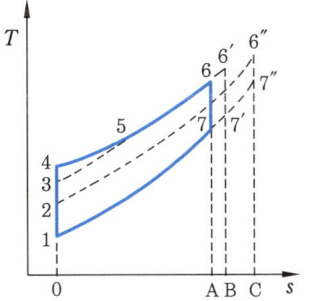
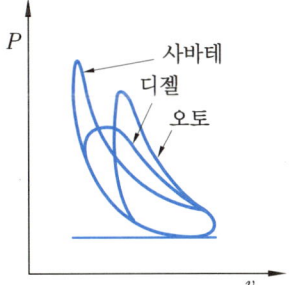

그림 8-7 기본 사이클의 비교(2)

8-7 내연기관의 실제 효율 및 출력

실제기관에서 동작유체가 피스톤에 대하여 행하는 일 즉, 지압선도 상의 일(W_i)은 펌프 손실 등 각종 손실 때문에 이론 사이클인 공기표준사이클에서 얻는 일(W_{th})보다 항상 적다. 내연기관에서 실제 효율들은 다음과 같이 표현할 수 있다.

도시(圖示)열효율 $\eta_i = \dfrac{도시일}{가열량} = \dfrac{W_i}{q_1}$ (8-24)

기관효율(효율비) $\eta_g = \dfrac{도시일}{이론일} = \dfrac{W_i}{W_{th}} = \dfrac{\eta_i}{\eta_{th}}$ (8-25)

정미(正味)열효율 $\eta_e = \dfrac{정미일}{가열량} = \dfrac{W_e}{q_i} = \eta_i \cdot \eta_m = \eta_g \cdot \eta_{th} \cdot \eta_m$ (8-26)

기계효율 $\eta_m = \dfrac{정미일}{도시일} = \dfrac{W_e}{W_i} = \dfrac{\eta_e}{\eta_i}$ (8-27)

*정미일 W_e = (도시일 W_i) - (기계 마찰 및 기타 보조장치 구동에 필요한 손실일 W_r)

1 사이클 당의 일을 도시일(indicate work) W_i 및 정미일(net work) W_e라 하고, 평균유효압력을 도시 평균유효압력 P_{mi} 및 정미 평균유효압력 P_{me}로 표시한다. 행정체적을 V_s라면, 도시 평균유효압력과 정미 평균유효압력은 다음과 같다.

$$P_{mi} = \dfrac{W_i}{V_s} = \dfrac{W_{th} \cdot \eta_g}{V_s} = P_{th} \cdot \eta_g = \dfrac{60 N_i}{V_s \cdot \dfrac{n}{z}} \quad (8-28)$$

여기서, $\dfrac{n}{z}$: 단위시간당 사이클 수(n : 매분 회전수, z : 4 사이클 기관에서는 2, 2 사이클 기관에서는 1)
N_i : 도시마력

$$P_{me} = \dfrac{W_e}{V_s} = \dfrac{W_i \cdot \eta_m}{V_s} = P_{mi} \cdot \eta_m = P_{th} \cdot \eta_g \cdot \eta_m = \dfrac{60 N_e}{V_s \cdot \dfrac{n}{z}} \quad (8-29)$$

연료의 저발열량을 H_l, 연료 공급량을 G라면,

$$\eta_e = \dfrac{N_e}{H_l \cdot G}, \quad N_e = H_l \cdot G \cdot \eta_e = \dfrac{1}{60} \cdot P_{me} \cdot V_s \cdot \dfrac{n}{z} \quad (8-30)$$

정미 또는 제동마력 $N_e = \dfrac{P_{me} V_s \left(\dfrac{n}{z}\right)}{75 \times 60}$ (8-31)

여기서, H_l : kcal/kg, G : kg/h
N_e : PS(or hp), P_{me} : kg/cm²

예제 10. 압축비가 7인 오토 사이클에서 효율비가 58 %, 기계효율이 90 %라 할 때 연료 소비율을 구하시오.(단, 연료의 저발열량은 10500 kcal/kg이다.)

[해설] $\eta_{thO} = 1 - \dfrac{1}{\varepsilon^{k-1}} = 1 - \dfrac{1}{7^{0.4}} \fallingdotseq 54.1\%$

$\eta_e = \eta_{th} \cdot \eta_g \cdot \eta_m = 0.541 \times 0.58 \times 0.9 = 0.2824$

$\eta_e = \dfrac{632 \times N_e}{H_l \cdot G} : (H_l\,[\text{kcal/kg}]) = \dfrac{632 \times 1000}{H_l \cdot b_e} : (b_e : [\text{g/PS·h}])$

$\therefore b_e\,[\text{g/PS·h}] = \dfrac{632 \times 1000}{H_l \cdot \eta} = \dfrac{632 \times 1000}{10500 \times 0.2824} = 213.14\,\text{g/PS·h}$

예제 11. 제동열효율이 30 %인 4 사이클 디젤 기관이 저발열량 9600 kcal/kg의 경유를 연료로 사용할 때 연료소비율을 구하시오.

[해설] $\eta = \dfrac{1000 \times 632.3}{f \times H_l}\,[\text{PS}]$ 또는 $\dfrac{1000 \times 860}{f \times H_l}\,[\text{kW}]$

$\therefore f = \dfrac{1000 \times 632.3}{0.3 \times 9600} = 219.55\,\text{g/PS·h}$

예제 12. 행정체적이 3.6 m³/min인 어떤 기관의 출력이 40 PS이다. 이 기관의 평균유효압력(kPa)을 구하시오.

[해설] $P_{me} = \dfrac{W_e}{v_s} = \dfrac{40 \times 75}{3.6 \times \dfrac{1}{60}} = 50000\,\text{kg/m}^2$

$= 5\,\text{kg/cm}^2 = 5 \times 9.8 \times 10^4$

$= 490000\,\text{N/m}^2\,(=\text{Pa}) = 490\,\text{kPa}$

8-8 가스 터빈 사이클 (gas turbine cycle)

가스 터빈은 그림 8-8에서 보는 바와 같이 압축기, 연소기, 터빈 등을 기본요소로 하여 터빈의 익차(翼車, turbine blade wheel)의 날개에 직접 연소 가스를 분출시켜 회전일을 얻는 직접 회전식 내연기관이다. 이러한 단순 가스 터빈의 경우는 공기가 압축기에 흡입되어 단열면적으로 압축되고 연소실로 보내져 이곳에서 연료를 분사시켜 연소된 가스가 터빈에서 단열적으로 팽창하여 동력을 발생시키는 사이클로서 동력의 대부분은 압축기를 구동시키는 데 소모되며 일부가 실제 출력으로 소모되는 것이다.

(1) 브레이턴 사이클(Brayton cycle)

 브레이턴 사이클은 공기표준 가스 터빈의 이상 사이클로서 2개의 단열과정과 2개의 정압과정으로 이루어진 가스 터빈의 이상 사이클이다. 등압연소 사이클과 등적연소 사이클이 있고, 현재 실용화되어 있는 것은 등압연소 사이클이며, 그림 8-8의 개방 사이클과 밀폐 사이클이 있다.

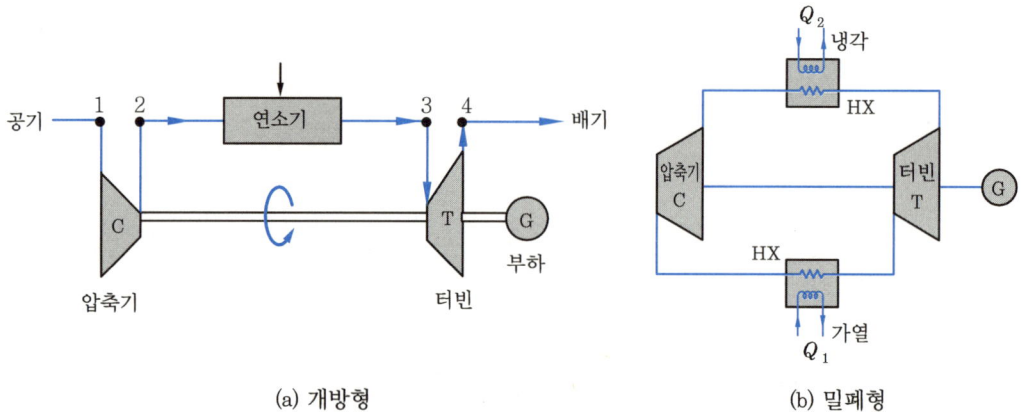

(a) 개방형   (b) 밀폐형

그림 8-8 브레이턴 사이클의 개략도

가스 1 kg에 대하여,

① 가열량 : $q_1 = C_p(T_3 - T_2)$
② 방열량 : $q_2 = C_p(T_4 - T_1)$ (8-32)

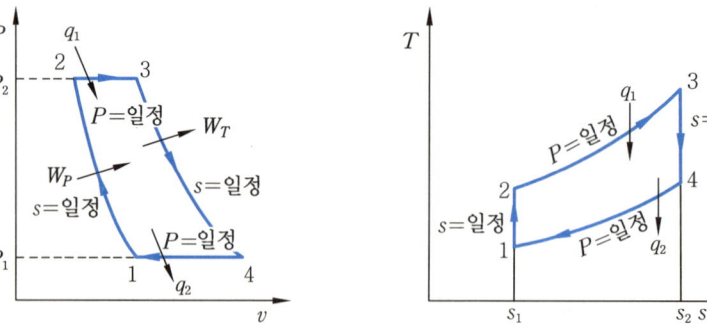

1→2 : 단열압축과정(압축기)   2→3 : 정압가열과정(연소기)
3→4 : 단열팽창과정(터빈)   4→1 : 정압방열과정

그림 8-9 브레이턴 사이클

각 과정의 P, v, T 관계는 다음과 같다.

(가) $1 \rightarrow 2$ (단열압축) 과정 : $T_1^k P_1^{1-k} = T_2^k P_2^{1-k}$ 에서,

$$\therefore T_2 = T_1 \cdot \left(\frac{P_2}{P_1}\right)^{\frac{k-1}{k}} = T_1 \cdot \varphi^{\frac{k-1}{k}}$$ (8-33)

여기서, $\dfrac{P_2}{P_1} = \varphi$ 를 압력비(pressure ratio)라 한다.

(나) 2 → 3 (정압가열) 과정 : $P_2 = P_3$

(다) 3 → 4 (단열팽창) 과정 : $T_3^{\,k} P_3^{\,1-k} = T_4^{\,k} P_4^{\,1-k}$ 에서,

$$\therefore \; T_3 = T_4 \left(\dfrac{P_3}{P_4}\right)^{\frac{k-1}{k}} = T_4 \left(\dfrac{P_2}{P_1}\right)^{\frac{k-1}{k}} = T_4 \cdot \varphi^{\frac{k-1}{k}} \tag{8-34}$$

(라) 4 → 1 (정압비열) 과정 : $P_1 = P_4$

- 운동 에너지를 무시하고 각 점의 총 엔탈피를 h 라 하면,

  터빈일 $W_T = h_3 - h_4$

  압축일 $W_C = h_2 - h_1$

  정미일 $W_e = W_T - W_C = h_3 - h_4 - h_2 + h_1$

  공급열량 $q_1 = h_3 - h_2$

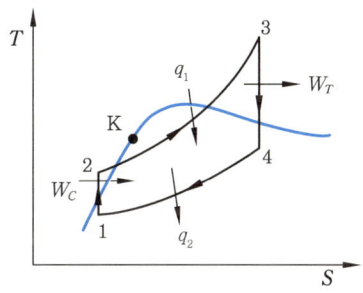

그림 8-10 가스 터빈의 $h-s$ 선도

③ 이론열효율

$$\eta_{thB} = 1 - \dfrac{q_2}{q_1} = 1 - \dfrac{T_4 - T_1}{T_3 - T_2} = 1 - \left(\dfrac{1}{\varphi}\right)^{\frac{k-1}{k}} = 1 - \dfrac{h_4 - h_1}{h_3 - h_2} \tag{8-35}$$

윗 식에서 보는 바와 같이 브레이턴 사이클의 열효율은 압력비만의 함수이다.

④ 실제기관의 효율 : 실제 기관에서는 압축과 팽창이 비가역적으로 이루어지므로 압축일과 팽창일은 줄어든다. 따라서, 실제일과 가역단열일을 비교한 것을 단열효율이라 한다.

터빈의 단열효율 $\eta_T = \dfrac{W_T{'}}{W_T} = \dfrac{h_3 - h_4{'}}{h_3 - h_4} = \dfrac{T_3 - T_4{'}}{T_3 - T_4}$ \hfill (8-36)

압축기의 단열효율 $\eta_C = \dfrac{W_C}{W_C{'}} = \dfrac{h_2 - h_1}{h_2{'} - h_1} = \dfrac{T_2 - T_1}{T_2{'} - T_1}$ \hfill (8-37)

가스 터빈의 역동력비(back work ratio)는

$$\mathrm{BWR} = \dfrac{W_C}{W_T} = \dfrac{\text{압축기의 소요일}}{\text{터빈의 총 출력}} \tag{8-38}$$

브레이턴 사이클에서는 역동력비가 높기 때문에 압축기와 터빈의 효율이 조금만 감소하여도 사이클의 효율이 크게 감소한다.

가스 터빈의 효율은 가스의 온도를 높임으로써 증가되며 이 온도는 터빈을 구성하는 재료의 강도에 제한을 받는다. 따라서, 연소생성물은 공기로 취급하여도 좋으나 역동력비가 매우 크기 때문에 연료를 추가함으로써 터빈에 흐르는 유량이 조금만 증가하여도 유효일은 크게 증가한다. 가스 터빈 사이클에서는 최고온도를 제한하기 위하여 공기-연료비(공연비)를 높게 하고 있다. 또한 브레이턴 사이클에서는 터빈일에 비하여 압축일이 크며, 압축기는 터빈 출력의 40~80 %를 필요로 한다.

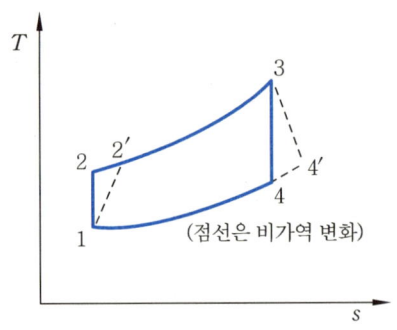

그림 8-11 실제 브레이턴 사이클

예제 13. 이상 가스 터빈 사이클에서 공기가 100 kPa, 15℃로 흡입되어 470 kPa까지 압축된다. 이 사이클의 최고온도는 1100 K, 터빈일은 압축기일과 같다. 터빈에서 나오는 공기는 노즐에서 100 kPa까지 가역단열팽창한다.(단, $k=1.4$이다.)

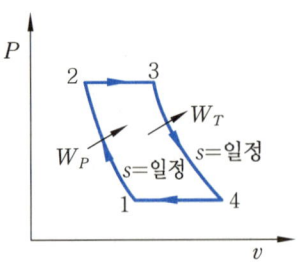

(1) 터빈 출구에서의 공기 온도를 구하시오.
(2) 터빈 출구에서 공기압력(kPa)을 구하시오.

[해설] (1) $W_P = W_T$이므로,

$$C_p(T_2 - T_1) = C_p(T_3 - T_4)$$

$$T_2 = T_1 \left(\frac{P_2}{P_1}\right)^{\frac{k-1}{k}} = 288 \times \left(\frac{470}{100}\right)^{\frac{0.4}{1.4}} \fallingdotseq 448\,\text{K}$$

$$T_4 = T_3 - (T_2 - T_1)$$
$$\therefore\ T_4 = 1100 - (448 - 288) = 940\ \text{K}$$

(2) $P_4 = P_3 \left(\dfrac{T_4}{T_3}\right)^{\frac{k}{k-1}}$, $P_3 = P_2$

$$\therefore\ P_4 = 470 \left(\dfrac{940}{1100}\right)^{\frac{1.4}{0.4}} \fallingdotseq 271\ \text{kPa}$$

예제 14. 브레이턴 사이클에 의하여 작동되는 가스 터빈에서 최고압력 480 kPa, 최저압력 100 kPa, 최저온도가 15℃일 경우 다음 값을 구하시오.(단, $k = 1.4$이다.)

(1) 이론열효율(%)을 구하시오.

(2) 1 사이클당 공기 1 kg에 168 kJ의 열을 얻기 위해 필요한 공급열량(kJ)을 구하시오.

(3) 사이클 중 최고온도(℃)를 구하시오.(단, $C_p = 1.005\ \text{kJ/kg·K}$이다.)

[해설] (1) $\eta_B = 1 - \left(\dfrac{1}{\varphi}\right)^{\frac{k-1}{k}} = 1 - \left(\dfrac{100}{480}\right)^{\frac{0.4}{1.4}} = 0.361$

(2) $\eta_B = \dfrac{W}{q_1}$ 에서 $q_1 = \dfrac{W}{\eta_B}$ 이므로,

$$\therefore\ q_1 = \dfrac{168}{0.361} = 465.4\ \text{kJ}$$

(3) $q_1 = C_p(T_3 - T_2)$에서, $T_3 = T_2 + \dfrac{q_1}{C_p}$ 인데,

$$T_2 = T_1 \left(\dfrac{P_2}{P_1}\right)^{\frac{k-1}{k}} = 288 \times \left(\dfrac{100}{480}\right)^{\frac{0.4}{1.4}} = 183.97\ \text{K 이므로,}$$

$$\therefore\ T_3 = 183.97 + \dfrac{465.4}{1.005} = 647\ \text{K}$$

(2) 에릭슨 (Ericsson) 사이클

가스 터빈의 효율 향상을 위한 기본적인 방법은 ① 적절한 압력비 선택, ② 터빈 입구의 가스 온도를 증가시킴, ③ 압축기 효율, 터빈 효율, 연소효율을 높이는 방법 등이 있으나 만족할 만큼의 성능을 향상시킬 수 없다. 따라서, 열역학적으로 사이클 형식을 개선하여 2개의 가역등압과정과 2개의 가역등적과정으로 구성되는 가스 터빈의 이상 사이클인 에릭슨 사이클에 접근시키는 방법이다. 접근 방법에는 ① 배기열을 회수하는 재생(再生) 사이클, ② 단열팽창을 등온팽창에 접근시키기 위하여 동작 유체를 재열하는 재열 사이클, ③ 단열압축을 등온압축으로 접근시키기 위하여 공기를 압축 도중 냉각하는 중간냉각 방법이 있다.

가스 터빈의 이상 사이클인 에릭슨 사이클은 2개의 등온과정과 2개의 등압과정으로

되어 있는 현실적으로 존재하기 어려운 사이클로 이론적인 의미만을 가지며, 열효율은 같은 온도 범위에서 작동하는 카르노 사이클의 열효율과 같다.

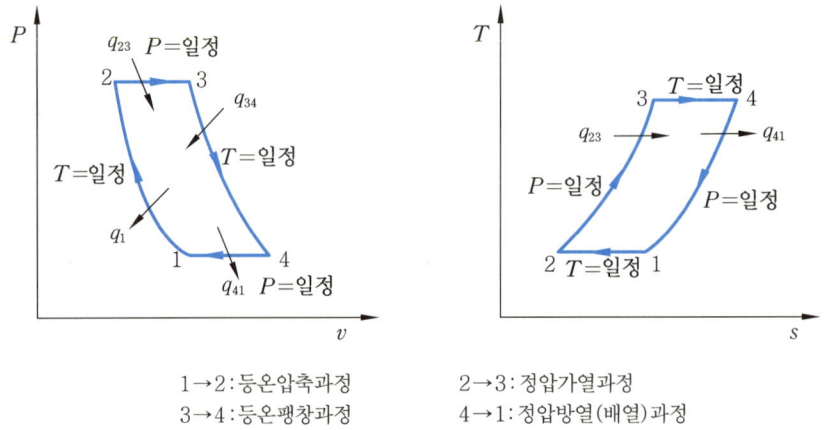

1→2 : 등온압축과정   2→3 : 정압가열과정
3→4 : 등온팽창과정   4→1 : 정압방열(배열)과정

그림 8-12 에릭슨 사이클

8-9 기타 사이클

(1) 스털링 사이클 (Stirling cycle)

스털링 사이클은 2개의 등온과정과 2개의 정적과정으로 이루어진 이론적인 사이클이다.

$$\eta_{thSt} = 1 - \frac{T_2}{T_1} = \eta_C \qquad (8-39)$$

스털링 사이클에서 q_{23}와 q_{41}이 같고, q_{41}을 이용할 수 있으면 열효율은 카르노 사이클과 같아지며, 역(逆) 스털링 사이클은 헬륨을 냉매로 하는 극저온용 가스 냉동기의 기본 사이클이다.

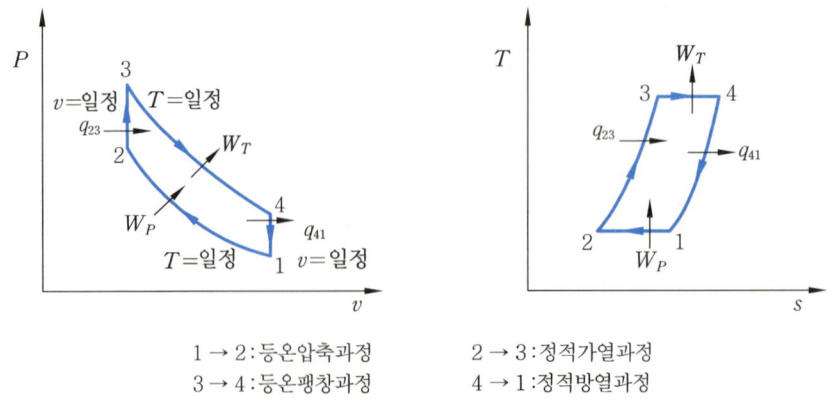

1→2 : 등온압축과정   2→3 : 정적가열과정
3→4 : 등온팽창과정   4→1 : 정적방열과정

그림 8-13 스털링 사이클

(2) 아트킨슨 사이클 (Atkinson cycle)

오토 사이클의 배기로 운전되는 가스 터빈의 이상 사이클로서 정적 가스 터빈 사이클이라고도 하며, 2개의 단열과정과 1개의 정적과정, 1개의 정압과정으로 이루어져 있다.

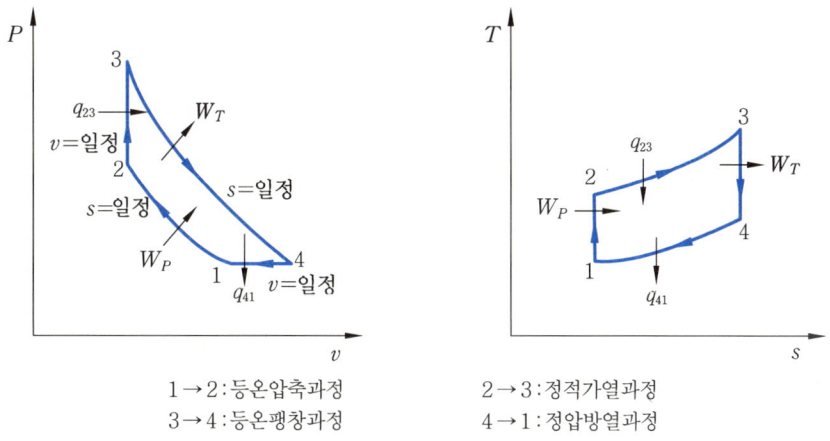

1→2 : 등온압축과정   2→3 : 정적가열과정
3→4 : 등온팽창과정   4→1 : 정압방열과정

그림 8-14 아트킨슨 사이클

(3) 르노아 사이클 (Lenoir cycle)

르노아 사이클은 펄스제트(pulse-jet) 추진 계통의 사이클과 비슷한 사이클로서 1개의 정압과정과 1개의 정적과정으로 이루어진 사이클이다.

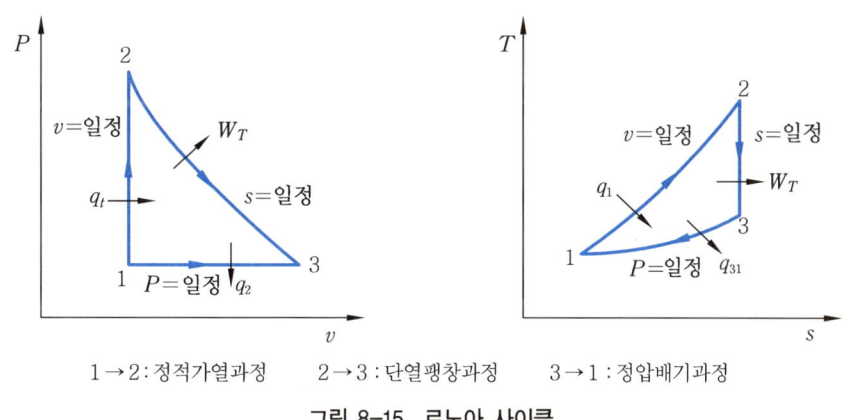

1→2 : 정적가열과정   2→3 : 단열팽창과정   3→1 : 정압배기과정

그림 8-15 르노아 사이클

> **예제 15.** 20℃, 100 kPa의 공기가 압축기에 흡입되어 압력비 5인 터빈의 입구온도가 980℃인 브레이턴 사이클이 있다. 운동 에너지를 무시할 경우 압축일, 터빈일, 사이클의 열효율을 구하시오.

[해설] ① $W_C = h_2 - h_1 = C_p(T_2 - T_1)$

$\quad * T_2 = T_1 \times \left(\dfrac{P_2}{P_1}\right)^{\frac{k-1}{k}} = 293 \times 5^{\frac{0.4}{1.4}} = 464 \text{ K} = 191\text{℃}$

$\quad \therefore W_C = 1.005 \times (191 - 20) = 171.855 \text{ kJ/kg}$

② $W_T = h_3 - h_4 = C_p(T_3 - T_4)$

$\quad * T_4 = T_3 \times \left(\dfrac{P_4}{P_3}\right)^{\frac{k-1}{k}} = 1253 \times \left(\dfrac{1}{5}\right)^{\frac{0.4}{1.4}} = 791 \text{ K} = 518\text{℃}$

$\quad \therefore W_T = 1.005 \times (980 - 518) = 464.31 \text{ kJ/kg}$

③ 가열량 $q_1 = h_3 - h_2 = C_p(T_3 - T_2)$

$\qquad\qquad = 1.005 \times (1253 - 464)$

$\qquad\qquad = 792.95 \text{ kJ/kg}$

$\quad \therefore \eta_{thB} = \dfrac{W_e}{q_1} = \dfrac{W_T - W_C}{q_1}$

$\qquad\quad = \dfrac{W_T - W_C}{q_1}$

$\qquad\quad = \dfrac{464.31 - 171.855}{792.95}$

$\qquad\quad = 0.369 = 36.9\ \%$

연습문제

1. 오토 사이클에서 압축비가 일정하고, 비열비가 1.3과 1.4인 경우 어느 쪽의 효율이 더 좋은지 비교하시오.

2. 복합 사이클의 이론열효율 식에서 어느 항이 1이면 오토 사이클의 열효율이 되는지 구하시오.

3. 체적효율(volume efficiency)에 대해 설명하시오.

4. 디젤 사이클에서 압축비가 16, 단절비가 2.69일 때 이론열효율을 구하시오.(단, $k=1.4$이다.)

5. 통극체적(clearance volume)이란 피스톤이 상사점에 있을 때, 기통의 최소체적을 말한다. 만약 통극이 20 %라면 이 기관의 압축비를 구하시오.

6. 기관효율 55 %, 기계효율 85 %, 압축비 6인 휘발유 기관의 제동열효율을 구하시오.(단, $k=1.4$이다.)

7. 총 배기량 4000 cc, 3000 rpm인 4 사이클 휘발유 기관의 도시 평균유효압력은 882 kPa이고, 기계효율이 85 %일 때 정미마력을 구하시오.

8. 실린더의 통극체적이 행정체적의 20 %일 때 오토 사이클의 열효율(%)을 구하시오.

9. 디젤 사이클에서 최고온도 T_2와 최저온도 T_4 사이의 관계식을 구하시오.

10. 연료소비율에 대해 설명하시오.

11. 불꽃 점화기관에서 열효율을 60 %로 하려면 압축비를 구하시오.(단, $k=1.4$이다.)

12. 압축비 1.8, 단절비 2.1, 압력비 1.5인 혼합 사이클의 이론열효율을 구하시오.(단, $k=1.4$이다.)

13. 4사이클 휘발유 엔진에서 1분간에 1000번 점화되면 회전수(rpm)를 구하시오.

14. 최고·최저 압력이 각각 500 kPa, 100 kPa인 브레이턴 사이클의 이론열효율은 얼마인지 구하시오.(단, $k=1.4$이다.)

15. 평균유효압력이 8.2 kg/cm²이고, 1500 rpm에서 35 PS를 내는 기관을 6 시간 운전하여 25

L의 연료(비중 0.85)를 사용했다면 이 기관의 연료소비율을 구하시오.

16. 압력비가 10인 브레이턴 사이클의 이론열효율(%)을 구하시오.(단, $k=1.4$이다.)

17. 디젤 사이클에서 열효율이 60%이고, 단절비 1.5, 단열지수 $k=1.4$일 때 압축비를 구하시오.

18. 행정체적이 3.6 m³/min인 어떤 기관의 출력이 40 PS이다. 이 기관의 평균유효압력(kPa)을 구하시오.

19. $k=1.4$인 공기를 작동유체로 하는 디젤 기관에서 압축비 13, 단절비 2, 최저온도 50℃인 경우, 이론열효율(η_d), 동일 온도 범위에서 카르노 사이클의 효율을 구하시오.

20. 간극비가 20%인 오토 기관이 $k=1.3$인 고온 공기 1 kg으로 작동된다. 최저압력은 98 kPa, 최저온도는 300 K, 최고온도는 2500 K이다. 다음 값을 구하시오.
    (1) 압축비(ε), 행정체적(v_s)
    (2) 압축 후 온도, 압력 및 최고압력
    (3) 공급열량(Q_1), 이론열효율(η_O)
    (4) 이론 평균유효압력(P_{me})

21. 4 사이클 가솔린 엔진의 도시 평균유효압력이 686 kPa로서 회전속도 800 rpm, 행정체적이 1800 cc인 경우의 값을 구하시오.
    (1) 도시마력(PS)
    (2) 정미마력이 9.5 PS일 때 기계효율(η_m)

22. 공기를 왕복동식 압축기를 사용하여 2단으로 2기압에서 9기압으로 압축하는 경우 압축에 소요되는 일을 가장 적게 하기 위해서는 중간단의 압력을 구하시오.

23. 정미열효율 31%, 기계효율 82%인 디젤 기관은 1시간 운전에 18 kg의 연료가 필요하다. 이 기관의 도시마력(PS)을 구하시오.(단, 연료의 저위발열량은 44100 kJ/kg이다.)

24. 열효율 36%의 디젤 엔진에서 저발열량 44100 kJ/kg의 중유를 사용할 때 다음 물음에 답하시오.
    (1) 축마력이 50 PS일 때 연료소비량(kg/h)
    (2) 연료소비율(B_q [g/PS·h])

25. 통극체적 v_1이 행정체적 v_2의 20%인 가솔린 기관이 있다. 이것이 공기를($k=1.4$) 동작유체로 하는 오토 사이클을 이루는 것으로 할 때, 이 기관의 이론열효율을 구하시오.

26. 단열압축을 행하는 등압 연소 터빈에 있어서 최저압력이 1 bar, 최저온도가 100℃, 압력비가 4.5일 때 이론적 열효율(%)을 구하시오.

27. 공기를 동작유체로 하는 디젤 사이클의 온도 범위가 최고온도 2500℃, 최저온도 40℃일 때 압축비를 구하시오.(단, $k=1.4$이다.)

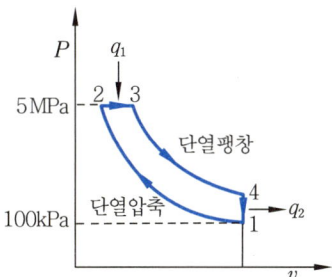

28. 공기를 동작유체로 하는 오토 사이클 기관의 압축비는 8이고, 사이클 중의 최저온도는 40℃, 최고온도는 1800℃이다. 흡입행정 마지막의 압력을 1.0133 bar, $k=1.4$로 하고 다음 값을 구하시오.
    (1) 팽창 후의 온도(℃)를 구하시오
    (2) 평균유효압력(kg/cm²)을 구하시오.
    (3) 최고압력(kg/cm²)을 구하시오.
    (4) 이론열효율(%)을 구하시오.
    (5) 이것과 동일한 열효율의 카르노 사이클의 최고온도(℃)를 구하시오.(단, 최저온도는 40℃로 한다.)

29. 공기를 동작유체로 하는 디젤 사이클의 $P-v$ 및 $T-s$ 선도는 다음과 같다. 이 선도를 참고로 하여 다음 값을 구하시오.

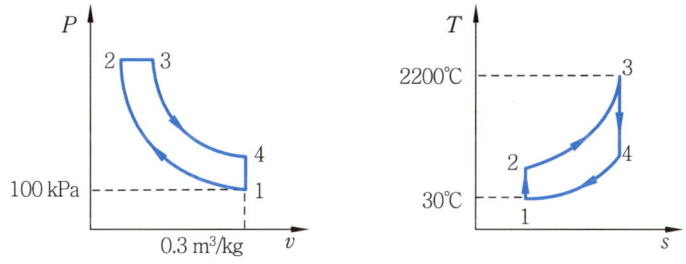

    (1) 최고압력(kPa)을 구하시오.(단, $\varepsilon=16$이다.)
    (2) $\sigma=\dfrac{v_3}{v_2}$를 구하시오.
    (3) 1 사이클 당의 공급열량, 방출열량(kJ/kg)을 구하시오.

30. 스털링(Stirling) 사이클의 구성을 설명하시오.

31. 에릭슨(Ericsson) 사이클의 구성을 설명하시오.

32. 공기 표준 오토 사이클로 작동되고 있는 엔진의 압축비가 8, $P_1 = 95$ kPa, $t_1 = 17℃$이다. 가열량이 1727 kJ/kg이라 할 때, $T_2, P_2, T_3, P_3, T_4, P_4, q_2, w_{net}, \eta_{thO}, P_{me}$를 구하시오. (단, $C_v = 0.717$ kJ/kg·K, $R = 0.287$ kJ/kg·K이다.)

33. 공기 표준 디젤 사이클의 압축비가 15이며, 사이클당 가열량은 1700 kJ/kg이다. 압축 초의 상태는 100 kPa, 15℃이며, $C_p = 1.005$ kJ/kg·K, $R = 0.287$ kJ/kg·K 일 때, 다음 선도에서 각 점($T_2, P_2, P_3, T_3, v_3, v_1, v_2, \sigma, T_4, q_2, \eta_{thD}, P_{me}$)의 상태를 구하시오.

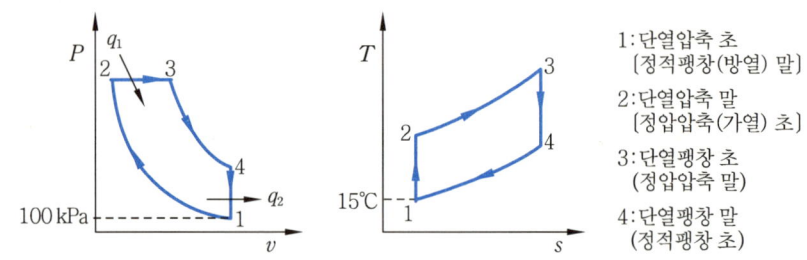

34. 복합 사이클인 사바테 사이클에서 압축비가 15이고, $P_1 = 95$ kPa, $t_1 = 20℃$이고, 정적하에서 가열하는 동안에 압력비 1.5, 정압가열 과정에서 체절비는 2이다. $C_v = 0.718$ kJ/kg·K, $C_p = 1.005$ kJ/kg·K, $R = 0.287$ kJ/kg·K, $k = 1.4$라 할 때, $P_2, T_2, P_3', T_3', q_1, T_3, T_4, P_4, q_2, \eta_{thS}, P_{me}$를 구하시오.

35. 공기 표준 브레이턴 사이클에서 공기는 0.1 MPa, 15℃에서 압축기로 유입된다. 압축기를 나오는 압력은 0.5 MPa이고, 사이클의 최고온도는 900℃, $C_p = 1.005$ kJ/kg·K, $k = 1.4$일 때 $T_2, W_C, q_1, T_4, W_T, W_{net}, \eta_{thB}$를 구하시오.

연습문제 풀이

1. 예를 들어 $\varepsilon = 3$이라면,

$$\eta_{1.3} = 1 - \frac{1}{\varepsilon^{1.3}} = 1 - \frac{1}{3^{1.3}} = 0.760$$

$$\eta_{1.4} = 1 - \frac{1}{\varepsilon^{1.4}} = 1 - \frac{1}{3^{1.4}} = 0.785$$

$$\therefore \eta_{1.3} < \eta_{1.4}$$

2. $\eta = 1 - \frac{1}{\varepsilon^{k-1}} \cdot \frac{\alpha \cdot \sigma^k - 1}{(\alpha - 1) + k\alpha(\sigma - 1)}$ 에서

$\sigma = 1$이면,

$$\therefore \eta = 1 - \frac{1}{\varepsilon^{k-1}} \times \frac{\alpha \cdot 1 - 1}{\alpha - 1 + 0} = 1 - \frac{1}{\varepsilon^{k-1}}$$

3. 체적효율
  ① 압축한 공기를 흡입하면 체적효율이 커진다.
  ② 유효행정과 피스톤 행정과의 비이다.
  ③ 실제 흡입량과 행정체적과의 비이다.

4. $\eta_d = 1 - \frac{1}{\varepsilon^{k-1}} \times \frac{\sigma^k - 1}{k(\sigma - 1)}$

$$= 1 - \frac{1}{16^{0.4}} \times \frac{2.69^{1.4} - 1}{1.4(2.69 - 1)}$$

$$= 0.582 = 58.2\,\%$$

5. 압축비 $= \frac{\text{행정체적} + \text{통극체적}}{\text{통극체적}}$

$$= 1 + \frac{1}{\lambda} = 1 + \frac{1}{0.2} = 6$$

6. $\eta_{thO} = 1 - \frac{1}{6^{1.4-1}} = 0.51$

$$\therefore \eta_{me} = \eta_{th} \cdot \eta_g \cdot \eta_m$$

$$= 0.55 \times 0.85 \times 0.51 = 0.2384$$

7. $P_{me} = P_{mi} \times \eta_m = \frac{60 \times N_e}{v_s \cdot \frac{n}{z}}$ 에서,

$$N_e = P_{mi} \times \eta_m \times v_s \times \frac{n}{z} \times \frac{1}{60}$$

$$= (882 \times 10^3) \times 0.85 \times (4 \times 10^{-3}) \times \frac{3000}{2} \times \frac{1}{60}$$

$$= 74790 \text{ N} \cdot \text{m/s} (= \text{J/s})$$

$$= 74.790 \text{ kJ/s} (= \text{kW})$$

$$= 74.790 \times 1.36 ≒ 102 \text{ PS}$$

8. $\varepsilon = 1 + \frac{\text{행정체적}}{\text{통극체적}}$

$$= 1 + \frac{1}{\lambda} = 1 + \frac{1}{0.2} = 6$$

$$\therefore \eta_O = 1 - \frac{1}{\varepsilon^{k-1}} = 1 - \frac{1}{6^{k-1}}$$

$$= 1 - \frac{1}{6^{1.4-1}} = 0.51$$

9.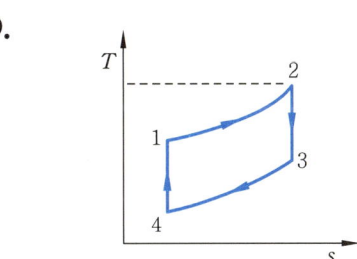

$T_1 = T_4 \cdot \varepsilon^{k-1}$
$T_2 = T_4 \cdot \varepsilon^{k-1} \cdot \sigma$
$T_3 = T_4 \cdot \sigma^k$

10. 연료소비율이란 1시간 동안에 1 PS를 내는 데 필요한 연료량으로 엔진 출력과 소비연료량 및 연료의 저위발열량을 알면 구할 수 있다.

11. $\eta = 1 - \left(\frac{1}{\varepsilon}\right)^{k-1}$ 에서, $1 - 0.6 = \frac{1}{\varepsilon^{0.4}}$

$$\therefore \varepsilon = 9.882$$

12. $\eta_S = 1 - \frac{1}{\varepsilon^{k-1}} \times \frac{\alpha\sigma^k - 1}{k\alpha(\sigma - 1) + (\alpha - 1)}$

$$= 1 - \frac{1}{1.8^{1.4-1}}$$

$$\times \frac{1.5 \times 2.1^{1.4} - 1}{1.4 \times 1.5(2.1 - 1) + (1.5 - 1)}$$

$$= 46.78\,\%$$

13. 1번 점화 → 1사이클 → 2회전

$$\therefore 2 \times 1000 = 2000 \text{ rpm}$$

14. $\eta_{13} = 1 - \left(\frac{1}{\varphi}\right)^{\frac{k-1}{k}} = 36.86\,\%$

$$\varphi = \frac{P_2}{P_1} = \frac{최고압력}{최저압력}$$

15. 210 g/PS·h

16. $\eta_k = 1 - \left(\frac{1}{\varphi}\right)^{\frac{k-1}{k}}$

$= 1 - \left(\frac{1}{10}\right)^{\frac{0.4}{1.4}} = 48.2\%$

17. $\eta_D = 1 - \left(\frac{1}{\varepsilon}\right)^{k-1} \frac{\sigma^k - 1}{k(\sigma - 1)}$

$\varepsilon = \left\{\frac{\sigma^k - 1}{(1-\eta_d)k(\sigma-1)}\right\}^{\frac{1}{k-1}}$

$= \left\{\frac{1.5^{1.4} - 1}{(1-0.6) \times 1.4 \times (1.5-1)}\right\}^{\frac{1}{0.4}}$

$= 12.30$

18. $P_{me} = \frac{W_e}{v_s} = \frac{40 \times 75}{3.6 \times \frac{1}{60}}$

$= 50000 \text{ kg/m}^2$
$= 5 \text{ kg/cm}^2$
$= 5 \times 9.8 \times 10^4$
$= 490000 \text{ N/m}^2 (= \text{Pa})$
$= 490 \text{ kPa}$

19.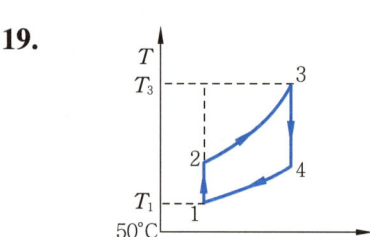

① $\eta_D = 1 - \left(\frac{1}{\varepsilon}\right)^{k-1} \left\{\frac{\sigma^k - 1}{k(\sigma - 1)}\right\}$

$= 0.58 = 58\%$

② $T_2 = T_1 \left(\frac{v_1}{v_2}\right)^{k-1} = T_1 \varepsilon^{k-1}$

$T_3 = T_2 \sigma = T_1 \varepsilon^{k-1} \sigma$
$= 323 \times 13^{0.4} \times 2$
$= 1802 \text{ K} = 1529 \text{ ℃}$

$\therefore \eta_C = 1 - \frac{T_1}{T_3} = 1 - \frac{323}{1802}$

$= 0.82 = 82\%$

20.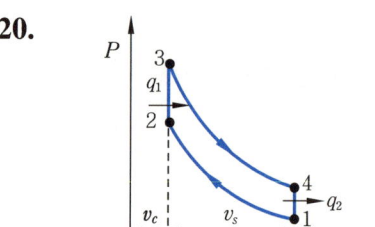

(1) $\varepsilon = \frac{v_1}{v_2} = \frac{v_c + v_s}{v_c}$

$= \frac{1 + \varepsilon_0}{\varepsilon_0} = \frac{1.20}{0.20} = 6$

$v_1 = \frac{RT_1}{P_1} = \frac{287 \times 300}{98000}$

$= 0.878 \text{ m}^3/\text{kg}$

$v_2 = \frac{v_1}{\varepsilon} = \frac{0.878}{6}$

$= 0.146 \text{ m}^3/\text{kg}$

$v_s = v_1 - v_2 = 0.878 - 0.146$
$= 0.732 \text{ m}^3/\text{kg}$

(2) $T_2 = T_1 \left(\frac{v_1}{v_2}\right)^{k-1} = 300 \times 6^{0.3}$

$= 513.53 \text{ K}$

$P_2 = P_1 \left(\frac{v_1}{v_2}\right)^k = 98 \times 6^{1.3}$

$= 1006.5 \text{ kPa}$

$P_3 = P_{max} = P_2 \left(\frac{T_3}{T_2}\right)$

$= 1006.5 \times \frac{2500}{486}$

$= 5177.5 \text{ kPa}$

(3) $q_1 = C_v(T_3 - T_2)$

$= \frac{R}{k-1}(T_3 - T_2)$

$= \frac{287}{0.3}(2500 - 513.53)$

$= 1900390 \text{ J/kg}$
$\doteq 1900.4 \text{ kJ/kg}$

$\eta_O = 1 - \left(\frac{1}{\varepsilon}\right)^{k-1} = 1 - \left(\frac{1}{6}\right)^{0.3}$

$= 0.4158 = 41.58\%$

(4) 압력비 $\alpha = \frac{P_3}{P_2} = \frac{T_3}{T_2} = \frac{2500}{513.53} = 4.87$

$\therefore P_{me} = P_1 \frac{\alpha - 1}{k - 1} \times \frac{\varepsilon^k - \varepsilon}{\varepsilon - 1}$

$= 98 \times \frac{3.87}{0.3} \times \frac{6^{1.3} - 6}{5}$

$= 1079.78 \, \text{kPa}$
$\fallingdotseq 1080 \, \text{kPa}$

21. (1) $N_i = \dfrac{P_{mi} v_s n}{60 \times z}$

$= \dfrac{(686 \times 10^3) \times (1800 \times 10^{-6}) \times 800}{60 \times 2}$

$= 8232 \, \text{N} \cdot \text{m/s} \, (= \text{J/s})$

$= 8.232 \times 1.36 = 11.2 \, \text{PS}$

(2) $\eta_m = \dfrac{N_e}{N_i} = \dfrac{9.5}{11.2} = 0.8482 = 84.82\,\%$

22. $P_m = \sqrt{P_1 \cdot P_2} = \sqrt{2 \times 9}$

$= \sqrt{18} = 4.243$

→ 4 기압이 적당하다.

23. $\eta_e = \dfrac{N_e}{G \cdot H_l}$, $N_i = \dfrac{N_e}{\eta_m}$ 에서,

$N_i = \dfrac{1}{\eta_m} \times \eta_e \cdot H_l \cdot G$

$N_i = \dfrac{1}{0.82} \times 0.31 \times 44100 \times 18$

$= 300095 \, \text{kJ/h} = \dfrac{300095}{3600} \, \text{kJ/s} = \text{kW}$

$= \dfrac{300095}{3600} \times 1.36 = 113.4 \, \text{PS}$

24. (1) $B = N_e \times B_q = 50 \, \text{PS} \times 166.7 \, \text{g/PS} \cdot \text{h}$

$= 50 \times 166.7 \, \text{g/h}$

$= \dfrac{50 \times 166.7}{1000} = 8.34 \, \text{kg/h}$

(2) $B_q = \dfrac{N_e}{\eta_a h_e} = \dfrac{1}{0.36 \times 44100 \, \text{kJ/kg}}$

$= \dfrac{1}{15876} \, \text{kg/kJ} = \dfrac{1000}{15876} \, \text{g/kJ}$

$= \dfrac{1000 \times 3600}{15876 \times 1.36} \, \text{g/PS} \cdot \text{h}$

$= 166.7 \, \text{g/PS} \cdot \text{h}$

* $1 \, \text{kJ} = 1 \, \text{kW} \cdot \text{s} = \dfrac{1}{3600} \, \text{kW} \cdot \text{h} = \dfrac{1.36}{3600} \, \text{PS} \cdot \text{h}$

25. $\varepsilon = \dfrac{v_1 + v_2}{v_2} = \dfrac{0.20 + 1}{0.20} = 6$

$\therefore \eta_O = 1 - \left(\dfrac{1}{6}\right)^{0.4} = 0.512 = 51.2\,\%$

26. $\eta_{th} = 1 - \left(\dfrac{1}{\varphi}\right)^{\frac{k-1}{k}} = 1 - \left(\dfrac{1}{4.5}\right)^{\frac{0.4}{1.4}} = 0.35$

27. $1 \to 2$ 과정 ($s =$ 일정)

$P_1 v_1^k = P_2 v_2^k$

$\left(\dfrac{v_1}{v_2}\right)^k = \left(\dfrac{P_2}{P_1}\right)$

$\therefore \varepsilon = \dfrac{v_1}{v_2} = \left(\dfrac{P_2}{P_1}\right)^{\frac{1}{k}} = \left(\dfrac{5000}{100}\right)^{\frac{1}{1.4}} = 16.35$

28. (1) $T_4 = \left(\dfrac{v_3}{v_2}\right)^{k-1} T_3 = \left(\dfrac{v_2}{v_1}\right)^{k-1} T_3$

$= \left(\dfrac{1}{8}\right)^{0.4} \times (1800 + 273)$

$= 902.4 \, \text{K} = 629.2 \, \text{℃}$

(2) $P_m = P_1 \dfrac{(a-1)(\varepsilon^k - \varepsilon)}{(k-1)(\varepsilon - 1)}$

$= 1.0133 \times \dfrac{\left(\dfrac{53.68}{18.62} - 1\right)(8^{1.4} - 8)}{(1.4 - 1)(8 - 1)}$

$= 7.0725 \, \text{bar} = 7.21 \, \text{kg/cm}^2$

(3) $P_2 = \left(\dfrac{v_1}{v_2}\right)^k P_1 = 8^{1.4} \times 1.0133$

$= 18.62 \, \text{bar} \, (1 \to 2 : \text{단열압축과정})$

$T_2 = \left(\dfrac{v_1}{v_2}\right)^{k-1} T_1 = 8^{0.4} \times (40 + 273)$

$= 719.1 \, \text{K} \, (1 \to 2 : \text{단열압축과정})$

$P_3 = \left(\dfrac{T_3}{T_2}\right) P_2 = \left(\dfrac{1800 + 273}{719.1}\right) \times 18.62$

$= 53.68 \, \text{bar} \, (\text{정적압축과정})$

$= 54.74 \, \text{kg/cm}^2$

* $1 \, \text{atm} = 1.0332 \, \text{kg/cm}^2 = 1.01325 \, \text{bar}$

(4)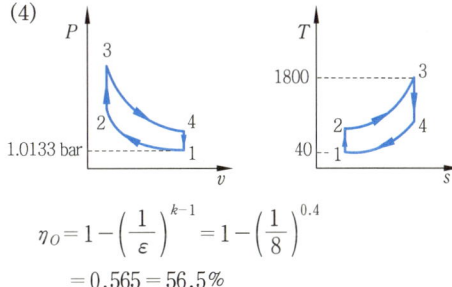

$\eta_O = 1 - \left(\dfrac{1}{\varepsilon}\right)^{k-1} = 1 - \left(\dfrac{1}{8}\right)^{0.4}$

$= 0.565 = 56.5\,\%$

(5) $\eta_C = \eta_O$ 에서,

$1 - \dfrac{T_{\text{II}}}{T_{\text{I}}} = 0.565$

$\therefore T_1 = \dfrac{40 + 273}{1 - 0.565} = 719.54 \, \text{K}$

$= 446.54 \, \text{℃}$

29. (1) $1-2 : P_1 v_1^k = P_2 v_2^k$ 에서,

$$\therefore P_2 = P_1 \left(\frac{v_1}{v_2}\right)^k$$
$$= 100\,kPa \times 16^{1.4} = 4850.3\,kPa$$

(2) $v_2 = \frac{v_1}{\varepsilon} = \frac{0.3}{16} = 0.0188\,m^3/kg$

$$v_3 = T_3 \times \frac{v_2}{T_2} = (2200+273) \times \frac{0.0188}{918.5}$$
$$= 0.0506\,m^3/kg$$

* $T_2 = T_1 \left(\frac{v_1}{v_2}\right)^{k-1} = 303 \times 16^{0.4} = 918.5\,K$

$$\therefore \sigma = \frac{v_3}{v_2} = \frac{0.0506}{0.0188} = 2.69,\ 또는$$

$$\sigma = \frac{v_3}{v_2} = \frac{T_3}{T_2} = \frac{2200+273}{918.5} = 2.69$$

(3) $q_1 = C_v(T_3 - T_2)$
$= 1.005 \times (2473 - 918.5)$
$\fallingdotseq 1562.3\,kJ/kg$

$q_2 = q_1(1 - \eta_{thd}) = 1562.3 \times (1 - 0.582)$
$\fallingdotseq 653\,kJ/kg$

* $\eta_{thd} = 1 - \frac{1}{\varepsilon^{k-1}} \times \frac{\sigma^k}{k(\sigma-1)}$

$$= 1 - \frac{1}{16^{0.4}} \times \frac{2.69^{1.4}-1}{1.4 \times (2.69-1)} = 0.582$$

30.

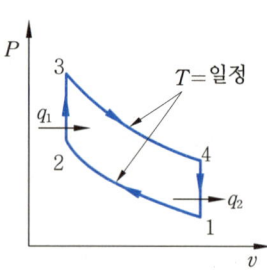

$1 \to 2$: 등온압축 $2 \to 3$: 정적가열
$3 \to 4$: 등온팽창 $4 \to 1$: 정적방열
따라서, 2개의 등온과정, 2개의 등적과정

31.

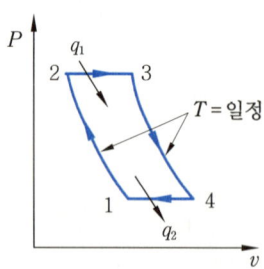

$1 \to 2$: 등온압축 $2 \to 3$: 정압가열
$3 \to 4$: 등온팽창 $4 \to 1$: 정압방열
따라서, 2개의 등온과정, 2개의 정압과정

32.

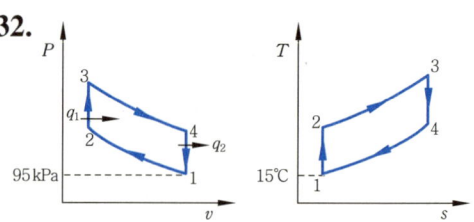

① $\frac{T_2}{T_1} = \left(\frac{v_1}{v_2}\right)^{k-1} = \left(\frac{P_2}{P_1}\right)^{\frac{k-1}{k}}$ (s = 일정)

$$\therefore T_2 = T_1 \cdot \left(\frac{v_1}{v_2}\right)^{k-1} = (273+15) \times 8^{1.4-1}$$
$$= 666.2\,K = 393.2\,℃$$

② $P_2 = P_1 \cdot \left(\frac{v_1}{v_2}\right)^k = 9.5 \times 8^{1.4} = 1746\,kPa$

③ $q_1 = C_v(T_3 - T_2)$ 에서,

$$\therefore T_3 = T_2 + \frac{q_1}{C_v} = 666.2 + \frac{1727}{0.717}$$
$$= 3074.8\,K = 2801.8\,℃$$

④ $v_2 = v_3,\ \frac{P_2}{T_2} = \frac{P_3}{T_3}$ 에서,

$$\therefore P_3 = P_2 \times \frac{T_3}{T_2} = 1746 \times \frac{3074.8}{666.2}$$
$$= 8058.5\,kPa$$

⑤ $T_4 = T_3 \cdot \left(\frac{v_3}{v_4}\right)^{k-1} = T_3 \cdot \left(\frac{v_2}{v_1}\right)^{k-1}$

$$= 3074.8 \times \left(\frac{1}{8}\right)^{1.4-1}$$
$$= 1338.4\,K = 1065.4\,℃$$

⑥ $P_4 = P_3 \cdot \left(\frac{v_3}{v_4}\right)^k = P_3 \cdot \left(\frac{v_2}{v_1}\right)^k$

$$= 8058.5 \times \left(\frac{1}{8}\right)^{1.4} = 438.5\,kPa$$

⑦ $q_2 = C_v(T_4 - T_1) = 0.717 \times (1065.4 - 17)$
$= 751.7\,kJ/kg$

⑧ $W_{net} = q_1 - q_2 = 1727 - 751.7 = 975.3\,kJ/kg$

⑨ $\eta_{thO} = 1 - \frac{1}{\varepsilon^{k-1}} = 1 - \frac{1}{8^{0.4}}$
$= 0.565 = 56.5\,\%$

⑩ $v_1 = \frac{RT_1}{P_1} = \frac{0.287 \times 290}{95} = 0.876\,m^3/kg$

$v_2 = \frac{v_1}{\varepsilon} = \frac{0.876}{8} = 0.1095\,m^3/kg$

$$\therefore P_{me} = \frac{w_{net}}{v_1 - v_2} = \frac{975.3}{0.876 - 0.1095}$$
$$= 1272.4 \text{ kPa}$$

33. ① $\frac{T_2}{T_1} = \left(\frac{v_1}{v_2}\right)^{k-1} = \left(\frac{P_2}{P_1}\right)^{\frac{k-1}{k}}$ ($s =$ 일정)

$\therefore T_2 = T_1 \cdot \left(\frac{v_1}{v_2}\right)^{k-1} = 288 \times 15^{1.4-1}$
$= 850.8 \text{ K} = 577.8 \text{ °C}$

② $P_2 = P_1 \cdot \left(\frac{v_1}{v_2}\right)^k = 100 \text{ kPa} \times 15^{1.4}$
$= 4431.3 \text{ kPa}$

③ $P_3 = P_2 = 4431.3 \text{ kPa}$

④ $q_1 = C_p(T_3 - T_2)$에서,
$\therefore T_3 = \frac{q_1}{C_p} + T_2 = \frac{1700}{1.005} + 850.5$
$= 2542 \text{ K} = 2269 \text{ °C}$

⑤ $P_2 = P_3$, $\frac{v_2}{T_2} = \frac{v_3}{T_3}$ 에서,
$\therefore v_3 = v_2 \times \frac{T_3}{T_2} = 0.0551 \times \frac{2542}{850.8}$
$= 0.1646 \text{ m}^3/\text{kg}$

$* P_1 v_1 = RT_1 \rightarrow v_1 = \frac{RT_1}{P_1}$
$= \frac{0.287 \times 288}{100} = 0.8266 \text{ m}^3/\text{kg}$

$\varepsilon = \frac{v_1}{v_2} \rightarrow v_2 = \frac{v_1}{\varepsilon}$
$= \frac{0.8266}{15} = 0.0551 \text{ m}^3/\text{kg}$

⑥ $\sigma = \frac{v_3}{v_2} = \frac{0.1646}{0.0551} = 2.9873 \doteqdot 3$

⑦ $\frac{T_4}{T_3} = \left(\frac{v_3}{v_4}\right)^{k-1} = \left(\frac{P_4}{P_3}\right)^{\frac{k-1}{k}}$ 에서,
$T_4 = T_3 \cdot \left(\frac{v_3}{v_4}\right)^{k-1} = T_3 \cdot \left(\frac{v_3}{v_1}\right)^{k-1}$
$= T_3 \cdot \left(\frac{v_3}{v_2} \cdot \frac{v_2}{v_1}\right)^{k-1} = T_3 \cdot \left(\sigma \cdot \frac{1}{\varepsilon}\right)^{k-1}$
$= 2542 \times \left(3 \times \frac{1}{15}\right)^{1.4-1}$
$= 1335.3 \text{ K} = 1062.3 \text{ °C}$

⑧ $q_2 = -C_v(T_1 - T_4) = C_v(T_4 - T_1)$
$= 0.718 \times (1062.3 - 15) = 752 \text{ kJ/kg}$

⑨ $\eta_{thD} = 1 - \frac{1}{\varepsilon^{k-1}} \times \frac{\sigma^k - 1}{k(\sigma - 1)}$

$= 1 - \frac{1}{15^{0.4}} \times \frac{3^{1.4} - 1}{1.4 \times (3-1)}$
$= 0.5581 (= 55.81\%)$

⑩ $P_{me} = P_1 \frac{q_1}{RT_1} \cdot \frac{\varepsilon}{\varepsilon - 1} \cdot \eta_D$

$= (100 \text{ kPa}) \times \frac{1700 \text{ kJ/kg}}{(0.287 \text{ kJ/kg} \cdot \text{K}) \times 288}$
$\times \frac{15}{15-1} \times 0.5581 \doteqdot 1230 \text{ kPa}$

34.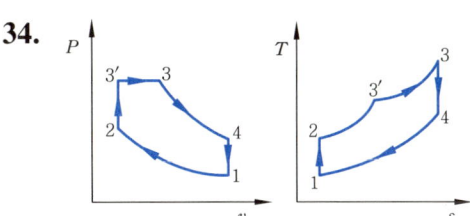

① $\frac{T_2}{T_1} = \left(\frac{v_1}{v_2}\right)^{k-1} = \left(\frac{P_2}{P_1}\right)^{\frac{k-1}{k}}$ ($s =$ 일정 : 단열과정)

$P_2 = P_1 \cdot \left(\frac{v_1}{v_2}\right)^k = (95 \text{ kPa}) \times 15^{1.4}$
$\doteqdot 4210 \text{ kPa}$

② $T_2 = T_1 \cdot \left(\frac{v_1}{v_2}\right)^{k-1}$
$= (273 + 20) \times 15^{0.4}$
$= 865.6 \text{ K} = 592.6 \text{ °C}$

③ $\frac{P_3'}{P_2} = \alpha = 1.5$ 에서,
$P_3' = 1.5 \times P_2 = 1.5 \times 4210$
$= 6315 \text{ kPa}$

④ $v_2 = v_3'$, $\frac{P_2}{T_2} = \frac{P_3'}{T_3'}$ 에서,
$T_3' = T_2 \times \frac{P_3'}{P_2} = T_2 \cdot \alpha$
$= 865.6 \times 1.5 = 1298.4 \text{ K}$
$= 1025.4 \text{ °C}$

⑤ $P_3' = P_3$, $\frac{v_3'}{T_3'} = \frac{v_3}{T_3}$ 에서,
$T_3 = T_3' \times \frac{v_3}{v_3'}$
$= 1298.4 \times \sigma = 1298.4 \times 2$
$= 2596.8 \text{ K} = 2323.8 \text{ °C}$

⑥ $q_1 = C_v(T_3' - T_2) + C_p(T_3 - T_3')$
$= 0.718 \times (1025.4 - 592.6)$
$+ 1.005 \times (2323.8 - 1025.4)$
$= 1615.6 \text{ kJ/kg}$

⑦ $\dfrac{T_4}{T_3} = \left(\dfrac{v_3}{v_4}\right)^{k-1} = \left(\dfrac{P_4}{P_3}\right)^{\frac{k-1}{k}}$ 에서 $(v_4 = v_1)$,

$\begin{aligned}T_4 &= T_3 \times \left(\dfrac{v_3}{v_4}\right)^{k-1} \\ &= T_3\left(\dfrac{v_3}{v_1}\right)^{k-1} = T_3 \cdot \left(\dfrac{v_3}{v_2} \cdot \dfrac{v_2}{v_1}\right)^{k-1} \\ &= T_3 \cdot \left(\sigma \cdot \dfrac{1}{\varepsilon}\right)^{k-1} \\ &= 2596.8 \times \left(2 \times \dfrac{1}{15}\right)^{0.4} \\ &= 1160\text{ K} = 887\,\text{℃}\end{aligned}$

⑧ $P_4 = P_3 \cdot \left(\dfrac{v_3}{v_4}\right)^{k} = P_3 \cdot \left(\sigma \cdot \dfrac{1}{\varepsilon}\right)^{k}$
$= 6315 \times \left(2 \times \dfrac{1}{15}\right)^{1.4} = 376\text{ kPa}$

⑨ $q_2 = C_v(T_4 - T_1)$
$= 0.718 \times (887 - 20) = 622.5\text{ kJ/kg}$

⑩ $\eta_{thS} = 1 - \dfrac{q_2}{q_1} = 1 - \dfrac{622.5}{1615.6}$
$= 0.6147 = 61.47\,\%$

⑪ $P_{me} = P_1 \cdot \dfrac{q_1}{RT_1} \cdot \dfrac{\varepsilon}{\varepsilon-1} \cdot \eta_{ths}$
$= 100\text{ kPa} \times \dfrac{1615.6}{0.287 \times 293} \times \dfrac{15}{15-1} \times 0.6147$
$= 1265.4\text{ kPa}$

35.

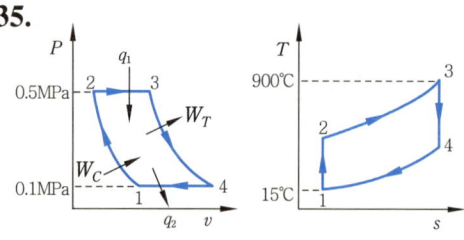

① $1 \to 2 : s = $ 일정

$T_2 = T_1 \cdot \left(\dfrac{P_2}{P_1}\right)^{\frac{k-1}{k}}$
$= 288 \times \left(\dfrac{0.5}{0.1}\right)^{\frac{0.4}{1.4}}$
$= 456\text{ K} = 183\,\text{℃}$

② $W_C = {}_1W_2 = C_p(T_2 - T_1)$
$= 1.005 \times (183 - 15)$
$= 168.84\text{ kJ/kg}$

③ $q_1 = C_p(T_3 - T_2)$
$= 1.005 \times (900 - 183)$
$= 720.6\text{ kJ/kg}$

④ $T_4 = T_3 \times \left(\dfrac{P_4}{P_3}\right)^{\frac{k-1}{k}}$
$= (900 + 273) \times \left(\dfrac{0.1}{0.5}\right)^{\frac{0.4}{1.4}}$
$= 740.6\text{ K} = 467.6\,\text{℃}$

⑤ $W_T = C_p(T_3 - T_4)$
$= 1.005 \times (900 - 467.6)$
$= 434.6\text{ kJ/kg}$

⑥ $W_{net} = W_T - W_C$
$= 434.6 - 168.84$
$= 265.76\text{ kJ/kg}$

⑦ $\eta_{thB} = \dfrac{W_{net}}{q_1}$
$= \dfrac{265.76}{720.6} = 36.88\,\%$

제 9 장 증기원동소 사이클

　동력, 냉동의 양 장치에 대한 이상 사이클 중 동력에 관한 것을 이번 장에서 다루기로 한다. 여기서 생각되는 작업유체는 증기와 이상기체이다.

　실제 장치에서의 과정이 이상적인 과정으로부터 어떻게 벗어나고 있는지 살펴보고, 또한 성능을 개선하기 위하여 기본 사이클에 가해진 어떤 수정에 대해서도 생각해 본다. 그것은 재생기, 다단압축기, 다단팽창기 및 중간냉각기와 같은 장치의 사용과 관련이 있다.

　증기원동소 사이클은 동작물질이 기상(氣相)과 액상(液相)에 걸쳐서 형성되는데, 이 증기원동소 사이클에 사용되는 동작물질이 주로 물(H_2O)이므로, 이 장에서는 주 작업 유체인 수증기에 대해서 언급하기로 한다.

　증기 사이클 열기관에서는 동작물질이 고열원으로부터 열을 얻기 위한 보일러, 과열기, 재열기, 터빈, 열을 저열원으로 방열시키는 복수기(condenser) 등의 설비가 필요하며, 이러한 것으로 구성된 것을 증기원동소라 한다.

　증기원동소는 화력발전소, 원자력발전소, 선박기관 등에 사용된다.

9-1 랭킨 사이클(Rankine cycle)

　단순 증기원동소에 대한 이상 사이클은 그림 9-1과 같은 랭킨 사이클이다. 랭킨 사이클은 2개의 정압변화와 2개의 단열변화로 구성된 증기원동소의 이상 사이클이다.

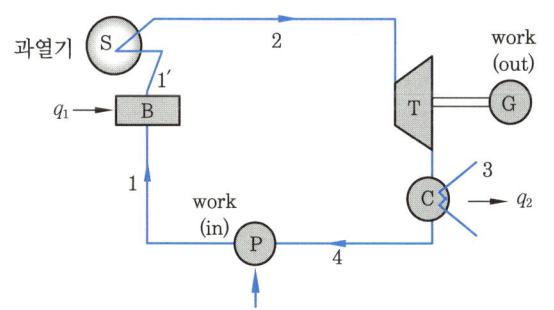

B : 보일러(boiler)
T : 터빈(turbine)
G : 발전기(generator)
C : 복수기 : condenser)
P : 급수 펌프(pump)
S : 과열기(superheater)

그림 9-1 랭킨 사이클의 구성

랭킨 사이클은 보일러 내에서 가열된 물이 과열증기가 된 후에 터빈 노즐을 지나면서 일을 하며, 일을 한 습증기는 복수기에 유도되어 냉각, 응축하여 다시 물이 되고, 이와 같은 물은 다시 재순환되어 사이클을 완료한다. 이때 형성되는 사이클이 랭킨 사이클(Rankine cycle)이다.

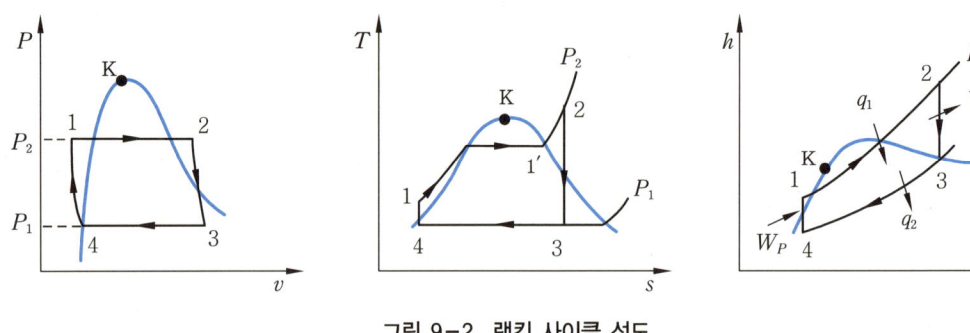

그림 9-2 랭킨 사이클 선도

작업유체 1 kg에 대한 변화 과정을 살펴보면 다음과 같다.

- 1→2 과정 : 급수 펌프로부터 보내진 압축수(1)를 보일러에서 가열(정압상태로)하면 포화수가 증발되고 계속 가열에 의하여 건포화증기(1′)가 되며, 건포화 증기를 과열기에서 과열증기(2)로 만든다.
- 2→3 과정 : 과열증기(2)는 터빈으로 들어가 단열팽창하여 일을 하고 습증기(3)로 된다.
- 3→4 과정 : 터빈에서 배출된 습증기(3)는 복수기에서 정압방열되어 포화수(4)가 된다.
- 4→1 과정 : 복수기에서 나온 포화수(4)를 급수 펌프에서 단열(정적)상태로 압축하여 보일러로 보낸다. 이 과정은 단열압축과정이며 또한 등적과정이다. 상태 1은 압축수이므로 비포화액이며 $P-v$ 선도에서 P축과 평행하고, $T-s$ 선도에서 4와 1은 다르지만 실제 그림 상에서는 거의 일치하는데 이것은 터빈일에 비하여 펌프일이 매우 작다는 것이다.

① 보일러에 가해진 열량

$$q_1 = h_2 - h_1 \tag{9-1}$$

② 복수기에서 방출된 열량

$$q_2 = h_3 - h_4 \tag{9-2}$$

③ 터빈이 하는 일

$$W_T = h_2 - h_3 \tag{9-3}$$

④ 펌프를 구동시키는 데 필요한 일

$$W_P = h_1 - h_4 = v'(P_2 - P_1) \tag{9-4}$$

⑤ 펌프일을 고려한 이론효율

$$\eta_R = \frac{W_{net}}{q_1} = \frac{W_T - W_P}{q_1} = \frac{(h_2 - h_3) - (h_1 - h_4)}{(h_2 - h_1)} \tag{9-5}$$

⑥ 펌프일을 무시한 이론효율 (∵ 터빈일에 비해 매우 적으므로 무시하면, $h_1 \approx h_4$)

$$\eta_R = \frac{W_T}{q_1} = \frac{h_2 - h_3}{h_2 - h_1} \fallingdotseq \frac{h_2 - h_3}{h_2 - h_4} \tag{9-6}$$

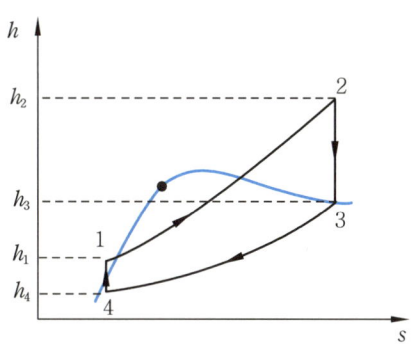

그림 9-3 랭킨 사이클의 $h-s$ 선도

- 2 → 3 과정에서,

  엔트로피 $s_2 = s_3 = s_3' + x_3(s_3'' - s_3') \tag{9-7}$

  엔탈피 $h_3 = h_3' + x_3(h_3'' - h_3') = h_3' + x_3 \gamma \tag{9-8}$

식 (9-5), (9-6)에서 랭킨 사이클의 이론 열효율은 초압 및 초온이 높을수록, 배압이 낮을수록 커진다.

1 kW·h의 에너지를 발생하는 데 필요한 증기량(SR)을 증기소비율이라 하며,

$$SR = \frac{1}{h_2 - h_3} [\text{kg/kW·h}] \quad (W_P : 무시) \tag{9-9}$$

1 kW·h를 발생하기 위하여 소비되는 열량인 열소비율(HR)은,

$$HR = \frac{h_2 - h_1}{h_2 - h_3} = \frac{1}{\eta_R} [\text{kg/kW·h}] \tag{9-10}$$

예제 1. 랭킨 사이클로서 작동되는 증기원동소에서 9.8 MPa, 600℃의 증기가 원동기에 공급되며, 복수기 압력은 4.9 kPa이다. 다음의 증기표를 이용하여 물음에 답하시오. (단, v, h, s의 단위는 각각 m³/kg, kJ/kg, kJ/kg·K이다.)

	9.8 MPa, 600 ℃	$v = 0.03909$	$h = 3640$	$s = 6.938$
과열증기표	4.9 kPa	$v' = 0.0010052$	$h' = 136.7$	$s' = 0.473$
압력기준	포화온도	$v'' = 28.7$	$h'' = 2567.5$	$s'' = 8.424$
포화증기표	32.55 ℃		$\gamma = 2431$	

(1) 펌프일(kJ/kg)을 구하시오.
(2) 복수기 입구에서의 건도(%)를 구하시오.
(3) 랭킨 사이클의 열효율(%)을 구하시오.
(4) 이와 같은 온도 범위에서 작동하는 카르노 사이클의 효율(%)을 구하시오.

[해설] (1) $h_2 - h_1 = W_P = v'(P_2 - P_1)$
$= 0.0010052 \text{ m}^3/\text{kg} \times (4.9 - 9800) \text{kPa}$
$= -9.85 \text{ kN·m/kg}$
$= 9.85 \text{ kJ/kg}$ (압축일)

(2) 2-3 : 보일러, 3-4 : 터빈
4-1 : 복수기, 4-2 : 펌프
터빈에서는 단열팽창, 즉 $s_3 = s_4$
$s_3 = s_4 = s_4' + x_4(s_4'' - s_4')$

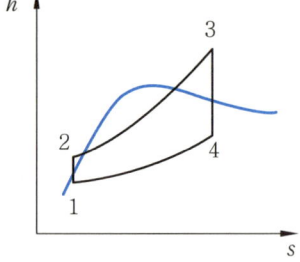

$\therefore x_4 = \dfrac{s_3 - s_4'}{s_4'' - s_4} = \dfrac{1.6519 - 0.1126}{2.0058 - 0.1126}$

$= \dfrac{6.938 - 0.473}{8.424 - 0.473} = 0.8131$

(3) $\eta_R = \dfrac{(h_3 - h_4) - (h_2 - h_1)}{(h_3 - h_2)} = \dfrac{(3640 - 2113) - 9.85}{3640 - 146.55} = 0.4343 = 43.43\%$

① $h_4 = h_4' + x_4(h_4'' - h_4') = h_4' + x_4 \gamma_4 = 136.7 + 0.813 \times (2431) = 2113 \text{ kJ/kg}$

② $h_2 - h_1 = W_P = 9.85$ $\therefore h_2 = h_1 + 9.85 = 136.7 + 9.85 = 146.65 \text{ kJ/kg}$

(4) $\eta_C = 1 - \dfrac{T_{\text{II}}}{T_{\text{I}}} = 1 - \dfrac{273 + 32.55}{273 + 600} = 0.65 = 65\%$

예제 2. 랭킨 사이클로 작동하는 증기원동소에서 4.9 MPa, 500 ℃의 증기가 원동기에 공급되며, 복수기 압력은 4.9 kPa이다. 증기표 및 $h-s$ 선도로부터 $h_2 = 3446.5$ kJ/kg, $h_3 = 2135.3 \text{ kJ/kg}$, $h_4 = 136.7 \text{ kJ/kg}$, $v' = 0.001 \text{ m}^3/\text{kg}$일 때, W_P, η_{thR}, x, η_R / η_C, SR를 구하여라.

[해설] ① 펌프일 : W_P
$W_P = v'(P_2 - P_1) = 0.001 \times (4900 - 4.9)$
$= 4.8951 \text{ kN·m/kg} \doteqdot 4.9 \text{ kJ/kg}$

② 열효율 η_R

$$\eta_R = \frac{(h_2-h_3)-(h_1-h_4)}{h_2-h_1}$$

$$= \frac{(h_2-h_3)-(h_1-h_4)}{(h_2-h_4)-(h_1-h_4)}$$

$$= \frac{(h_2-h_3)-W_p}{(h_2-h_4)-W_p}$$

$$= \frac{3446.5-2135.3-4.9}{3446.5-136.7-4.9} = 0.3953 = 39.53\,\%$$

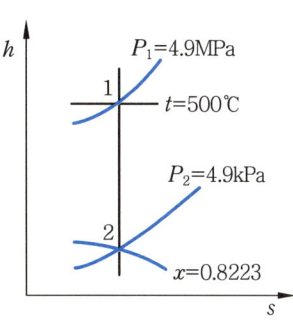

③ 복수기 입구에서의 건도 x : 그림에서 $x = 0.8223 = 82.23\,\%$

④ 4.9 kPa에서 포화온도 $t_1 = h_4\,[\text{kcal/kg}] = 32.55\,℃$

($h_4 = 136.7\,\text{kJ/kg} = 32.55\,\text{kcal/kg}$)

$$\therefore \eta_C = 1 - \frac{T_{II}}{T_I} = 1 - \frac{273+32.55}{273+500} = 0.6047 = 60.47\,\%$$

$$\therefore \frac{\eta_R}{\eta_C} = \frac{39.53}{60.47} = 0.6537 = 65.37\,\%$$

⑤ 1 kW·h당 증기소비율 SR

$$SR = \frac{1}{h_2-h_3} = \frac{1}{3446.5-2135.3}\,[\text{kg/kJ}]$$

$$= \frac{3600}{1311.2}\,[\text{kg/kW·h}] = 2.746\,\text{kg/kW·h}$$

∗ $\dfrac{\text{kg}}{\text{kJ}} = \dfrac{\text{kg}}{\text{kW·s}} = \dfrac{3600\,\text{kg}}{\text{kW·h}} = 3600\,\text{kg/kW·h}$, $1\,\text{kW} = 1\,\text{kJ/s} = 3600\,\text{kJ/h}$

9-2 재열(再熱) 사이클 (reheative cycle)

랭킨 사이클의 열효율은 증기의 초압이나 초온을 높이고, 또 배기압을 낮게 함으로써 향상시킬 수 있으나 재료의 강도상 초온은 제한을 받으며, 배기압도 냉각수온에 의해서 제한을 받으므로 초압을 높이는 방법밖에는 없다. 그러나 초압을 높이면 높일수록 팽창 후의 증기의 습도가 증가하며, 그 결과 마찰이나 증기 터빈의 깃(회전날개)의 부식 등을 촉진시키는 해가 생긴다. 따라서, 증기의 초압을 높이면서 팽창 후의 증기의 건조도가 낮아지지 않도록 하는 재열 사이클이 고안된 것이며, 주목적이 효율 증대보다 터빈의 복수장해를 방지하기 위한 것으로 수명 연장에 주안점을 두고 있다.

이러한 장해들을 방지 또는 감소시키기 위한 재가열장치가 재열기(reheater)이다. 재열 사이클의 재열 과정에서 터빈 속에 들어간 과열증기(2)는 처음에 고압 영역에서 상태 3까지 팽창하고 재열기(R)에 유도되어 상태 4까지 과열된 후 다시 터빈의 저압 영역에 보내져 상태 5까지 다시 단열팽창한다. 이 증기는 복수기(C) 속에 들어가 용축되어 그 압력 하에서 포화수 6의 상태가 되고 펌프에 의해 고압의 보일러에 들여 보내진다. 보일러 속에서 물은 가열되며 상태 1에서 상태 2까지 과열되는 순환이 이루어진다. 실제 재열기는 장치가 매우 복잡하여 1단 또는 2단이 채용되며 3단 이상은 채용되지 않는다.

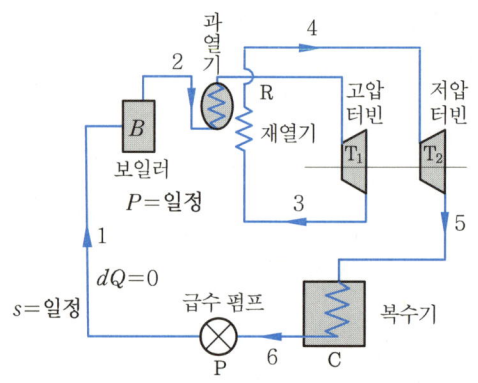

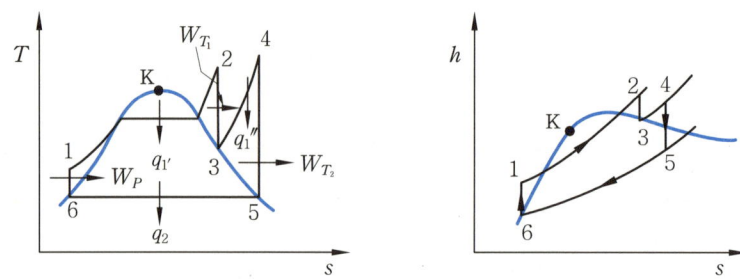

그림 9-4 재열 사이클의 구성과 선도

공기 1 kg에 대하여 가열량, 일량, 효율을 구해 보면 다음과 같다.

① 보일러에 공급된 열량 : $q_1' = h_2 - h_1$ ⎫ 총 공급열량
② 재열기(R)에 공급된 열량 : $q_1'' = h_4 - h_3$ ⎭ ($q_1 = q_1' + q_1''$) (9-11)

③ 발생한 정미(正味)일량 : $W_{net} = W_{T_1} + W_{T_2} - W_P$ (9-12)

여기서, W_{T_1} : 고압 터빈에서 발생한 일량
 W_{T_2} : 저압에서 발생한 일량
 W_P : 급수 펌프를 구동하는 데 소비된 일량

∴ $W_{net} = (h_2 - h_3) + (h_4 - h_5) - (h_1 - h_6)$ (9-13)

④ 이론열효율

$$\eta_{reh} = \frac{W_{net}}{q_1} = \frac{(h_2 - h_3) + (h_4 - h_5) - (h_1 - h_6)}{(h_2 - h_1) + (h_4 - h_3)} \text{ (펌프일 고려)}$$

$$= \frac{(h_2 - h_3) + (h_4 - h_5)}{(h_2 - h_6) + (h_4 - h_3)} \text{ (펌프일 무시 : } h_1 \fallingdotseq h_6) \quad (9-14)$$

⑤ 개선율 $= \dfrac{\eta_{reh} - \eta_R}{\eta_R} \times 100 \%$

> **예제 3.** $P_2 = 10$ MPa, $t_2 = 450$℃인 증기의 공급을 받고 처음에 포화증기가 될 때까지 작동시킨 다음 추기(抽氣)하여 추기한 압력 밑에서 처음의 온도까지 재열(reheating)한 다음 터빈에 다시 유입시켜 $P_1 = 4$ kPa까지 팽창시키는 재열 사이클에서 q_1, q_2, W_{net}, η_{reh}를 선도를 이용하여 계산하시오.

[해설]

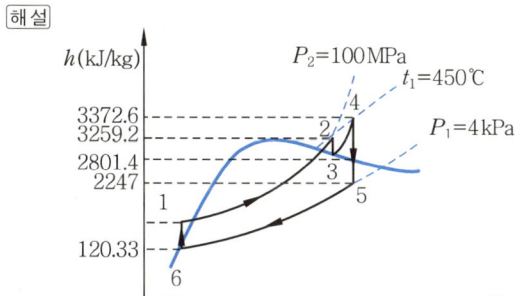

1→2 : 보일러 정압가열(q_B)
2→3 : 고압 터빈 단열팽창(W_{T_1})
3→4 : 재열기 정압가열(q_R)
4→5 : 저압 터빈 단열팽창(W_{T_2})
5→6 : 복수기 정압방열(q_2)
6→1 : 급수 펌프 단열압축(W_P)

① $W_P = h_1 - h_6 = v'(P_2 - P_1) = 0.001004 \times (100 \times 10^6 - 4 \times 10^3) = 10036$ N·m/kg
  $\doteqdot 10.04$ kJ/kg
  * $v' = 0.001004$ m³/kg은 $P_1 = 4$ kPa에서의 포화수의 비체적
  ∴ $h_1 = W_p + h_6 = 10.04 + 120.33 = 130.37$ kJ/kg

② $q_B = h_2 - h_1 = 3259.2 - 130.37 = 3128.83$ kJ/kg $= q_1'$
  $q_R = h_4 - h_3 = 3372.6 - 3259.2 = 113.4$ kJ/kg $= q_1''$
  $q_1 = q_b + q_r = 3128.83 + 113.4 = 3242.23$ kJ/kg

③ $W_{T_1} = h_2 - h_3 = 3259.2 - 2801.4 = 457.8$ kJ/kg
  $W_{T_2} = h_4 - h_5 = 3372.6 - 2247 = 1125.6$ kJ/kg
  $W_{net} = W_{T_1} + W_{T_2} - W_P = 457.8 + 1125.6 - 10.04 = 1573.36$ kJ/kg

④ (펌프일 고려)
  $\eta_{reh} = \dfrac{W_{net}}{q_1} = \dfrac{1573.36}{3242.23} = 0.4853 = 48.53 \%$
  (펌프일 무시 : $h_1 \doteqdot h_6$)
  $\eta_{reh} = \dfrac{W_{T_1} + W_{T_2}}{q_1} = \dfrac{457.8 + 1125.6}{3242.23} = 0.4884 = 48.84 \%$

9-3 재생(再生) 사이클(regenerative cycle)

랭킨 사이클에서 복수기에 버리는 열량은 그림 9-5의 $T-s$ 선도 상에서는 면적 5ba6에 상당하며, 이 열손실을 방지하기 위해서 대개는 팽창 도중에 증기를 터빈에서 추출하

여 그림의 H로 표시한 급수가열기에 돌려서 급수가열(예열)을 하며, 따라서 외부의 열원에만 의존하지 않아도 된다. 이 때문에 감소하는 일의 양은 적어지며, 복수기에 버리는 열량도 적어져서 열효율은 상승한다. 이와 같은 팽창 도중의 증기를 터빈에서 추출하여 급수의 가열에 사용하는 사이클을 재생(regenerative) 사이클이라 한다.

터빈의 팽창 도중에 증기를 뽑아내는(抽氣하는) 단(段, stage)의 수가 많을수록 재생효과는 좋아지지만 터빈 구성품의 증가로 1~4단이 적합하며, 그 이상도 채용한다.

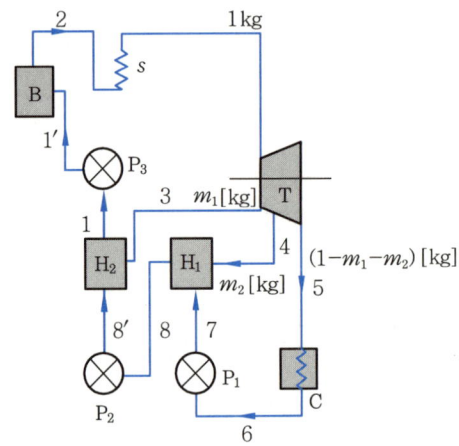

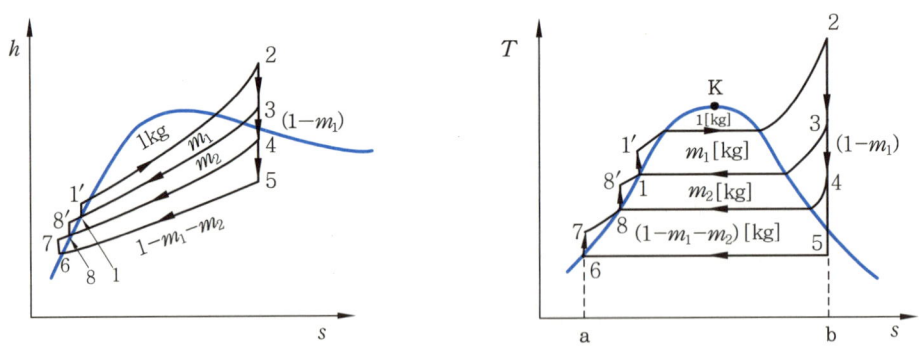

그림 9-5 재생 사이클의 구성과 $T-s$ 선도

그림 9-5와 같이 증기 1kg에 대하여 2단 추기를 행하는 경우를 살펴보면 제1추기점 3에서 증기 m_1을 추기하고, 나머지 $1-m_1$은 더욱 팽창하여 제2추기점 4에서 m_2만큼의 증기를 추기한다. 최후의 증기 $1-m_1-m_2$가 상태 5까지 팽창한 후 복수기에서 복수되어 상태 6이 된다. 제1펌프 P_1에 의해 저온급수가열기 H_1에 보내지고 추기된 증기 m_2와 혼합되며, 이 증기의 복수로 인하여 그 증기열을 받아 상태 8까지 가열된다. 이와 같이 하여 $1-m_1$이 된 증기는 다시 제2펌프 P_2에 의하여 고온급수가열기 H_2에 보내지고

앞의 방법과 같이 추기 m_1과 혼합되어 상태 1까지 가열되어 원래의 급수상태가 된다. 이 급수는 제 3 펌프 P_3에 의해 보일러에 보내진다. 증기 1 kg에 대하여 가열량, 방열량, 각종 일 및 효율을 구해보면 다음과 같다.

① 보일러에 공급된 열량

$$q_1 = h_2 - h_1' \tag{9-15}$$

② 복수기에서의 방열량

$$q_2 = (1 - m_1 - m_2) \times (h_5 - h_6) \tag{9-16}$$

③ 터빈이 한 일량

$$W_T = (h_2 - h_3) \times 1 + (h_3 - h_4) \times (1 - m_1) + (h_4 - h_5) \times (1 - m_1 - m_2)$$
$$= (h_2 - h_5) - m_1(h_3 - h_5) - m_2(h_4 - h_5) \tag{9-17}$$

④ 펌프에 준 일량

$$W_P = (h_1' - h_1) \times 1 + (h_8' - h_8) \times (1 - m_1) + (h_7 - h_6) \times (1 - m_1 - m_2) \tag{9-18}$$

⑤ 이론열효율

$$\eta_{reg} = \frac{W}{q_1} = \frac{(h_2 - h_5) - m_1(h_3 - h_5) - m_2(h_4 - h_5)}{(h_2 - h_1)} \text{ (펌프일 무시)}$$

(실제로는 $h_1 \doteqdot h_1'$, $h_8 = h_8'$, $h_6 = h_7$) \tag{9-19}

⑥ 개선율

$$\frac{\eta_{reg} - \eta_R}{\eta_R} \times 100 \% \tag{9-20}$$

【참고】 추기량 m_1, m_2

① 제 1 추기량

$m_1(h_3 - h_1) = (1 - m_1)(h_1 - h_8)$ 에서,

$$\therefore m_1 = \frac{(h_1 - h_8)}{(h_3 - h_8)} \tag{9-21}$$

② 제 2 추기량

$m_2(h_4 - h_8) = (1 - m_1 - m_2)(h_8 - h_6)$

$$\therefore m_2 = \frac{(1 - m_1)(h_8 - h_6)}{(h_4 - h_6)} \tag{9-22}$$

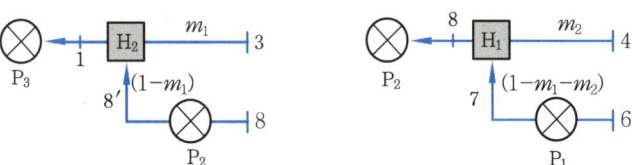

예제 4. 재생 사이클에서 증기발생기가 75000 kg/h의 비율로 6 MPa, 500℃의 증기를 발생한다. 터빈에서 4 MPa와 1.5 MPa의 증기를 급수가열기로 빼어낼 때 나머지 증기는 터빈에서 6 kPa까지 팽창되어 복수기로 들어가는 경우 선도를 이용하여 $m_1(M_1)$, $m_2(M_2)$, W_{net} (펌프일 무시), η_{reg}, 개선율을 계산하시오.

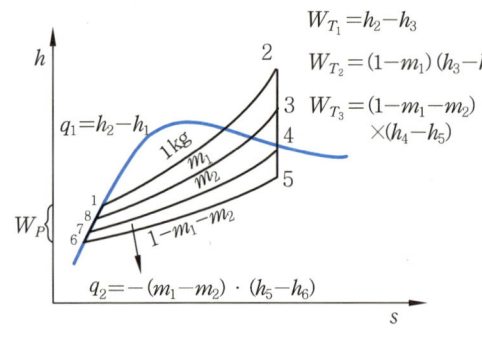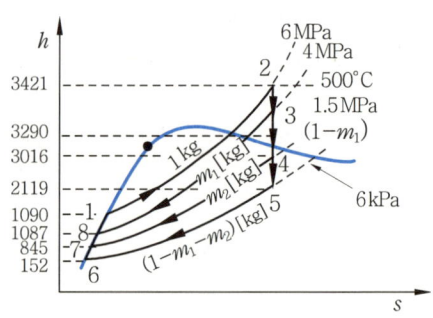

[해설] ① 제 1 추기량 : $m_1(h_3 - h_8) = (1 - m_1)(h_8 - h_7)$

$$m_1 = \frac{h_8 - h_7}{h_3 - h_7} = \frac{1087 - 845}{3290 - 845} = 0.099$$

따라서, 제 1 추출구에서 추출한 증기량은
$M_1 = 0.099 \times 75000 = 7425$ kg/h

② 제 2 추기량 : $m_2(h_4 - h_7) = (1 - m_1 - m_2)(h_7 - h_6)$

$$m_2 = \frac{(1 - m_1)(h_7 - h_6)}{h_4 - h_6} = \frac{(1 - 0.099) \times (845 - 152)}{(3016 - 152)} = 0.218$$

따라서, 제 2 추출구에서 추출한 증기량은
$M_2 = 0.218 \times 75000 = 16350$ kg/h

③ $W_{net} = W_T + W_P$ (W_P을 무시하면)
$= W_{T_1} + W_{T_2} + W_{T_3}$
$= (h_2 - h_3) + (1 - m_1)(h_3 - h_4) + (1 - m_1 - m_2)(h_4 - h_5)$
$= (3421 - 3290) + (1 - 0.099) \times (3290 - 3016) - (1 - 0.099 - 0.218) \times (3016 - 2119)$
$= 990.525$ kJ/kg

④ $\eta_{reg} = 1 - \dfrac{W_{net}}{q_1} = 1 - \dfrac{W_{net}}{(h_2 - h_1)}$

$= 1 - \dfrac{990.525}{3421 - 1090} = 57.5\%$

⑤ $\eta_R = \dfrac{h_2 - h_5}{h_2 - h_6} = \dfrac{3421 - 2119}{3421 - 152} = 39.83\%$

⑥ 개선율 $= \dfrac{\eta_{reg} - \eta_R}{\eta_R} \times 100 = \dfrac{57.5 - 39.38}{39.38} \times 100 = 46.01\%$

9-4 재열·재생 사이클

재생 사이클은 터빈에서 팽창 도중 증기를 추기하여 급수를 예열하는 사이클이며, 재열 사이클은 터빈의 팽창 도중 증기를 뽑아내어 다시 가열하는 사이클로서 이 두 사이클을 조합한 것이 재열·재생 사이클이다. 재생 사이클은 열효율을 증가시킴으로써 열역학적으로 큰 이익이 되지만, 재열 사이클은 습증기를 피하여 터빈 속에서의 마찰손실 등을 방지함으로써 기계차원의 이익을 가져온다. 다시 말해, 재열 사이클은 재열 후의 증기의 온도를 높여 증기의 작용 온도 범위를 넓혀 열효율을 증대시키지만, 증기의 건도(x)를 높여 증기와 터빈 사이의 기계적 손실을 줄여준다. 따라서, 위의 두 가지 사이클의 특징을 살려 증기원동소의 효율을 증가시킬 수 있는 것이다.

그림 9-6에서와 같이 증기 1 kg에 대하여 1단 재열, 2단 재생 사이클의 경우 열량, 일량, 효율 등을 구해 보면 다음과 같다.

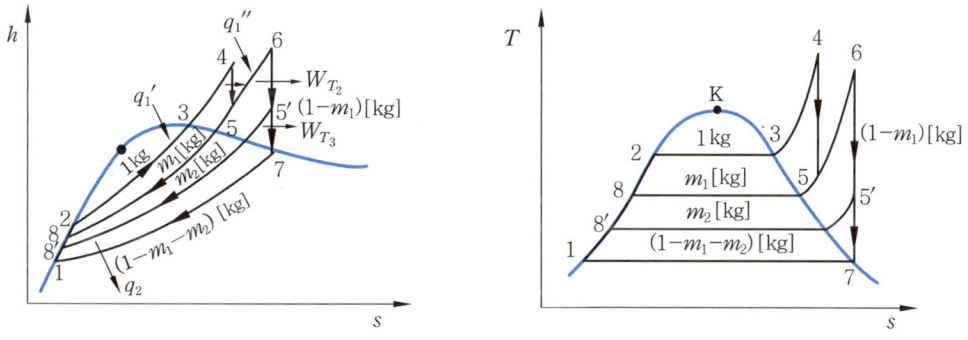

그림 9-6 1단 재열·2단 재생 사이클

① 보일러에서 공급된 열량

$$q_1 = (h_4 - h_8) + (1 - m_1)(h_6 - h_5) \tag{9-23}$$

② 터빈에서 발생한 일량

$$W_T = W_{T_1} + W_{T_2} + W_{T_3}$$

$$W_T = (h_4 - h_5) + (1 - m_1)(h_6 - h_5') + (1 - m_1 - m_2)(h_5' - h_7)$$

$$= (h_4 - h_5) - (h_6 - h_7) - m_1(h_6 - h_7) - m_2(h_5' - h_7) \tag{9-24}$$

③ 이론열효율

$$\eta_{hg} = \frac{W_T}{q_1} = \frac{(h_4 - h_5) + (h_6 - h_7) - m_1(h_6 - h_7) - m_2(h_5' - h_7)}{(h_4 - h_8) + (1 - m_1)(h_6 - h_5)} \tag{9-25}$$

예제 5. 5 MPa, 450℃의 증기를 복수압력 4 kPa까지 팽창시키는 증기원동소가 1단 재열, 2단 재생 사이클로 작동된다. 재열은 포화증기가 되는 압력까지 팽창한 후에 최초 온도까지 실시하며, 재생압력은 0.12 MPa이다. 펌프일을 무시할 때 다음 선도를 이용하여 q_1, q_2, W_{net}, η_{hg}를 구하시오.

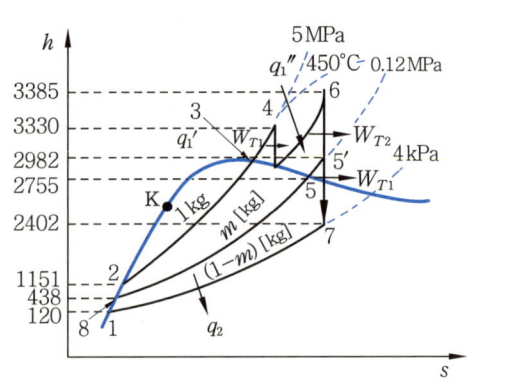

$q_1 = q_1' + q_1'' = (h_4 - h_8) + (h_6 - h_5)$
$W_T = W_{T_1} + W_{T_2} + W_{T_3}$
$\quad = (h_4 - h_5) + (h_6 - h_5') + (1-m)(h_5' - h_7)$
$m(h_5' - h_8) = (1-m)(h_8 - h_1)$

[해설] ① $q_1 = q_1' + q_1'' = (h_4 - h_8) + (h_6 - h_5)$
$\quad\quad = (3330 - 438) + (3385 - 2755) = 3522 \text{ kJ/kg}$

② $q_2 = (1-m) \times (h_7 - h_1)$
   $* m(h_5' - h_8) = (1-m)(h_8 - h_1)$
   $\therefore m = \dfrac{h_8 - h_1}{h_5' - h_1} = \dfrac{438 - 120}{2982 - 120} = 0.111$
   $\therefore q_2 = (1-m)(h_7 - h_1)(1 - 0.111)(2402 - 120)$
   $\quad\quad = 2028.7 \text{ kJ/kg(방열)}$

③ $W_T = W_{T_1} + W_{T_2} + W_{T_3} = (h_4 - h_5) + (h_6 - h_5') + (1-m)(h_5' - h_7)$
$\quad\quad = (3330 - 2755) + (3385 - 2982) + (1 - 0.111) \times (2982 - 2402)$
$\quad\quad = 1493.6 \text{ kJ/kg} = W_{net} \ (\because W_P \text{ 무시})$

④ $\eta_{hg} = \dfrac{W_{net}}{q_1} = \dfrac{1493.6}{3522} = 0.424 = 42.4\%$

9-5 2 유체 사이클 (binary vapour cycle)

2종류의 유체를 사용하여 각각 이들의 특성에 알맞는 온도 범위에서 작동되도록 구성된 사이클이다. 열기관 사이클 중 효율이 가장 좋은 사이클이 카르노 사이클이며, 카르노 사이클은 작업 유체와 관계없이 고열원 T_I과 저열원 T_{II}가 효율에 관계됨을 알았다.

카르노 사이클은 그림 9-7과 같이 구형(사각) 면적 (1c451)이며, 같은 온도 범위에서 작용하는 랭킨 사이클의 면적 (123451)이므로, 랭킨 사이클의 면적이 (1234c1)만큼 작은데, 그 원인은 랭킨 사이클의 동작물질인 증기의 특성에 의한 것으로 $T-s$ 선도에서 포화액선 12는 비열이 0인 수직선 1c선에 비하여 매우 경사가 완만하고, 또 물의 임계온도가 비교적 낮기 때문에 온도의 상한에 도달하면 과열이란 비가역과정을 행해야만 한다.

따라서, 비교적 포화액선의 경사가 크고, 임계온도가 높은 유체를 사용하면, 이 유체에 의한 랭킨 사이클은 물의 경우보다 더 큰 면적을 차지할 수 있게 되며, 그 결과 효율을 높일 수 있다.

이상과 같은 방법의 하나로서 서로 다른 2종의 유체를 동작물질로 하고, 고온 측의 배열(排熱)을 저온 측의 가열열로 이용하도록 한 사이클을 2유체(증기) 사이클이라 한다.

현재 실용화되고 있는 2유체 사이클에는 물(H_2O)-수은(Hg)을 이용한 것이 있다.

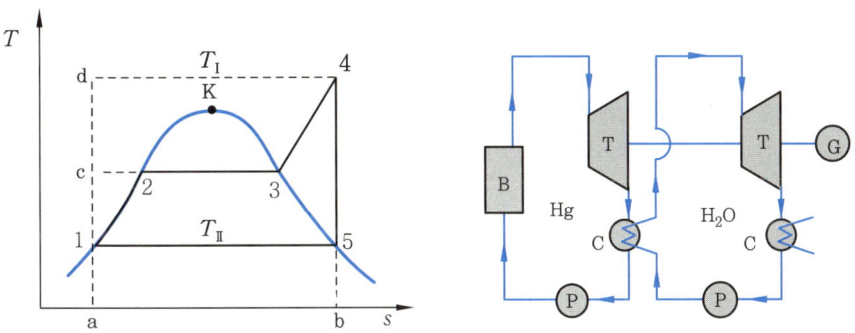

그림 9-7 카르노 사이클과 랭킨 사이클의 비교   그림 9-8 2유체 사이클의 계통도

다음 표에서 보는 바와 같이 수은은 임계온도와 압력은 높으나 저온의 포화압력은 매우 낮음을 알 수 있다.

표 9-1 수은과 물의 비교

구 분	임계온도(℃)	임계압력[atm(bar)]	포화압력(30℃)[atm(bar)]	몰체적(30℃)[m^3/mol]
수은	1460	1586.97 (1608)	$3.65×10^{-6}$ ($3.7×10^{-6}$)	$6.82×10^6$ (분자량 200.6)
물	374.14	225.65 (220.9)	0.043261 (0.04246)	$5.92×10^2$ (분자량 18)

9-6 실제 사이클에서의 손실

실제 사이클은 이상 사이클에 비하여 각 부에서의 손실 때문에 다른 값을 갖게 되며 그 주요 손실은 다음과 같다.

(1) 배관손실

마찰효과로 인한 압력강하, 주위로의 열전달이 주원인이며 터빈에 들어가는 증기의 유용성을 감소시킨다.

(2) 터빈 손실

동작물질이 터빈을 통과할 때 주위로의 열전달, 난동(亂動), 잔류속도 등에 의하여 생기는 비가역적인 단열팽창으로 인한 손실이다. 그림 9-9에서 증기는 비가역 단열팽창을 하여 터빈 출구에서 상태 2로 되어 $h_2' - h_2$ 만큼의 손실이 있게 된다.

실제 터빈의 효율은,

$$\eta_{ta} = \frac{\text{실제 터빈일}(W_{Pa})}{\text{이상적인 터빈일}(W_{Ti})} = \frac{h_1 - h_2'}{h_1 - h_2} \tag{9-26}$$

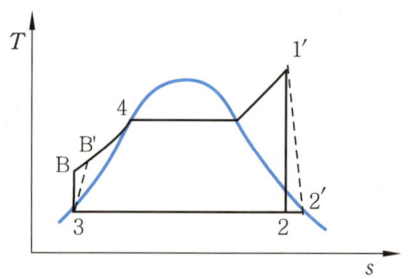

그림 9-9 비가역 단열팽창으로 인한 손실

(3) 펌프 손실

주로 비가역적인 유체유동(비등엔트로피 압축)으로 생기며 또, 미소한 열전달로 인한 손실도 있다.

$$\text{실제 펌프 효율 } \eta_{Pa} = \frac{\text{이상적인 펌프일}(W_{Pi})}{\text{실제 펌프일}(W_{Pa})} = \frac{h_B - h_3}{h_{B'} - h_3} \tag{9-27}$$

(4) 복수기 또는 응축기 손실

응축기에서 나오는 물이 포화온도 이하로 냉각되면 포화온도까지 다시 가열하는 데 추가적인 열량이 필요하다. 이것을 응축기 손실이라 하는데, 그 값이 비교적 작아서 무시한다.

9-7 증기소비율과 열소비율

(1) 증기소비율 (SR)

1 kW·h 또는 1 PS·h당 소비되는 증기의 양을 kg으로 표시한 것이다 (kg/kW·h, kg/PS·h).

$$SR = \frac{1}{\text{정미일}} = \frac{1}{W_{net}} = \frac{1}{W_T - W_P} = \frac{1}{h_2 - h_3} \; [\text{kg/kW·h}]$$

$$\text{또는, } SR = \frac{1}{W_{net}} = \frac{1}{h_2 - h_3} \; [\text{kg/PS·h}] \tag{9-28}$$

(2) 열소비율(HR)

1 kW·h 또는 1 PS·h당 증기에 의해 소비되는 열량이다.

$$HR = \frac{1}{\text{이론열효율}} = \frac{860}{\eta_{th}} \ [\text{kcal/kW·h}]$$

$$= \frac{632.3}{\eta_{th}} \ [\text{kg/PS·h}] = q \times SR \quad (9-29)$$

여기서, η_{th} : 이론열효율, q : 증기 1 kg이 소비하는 열량

$$W_{net} = W_T - W_P$$

펌프일을 무시하면, $W_{net} \fallingdotseq W_T = h_2 - h_3$

$$\eta_{th} = \frac{W}{q_1} = \frac{h_2 - h_3}{h_2 - h_4} \ (펌프일 \ 무시)$$

【참고】 1 kW = 1.36 PS = 1 kJ/s (1 kW·s = 1.36 PS·s = 1 kJ)
1 kcal = 4.187 kJ, 1 kW = 860 kcal/h = 102 kg·m/s
1 PS = 632.3 kcal/h = 75 kg·m/s, 1 J = 1 N·m

이 값들을 이용하여 문제에서 요구하는 값을 구하면 된다.

예제 6. 이론열효율이 60 %이고, 1 사이클당 유효열이 18900 kJ/kg이면, 1 PS·h의 일을 얻기 위하여 공급해야 할 열량(kcal/PS·h)을 구하시오.

[해설] $HR = \dfrac{1}{\eta_{th}} = \dfrac{1}{0.60} \left[\dfrac{\text{kJ/kg}}{\text{kJ/kg}}\right]$

$= \dfrac{1}{0.6} \left[\dfrac{\text{kJ}}{\text{kJ}}\right] = \dfrac{1}{0.6} \left[\dfrac{\text{kJ}}{\text{kW·s}}\right]$

$= \dfrac{1}{0.6} \times \left(\dfrac{\text{kJ}}{\dfrac{1.36}{3600}} \ \text{PS·h}\right) \times \dfrac{3600}{1.36 \times 0.6}$

$= 4411.7 \ \text{kJ/PS·h} = 1050 \ \text{kcal/PS·h}$

예제 7. 그림과 같은 랭킨 사이클의 열효율과 이 과정에 대한 이론 열소비율, 이론 증기 소비율을 구하시오.(단, 펌프일은 무시한다.)

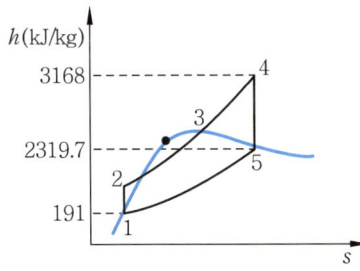

[해설] ① 1 kW·h당 증기의 이론 열소비율

$$HR = \frac{1}{\eta_{th}} = \frac{1}{\frac{W}{q_1}} = \frac{q_1}{W_T} = \frac{h_4 - h_1}{h_4 - h_5}$$

$$= \frac{3168 - 191}{3168 - 2319.7} = \frac{1}{0.285} = 3.51 \left[\frac{kJ}{kJ}\right]$$

$$= 3.5 \times \frac{kJ}{kW \cdot s} = 3.5 \times \frac{kJ}{kW \cdot \frac{1}{3600} h} = 3.5 \times \frac{3600 kJ}{kW \cdot h}$$

$$= 12636 \, kJ/kW \cdot h = 3018 \, kcal/kW \cdot h$$

② 1 kW·h당 증기소비율

$$SR = \frac{1}{W_{net}} = \frac{1}{W_T} = \frac{1}{h_4 - h_5} = \frac{1}{3168 - 2319.7} = \frac{1}{848.3 \, kJ/kg}$$

$$= 1.1788 \times 10^{-3} \, [kg/kJ] = 1.1788 \times 10^{-3} \left[\frac{kg}{kW \cdot s}\right]$$

$$= 1.1788 \times 10^{-3} \times \frac{3600 \, kg}{kW \cdot h} = 4.24 \, kg/kW \cdot h$$

예제 8. 증기 터빈에 있어서 2.74 MPa, 380℃의 증기를 공급받고, 그 압력이 490 kPa가 될 때까지 작용시킨 후에 재열기에 보내어 그 압력하에서 최초의 온도까지 재열하고, 다시 30 mmHg까지 단열팽창시켜서 배출한다. 다음 물음에 답하시오.

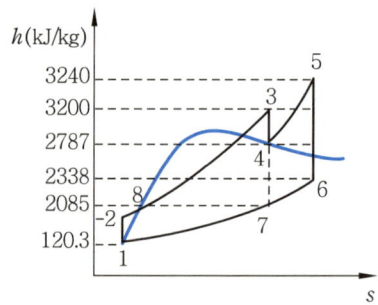

(1) 재열 사이클의 이론열효율을 구하시오.(단, 펌프일을 무시한다.)
(2) 재열하지 않는 경우 랭킨 사이클의 열효율을 구하시오.
(3) 이 증기원동소의 증기 소비율(kg/kW·h)을 구하시오.
(4) 이 증기원동소의 열소비율(kJ/PS·h)을 구하시오.
(5) 재열하지 않은 경우와 비교하여 열효율의 개선율(%)을 구하시오.
(6) 재열 사이클에서 카르노 사이클의 효율(%)을 구하시오.

[해설] (1) $\eta_{reh} = \frac{(h_2 - h_3) + (h_4 - h_5)}{(h_2 - h_6) + (h_4 - h_3)}$

$$= \frac{(3200 - 2787) + (3240 - 2339)}{(3200 - 120.3) + (3240 - 2787)}$$

$$= 0.37195 ≒ 37.2 \%$$

(2) $\eta_R = \dfrac{(h_2 - h_7)}{(h_2 - h_6)} = \dfrac{3200 - 2085.3}{3200 - 120.3}$

$= 0.3619 = 36.2\,\%$

(3) $SR = \dfrac{1}{W_{net}} = \dfrac{1}{(h_2 - h_3) + (h_4 - h_5)}$

$= \dfrac{1}{(3200 - 2787) + (3240 - 2339)}$

$= \dfrac{1}{1314}\left[\dfrac{\text{kg}}{\text{kJ}}\right] = \dfrac{1}{1314}\left[\dfrac{\text{kg}}{\text{kW}\cdot\text{s}}\right]$

$= \dfrac{1}{1314} \cdot \dfrac{\text{kg}}{\dfrac{1}{3600}\,\text{kW}\cdot\text{h}}$

$= 2.74\,\text{kg/kW}\cdot\text{h}$

(4) $HR = \dfrac{1}{\eta_{th}} = \dfrac{1}{0.376} = 2.66\left[\dfrac{\text{kJ}}{\text{kJ}}\right]$

$= 2.66\left[\dfrac{\text{kJ}}{\text{kW}\cdot\text{s}}\right] = 2.66\left[\dfrac{\text{kJ}}{\dfrac{1}{3600}\,\text{kW}\cdot\text{h}}\right]$

$= 2.66 \times 3600 \times \left[\dfrac{\text{kJ}}{1.36\,\text{PS}\cdot\text{h}}\right]$

$= 7041\left[\dfrac{\text{kJ}}{\text{PS}\cdot\text{h}}\right]$

(5) 개선율 $= \dfrac{\eta_{Re} - \eta_R}{\eta_R} \times 100 = \dfrac{0.372 - 0.362}{0.362} = 2.76$

* $\eta_R = \dfrac{h_3 - h_7}{h_3 - h_1} = \dfrac{3200 - 2085}{3200 - 120.3} = 0.362 = 36.2\%$

(6) 사이클 중에서 카르노 사이클의 효율이 제일 좋다.

$\eta_C = 1 - \dfrac{T_2}{T_1} = 1 - \dfrac{273 + 28.64}{273 + 380} = 0.538$

여기서, T_1 : 고온도, T_2 : 저온도 ≒ 포화수의 엔탈피

∽ 연습문제 ∽

1. 랭킨 사이클에서 보일러 초압과 초온이 일정할 때 배압이 높을수록 열효율은 어떻게 되는지 설명하시오.

2. 엔탈피 3679 kJ/kg인 증기를 25 t/h의 비율로 터빈으로 보냈더니 출구에서 엔탈피가 2259 kJ/kg이었을 때 터빈의 출력(kW)을 구하시오.

3. 100 kPa의 포화수를 500 kPa까지 단열압축하는 데 필요한 펌프일(N·m/kg)을 구하시오. (단, 100 kPa 압력에서 $v' = 0.001048 \text{ m}^3/\text{kg}$, $v'' = 1.725 \text{ m}^3/\text{kg}$이다.)

4. 압력 1MPa abs, 온도 350℃인 증기를 건포화 증기까지 팽창시킨 후 같은 압력하에 다시 350℃까지 가열하여 5 kPa abs까지 팽창시켰다. 이 재열 사이클의 이론열효율을 구하시오.

5. 문제 4와 같은 압력 및 온도의 증기를 재열하지 않고 5 kPa까지 팽창시키는 랭킨 사이클의 열효율을 구하시오.(단, 펌프일은 무시한다.)

6. 그림 p 9-1은 200 ata, 540℃의 증기를 발생하고, 터빈에서 2.5 MPa까지 단열팽창한 곳에서 초온까지 재열하여 복수기 압력 5 kPa까지 팽창시키는 증기원동소의 $h-s$ 선도이다. 이것을 이용하여 다음을 구하시오.

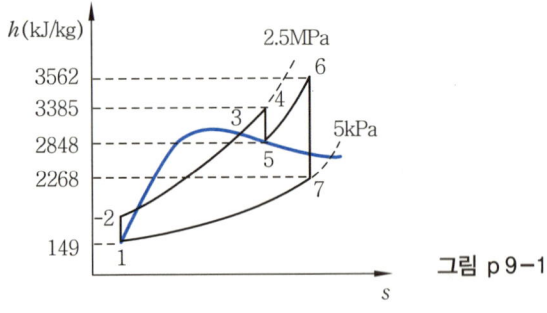

그림 p 9-1

(1) 증기원동소의 이론열효율(%)을 구하시오.

(2) 카르노 사이클의 효율(%)을 구하시오.

7. 2개의 단열변화와 2개의 정압변화로 이루어진 랭킨 사이클에서 단열이며 정적인 변화에 가장 가까운 곳은 어느 곳인지 설명하시오.

8. 초압이 10 MPa이고 복수기 압력이 5 kPa일 때 펌프일을 구하시오.(단, 물의 비체적은 어느 경우나 $v' = 0.001 \text{ m}^3/\text{kg}$이다.)

9. 압력이 1.033 kg/cm²인 포화증기의 전열량(kcal/kg)을 구하시오.

10. 동작유체의 단위질량당의 팽창일에 비하여 압축일이 가장 적게 소요되는 사이클은 무엇인지 답하시오.

11. 압력 15 MPa abs인 건포화 증기를 5 kPa abs까지 팽창시키는 랭킨 사이클이 있다. 팽창 후의 건도를 구하시오.

12. 압력 1.4 MPa abs, 온도 350℃인 증기를 배기압 20 kPa abs까지 팽창시켰다.
　(1) 이 랭킨 사이클의 열효율을 구하시오.(단, 펌프일은 무시하고, $h_3=3163$ kJ/kg, $h_4=2365$ kJ/kg, $h_1=252$ kJ/kg이다.)
　(2) 펌프일을 생략하지 않았을 때의 열효율을 구하시오.

13. 랭킨 사이클로 작동하는 증기원동소에서 압력 2 MPa, 온도 400℃인 증기를 배기압 50 kPa까지 팽창시킬 때의 열효율을 구하시오.

14. 랭킨 사이클에 의한 증기 터빈에 있어서 3 MPa, 320℃의 증기가 공급되고, 25.52 mmHg로 배출한다. 이 경우 다음 물음에 답하시오.
　(1) 증기 1 kg에서 얻어지는 에너지(kJ/kg)를 구하시오.(단, 증기표에서, $h_3=3054$ kJ/kg, $h_4=1985$ kJ/kg, $h_1=108$ kJ/kg, $v'=0.000205$ m³/kg이다.)
　(2) 사이클의 열효율(%)을 구하시오.
　(3) 정미마력마다 증기소비량은 5.5 kg이라 할 때 정미열효율(%)을 구하시오.
　(4) 다음 중 기계효율이 85 %일 때의 도시열효율(%)을 구하시오.

15. 5 MPa, 500℃의 증기를 공급하는 2단 재생 사이클의 복수기 압력이 2.5 kPa일 경우, 이론 열효율(%)을 구하시오.(단, 이 증기원동소에서는 혼합급수 가열기를 사용하며, 제1 추기점 및 제2 추기점은 각각 전단열 강하의 1/3, 2/3의 점이다.)

16. 랭킨 사이클로 작동되는 증기원동소에서 압력 2.94 MPa, 온도 450℃인 증기를 49 kPa까지 단열팽창시켰을 때 다음 사항을 구하시오.(단, 2.94 MPa, 450℃일 때, $h=3356$ kJ/kg, $s=7.12$ kJ/kg·K, 49 kPa일 때, $h'=339$ kJ/kg, $h''=2652$ kJ/kg, $s'=1.089$ kJ/kg·K, $s''=7.621$ kJ/kg·K)
　(1) 팽창 후 건도를 구하시오.
　(2) 열효율(%)을 구하시오.

17. 그림 p 9-2의 사이클에서 압력 980 kPa abs, 온도 300℃인 증기를 건포화증기가 될 때까지 팽창시키고, 그 압력하에 최초의 온도까지 재열하여 압력 9.8 kPa abs까지 팽창시켰다. 이 재열 사이클의 이론열효율을 구하시오.(단, $h_4=3062$, $h_7=2512$, $h_1=189$, $h_5=$

2713, $h_6 = 3083$ kJ/kg이다.)

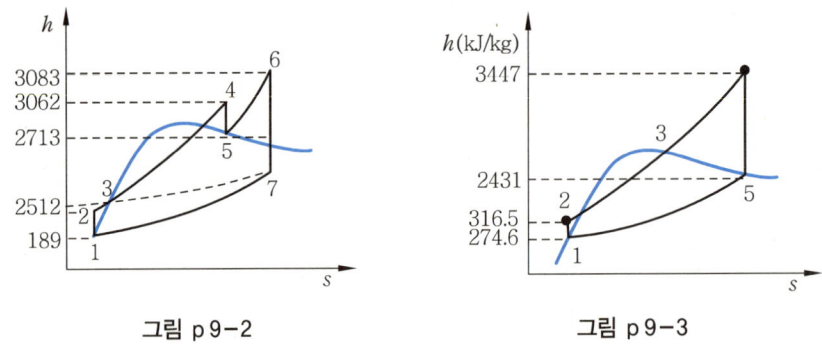

그림 p9-2   그림 p9-3

18. 그림 p9-3의 랭킨 사이클에서 보일러 입구 및 출구의 엔탈피가 각각 316.5 kJ/kg, 3447 kJ/kg이고, 복수기 입구 및 출구에서의 엔탈피는 각각 2431 kJ/kg, 274.6 kJ/kg일 때, 이 사이클의 열효율(%)을 구하시오.

19. 11.76 MPa, 500℃이고, 복수기 압력 3.92 kPa로 작동되는 증기원동소에서 686 kPa에서 추기된다. 그림 p9-4의 $h-s$ 선도를 이용하여 다음을 구하시오.

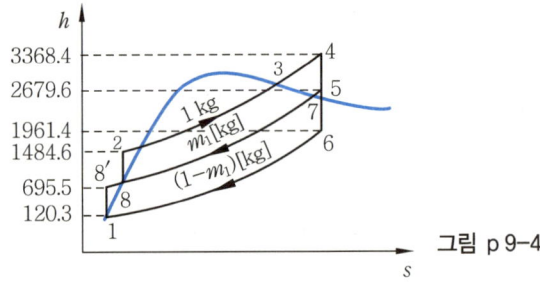

그림 p9-4

(1) 추기량(kg)을 구하시오.
(2) 추기를 하지 않은 랭킨 사이클의 열효율(%)을 구하시오.(단, 펌프일은 무시한다.)
(3) 재생 사이클의 열효율(%)을 구하시오.
(4) 재생함으로써 개선된 열효율(%)을 구하시오.

20. 랭킨 사이클에 의한 증기원동소에서 2.94 MPa, 320℃의 증기가 공급되어 압력이 4.9 kPa로 배출된다. 이 경우에 펌프일을 무시할 경우 다음 값을 구하시오.(단, 터빈 입구 엔탈피 : 3054 kJ/kg, 터빈 입구 엔트로피 : 6.6566 kJ/kg, 2.94 kPa에서, $s' = 0.3507$ kJ/kg·K, $s'' = 8.6079$ kJ/kg·K, $v' = 0.001$ m³/kg, $h' = 100$ kJ/kg, $h'' = 2552$ kJ/kg)

(1) 증기 1 kg당 얻을 수 있는 에너지(kJ/kg)를 구하시오.
(2) 이론열효율(η_R)을 구하시오.

21. 이론열효율이 22.5%인 랭킨 사이클의 복수기 압력이 49 kPa이고, 팽창 후 건도가 82.5%로서 공급되는 증기가 건포화증기라할 때 터빈 입구에서의 엔탈피를 구하시오.(단, 49 kPa에서 $h' = 339.4$ kJ/kg, $h'' = 2652$ kJ/kg, $s' = 1.089$ kJ/kg·K, $s'' = 7.621$ kJ/kg·K, 펌프일은 무시한다.)

22. 랭킨 사이클로 작용하는 증기원동소에 있어서 3.92 MPa abs, 400℃의 증기가 증기 터빈에 들어가서 0.04 kg/cm² abs으로 배출된다. 3.92 kPa에 있어서의 비용적을 0.001 m³/kg, 정미마력마다의 증기사용량을 4.5 kg이라 할 때, 다음 물음에 답하시오.
   (1) 펌프의 일량(kJ/kg)을 구하시오.
   (2) 이 사이클의 1 kg에서 얻어지는 에너지(kN·m/kg)를 구하시오.
   (3) 이론적 효율(%)을 구하시오.
   (4) 참열효율(%)을 구하시오.

23. 랭킨 사이클의 각 점의 엔탈피가 보일러 입구 : 256 kJ/kg, 보일러 출구 : 3570 kJ/kg, 터빈 출구 : 2604 kJ/kg, 복수기 출구 : 252 kJ/kg이라면 터빈이 실제 한 일의 열당량이 220 kcal/kg일 때 터빈 효율(%)을 구하시오.

24. 3.43 MPa, 400℃의 증기의 공급을 받고 복수기 압력 3.92 kPa로 하는 증기원동소에 있어서 1단 추기(抽氣)에 의한 급수가열을 행하고, 급수의 최고온도를 150℃라 할 때 다음 물음에 답하시오.(단, 혼합급수 가열기를 사용한다고 한다.)
   (1) 증기 1 kg마다의 추기량(kg)을 구하시오.
   (2) 추출에 의한 일량의 감소량(kJ/kg)을 구하시오.
   (3) 이 재생 사이클의 이론적 열효율(η_{th}) (%)을 구하시오.
   (4) 추기를 하지 않는 랭킨 사이클과 비교하여 열효율의 개선율(%)을 구하시오.

25. 터빈 입구에서 있어서의 과열증기의 초압 7.84 MPa, 초온도 550℃, 복수기 압력 3.92 kPa, 출력 7.5×10^4 kW인 발전소가 있다. 터빈 효율 80%, 보일러 효율 90%로 가정하고, 발열량 18900 kJ/kg의 석탄을 사용할 때 다음의 값을 구하여라.(단, 펌프일, 발전기 효율은 고려하지 않는다.)
   (1) 이 발전소의 매시 필요로 하는 석탄량(t/h)을 구하시오.
   (2) 이 발전소 보일러의 크기를 연료소비량(t/h)으로 답하시오.

26. 5.88 MPa, 500℃의 증기의 공급을 받고, 2.94 kPa에 배출하는 증기원동소의 이론적 열효율을 다음의 경우에 대하여 구하시오.(단, 혼합급수 가열기를 사용한다.)
   (1) 랭킨 사이클의 열효율(%)을 구하시오.
   (2) 그림 p9-5($h-s$ 선도)와 같은 2단 재생의 경우로 할 때 사이클의 열효율(%)을

구하시오.

(3) 1단 재생 사이클의 열효율(%)을 구하시오.

(4) 3단 재생 사이클의 열효율(%)을 구하시오.

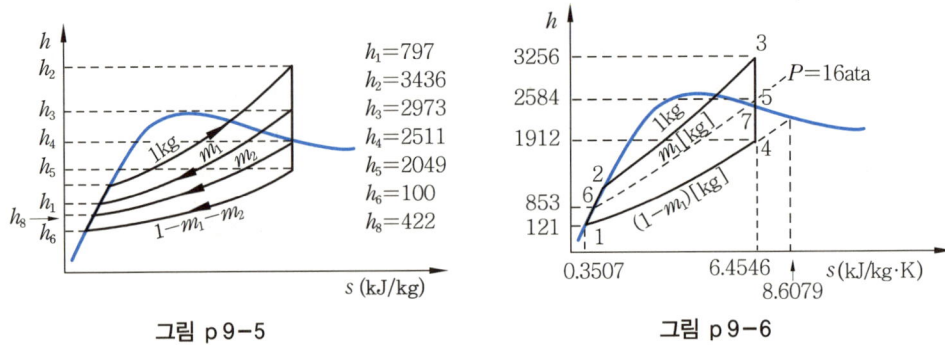

그림 p 9-5   그림 p 9-6

27. 9.8 MPa의 증기를 공급받아 복수기 압력이 2.94 kPa의 1단 재생 사이클이 있다(그림 p 9-6). 초온이 450℃일 경우 다음 사항을 구하시오.(단, 펌프일은 무시한다.)

   (1) 팽창 후 건도(x_4)를 구하시오.
   (2) 추기량(kg)을 구하시오.
   (3) 재생 사이클의 이론열효율(%)을 구하시오.
   (4) 추기를 하지 않을 경우 랭킨 사이클의 열효율(%)을 구하시오.
   (5) 재생함으로써 개선된 열효율(%)을 구하시오.

28. 랭킨 사이클로 작동되는 증기원동소에서 49 bar, 400℃의 증기를 0.49 bar까지 터빈에서 팽창시킬 때 다음 값을 구하시오.

   (1) 펌프일(W_P)을 구하시오.
   (2) 팽창 후 건도(복수기 입구에서의 건도)를 구하시오.
   (3) 이론열효율(η_R)을 구하시오.
   (4) 동일 온도 범위에서 작동하는 카르노 사이클과의 효율비를 구하시오.

29. 증기원동기에서 60 bar, 500℃의 증기가 터빈에 들어간다. 터빈에서 4 bar까지 팽창된 후 다시 500℃까지 가열되어 터빈에서 0.06 bar까지 팽창할 때, 펌프일(W_P), 터빈일(W_T), 정미일(W_{net}), 가열량 q_1, 방열량, 재열하지 않는 경우의 열효율, 재열 사이클의 이론 열효율, 개선율, 증기소비율 (kg/PS·h), 열소비율 (kg/kW·h), 카르노 사이클의 열효율을 구하시오.(단, 0.06 bar에서 $v' = 1.0331 \times 10^{-3}$ m³/kg이다.)

30. 증기의 압력이 63.7 bar, 과열증기의 온도 550℃, 복수기의 진공도가 0.932 bar인 2단 추기 급수가열을 하는 재생 사이클이다. 제1추기점이 9.8 bar, 제2추기점이 1.176 bar일

때, $h-s$ 선도를 이용하여 복수기 압력(bar), 가열량, 방열량, 펌프일, 터빈일, 정미일, 재생하지 않는 경우의 열효율, 제 1 추기량, 제 2 추기량, 시간당 75000 kg의 비율로 증기를 발생할 때 추기된 증기량 M_1, M_2, 재생 사이클의 열효율, 개선율, 카르노 사이클의 효율을 구하시오.(단, 0.0487 bar에서, 비체적 $v'=0.0013306\ \mathrm{m^3/kg}$이다.)

31. 증기기관 사이클(Clausius−Rankine cycle)에서 실린더 내에서 증기의 팽창이 10 배로 제한되어 있는 경우에 이 증기 사이클의 특성을 구하시오.(단, 이 증기기관 사이클에서는 $P_0 = 0.01\ \mathrm{MPa},\ P_1 = 2\ \mathrm{MPa}$로 하고, $P-v, T-s, h-s$ 선도에서 $v_a/v_3'' = 10$으로 한다.)

$P_1 = 2\ \mathrm{MPa}$일 때,

$t_{1s} = 212.37\ ℃,\ v_3'' = 0.0995 \approx 0.1\ \mathrm{m^3/kg},\ h_3'' = 2797.2\ \mathrm{kJ/kg}$

$P_0 = 0.01\ \mathrm{MPa}$일 때,

$t_{0s} = 45.83\ ℃,\ h_1' = 191.832\ \mathrm{kJ/kg}$

32. 압력이 $P_1 = 15\ \mathrm{MPa}$, 온도 $t_1 = 500\ ℃$의 증기로 작동하는 증기 터빈에서 배기압력이 $P_0 = 0.004\ \mathrm{MPa}$이다. 이때 다음과 같은 사이클의 열효율을 구하시오.

단, $P_1 = 15\ \mathrm{MPa}$일 때,

$t_{1s} = 342\ ℃,\ h_2' = 1611.1\ \mathrm{kJ/kg},\ h_2'' = 2613.7\ \mathrm{kJ/kg}$

$s_2' = 3.6845\ \mathrm{kJ/kg \cdot K},\ s_2'' = 5.3167\ \mathrm{kJ/kg \cdot K},\ \gamma_1 = 1002.5\ \mathrm{kJ/kg}$

$h_3 = 3310.6\ \mathrm{kJ/kg},\ s_3 = 6.3487\ \mathrm{kJ/kg}$,

$P_0 = 0.004\ \mathrm{MPa}$일 때,

$t_{0s} = 29.0\ ℃,\ h_1' = 121.41\ \mathrm{kJ/kg},\ h_4'' = 2554.5\ \mathrm{kJ/kg}$

$s_1' = 0.4225\ \mathrm{kJ/kg \cdot K},\ s_4'' = 8.4755\ \mathrm{kJ/kg \cdot K},\ \gamma_0 = 2433.1\ \mathrm{kJ/kg}$

(1) 랭킨 사이클에서의 열효율을 구하시오.

(2) 1단 추기 재생 사이클(배기압력 $P_a = 0.7\ \mathrm{MPa}$)에서의 열효율을 구하시오.

(3) 2단 추기 재생 사이클(배기압력 $P_a = 0.7\ \mathrm{MPa},\ P_b = 0.2\ \mathrm{MPa}$)에서의 열효율을 구하시오.

33. 랭킨 사이클로 작동되는 증기원동소에서 4.9 MPa, 400 ℃의 증기를 4.9 kPa까지 터빈에서 팽창시킬 경우 다음 값을 구하시오.

(1) 펌프일(W_P)을 구하시오.

(2) 팽창 후 건도를 구하시오.

(3) 이론열효율(η_R)을 구하시오.

(4) 동일 온도 범위에서 작동하는 카르노 사이클과의 효율비(η_R/η_C)를 구하시오.

34. 문제 32의 전치(前置) 증기 터빈에서 $P_1 = 15\ \mathrm{MPa},\ t_1 = 500\ ℃$의 과열증기를 $P_2 = 1.5$

MPa까지 단열팽창시킨 후에 $t_2=400℃$까지 중간가열하고 다시 주(主) 증기 터빈으로부터 $P_0=0.004$ MPa까지 단열팽창시킬 때, 이 복합 증기 터빈 사이클의 열효율을 구하시오. (단, h의 단위는 kJ/kg, s의 단위는 kJ/kg·K, γ의 단위는 kJ/kg이다.)

$P_1=15$ MPa, $t_1=500℃$일 때,

$t_{1s}=342℃$, $h_2'=1611.1$, $h_2''=2613.7$, $s_2'=3.6845$

$s_2''=5.3167$, $\gamma_1=1002.5$, $h_3=3310.6$, $s_3=6.3487$

$P_2=1.5$ MPa, $t_2=400℃$일 때,

$t_{2s}=198.29℃$, $h_m=2740$, $h_n=3256.6$, $s_n=7.2720$

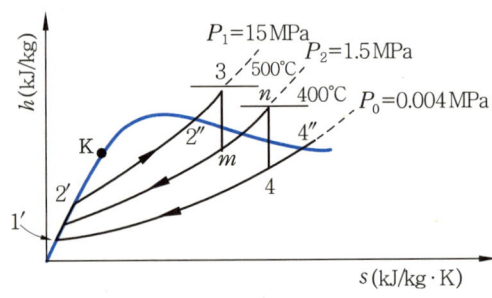

그림 p 9-7

연습문제 풀이

1. 복수기 압력을 높이면 W가 감소하므로 열효율이 감소한다.

2. 터빈에서의 총 열낙차는 $\Delta H = G(h_2 - h_1)$이므로,

$$\Delta H = 25 \times 10^3 (3679 - 2159)$$
$$= 25 \times 10^3 \times 1520 \text{ kJ/h}$$
$$= \frac{25000 \times 1520}{3600}$$
$$= 10555.6 \text{ kW}$$

3. $W_P = \int v dP = v(P_1 - P_2) = -v(P_2 - P_1)$
$$= -(0.0010428) \times (500 - 100) \times 10^3$$
$$= -417.2 \text{ N·m/kg}$$
$\therefore W_P = 417.2$ N·m/kg (압축일)

4. $q_1 = q_1' + q_1'' = (h_2 - h_6) + (h_4 - h_3)$

$W_T = W_{T_1} + W_{T_2}$
$$= (h_2 - h_3) + (h_4 - h_5)$$

W_P는 무시

$$\eta_{th} = \frac{(h_2 - h_3) + (h_4 - h_5)}{(h_2 - h_6) + (h_4 - h_3)}$$
$$= \frac{(3171 - 2684) + (3187 - 2554)}{(3171 - 139) + (3187 - 2684)}$$
$$= 0.3168 \fallingdotseq 31.7 \%$$

5. $h_4 = 3171$, $h_5 = 2239$, $h_1 = 139$

$$\eta_R = \frac{h_4 - h_5}{h_4 - h_1} = \frac{3171 - 2239}{3171 - 139}$$
$$\fallingdotseq 0.307 = 30.7 \%$$

6.

(1) $\eta_{reh} = \frac{(h_4 - h_5) + (h_6 - h_7)}{(h_4 - h_1) + (h_6 - h_5)}$
$$= \frac{(3385 - 2848) + (3562 - 2268)}{(3385 - 149) + (3562 - 2848)}$$
$$= 0.4635 \fallingdotseq 46.35 \%$$

(2) $\eta_C = 1 - \frac{T_2}{T_1} = 1 - \frac{273 + 35.5}{273 + 540}$
$$= 0.6205 = 62.05 \%$$

따라서, 100℃ 이하에서 포화온도와 포화수의 엔탈피는 비슷하다(149 kJ/kg = 35.5 kcal/kg).

7. 급수 펌프에서는 단열, 즉 외부와의 열출입이 없으며 물은 비압축성 유체이므로 거의 체적변화가 없는 정적과정이다.

8. $W_P = v'(P_2 - P_1) = 0.001 \times (5 - 10000)$
$$= -9.995 \text{ kJ/kg} \fallingdotseq 10 \text{ kJ/kg}(압축일)$$

9. 전열량 = 액체열 + 증발열(증기표에서)
$$= 100 + 539 = 639 \text{ kcal/kg}$$

10. 일반적으로 내연기관의 사이클은 동작유체가 기체이므로 압축시키는 데 부피변화를 많이 동반하기 때문에 압축일이 많이 필요하나, 랭킨 사이클과 같은 동작유체로 물을 사용하는 사이클에서는 압축이 조금밖에 일어나지 않으므로 팽창일에 비해 압축일이 적게 소요된다.

11. 증기표에

$s_2 = s_1'' = 5.353$ kJ/kg·K
$s_2' = 0.473$ kJ/kg·K, $\gamma_2 = 2432$ kJ/kg
$T_{12} = 306$ K

$x = (s_1'' - s_1') \frac{T_{12}}{\gamma_2}$
$$= (5.353 - 0.473) \times \frac{306}{243}$$
$$= 0.614 = 61.4 \%$$

* $s_x = s' + x(s'' - s') = s' + x \cdot \frac{T}{\gamma}$

12.

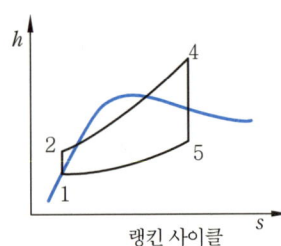

랭킨 사이클

(1) $\eta_R = \dfrac{h_3 - h_4}{h_3 - h_1} = \dfrac{3163 - 2365}{3163 - 252}$

$\qquad = 0.274 = 27.4\,\%$

(2) v_3은 포화표에서 $P = 20\,\text{kPa}$의 v'의 값에서,

$\quad v' \fallingdotseq 0.0010169\,\text{m}^3/\text{kg}$

$\quad \therefore W_P = v'(P_1 - P_2) = 0.0010169 \times (1400 - 20)$

$\qquad\qquad = 1.403\,\text{kJ/kg}\,(= \text{kN·m/kg})$

$\quad \therefore \eta_R = \dfrac{h_3 - h_4 - W_P}{h_3 - h_1 - W_P}$

$\qquad = \dfrac{3163 - 2365 - 1.403}{3163 - 252 - 1.403}$

$\qquad = 0.274 = 27.4\,\%$

13.

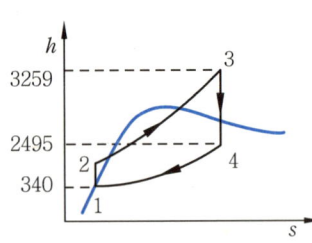

$h - s$ 선도에서,

$\quad h_3 = 3259\,\text{kJ/kg},\quad h_4 = 2495\,\text{kJ/kg},$

또 압력 50 kPa인 포화수의 엔탈피 h_1는 증기표에서

$\quad h_1 = 340\,\text{kJ/kg}$

$\quad \therefore \eta_R = \dfrac{h_3 - h_4}{h_3 - h_1} = \dfrac{3259 - 2495}{3259 - 340}$

$\qquad = 0.262 = 26.2\,\%$

14. (1) $W = W_T - W_P = (h_3 - h_4) - W_P$

$\qquad = (3054 - 1985) - 0.617$

$\qquad = 1068.38\,\text{kJ/kg}$

$\quad * \; W_P = v'(P_2 - P_1)$

$\qquad = 0.000205 \times (3.4 - 3000)$

$\qquad = 0.617\,\text{kJ/kg}$

$\quad * \; 25.52\,\text{mmHg} = 25.52/760 \times 1.0332 \times 9.8 \times 10^4$

$\qquad\qquad\qquad = 3400\,\text{N/m}^2 = 3.4\,\text{kPa}$

(2) $\eta_R = \dfrac{(h_3 - h_4) - W_P}{(h_3 - h_1) - W_P}$

$\qquad = \dfrac{3054 - 1985 - 0.617}{3054 - 108 - 0.617}$

$\qquad = 0.3627 = 36.27\,\%$

(3) $HR = q_1 \times SR = \dfrac{1}{\eta}$ 이므로,

$\quad \eta = \dfrac{1}{q_1 \times SR}$

$\qquad = \dfrac{1}{(3054 - 108 - 0.617) \times 5.5\,\text{kJ/kg} \times \text{kg/PS·h}}$

$\qquad = \dfrac{1}{2945.38 \times 5.5} \times \left[\dfrac{\text{PS·h}}{\text{kJ}}\right]$

$\qquad = \dfrac{\dfrac{3600}{1.36}}{2945.38 \times 5.5} \times \left[\dfrac{\text{kJ}}{\text{kJ}}\right]$

$\qquad = 0.1634 = 16.34\,\%$

$\quad * 1\,\text{PS·h} = 3600\,\text{PS·s} = 3600 \times \dfrac{1}{1.36}\,\text{kW·s}\,(= \text{kJ})$

(4) $\eta = \dfrac{\eta_e}{\eta_m} = \dfrac{0.163}{0.85} = 0.192 = 19.2\,\%$

15.

① 제 1 단에서의 추기량 m_1은

$\quad m_1(h_4 - h_8) = (1 - m_1)(h_8 - h_7)$

$\quad m_1 = \dfrac{h_8 - h_7}{h_4 - h_7} = \dfrac{765 - 400}{2983 - 400} = 0.141\,\text{kg}$

② 제 2 단에서의 추기량 m_2는

$\quad m_2(h_5 - h_7) = (1 - m_1 - m_2)(h_7 - h_1)$

$\quad m_2 = \dfrac{(1 - m_1)(h_7 - h_1)}{h_5 - h_1}$

$\qquad = (1 - 0.141)\dfrac{400 - 87.4}{2519 - 87.4}$

$\qquad = 0.11\,\text{kg}$

$\therefore \eta = \dfrac{(h_3 - h_4) + (1 - m_1)(h_4 - h_5) + (1 - m_1 - m_2)(h_5 - h_6)}{h_3 - h_2}$

$\quad \fallingdotseq 0.454 = 45.4\,\%$

16. (1) $s = s' + x(s'' - s')$ 에서,

$$x = \frac{s - s'}{s'' - s'} = \frac{(7.12 - 1.089)}{(7.621 - 1.089)} = 0.923$$

(2)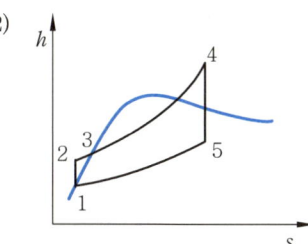

$h_5 = h' + x(h'' - h')$
$= 339 + 0.923 \times (2652 - 339)$
$= 2474 \text{ kJ/kg}$

$\therefore \eta_R = \dfrac{h_4 - h_5}{h_4 - h_1} = \dfrac{3356 - 2474}{3356 - 339}$
$= 0.2923$
$= 29.23 \%$

17. $\eta_{reh} = \dfrac{(h_4 - h_5) + (h_6 - h_7)}{(h_4 - h_1) + (h_6 - h_5)}$

$= \dfrac{(3062 - 2713) + (3083 - 2512)}{(3062 - 189) + (3083 - 2713)}$

$= 0.284$

18. $\eta_R = \dfrac{(h_4 - h_5) - (h_2 - h_1)}{(h_4 - h_2)}$ (펌프일 고려)

19.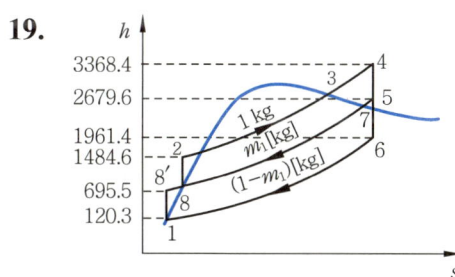

(1) $m_1(h_5 - h_8) = (1 - m_1)(h_8 - h_1)$

$m_1(h_5 - h_8) = h_8 - h_1 - m_1(h_8 - h_1)$

$\therefore m_1 = \dfrac{h_8 - h_1}{h_5 - h_1} = \dfrac{695.5 - 120.3}{2679.6 - 120.3}$
$= 0.2247 \text{ kg}$

(2) $\eta_R = \dfrac{h_4 - h_6}{h_4 - h_1} = \dfrac{3368.4 - 1961.4}{3368.4 - 120.3}$
$= 0.433$

(3) $\eta_{reg} = (h_4 - h_5) + (1 - m_1)(h_5 - h_6) / h_4 - h_8'$
$= 0.466$

(4) 개선율 $= \dfrac{\eta_{reg} - \eta_R}{\eta_R} \times 100$

$= \dfrac{46.6 - 43.3}{43.3} \times 100$

$= 7.62 \%$

20. (1) ① $x = \dfrac{s - s'}{s'' - s'}$

$= \dfrac{6.6566 - 0.3507}{8.6079 - 0.3507}$

$= 0.764$

② $h_4 = h' + x(h'' - h')$
$= 100 + 0.764(2552 - 100)$
$= 1973.3 \text{ kJ/kg}$

③ $W_T = h_3 - h_4$
$= 3054 - 1973.3$
$= 1080.7 \text{ kJ/kg}$

(2) $\eta_R = \dfrac{W}{q_1} = \dfrac{W}{h_3 - h_1}$

$= \dfrac{1080.7}{3054 - 100}$

$= 0.366 = 36.6 \%$

21.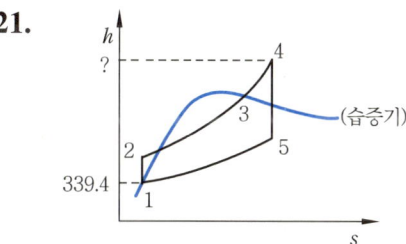

$\eta_R = \dfrac{h_4 - h_5}{h_4 - h_1}$ 에서,

$h_4 = \dfrac{h_5 - \eta_R \cdot h_1}{1 - \eta_R}$

$= \dfrac{[h' + x(h'' - h')] - \eta_R \cdot h_1}{1 - \eta_R}$

$= \dfrac{[339.4 + 0.825(2652 - 339.4)] - 0.225 \times 339.4}{1 - 0.225}$

$= 2801.2 \text{ kJ/kg}$

22. (1) $W_P = -v(P_1 - P_2)$

$= -0.001 \text{ m}^3/\text{kg} \times (3920 - 3.92) \text{ kPa}$
$= 3.916 \text{ kJ/kg}$ (압축일)

(2) 증기표 및 $h-s$ 선도를 이용하여,

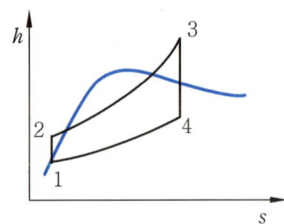

$h_3 = 3226 \text{ kJ/kg}$
$h_4 = 2046.2 \text{ kJ/kg}$
$h_1 = 120.3 \text{ kJ/kg}$

$\therefore W = W_T - W_P = (h_3 - h_4) - W_P$
$= 3226 - 2046.2 - 3.916$
$= 1175.88 \text{ kJ/kg}$
$\doteqdot 1176 \text{ kN·m/kg}$

(3) $\eta_R = \dfrac{(h_3 - h_4) - W_P}{(h_3 - h_1) - W_P}$

$= \dfrac{1175.88}{3226 - 120.3 - 3.916}$

$= 0.379 \doteqdot 38\%$

(4) 참마력당의 증기소비량이 4.5 kg이므로,
$SR = 4.5 \text{ kg/PS·h}$

$= 4.5 \times \dfrac{\text{kg}}{3600 \times \dfrac{1}{1.36} \times \text{kW·s}}$

$\therefore \eta = \dfrac{1}{SR \times q_1} = \dfrac{3600}{(4.5 \times 1.36) \times 3102}$

$= 0.189 \doteqdot 19\%$

* $q_1 = h_3 - h_1 - W_p = 3226 - 120.3 - 3.916$
$= 3101.8 \text{ kJ/kg}$

23. $\eta_T = \dfrac{\text{실제 터빈 일}}{\text{이론 터빈 일}} = \dfrac{W_{Ta}}{(h_3 - h_4)}$

$= \dfrac{220 \text{ kcal/kg}}{(3570 - 2604) \text{ kJ/kg}} = \dfrac{220 \times 4.2}{966}$

$= 0.9565 \doteqdot 95.7\%$

24. (1) $h-s$ 선도 및 증기표에서,

$h_1 = 120.33 \text{ kJ/kg}$
$h_4 = 3234 \text{ kJ/kg}$
$h_5 = 2763.6 \text{ kJ/kg}$
$h_6 = 2068.5 \text{ kJ/kg}$
$h_7 = 633.9 \text{ kJ/kg}$

$\therefore$ 추기량 $m_1 = \dfrac{h_7 - h_1}{h_5 - h_1}$

$= \dfrac{633.9 - 120.33}{2763.6 - 120.33}$

$= 0.194 \text{ kg}$

(2) 추출에 의한 일량의 감소는,
$W = m_1(h_5 - h_6) = 0.194(2763.6 - 2068.5)$
$= 134.85 \text{ kJ/kg}$

(3) 이 재생 사이클의 이론적 열효율 η_{th}는

$\eta_{th} = \dfrac{(h_4 - h_5) + (1 - m_1) \times (h_5 - h_6)}{h_4 - h_7}$

$= \dfrac{(3234 - 2763.6) + (1 - 0.194)(2763.6 - 2068.5)}{3234 - 633.9}$

$= 0.3964 = 39.64\%$

(4) 랭킨 사이클의 열효율은,

$\eta_R = \dfrac{h_4 - h_6}{h_4 - h_1} = \dfrac{3234 - 2068.5}{3234 - 120.32}$

$= 0.374 = 37.4\%$

$\therefore$ 개선율 $= \dfrac{0.396 - 0.374}{0.374}$

$= 0.0588 = 5.88\%$

25.

(1) $G = \dfrac{N_e}{\eta_B \cdot H_l}$

$= \dfrac{(232.6 \times 10^3) \times 3413.6 \text{ kJ/h}}{0.9 \times 18900 \text{ kJ/kg}}$

$= 46678 \text{ kg/h} = 46.67 \text{ t/h}$

* $N_e = G_1 \times q_1 = G_1 \times (h_4 - h_1)$
$= 232.6 \text{ t/h} \times (3532 - 118.4) \text{ kJ/kg}$
$= (232.6 \times 10^3) \times (3413.6) \left[\dfrac{\text{kg}}{\text{h}} \times \dfrac{\text{kJ}}{\text{kg}}\right]$

$$= (232.6 \times 10^3) \times (3413.6) \text{ kJ/h}$$

(2) $\Delta h = W_T = h_4 - h_5$
$$= 3532 - 2081 = 1451 \text{ kJ/kg}$$
$$\therefore G_1 = \frac{N}{\eta_T \cdot \Delta h} = \frac{7.5 \times 10^4 \text{ kW}}{0.8 \times 1451 \text{ kJ/kg}}$$
$$= \frac{7.5 \times 10^4 \text{ kJ/s}}{0.8 \times 1451 \text{ kJ/kg}} = 64.61 \text{ kg/s}$$
$$= 64.61 \times \frac{3600}{1000} = 232.6 \text{ t/h}$$

26. (1) 랭킨 사이클의 경우 증기표에 의하여 (또는 선도에 의하여),

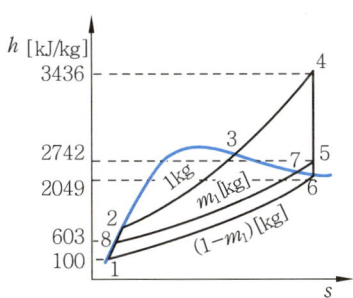

$$\eta_R = \frac{h_4 - h_6}{h_4 - h_1} = \frac{3436 - 2049}{3436 - 100}$$
$$= 0.416 = 41.6\%$$

(2) $m_1 = \dfrac{h_1 - h_8}{h_3 - h_8} = \dfrac{797 - 422}{2973 - 422} = 0.147 \text{ kg}$

$m_2 = \dfrac{(1 - m_1)(h_8 - h_6)}{h_4 - h_6}$

$= \dfrac{(1 - 0.417)(422 - 100)}{(2511 - 100)}$

$= 0.114$

$\therefore \eta_{reh} = \dfrac{(h_2 - h_5) - m_1(h_3 - h_5) - m_2(h_4 - h_5)}{h_2 - h_1}$

$= \dfrac{(3436 - 2049) - 0.147(2973 - 2049) - 0.114(2511 - 2049)}{3436 - 797}$

$= 0.454 = 45.4\%$

(3) 1단 사이클의 경우

$m_1(h_5 - h_8) = (1 - m_1)(h_8 - h_1)$

$m_1 = \dfrac{h_8 - h_1}{h_5 - h_1} = \dfrac{3436 - 100}{2742 - 100} = 0.19 \text{ kg}$

$\therefore \eta = \dfrac{(h_4 - h_6) - m_1(h_5 - h_6)}{h_4 - h_8}$

$= \dfrac{3436 - 2049 - 0.19 \times (2742 - 2049)}{3436 - 603}$

$= 0.443 = 44.3\%$

(4) 3단 재생 사이클의 경우

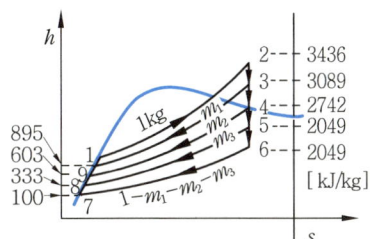

① 제1 추기량 $m_1 = \dfrac{h_1 - h_9}{h_3 - h_9} = \dfrac{895 - 603}{3089 - 603}$
$\doteq 0.117 \text{ kg}$

② 제2 추기량 $m_2 = \dfrac{(1 - m_1)(h_9 - h_8)}{(h_4 - h_8)}$
$= \dfrac{(1 - 0.117)(603 - 333)}{2742 - 333}$
$= 0.099 \text{ kg}$

③ 제3 추기량 $m_3 = \dfrac{(1 - m_1 - m_2)(h_8 - h_7)}{(h_5 - h_7)}$
$= \dfrac{(1 - 0.117 - 0.09) \times (333 - 100)}{2395 - 100}$
$= 0.08 \text{ kg}$

$\eta_{reh3} = \dfrac{(h_2 - h_5) - m_1(h_3 - h_5) - m_2(h_4 - h_5) - m_2(h_5 - h_5)}{h_2 - h_1}$

$= \dfrac{(1387) - 0.117(1040) - 0.099(693) - 0.08(346)}{3436 - 895}$

$= 0.46 = 46\%$

27.

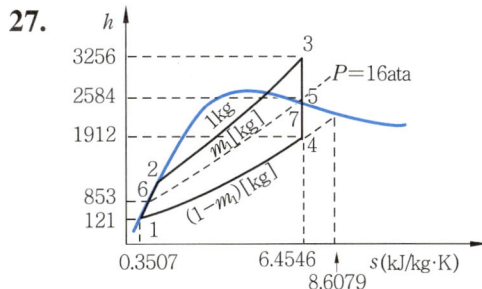

(1) $s_3 = s' + (s'' - s')x$ 에서 증기표에 의하여,

$\therefore x_4 = \dfrac{s_3 - s'}{s'' - s'} = \dfrac{6.4546 - 0.3507}{8.6079 - 0.3507}$
$= 0.739$

(2) $m_1(h_5 - h_6) = (1 - m_1)(h_6 - h_1)$ 에서,

$\therefore m_1 = \dfrac{h_6 - h_1}{h_5 - h_1} = \dfrac{853 - 121}{2584 - 121}$
$= 0.297 \text{ kg}$

(3) $\eta_{reg} = \dfrac{(h_3-h_4)-m_1(h_5-h_4)}{h_3-h_6}$

$= \dfrac{(3256-1912)-0.297\times(2584-1912)}{3256-853}$

$= 0.476 = 47.6\,\%$

(4) $\eta_R = \dfrac{h_3-h_4}{h_3-h_1} = \dfrac{3256-1912}{3256-121}$

$= 0.4287 = 42.87\,\%$

(5) 개선율 $= \dfrac{\eta_{reg}-\eta_R}{\eta_R}\times 100\,\%$

$= \dfrac{0.476-0.4287}{0.4287}\times 100 = 11.03$

28. 과열증기표에서 49 bar, 400℃일 때, $h_4 = 3208$ kJ/kg, $s_4 = 6.6788$ kJ/kg·K 압력 기준 포화증기표에서 0.49 bar일 때,

$h' = h_1 = 136.7$ kJ/kg, $h'' = 2567.5$ kJ/kg
$s' = 0.4729$ kJ/kg·K, $s'' = 8.4244$ kJ/kg·K
$v' = 0.001$ m³/kg, $T_s = 32.55$ ℃ $= T_1$

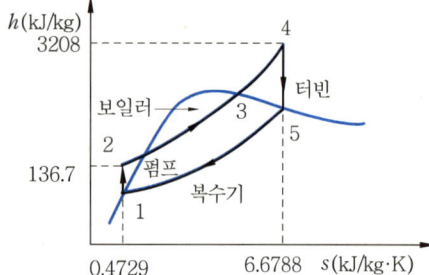

(1) 펌프일
$W_P = h_1 - h_2 = v'(P_2 - P_1)$
$= 0.001\,\text{m}^3/\text{kg}\times(0.49-49)\,\text{bar}(=10^5\,\text{N/m}^2)$
$= -4851$ N·m/kg
$= 4.851$ kN·m/kg (압축일)
$= 4.851$ kJ/kg (압축일)

(2) "팽창 후 = 복수기 입구 = 5"의 건도
$x_5 = \dfrac{s_5-s'}{s''-s'}$
$s_5 = s' + x_5(s''-s')$에서,
$\therefore x_5 = \dfrac{6.6788-0.4729}{8.4244-0.4729} = 0.78 = 78\,\%$

(3) 이론열효율: $\eta_R = \dfrac{h_4-h_5-W_P}{h_4-h_1-W_P}$ 에서,
$h_5 = h' + x_5(h''-h')$
$= 136.7 + 0.78\times(2567.5-136.7)$

$= 2032.7$ kJ/kg

$\therefore \eta_R = \dfrac{3208-2032.7-4.851}{3208-137.6-4.851}$

$= 0.3818 = 38.18\,\%$

(4) 카르노 사이클의 열효율

$\eta_C = 1 - \dfrac{T_{\text{II}}}{T_{\text{I}}} = 1 - \dfrac{273+32.55}{273+400}$

$= 0.546 = 54.6\,\%$

$\ast\ T_{\text{II}} = h_1 = \dfrac{136.7}{4.2} = 32.55\,℃$

$\therefore$ 효율비 $\dfrac{\eta_R}{\eta_C} = \dfrac{0.3818}{0.546} = 0.699$

29.

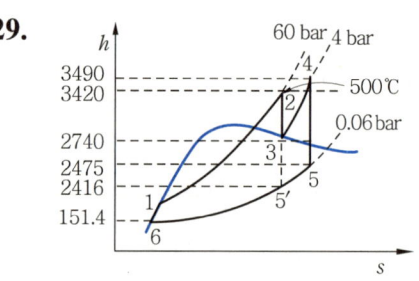

① 펌프일
$W_P = h_1 - h_6 = v'(P_2 - P_1)$
$= (1.0331\times 10^{-3})\,\text{m}^3/\text{kg}$
$\quad\times[(0.06-60)\times 10^5]\,\text{N/m}^2$
$= -6192$ N·m/kg
$\fallingdotseq 6.2$ kJ/kg (압축일)

② 터빈일
$W_T = (h_2-h_3) + (h_4-h_5)$
$= (3420-2740)+(3490-2475)$
$= 1695$ kJ/kg

③ 정미일
$W_{net} = W_T - W_P$
$= 1695 - 6.2 = 1688.8$ kJ/kg

④ 가열량
$q_1 = (h_2-h_1) + (h_4-h_3)$
$= (3420-157.6)+(3490-2740)$
$= 4012.4$ kJ/kg
$\ast\ h_1 - h_6 = W_P = 6.192$
$\therefore h_1 = h_6 + 6.192$
$= 151.4 + 6.192 = 157.59$

⑤ 방열량
$q_2 = h_5 - h_6 = 2475 - 151.4 = 2323.6$ kJ/kg

⑥ 재열하지 않는 경우(= 랭킨 사이클)의 열

효율

$$\eta_{reh}' = \frac{h_2 - h_5'}{h_2 - h_1} = \frac{3420 - 2416}{3420 - 157.6}$$
$$= 0.3077 (= 30.77\%) = \eta_R$$

⑦ 재열 사이클의 이론열효율

$$\eta_{reh} = \frac{W_{net}}{q_1} = \frac{1688.8}{4012.4}$$
$$= 0.4209 = 42.09\%$$

⑧ 개선율

$$\frac{\eta_{reh} - \eta_R}{\eta_R} = \frac{0.4209 - 0.3077}{0.3077}$$
$$= 0.368 = 36.8\%$$

⑨ 증기소비율

$$SR = \frac{1}{W_{net}} = \frac{1}{1688.8 \text{ kJ/kg}}$$
$$= \frac{1}{1688.8} \text{ kg/kJ}$$
$$= \frac{1}{1688.8} \times \frac{3600}{1.36} \text{ kg/PS·h}$$
$$= 1.57 \text{ kg/PS·h}$$

*$1 \text{ kg/kJ} = 1 \text{ kg/kW·s}$

$$= \frac{1 \text{ kg}}{\frac{1}{3600} \text{ kW·h}}$$
$$= 3600 \text{ kg/kW·h}$$
$$= 3600 \text{ kg/1.36 PS·h}$$

⑩ 열소비율

$$HR = \frac{1}{\eta_{th}} = \frac{1}{0.4209} \text{ kJ/kJ} = \frac{3600}{0.4209} \text{ kJ/kW·h}$$
$$= 8553.1 \text{ kJ/kW·h}$$

*$1 \text{ kJ/kJ} = 1 \text{ kJ/kW·s} = 3600 \text{ kJ/kW·h}$

⑪ $\eta_C = 1 - \frac{T_{II}}{T_I} = 1 - \frac{273 + \frac{151.4}{4.2}}{273 + 500}$
$$= 0.60 = 60\%$$

*저온도 $T_{II} = $ 포화수 엔탈피(kcal/kg)

30. ① 복수기 압력: 0.932 bar (진공)이므로,
$P_1 = 1.01325 - 0.932 = 0.08125 \text{ bar}$

② 가열량
$q_1 = h_2 - h_8 = 3549 - 761$
$= 2788 \text{ kJ/kg} - ($펌프일 무시$)$

③ 제1 추기량
$m_1(h_3 - h_8) = (1 - m_1)(h_8 - h_7)$
$\therefore m_1 = \frac{h_8 - h_7}{h_3 - h_7} = \frac{761 - 438}{3003 - 438} = 0.126 \text{ kg}$

④ 제2 추기량
$m_2(h_4 - h_7) = (1 - m_1 - m_2)(h_7 - h_6)$
$\therefore m_2 = \frac{(1 - m_1)(h_7 - h_6)}{h_4 - h_6}$
$= \frac{(1 - 0.126) \times (438 - 137)}{2612 - 137}$
$= 0.1063 \text{ kg}$

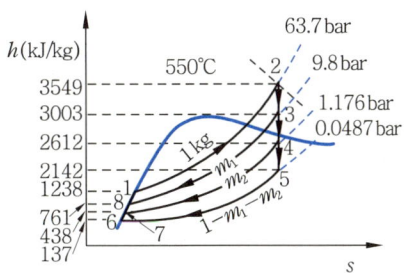

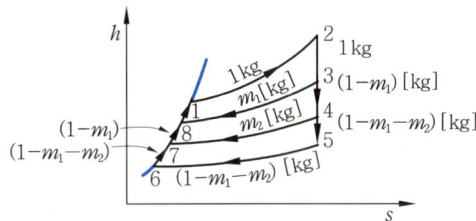

⑤ 증기발생량 75000 kg/h이므로 추기된 증기량 M_1, M_2는

$M_1 = m_1 \times 75000 = 0.126 \times 75000 = 9450 \text{ kg/h}$
$M_2 = m_2 \times 75000 = 0.1063 \times 75000 = 7972.5 \text{ kg/h}$

*m_1, m_2는 증기의 추기량 (kg)이지만, 실제로는 $h-s$ 선도에서 보듯이 증기 1 kg에 대하여 0.126, 0.1063이므로 100% 대비 발생되는 증기의 12.6%, 10.63%와 같은 의미이다.

⑥ 방열량
$q_2 = -(1 - m_1 - m_2)(h_5 - h_6)$
$= -(1 - 0.126 - 0.1063) \times (2142 - 137)$
$\fallingdotseq 1539 \text{ kJ/kg}$

⑦ 펌프일
$W_P = v'(P_2 - P_1)$
$= 0.0013306 \text{ m}^3/\text{kg}$
$\quad \times (63.7 - 0.0487) \times 10^5 \text{ N/m}^2$
$= 8469 \text{ N·m/kg} (= \text{J/kg})$
$\fallingdotseq 8.5 \text{ kJ/kg}$

⑧ 터빈일
$W_T = (h_2 - h_3) + (1 - m_1)(h_3 - h_4)$

$$+ (1 - m_1 - m_2)(h_4 - h_5)$$
$$= (h_2 - h_5) - m_1(h_3 - h_5) - m_2(h_4 - h_5)$$
$$= (3549 - 2142) - 0.126 \times (3003 - 2142)$$
$$- 0.1063 \times (2162 - 2142)$$
$$\fallingdotseq 1248.6 \text{ kJ/kg}$$

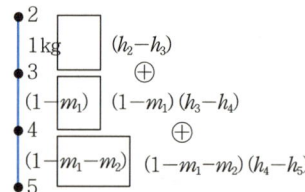

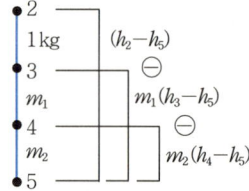

⑨ 정미일
$$W_{net} = W_T - W_P$$
$$= 1248.6 - 8.5 = 1240.1 \text{ kJ/kg}$$

⑩ 재생하지 않는 경우의 열효율(= 랭킨 사이클의 열효율)
$$\therefore \eta_R = \frac{h_2 - h_5}{h_2 - h_6} \text{ (펌프일 무시)}$$
$$= \frac{3549 - 2142}{3549 - 137} = 0.4124 = 41.24 \text{ %}$$

⑪ 재생 사이클의 이론 열효율 : η_{reg}(펌프일 무시)
$$\eta_{reg} = \frac{W_{net}}{q_1} = \frac{W_T}{h_2 - h_8} = \frac{1248.6}{2788}$$
$$= 0.4478 = 44.78 \text{ %}$$

⑫ 개선율 $= \dfrac{\eta_{reg} - \eta_R}{\eta_R}$
$$= \frac{0.4478 - 0.4124}{0.4124}$$
$$= 0.161 (= 16.1 \text{ %})$$

⑬ 카르노 사이클의 효율 η_C
$$\eta_C = 1 - \frac{T_{II}}{T_I} = 1 - \frac{273 + 32.62}{273 + 550}$$
$$= 0.6287 = 62.87 \text{ %}$$
* 저온도 = 포화수 엔탈피 (kcal/kg)
$$= 137 \div 4.2 = 32.62 \text{ kcal/kg}$$

31.

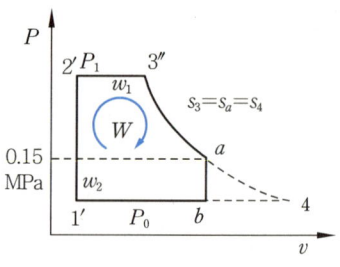

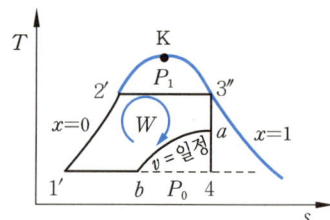

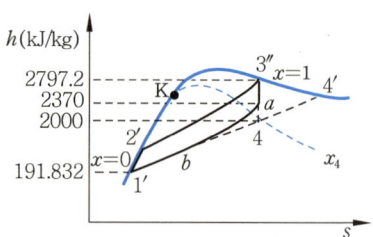

실린더 내의 증기의 팽창률이 제한되어 있는 증기기관 사이클의 설명도

(1) $v_a/v_3'' = 10$으로 제한할 때,

① 일량
$$W = w_1 + w_2 = (h_3'' - h_a) + v_a(P_a - P_b)$$
$$= (2797.2 - 2370) \text{ kJ/kg}$$
$$+ [1 \times (0.15 - 0.01) \times 10^3] \text{ m}^3/\text{kg} \times \text{kN/m}^2$$
$$= 567.2 \text{ kJ/kg } (* v_a/v_3'' = 10)$$
$$\therefore v_a = 10 \cdot v_3'' = 10 \times 0.1 = 1 \text{ m}^3/\text{kg}$$

② 열효율 $\eta = \dfrac{W}{h_3'' - h_1'} = \dfrac{567.2}{2797.2 - 191.832}$
$$= 0.2177 = 21.77 \text{ %}$$

(2) $v_a/v_3'' = 10$으로 제한하지 않을 때,

① 일량 $W = h_3'' - h_4$
$$= 2797.2 - 2000$$
$$= 797.2 \text{ kJ/kg}$$
$$= 190.41 \text{ kcal/kg}$$

② 열효율
$$\eta = \frac{W}{h_3'' - h_1'} = \frac{797.2}{2797.2 - 191.832}$$
$$= 0.306 \fallingdotseq 30.6 \text{ %}$$

32. (1) 랭킨 사이클

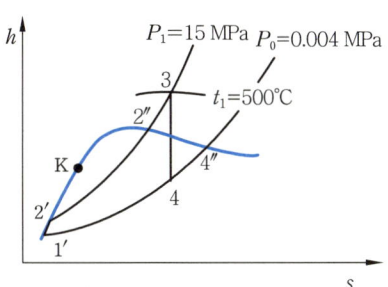

$\eta_R = \dfrac{h_3 - h_4}{h_3 - h_1'}$ 에서,

$x_4 = \dfrac{s_3 - s_1'}{s_4'' - s_1'} = \dfrac{6.3487 - 0.4225}{8.4755 - 0.4225} \fallingdotseq 0.736$

$[s_3 = s_4 = s_1' + x_4(s_4'' - s_1')]$

$h_4 = h_1' + x_4 \cdot \gamma_o$
$= 121.41 + 0.736 \times 2433.1$
$= 1912.17 \text{ kJ/kg}$

$\therefore \eta_R = \dfrac{h_3 - h_4}{h_3 - h_1'} = \dfrac{3310.6 - 1912.17}{3310.6 - 121.41}$
$= 0.4385 = 43.85\%$

(2) 1단 추기 사이클의 경우

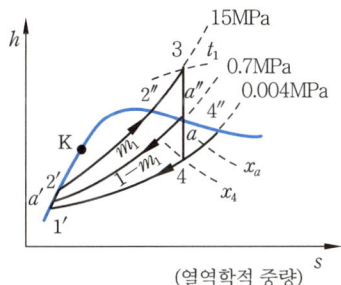

(열역학적 중량)

$P_a = 0.7 \text{ MPa}$에서, $x_a = 0.925$,

$h_a' = 697.06 \text{ kJ/kg}$, $h_a = 2620 \text{ kJ/kg}$

1 kg의 증기 중에 m_1 [kg]이 추기되어 급수 가열에 사용된다. 즉, m_1 [kg]에 의해 $1'$에서 a''까지 가열된다. 나머지 $(1 - m_1)$ [kg]은 다시금 4까지 단열팽창을 계속하므로 다음 식이 성립한다.

$h_a' = m_1 \cdot h_a + (1 - m_1) h_1'$ \qquad (a)

식 (a)에서 $m_1 h_a$는 추기된 증기의 엔탈피이며, $(1 - m_1) h_1'$는 단열팽창 후에 냉각되어 $1'$로 표시된 복수로 된 급수의 엔탈피이다. 따라서 식 (a)는

$m_1 = \dfrac{(h_a' - h_1')}{(h_a - h_1')}$
$= \dfrac{697.06 - 121.41}{2620 - 121.41}$
$= 0.2304 = 23.04\%$ - 추기율 약 23%

일량 $W = (h_3 - h_a) + (1 - m_1)(h_a - h_4)$
$= (3310.6 - 2620)$
$\quad + (1 - 0.2304) \times (2620 - 1912.17)$
$= 1235.6 \text{ kJ/kg}$

가열량 $q_1 = h_3 - h_a'$
$= 3310.6 - 697.06$
$= 2613.54 \text{ kJ/kg}$

열효율 $\eta_{reg} = \dfrac{W_{net}}{q_1} = \dfrac{1235.6}{2613.54}$
$= 0.473 = 47.3\%$

(3) 2단 추기 사이클의 경우

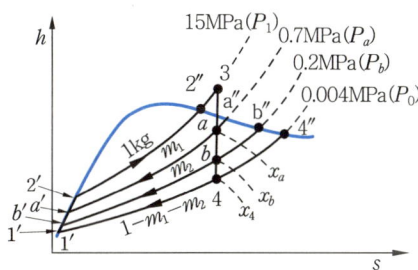

$P_b = 0.2 \text{ MPa}$에서,

$x_b = 0.86$

$h_b = 2400 \text{ kJ/kg}$

$h_b' = 504.7 \text{ kJ/kg}$

추기량 m_1, m_2는,

$m_1 = \dfrac{h_a' - h_b'}{h_a - h_b'}$
$= \dfrac{697.06 - 504.7}{2620 - 504.7}$
$= 0.091$

$m_2 = \dfrac{(1 - m_1)(h_b' - h_1')}{h_b - h_1'}$
$= \dfrac{(1 - 0.091) \times (504.7 - 121.41)}{(2400 - 121.41)}$
$= 0.153$

$\eta_{reg} = \dfrac{(h_3 - h_4) - m_1(h_a - h_4) - m_2(h_b - h_4)}{h_3 - h_a'}$
$= \dfrac{(1398.43) - 0.091 \times (707.83) - 0.153 \times (487.83)}{3310.06 - 697.06}$

$= 0.482 = 48.2\ \%$

33. 4.9 MPa, 400℃인 과열증기표에서,

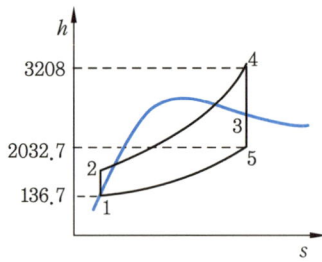

$h_4 = 3208\ \text{kJ/kg}$
$s_4 = 6.679\ \text{kJ/kg·K}$

4.9 kPa일 때 포화증기표에서,
$h' = h_1 = 136.7\ \text{kJ/kg}$
$h'' = 2567.5\ \text{kJ/kg}$
$s' = 0.473\ \text{kJ/kg·K}$
$s'' = 8.424\ \text{kJ/kg·K}$
$v' = 0.001\ \text{m}^3\text{/kg}$
$T_s = 32.55\ ℃ = T_1$

(1) 펌프일
$$W_P = v'(P_2 - P_1)$$
$$= 0.001\ \text{m}^3\text{/kg} \times (4900 - 4.9)\text{kPa}$$
$$= 4.8951\ \text{kJ/kg}$$

(2) 팽창 후 건도
$$x_5 = \frac{s_5 - s'}{s'' - s'}$$
$$= \frac{6.679 - 0.473}{8.424 - 0.473}$$
$$= 0.78 = 78\ \%$$

(3) $h_5 = h' + x_5(h'' - h')$
$$= 136.7 + 0.78 \times (2567.5 - 136.7)$$
$$= 2032.7\ \text{kJ/kg}$$

$$\eta_R = \frac{h_4 - h_5 - W_P}{h_4 - h_1 - W_P}$$
$$= \frac{3208 - 2032.7 - 4.8951}{3208 - 136.7 - 4.8951}$$
$$= 0.3816 = 38.16\ \%$$

(4) 카르노 사이클의 열효율
$$\eta_C = 1 - \frac{T_1}{T_4} = 1 - \frac{305.55}{673}$$
$$= 0.546 = 54.6\ \%$$

∴ 효율비 $\dfrac{\eta_R}{\eta_C} = \dfrac{0.3816}{0.546} = 0.6989$

34. $s_n = s_4 = s_1' + x_4(s_4'' - s_1')$에서,

① $x_4 = \dfrac{s_n - s_1'}{s_4'' - s_1'}$
$$= \frac{7.2720 - 0.4225}{8.4755 - 0.4225}$$
$$= 0.8506\ \text{kg/kg}$$

② $h_4 = h_1' + x_4 \cdot \gamma_o$
$$= 121.41 + 0.8506 \times 2433.1$$
$$= 2191.0\ \text{kJ/kg}$$

③ 일량 $W = (h_3 - h_m) + (h_n - h_4)$
$$= (3310.6 - 2740) + (3256.6 - 2191)$$
$$= 1636.2\ \text{kJ/kg}$$

④ 가열량
$$q_1 = (h_3 - h_1') + (h_n - h_m)$$
$$= (3310.6 - 121.41) + (3256.6 - 2740)$$
$$= 3705.79\ \text{kJ/kg}$$

∴ 열효율 $\eta_{reg} = \dfrac{W}{q_1} = \dfrac{1636.2}{3705.79}$
$$= 0.4415 = 44.15\ \%$$

제 10 장 냉동 사이클

10-1 냉동 사이클(refrigeration cycle)

냉동(冷凍, refrigeration)이란 어떤 물체나 계(系, system)로부터 인위적으로 열을 빼앗아 주위의 온도보다 낮은 온도로 만드는 조작을 일컫는다. 이에 반하여 냉각(冷却, cooling)이란 얼음의 융해열이나 드라이 아이스의 승화열 또는 액체질소의 증발열 등도 위의 냉동과 같은 효과를 얻을 수 있으나 얼음이나 드라이 아이스, 액체질소가 없어지면 그 효력도 없어지는 것을 말한다.

열역학 제 2 법칙에 의하면 열은 저온의 물체에서 고온의 물체로 이동할 수 없고, 이를 수행하기 위해서는 어떤 장치가 필요한데 이 장치를 냉동기(refrigerator)라 하며, 저열원에서 열을 흡수하여 고열원을 가열하는 데 이용되는 장치를 열펌프(heat pump)라 한다. 냉동장치의 계통 내를 순환하면서 저열원에서 열을 흡수하여 고열원에 열을 운반하는 매개체를 냉매(冷媒, refrigerant)라 한다.

냉동에는 액체의 증발원리, 압축기계의 단열팽창원리, 전열냉각, 기체의 탈착(脫着), 자기(磁氣)냉각 등 여러 가지 원리를 이용하고 있으나, 현재 액체의 증발원리, 압축 후 액화되는 방식의 흡수식 냉동기와 증기압축식 냉동기를 주로 사용하고 있다.

(1) 역카르노 사이클 (이론냉동 사이클)

역카르노 사이클은 냉동 사이클의 이상 사이클로서 사이클의 진행 방향이 카르노 사이클의 역방향이다. 그림 10-1은 역카르노 사이클의 $P-v$, $T-s$ 선도이다.

　　　　1 → 2 과정(단열팽창) : 상태 1에서 상태 4까지의 단열팽창
　　　　2 → 3 과정(등온팽창) : 동작유체는 등온 T_2하에서 q_2의 열을 흡수
　　　　3 → 4 과정(단열압축) : 동작유체는 T_2에서 T_1으로 온도가 상승
　　　　4 → 1 과정(등온압축) : 온도 T_1에서 열량 q_1을 방출

위의 과정을 이루는 동안 하나의 사이클을 이루게 되는 것이며 그림은 흡수한 열량 q_2와 고열원에 방출한 열량 q_1, 소요일 W의 관계를 표시하고 있다. 즉, 냉동 사이클의 이상 사이클은 고열원 T_1, 저열원 T_2인 경우의 역카르노 사이클이므로,

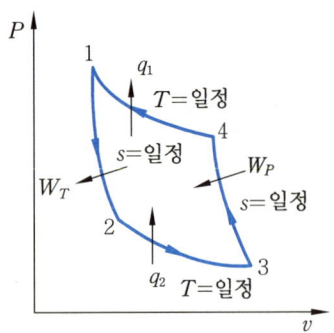
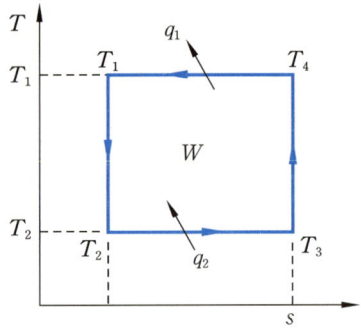

(1→2 과정) : 단열팽창과정, (2→3 과정) : 단온팽창과정
(3→4 과정) : 단열압축과정, (4→1 과정) : 등온압축과정

그림 10-1 역카르노 사이클

공급일 $W = q_1 - q_2 = T_2(S_3 - S_2) - T_1(S_3 - S_2)$

흡입열량 $q_2 = T_1(S_3 - S_2) = $ 냉동효과

공급열량 $q_1 = T_2(S_3 - S_2) = $ 방출열량

① 냉동효과(cooling effect) : 저온체에서 흡수한 열량

$$q_2 = \int_2^3 Pdv = P_2 v_2 \ln \frac{v_3}{v_2} = RT_2 \ln \frac{v_3}{v_2} \qquad (10-1)$$

② 방출열량 : 고온체로 방출한 열량

$$q_1 = -\int_4^1 Pdv = -P_1 v_1 \ln \frac{v_1}{v_4} = -RT_1 \ln \frac{v_1}{v_4}$$

$$= P_1 v_1 \ln \frac{v_4}{v_1} = RT_1 \ln \frac{v_4}{v_1} \text{ (10-2)}$$

③ 냉동기 성적계수 : 냉동효과를 표시하는 기준으로서 저온체에서 흡수한 열량(q_2)과 공급된 일(W)과의 비를 말한다. 또한, 냉동기와 같은 기계이면서 저열원에서 열을 흡수하여 고열원을 가열하는 데 이용되는 기계를 열펌프(heat pump)라 하며, 열펌프의 성적계수는 고열원에서 방출한 열량(q_1)과 공급된 일(W)과의 비를 말한다.

1→2 과정은 단열팽창과정이므로,

$$T_1 v_1^{k-1} = T_2 v_2^{k-1}$$

$$\therefore \frac{T_2}{T_1} = \left(\frac{v_1}{v_2}\right)^{k-1}$$

3→4 과정은 단열압축과정이므로,

$$T_3 v_3^{k-1} = T_4 v_4^{k-1}$$

$$\therefore \frac{T_3}{T_4} = \left(\frac{v_4}{v_3}\right)^{k-1}$$

$T_1 = T_4$, $T_2 = T_3$이므로,

$$\frac{v_1}{v_2} = \frac{v_4}{v_3}$$

$$\therefore \frac{v_4}{v_1} = \frac{v_3}{v_2}$$

위의 과정식으로부터 냉동기 성적계수와 열펌프의 성적계수는 다음과 같다.

㈎ 냉동기 성적계수 [coefficient of performance : (COP)$_R$]

$$\varepsilon_R = \frac{q_2}{W} = \frac{q_2}{q_1 - q_2} = \frac{RT_2 \ln \frac{v_3}{v_2}}{RT_1 \ln \frac{v_4}{v_1} - RT_2 \ln \frac{v_3}{v_2}} \tag{10-3}$$

$$\therefore \varepsilon_R = \frac{T_2}{T_1 - T_2} = \frac{T_{\text{II}}}{T_{\text{I}} - T_{\text{II}}} \tag{10-4}$$

여기서, T_{I} : 고열원의 온도, T_{II} : 저열원의 온도

㈏ 열펌프의 성적계수 [(COP)$_H$]

$$\varepsilon_H = \frac{q_1}{W} = \frac{q_1}{q_1 - q_2} = \frac{RT_1 \ln \frac{v_4}{v_1}}{RT_1 \ln \frac{v_4}{v_1} - RT_2 \ln \frac{v_3}{v_2}}$$

$$= \frac{T_1}{T_1 - T_2} = \frac{T_{\text{I}}}{T_{\text{I}} - T_{\text{II}}} \tag{10-5}$$

$$\therefore \varepsilon_R = \varepsilon_H - 1$$

식 (10-4), (10-5)에서 냉동기의 이상 사이클의 성능계수는 동작물질에 관계없이 고열원과 저열원의 절대온도에 관계되며, 냉동기의 성능계수가 열펌프의 성능계수보다 항상 1만큼 작다.

예제 1. 냉장고가 저온체에서 300 kJ/h의 열을 흡수하여 고온체에 400 kJ/h의 열로 방출하는 경우 냉장고의 성능계수를 구하시오.

[해설] $\varepsilon_R = \dfrac{T_{\text{II}}}{T_{\text{I}} - T_{\text{II}}} = \dfrac{300}{400 - 300} = 3$

예제 2. 100℃와 50℃ 사이에서 냉동기를 작동한다면 최대로 도달할 수 있는 성적계수는 약 얼마인지 구하시오.

[해설] $\varepsilon_H = \dfrac{T_2}{T_1 - T_2} = \dfrac{273 + 50}{100 - 50} = 6.46$

예제 3. 어떤 냉동기에서 0℃의 물로 0℃의 얼음 2 t을 만드는 데 50 kW·h의 일이 소요된다면 이 냉동기의 성능계수를 구하시오.(단, 물의 융해열은 80 kcal/kg이다.)

[해설] $\varepsilon_R = \dfrac{Q_2}{Q_1 - Q_2} = \dfrac{Q_2}{W} = \dfrac{2000 \times 80 \,[\text{kg} \times \text{kcal/kg}]}{50 \,\text{kW·h}} = 3200 \,\text{kcal/kW·h}$

$= 3200 \times \dfrac{4.2}{3600} = 3.73$

∗ $\dfrac{\text{kcal}}{\text{kW·h}} = \dfrac{4.2\,\text{kJ}}{3600\,\text{kW·s}} = \dfrac{4.2}{3600}\left[\dfrac{\text{kJ}}{\text{kJ}}\right] = \dfrac{4.2}{3600}$

∗ $1\,\text{kW} = 1\,\text{kJ/s},\ 1\,\text{kW·s} = 1\,\text{kJ}$

예제 4. 어떤 냉동기가 1 hp의 동력을 사용하여 매시간 저열원에서 11148.5 kJ의 열을 흡수한다. 이 냉동기의 성능(성적)계수는 얼마인가? 또 고열원에 방출하는 열량을 구하시오.

[해설] $\varepsilon_R = \dfrac{q_2}{W} = \dfrac{11148.5\,\text{kJ/h}}{1\,\text{hp}} = \dfrac{11148.5\,\text{kJ/h}}{0.746\,\text{kW}}$

$= \dfrac{11148.5\,\text{kJ/h}}{0.746\,\text{kJ/s}} = \dfrac{11148.5\,\text{kJ/h}}{0.746 \times 3600\,\text{kJ/h}}$

$= 4.15$

$\varepsilon_H = 1 + \varepsilon_R = 1 + 4.15 = 5.15 = \dfrac{q_1}{W}$

∴ $q_1 = 5.15 \times W = 5.15 \times 1\,\text{hp} = 5.15 \times 0.746 \times 3600 \fallingdotseq 13697\,\text{kJ/h}$

(2) 냉동능력 및 냉동률

① 냉동능력 : 냉동기가 흡수하는 열량, 즉 냉동능력이란 단위시간당의 냉각열량이 되며, kcal/h, kJ/h, 냉동톤으로 표시한다.

② 냉동톤 (ton of refrigeration) : 냉동기의 능력을 냉동톤으로 표시하며, 1 냉동톤은 0℃의 물 1 t을 24시간 동안에 0℃의 얼음으로 만드는 냉동능력을 말한다.

$1\,냉동톤\,(\text{RT}) = 79.68 \times 1000 = \dfrac{79680\,\text{kcal}}{24\,\text{h}} = 3320\,\text{kcal/h}$

$\fallingdotseq 13900\,\text{kJ/h}\,(79.68\,\text{kcal/kg} = 얼음의\,융해열)$ (10-6)

이 값은 1시간 동안에 3320 kcal(또는 13900 kJ)의 열량을 흡수할 수 있는 능력을 말한다. 또, 미국 표준냉동톤(USRT)은 32°F의 얼음 1 t(2000 lb)을 24시간 동안 32°F의 물로 융해시키는 데 필요한 열량으로서 얼음의 융해열이 144 BTU/lb라 하면

$1\,\text{USRT}\,(미국표준\,냉동톤) = 144 \times \dfrac{2000}{24} = 12000\,\text{BTU/h}$

$= 0.252 \times 12000 = 3024\,\text{kcal/h}$

$\fallingdotseq 12660\,\text{kJ/h}$ (10-7)

③ 냉동률(specific refrigeration effect) : 1 hp의 동력으로 1시간에 발생하는 이론냉동능력을 냉동률 K라 하며,

$$K = \frac{q_2}{N_i} = \frac{냉동효과}{이론지시마력} = \frac{q_2}{W} = \varepsilon_R \, [\text{kJ/hp·h}] \tag{10-8}$$

④ 냉동효과(cooling effect) : 1 kg의 냉매가 흡수하는 열량(kJ/kg)을 말한다.

⑤ 체적냉동효과 : 압축기 입구에서의 건포화증기의 단위체적당 흡수열량(kJ/m^3)이다.

예제 5. 어떤 이상적인 냉동기의 냉동능력이 100 RT이며, −5℃와 15℃ 사이에서 작동하고 있다. 이 냉동기로 10℃의 물에서 0℃의 얼음을 1시간 동안에 만들 수 있는 얼음의 양 및 냉동기의 냉동률과 소요마력을 구하시오.

[해설] ① 100 RT = 13900 kJ/h (= 3320 × 4.187) × 100 = 1390000 kJ/h

흡수열 q_2 = 융해열 + 포화액(물)의 온도
= 79.68 + 10 ≒ 90 kcal/kg = 378 kJ/kg

따라서, 100 RT로 1시간당 제조할 수 있는 얼음의 양 G는

$$G = \frac{Q_2}{q_2} = \frac{1390000}{378} \doteqdot 3677 \, \text{kg/h}$$

② 냉동기 성적계수 $\varepsilon_R = \dfrac{T_{\text{II}}}{T_{\text{I}} - T_{\text{II}}} = \dfrac{268}{288 - 268} = 13.4$

냉동률 $K = \dfrac{Q_2}{N_i} = \dfrac{Q_2}{W} = \varepsilon_R = 13.4 \, \text{kJ/kJ}$

$$= 13.4 \left[\frac{\text{kJ}}{\text{kW·s}}\right] = 13.4 \left[\frac{3600 \, \text{kJ}}{\text{kW·h}}\right]$$

$$= 13.4 \times \frac{3600 \, \text{kJ}}{1.34 \, \text{hp·h}}$$

$$= 36000 \, \text{kJ/hp·h} = 8571.4 \, \text{kcal/hp·h}$$

[ε_R, ε_H는 무차원수(단위 없음)이나, 냉동률의 단위가 kJ/hp·h이므로, ε_R에서 이 단위를 유도하기 위해 ε_R, ε_H의 단위를 kJ/kJ로 생각한다.]

③ 소요동력 (지시마력) $N_i = \dfrac{Q_2}{K} = \dfrac{1390000 \, \text{kJ/h}}{36000 \, \text{kJ/hp·h}} = 38.6 \, \text{hp}$

(3) 냉매 (refrigerant)

냉매(冷媒)란 냉동기 계통 내를 순환하면서 냉동효과를 가져오는 동작물질로서 3 그룹으로 대별한다.

① 제 1 그룹 (가장 안전한 냉매) : 프레온계 냉매, 위생과 관계 있는 곳에 사용한다 [R−12 (CF_2Cl), R−113($C_2F_3Cl_3$), methyl(CH_3Cl), R−114($C_2F_4Cl_2$), R−21($CHFCl_2$), R−11($CFCl_3$), CO_2, R−13(CF_3Cl)].

② 제 2 그룹 (유독성이 있고, 비교적 연소하기 쉬운 냉매) : 암모니아는 열역학적 성질이 좋고

값이 저렴하여 제빙 등 공업용으로 널리 사용한다〔NH_3 (암모니아), methyl chloride (CH_3Cl), SO_2 (아황산가스)〕.

③ 제 3 그룹 (매우 연소하기 쉬운 냉매) : 석유화학 분야 등 특수한 분야 이외에는 사용하지 않는다〔butane (C_4H_{10}), propane (C_3H_8), ethane (C_2H_6), methane (CH_4)〕.

냉매는 화합물로서 증발과 응축이 되풀이되며, $-15℃$인 저온에서 $100℃$ 정도의 고온까지 사이클이 되풀이되므로 물리적, 화학적으로 어느 정도의 조건이 요구된다.

■ 물리적인 조건
- 응고점이 낮을 것
- 증발열이 클 것
- 응축압력이 높지 않을 것
- 증발압력이 낮지 않을 것
- 임계온도는 상온보다 높아야 할 것
- 증기의 비열은 크고, 액체의 비열은 작을 것
- 증기의 비체적이 작을 것
- 소요동력이 작을 것 (단위냉동량당)
- 증기와 액체의 밀도가 작을 것
- 전열이 양호할 것
- 전기저항이 클 것

■ 화학적인 조건
- 안전성이 있어야 한다.
- 불활성이어야 한다.
- 무해·무독성일 것
- 인화·폭발의 위험성이 없을 것
- 윤활유에는 될 수 있는 한 녹지 않을 것
- 증기 및 액체의 점성이 작을 것
- 전열계수·전기저항이 클 것
- 기타 누설이 적고, 가격이 저렴해야 한다.

10-2 기체압축식 냉동 사이클

(1) 증기압축 냉동 사이클

액체의 압력을 낮추면 낮은 온도에서 증발하고 주위의 공간을 냉각시킬 수 있다. 증발된 증기가 흡수한 열량은 증기를 압축하고 고온의 열원에 방출시킬 수 있다. 이와 같이 액체와 기체의 두 상(相, phase)으로 변화하는 물질을 냉매로 하는 냉동 사이클을 증기 압축 냉동 사이클이라 하며, 실제 냉동 사이클에 널리 사용된다.

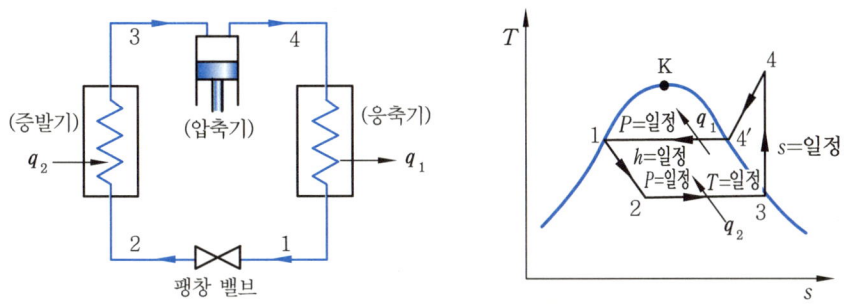

그림 10-2 기체압축 냉동 사이클

그림 10-2에서 보는 바와 같이 압축 냉동 사이클은 압축기(compressor), 응축기(condenser), 팽창 밸브(expansion valve), 증발기(evaporator)의 네 가지 기본 주요부로 구성된다. 그림 10-2에서 각각의 과정을 살펴보면 다음과 같다.

① 1 → 2 과정 (단열팽창과정) : 응축기에서 액화된 냉매는 팽창밸브를 통하여 교축팽창을 하게 된다. 이 경우 압력, 온도가 모두 떨어짐과 동시에 일부가 증발하며, 교축과정 중에는 외부와 열을 주고 받는 일이 없으므로 이 과정은 단열팽창인 동시에 등엔탈피 변화이다. 상태 2는 습포화증기로 이것은 1인 포화 냉매액이 교축될 때 냉매액의 일부가 증발하여 기화하기 때문이다. 이 증기를 플래시 가스(flash gas)라 한다.

② 2 → 3 과정 (등온팽창과정) : 팽창 밸브를 통하여 증발기의 압력까지 팽창한 냉매는 주위로부터 증발에 필요한 잠열을 흡수하여 증발한다.

③ 3 → 4 과정 (단열압축과정) : 증발기에서 나온 저온, 저압의 가스를 압축기에 의하여 냉매의 응축압력 이상으로 단열적으로 압축한다. 냉매는 3에서의 상태까지 압력 및 온도가 높아진다.

④ 4 → 1 과정 (등온응축과정) : 압축기에 의하여 고온, 고압의 냉매는 응축기에서 냉각수 또는 공기에 의하여 냉각되어 액화한다. 즉, 과열증기(4)는 냉각으로 인해 엔트로피가 감소하고 건포화증기(4′)가 되며 습증기(4′ → 1)를 거쳐 포화액(1)이 되어 냉동작용을 한다.

(2) 공기압축 냉동 사이클

공기압축 냉동 사이클은 가스 터빈의 이론 사이클인 브레이턴 사이클을 역방향으로 행한 역(逆)브레이턴 사이클이다. 냉매인 공기가 사이클 전과정을 통하여 기상(氣相)을 유지하며, 증기압축 냉동 사이클의 팽창 밸브 대신 팽창 실린더로 되어 있다.

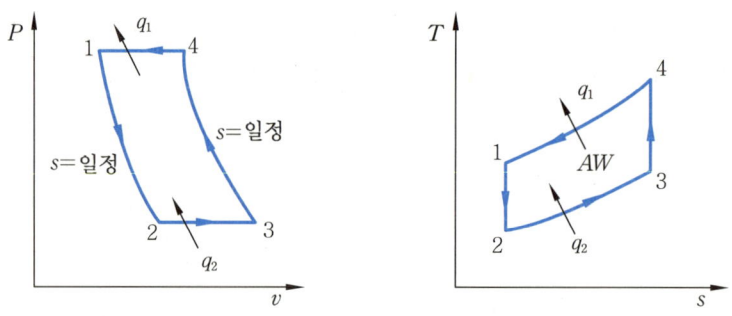

(1→2 과정) : 단열팽창과정, (2→3 과정) : 등압흡열과정(q_2)
(3→4 과정) : 단열압축과정, (4→1 과정) : 등압방열과정(q_1)

그림 10-3 역브레이턴 사이클

그림 10-3에서, 1 → 2 과정은 단열팽창과정이므로,

$$T_1^k P_1^{1-k} = T_2^k P_2^{1-k} \text{에서}$$

$$\therefore \ T_2 = T_1 \left(\frac{P_2}{P_1}\right)^{\frac{k-1}{k}} = T_1 \left(\frac{P_3}{P_4}\right)^{\frac{k-1}{k}} \tag{10-9}$$

($\because \ P_1 = P_4, \ P_2 = P_3$)

3 → 4 과정은 단열압축과정이므로,

$$T_3^k P_3^{1-k} = T_4^k P_4^{1-k} \text{에서,}$$

$$\therefore \ T_3 = T_4 \left(\frac{P_3}{P_4}\right)^{\frac{k-1}{k}} = T_4 \left(\frac{P_2}{P_1}\right)^{\frac{k-1}{k}} \tag{10-10}$$

공기순환량 1 kg/h에 대하여

① 냉동효과 (흡수열량) : 등압과정이므로,

$$q_2 = C_p (T_3 - T_2) \tag{10-11}$$

② 방출열량 : 등압과정이므로,

$$q_1 = C_p (T_4 - T_1) \tag{10-12}$$

③ 냉동기 성적계수

$$\varepsilon_R = \frac{q_2}{AW} = \frac{q_2}{q_1 - q_2} = \frac{C_p(T_3 - T_2)}{C_p(T_4 - T_1) - C_p(T_3 - T_2)}$$

$$= \frac{1}{\dfrac{T_4 - T_1}{T_3 - T_2} - 1} \tag{10-13}$$

위의 1 → 2, 3 → 4 과정식에서,

$$\frac{T_4-T_1}{T_3-T_2}=\frac{(T_4-T_1)}{\left(\frac{P_2}{P_1}\right)^{\frac{k-1}{k}}(T_4-T_1)}=\left(\frac{P_1}{P_2}\right)^{\frac{k-1}{k}}=\frac{T_1}{T_2}=\frac{T_4}{T_3} \qquad (10-14)$$

$$\therefore \varepsilon_R = \frac{1}{\frac{T_4-T_1}{T_3-T_2}-1}=\frac{1}{\frac{T_1}{T_2}-1}=\frac{T_2}{T_1-T_2}=\frac{1}{\frac{T_4}{T_3}-1}=\frac{T_3}{T_4-T_3}$$

$$\therefore \varepsilon_R = \frac{1}{\left(\frac{P_1}{P_2}\right)^{\frac{k-1}{k}}-1}=\frac{T_2}{T_1-T_2}=\frac{T_3}{T_4-T_3} \qquad (10-15)$$

예제 6. 압력 1 bar와 5 bar 사이에서 작용하는 공기냉동기에서 주위 온도가 30℃이고, 냉동실 온도가 −15℃일 때 다음의 값을 구하시오.(단, 공기의 C_p=1.005 kJ/kg·K, C_v=0.718 kJ/kg·K, k=1.4이다.)
(1) 공기 1 kg당의 냉동효과
(2) 공기 1 kg당의 방열량
(3) 성능계수
(4) 압축기의 소요일

[해설]

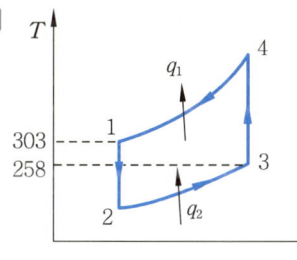

$3 \to 4 : s=$일정 ; $T_3{}^k P_3{}^{1-k} = T_4{}^k P_4{}^{1-k}$

$1 \to 2 : s=$일정 ; $T_1{}^k P_1{}^{1-k} = T_2{}^k P_2{}^{1-k}$ ($P_1=P_4$, $P_2=P_3$)

$T_2 = T_1 \cdot \left(\frac{P_2}{P_1}\right)^{\frac{k-1}{k}} = 303 \times \left(\frac{1}{5}\right)^{\frac{0.4}{1.4}} = 191.3 \text{ K}$

$T_4 = T_3 \cdot \left(\frac{P_4}{P_3}\right)^{\frac{k-1}{k}} = T_3 \cdot \left(\frac{P_1}{P_2}\right)^{\frac{k-1}{k}} = 258 \times \left(\frac{5}{1}\right)^{\frac{0.4}{1.4}} = 408.63 \text{ K}$

(1) 냉동효과 : $q_2 = C_p(T_3-T_2) = 1.005 \times (258-191.3) = 67.03 \text{ kJ/kg}$

(2) 방열량 : $q_1 = C_p(T_4-T_1) = 1.005 \times (408.63-303) = 106.16 \text{ kJ/kg}$

(3) 성적계수 : $\varepsilon_R = \dfrac{q_2}{q_1-q_2} = \dfrac{67.03}{106.16-67.03} = 1.71$

(4) 압축기의 소요일 : $W_C = q_1 - q_2 = 39.13 \text{ kJ/kg}$

(3) 압력 – 엔탈피 ($P-h$) 선도

압축냉동 사이클의 $T-s$ 선도는 그 이론을 열역학적으로 명백히 하는 데 아주 편리하지만, 수치적 계산에는 적당하지 못하다.

냉매의 압력 P를 세로축에, 엔탈피 h를 가로축으로 하는 소위 몰리에르 선도가 널리 사용된다. 증기공학에서 h를 좌표의 하나로 택하는 선도를 몰리에르 선도(Mollier chart)라 한다.

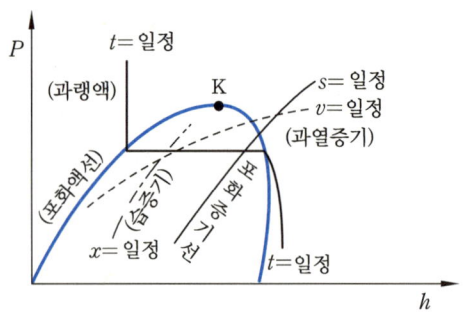

그림 10-4 $P-h$ 선도(Mollier 선도)

증기압축 냉동 사이클에서 냉매의 상태 변화 중에는 교축팽창과 2개의 등압변화(응축과 증발)가 있지만, 교축과정에서는 엔탈피가 일정하며, 또 그 다음의 두 과정에서의 에너지 변화는 모두 그 변화 전후의 엔탈피의 차로 표시된다.

즉, 유체가 등압변화를 할 때 외부와의 수수열량, 정상적인 유동과정에서 유체를 압축하는 일이다. 그림 10-5에서 q_1, q_2, W_C, ε_R을 구해보면 다음과 같다.

① 냉동효과 $q_2 = h_3 - h_2 = h_3 - h_1$
② 방출열량 $q_1 = h_4 - h_1$
③ 압축일 $W_C = q_1 - q_2 = h_4 - h_3$ \qquad (10-16)
④ 성능계수 $\varepsilon_R = \dfrac{q_2}{W_C} = \dfrac{h_3 - h_1}{h_4 - h_3}$

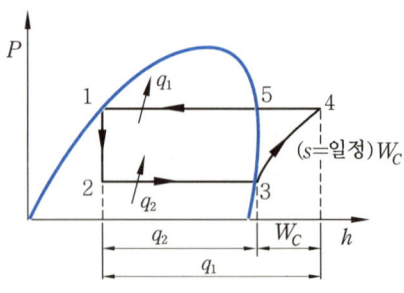

그림 10-5

예제 7. 냉매는 암모니아(NH_3)를 사용하고, 증발온도 $-15℃$, 응축온도 $30℃$인 사이클에서 냉동량 1냉동톤에 대하여 다음 값을 구하여라. (압축기 입구 냉매의 비체적은 암모니아 증기표에서, $v'' = 0.5087 \, m^3/kg$이다.)

(1) 냉매의 냉동효과(kJ/kg, kJ/m³)
(2) 냉매순환량
(3) 압축기가 배제하는 흡입 가스의 체적(m³/h)
(4) 압축기 소요마력
(5) 성능계수(ε_R)

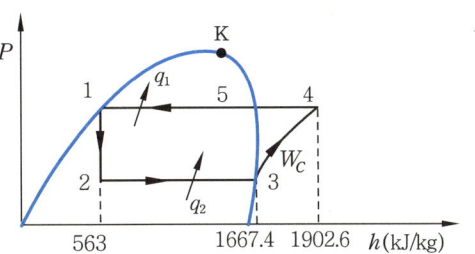

[해설] (1) $q_2 = h_3 - h_1 = 1667.4 - 563 = 1104.4 \, kJ/kg$

$q_2 = 1104.4 \, kJ/kg \div 0.5087 \, m^3/kg = 2171 \, kJ/m^3$

(2) 냉매순환량 $G = \dfrac{Q_2}{q_2} = \dfrac{1RT}{q_2} = \dfrac{13900 \, kJ/h}{1104.4 \, kJ/kg} \fallingdotseq 12.6 \, kg/h$

(3) $V = G \cdot v'' = 12.6 \, kg/h \times 0.5087 \, m^3/kg = 6.41 \, m^3/h$

(4) $W_C = h_4 - h_3 = 1902.6 - 1667.4 = 235.2 \, kJ/kg$

$\therefore N_i = W_C \times G = 235.2 \, kJ/kg \times 12.6 \, kg/h = 2963.52 \, kJ/h$

$= \dfrac{2963.52}{3600} \, kJ/s = 0.8232 kW = 1.1 hp = 1.12 PS$

(5) $\varepsilon_R = \dfrac{q_2}{W} = \dfrac{1104.4}{235.2} = 4.7$

10-3 여러 가지 냉동 사이클

(1) 습증기압축 냉동 사이클(습압축 냉동 사이클)

이 사이클은 습증기 영역에서 작동하며 압축기는 습증기를 흡입하고 압축 후의 상태는 건포화증기가 된다.

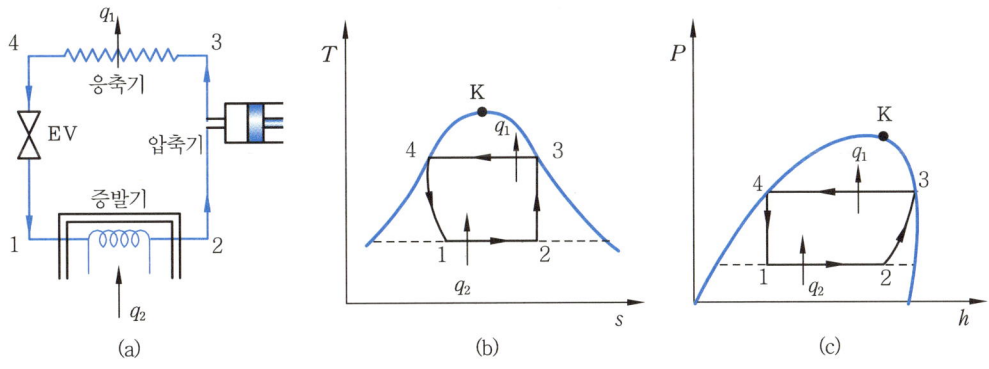

그림 10-6 습압축 냉동 사이클

그림 10-6 (c)에서,

① 방열량 $q_1 = h_3 - h_4 = h_3 - h_1$
② 냉동효과(흡입열량) $q_2 = h_2 - h_1 = h_2 - h_4$
③ 압축기 일 $W_C = h_3 - h_2$
④ 성능(성적)계수(COP)$_R = \varepsilon_R = \dfrac{q_2}{W_C} = \dfrac{h_2 - h_1}{h_3 - h_2}$

(10-17)

(2) 건증기압축 냉동 사이클(건압축 냉동 사이클)

건압축 냉동 사이클은 압축기가 상태 2인 건포화증기를 흡입하여 압력 P_1, 온도 T_1의 과열증기가 될 때까지 압축을 행하는 사이클이며, 실용 냉동기의 기본 사이클로 취급한다.

건압축의 경우는 응축기에 들어가는 증기가 건포화상태이므로 습압축에 비하여 응축기가 대형이 되지만 습압축의 경우와 같이 압축기에 흡입되는 냉매의 액체 방울이 실린더 내에 잔존하여, 이것이 다음 흡입행정에서 증발하여 체적효율을 저하시키는 결점은 없어진다.

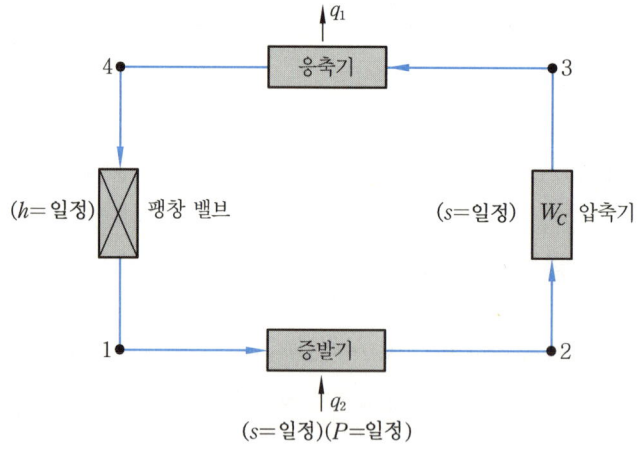

그림 10-7 증기압축 냉동 사이클(건증기, 습증기)

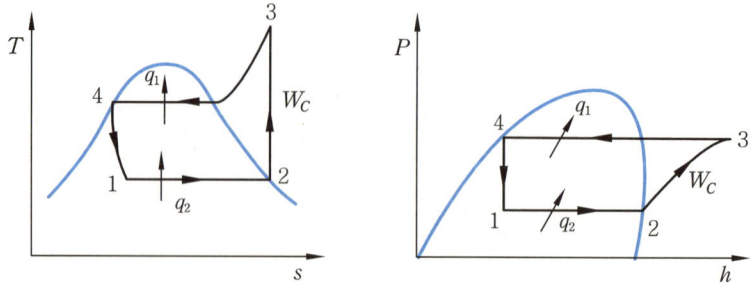

그림 10-8 건증기압축 냉동 사이클

그림 10-8에서,

① 방출열량 $q_1 = h_3 - h_4 = h_3 - h_1$

② 냉동효과 (흡입열량) $q_2 = h_2 - h_1 = h_2 - h_4$

③ 압축기 일 $W_C = h_3 - h_2$

④ 성적계수 $\varepsilon_R = \dfrac{q_2}{W_C} = \dfrac{h_2 - h_1}{h_3 - h_2} = \dfrac{h_2 - h_4}{h_3 - h_2}$

(10-18)

예제 8. 냉동용량이 5 냉동톤인 냉동기의 성능계수가 2.4이다. 이 냉동기를 작동하기 위해 필요한 동력(PS)을 구하시오.(단, 1 RT=13900 kJ/h이다.)

[해설] $W = \dfrac{q_2}{\varepsilon_R} = \dfrac{5 \times 13900 \text{ kJ/h}}{2.4}$

$= 28958.3 \text{ kJ/h} = \dfrac{28958.3}{3600}$

$= 8.04 \text{ (kJ/s} = \text{kW)}$

$= 8.04 \times 1.36 ≒ 10.94 \text{ PS}$

예제 9. 증발온도 $-30℃$, 응축온도가 $25℃$인 냉동장치의 1 냉동톤당 소요마력(PS)을 구하시오.

[해설] $\varepsilon_R = \dfrac{T_2}{T_1 - T_2} = \dfrac{273 - 30}{25 - (-30)} = 4.42$

∴ $W = \dfrac{Q_2}{\varepsilon_R} = \dfrac{13900 \text{ kJ/h}}{4.42} ≒ 3145 \text{ kJ/h}$

$= 3145 \times \dfrac{1.36}{3600} = 1.188 \text{ PS}$

예제 10. 성적계수가 4.2이고, 압축기일의 열당량이 205.8 kJ/kg인 냉동기의 냉동톤당 냉매순환량(kg/h)을 구하시오.

[해설] 냉동효과 $q_2 = \varepsilon_R \times W = 4.2 \times 205.8 = 864.36 \text{ kJ/kg}$

냉매순환량 $= \dfrac{냉동톤}{냉동효과} = \dfrac{13900}{864.36}$

$= 16.08 \text{ kg/h}$

$≒ 16.1 \text{ kg/h}$

(3) 과열압축 냉동 사이클

건압축 냉동 사이클로 작동하는 냉동기에서 증발기를 나간 건포화증기가 압축기에 송입(送入)되는 도중에 열을 흡수하여 과열기에 들어가는 경우가 많다. 이와 같이 과열증기를 흡입하여 압축하는 사이클을 과열압축 냉동 사이클이라 한다.

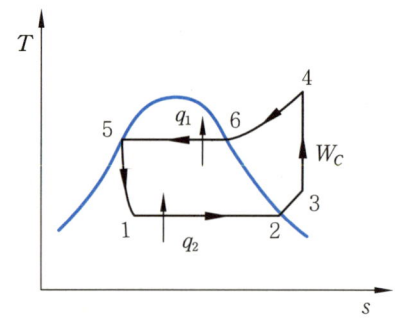 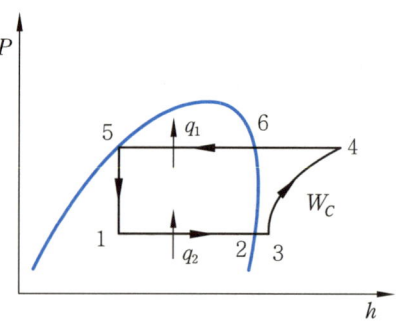

그림 10-9 과열압축 냉동 사이클

① 냉동효과 $q_2 = h_3 - h_1$
  (증발기 안에서의 과열=2~3 사이의
  흡열이 냉동실 안에서 행해질 때)
  $q_2 = h_2 - h_1$
  (증발기 밖에서의 과열=2~3 사이의
  흡열이 냉동실 밖에서 행해질 때)

② 방열량 $q_1 = h_4 - h_5 = h_4 - h_1$

③ 압축기 일 $W_C = h_4 - h_3$

④ 성적계수 $\varepsilon_R = \dfrac{q_2}{W_C} = \dfrac{h_3 - h_1}{h_4 - h_3}$ 또는 $\dfrac{h_2 - h_1}{h_4 - h_3}$

(10-19)

(4) 과랭압축 냉동 사이클

응축기에서 응축된 포화액을 계속 냉각시켜 비포화액으로 하여 팽창기를 통해 증발기 내로 보내면 증발기 입구에서의 냉매의 건도가 작아지며, 따라서 냉동효과가 증가한다. 이 사이클을 과랭압축 냉동 사이클이라 하며, 실제 냉동기의 기준 사이클이 되기도 한다.

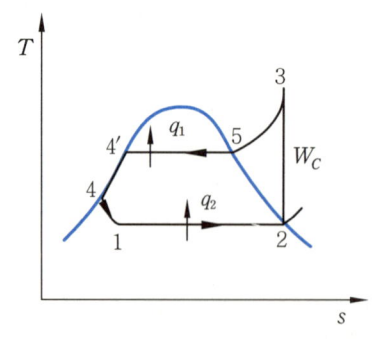 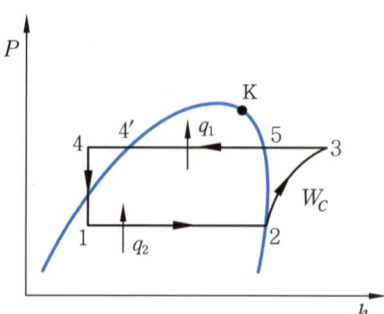

그림 10-10 과랭압축 냉동 사이클

① 냉동효과 $q_2 = h_2 - h_1 = h_2 - h_4$

② 방열량 $q_1 = h_3 - h_4 = h_3 - h_1$

③ 압축기 일 $W_C = h_3 - h_2$

④ 성능 (성적)계수 $\varepsilon_R = \dfrac{q_2}{W_C} = \dfrac{h_2 - h_1}{h_3 - h_2} = \dfrac{h_2 - h_4}{h_3 - h_2}$

⑤ 과랭각도 $= t_4' - t_4$ (여기서, t_4 : 과랭각온도)

$(10-20)$

일반적으로 냉동 사이클에서 기준이 되는 가장 중요한 조건은 증발온도(또는 증발압력)와 응축온도(또는 응축압력)이다. 이 조건은 피냉각물을 몇 도(℃)의 저온도로 냉각하느냐 하는 것과 몇 도(℃)의 냉각수(냉각공기)로 냉각하느냐 하는 두 조건에 의해서 결정된다.

예제 11. 암모니아를 냉매로 하는 냉동기의 증발기 온도가 -15℃, 응축기 온도가 30℃인 표준 사이클에서 다음 값을 구하시오. (단, 압축기 입구 엔탈피 $1668\,\text{kJ/kg}$, 응축기 입구 엔탈피 $1902.6\,\text{kJ/kg}$, 팽창 밸브 입구 엔탈피 $562.8\,\text{kJ/kg}$이다.)

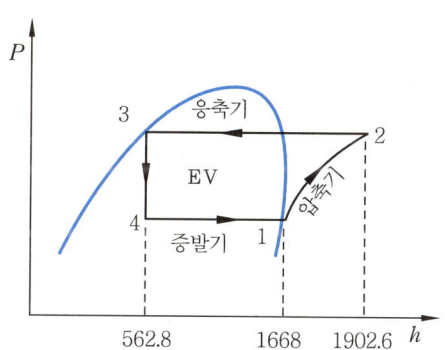

(1) 냉동효과 (q_2 [kJ/kg])

(2) 압축 시 필요한 일 (W_C [kJ/kg])

(3) 성능계수 (ε_R)

[해설] (1) $q_2 = h_1 - h_3 = 1668 - 562.8 = 1105.2\,\text{kJ/kg}$

(2) $W_C = h_2 - h_1 = 1902.6 - 1668 = 234.6\,\text{kJ/kg}$

(3) $\varepsilon_R = \dfrac{q_2}{W_C} = \dfrac{1105.2}{234.6} = 4.71$

예제 12. 프레온 12 (CF$_2$Cl$_2$)를 냉매로 사용하는 1단 압축 냉동 사이클에서 증발기 온도는 $-15\,^\circ\text{C}$, 응축기 온도는 $32\,^\circ\text{C}$이다.

온도 $t\,(^\circ\text{C})$	절대압력 P (kg/bar·cm^2)	비체적		비엔탈피		비엔트로피	
		v' (m^3/kg)	v'' (m^3/kg)	h' (kJ/kg)	h'' (kJ/kg)	s' (kJ/kg·K)	s'' 0
-15	1.827	0.6936	0.0927	406.22	568.34	4.1486	4.7767
32	7.845	0.7787	0.0231	451.25	589.13	4.3068	4.7587

(1) 성능계수를 구하시오.
(2) 만약 이것이 이상적인 카르노 냉동 사이클을 이루는 것이라면 다음 표를 이용하여 성능계수를 구하시오. (단, 압력 7.845 bar, 비엔트로피 4.7767 kJ/kg·K일 때 비엔탈피는 594.3 kJ/kg이다.)

[해설] (1) $P-h$ 선도로 나타내면 다음 그림과 같다 ($s_1 = s_2$).

$$\varepsilon_R = \frac{568.34 - 451.25}{594.3 - 568.34} = 4.51$$

(2) $\varepsilon_R = \dfrac{Q_2}{Q_1 - Q_2} = \dfrac{T_2}{T_1 - T_2}$

$= \dfrac{(-15 + 273)}{(32 + 273) - (-15 + 273)}$

$= 5.49$

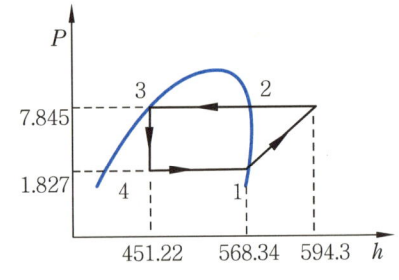

(5) 다단(多段)압축 냉동 사이클

압축비가 클 경우에는 다단압축하고, 중간냉각을 함으로써 압축 말의 과열도를 낮출 수 있으며, 필요한 소요동력을 절약할 수 있다.

냉동기 온도의 한계폭이 넓어지고, 냉매의 증발온도가 낮아지면 압축비가 커지고, 압축기 출구의 증기 냉매온도가 높아진다. 그로 인하여 체적효율(압축기의 이론적인 피스톤의 배제량과 실제로 흡입한 냉매 가스 양과의 비)이 감소되고 냉동효과가 감소한다. 이를 방지하기 위하여 증기압축을 2~3단으로 나누어 압축을 한다. 보통 암모니아 냉동기에서는 응축기 온도가 $100\,^\circ\text{C}$ 이상일 경우 압축비가 6 이상일 때 2단 압축을, 압축비가 20 이상일 때 3단압축을 한다.

그림 10-11은 중간냉각을 하는 2단 압축 냉동 사이클의 1단 팽창의 경우를 보인 것이다. 건포화증기 1을 중간 압력 P_m까지 저압 실린더로 단열압축하여 1에서 4까지 등압 중간냉각을 행한다.

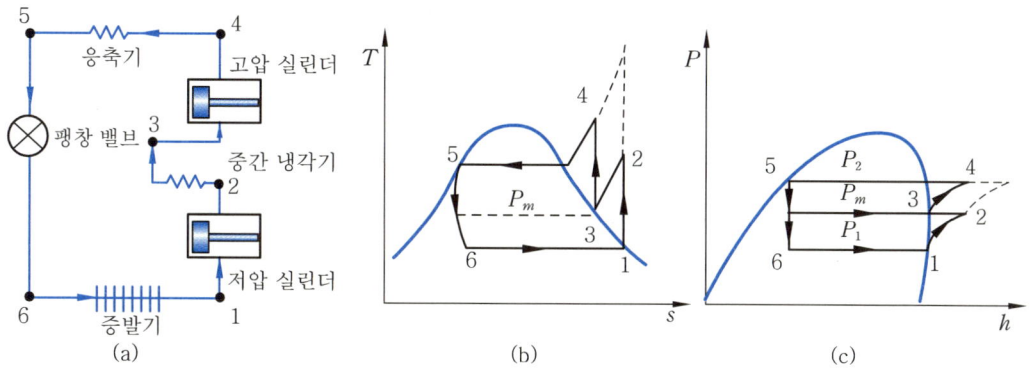

그림 10-11 2단압축 1단팽창 사이클(다단압축)

고압 실린더로 P_2까지 압축하고, 응축기에 보내어 액화냉매 5의 상태를 팽창 밸브에 의하여 교축한 다음, 증발기로 보내어 냉동효과를 얻는다. 압축기의 일은 1단압축의 경우에 비하여 절약되며 냉동효과는 같다.

$$\left. \begin{array}{l} \text{① 냉동효과} \quad q_2 = h_1 - h_6 = h_1 - h_5 \\ \text{② 압축일량} \quad W_C = (h_4 - h_3) + (h_2 - h_1) \\ \text{③ 성적계수} \quad \varepsilon_R = \dfrac{q_2}{W_C} = \dfrac{h_1 - h_6}{(h_4 - h_3) + (h_2 - h_1)} \\ \text{④ 중간압력} \quad P_m = \sqrt{P_1 P_2} \end{array} \right\} \qquad (10-21)$$

(6) 다효(多效)압축 냉동 사이클

다효압축기는 1개의 압축기로 고압과 저압 2개의 압축을 할 수 있는 것이며, 다효 압축 사이클에 채용하고 있다. 이 다효압축 사이클은 냉각수가 고온이고, 증발기가 저온인 냉매(CO_2)를 사용하고 있다.

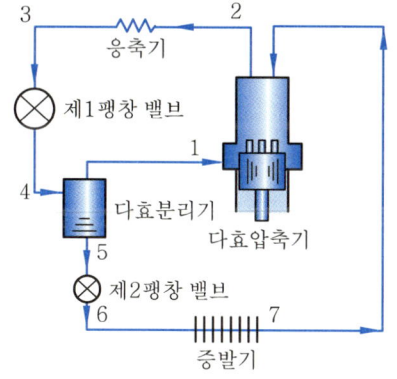

그림 10-12 다효압축 냉동 사이클의 계통도

이 사이클은 Voorhees cycle이라고도 하며 그림 10-12과 같이 1개의 실린더로 압력이 다른 증기를 흡입하여 동시에 압축하도록 한 사이클이다. 제1 팽창 밸브 속에서 나온 냉매는 분리기로 들어가서 냉매증기와 냉매액으로 분리된다. 여기서 분리된 냉매액은 제2 팽창밸브에서 증발기 내에 들어가며 흡열작용을 한다. 한편, 분리된 냉매증기는 압축 실린더의 흡입단에 설치한 세공(細孔)으로부터 실린더 내로 진입하여 저압의 증발기로부터 흡입한 증기와 같이 압축된다. 실제로는 이 다단압축 사이클과 다효압축 사이클을 병용하여 냉동효과와 성능을 증대시키도록 하고 있다.

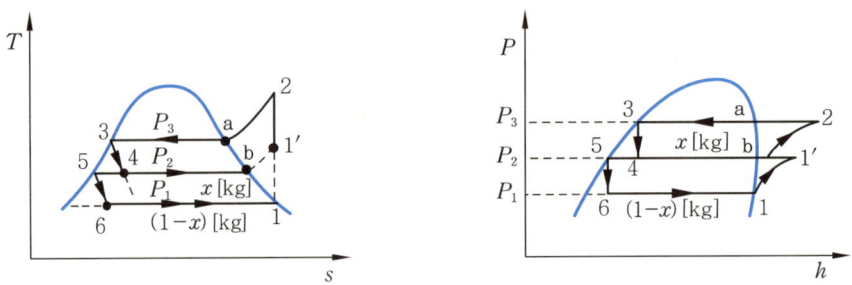

그림 10-13 다효압축 냉동 사이클 선도

작동원리는 그림 10-13에서와 같이 응축기에서 액화된 냉매는 포화액 3의 상태에서 제1 팽창 밸브를 거쳐 고압 P_3 로부터 중간압력 P_2까지 팽창(3 → 4)하여 분리기에 유도되어 그 속에서 액체 부분(5)과 증기 부분(b)으로 분리된다.

액체는 제2 팽창 밸브(다효 밸브)를 통하여 저압 P_1까지 교축되어 팽창(5 → 6)되고, 증발기에 송입되어 증발하여 냉동 목적을 이룬 후 증기(1)가 되어 압축기에 들어간다.

지금 냉매 1 kg에 대하여,

① 방출열량 (응축기)

$$q_1 = h_2 - h_3 = h_2 - h_4 = h_2 - [h_5 + x(h_b - h_5)]$$

② 흡입열량 (증발기)

$$q_2 = (1-x)(h_1 - h_6) = (1-x)(h_1 - h_5) = \frac{(h_b - h_3)}{(h_b - h_5)}(h_1 - h_5)$$

③ 성적계수

$$\varepsilon_R = \frac{q_2}{W_C} = \frac{(1-x)(h_1 - h_5)}{h_2 - x \cdot h_b - (1-x)h_1} \tag{10-22}$$

*제1 팽창 밸브로부터 유출된 액냉매 1 kg이 다효분리기에서 증기냉매 x [kg]과 액체냉매 $(1-x)$ [kg]으로 분리되었다면,

$$h_3 = h_5 - x(h_b - h_5) = h_5 - x \cdot \gamma_2$$

여기서, γ_2 : 압력 P_2에서의 증발잠열

$$\therefore x = \frac{(h_3 - h_5)}{(h_b - h_5)} = \frac{(h_3 - h_5)}{\gamma_2}$$

예제 13. 암모니아를 냉매로 하는 2단압축 1단교축의 냉동장치의 응축기 온도가 30℃, 증발기 온도가 −30℃이다. 성적계수를 구하고, 냉동량이 420000 kJ/h라고 하면 필요한 암모니아의 순환량은 얼마인지 구하시오. (단, 중간 냉각은 30℃에서 행한다고 본다.)

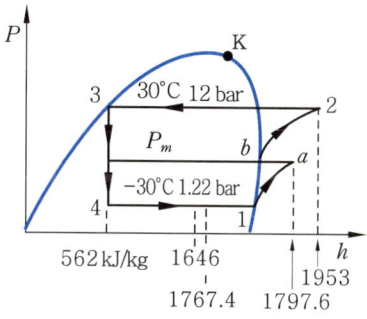

[해설] 중간압력 $P_m = \sqrt{P_1 \cdot P_2} = \sqrt{12 \times 1.22} = 3.83$ bar

성적계수 $\varepsilon_R = \dfrac{q_2}{W_C} = \dfrac{h_1 - h_3}{(h_a - h_1) + (h_2 - h_b)} = \dfrac{(1646 - 562)}{(1797.6 - 1646) + (1953 - 1767.4)} = 3.21$

냉매순환량 $G = \dfrac{Q_0}{q_2} = \dfrac{Q_0}{h_1 - h_3} = \dfrac{420000}{1646 - 562} = 387.45$ kg/h

연습문제

1. 카르노 사이클의 열효율 η_C와 역카르노 사이클(냉동 사이클)의 성능계수 ε 사이에 성립하는 관계식을 나타내시오.

2. 증기냉동기에서의 냉매가 순환되는 경로를 설명하시오.

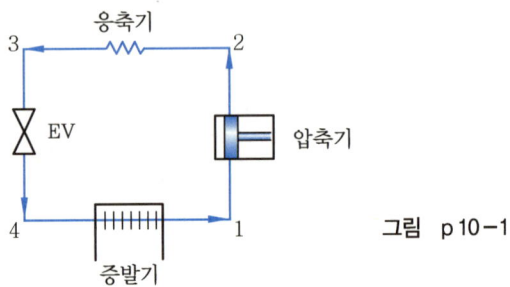

그림 p10-1

3. 암모니아를 냉매로 사용할 경우 효율이 높은 냉동 사이클은 무엇인지 답하시오.

4. 냉장고에서 매 시간 16600 kJ의 열을 빼앗는 냉동마력을 구하시오.

5. 프레온이 포함하는 공통된 원소는 무엇인지 답하시오.

6. 0℃와 100℃ 사이에서 역카르노 사이클로 작동하는 냉동기가 1 사이클당 21 kJ의 열을 방출하였다. 1 사이클당 일(kJ)과 성능계수 (ε_R)를 구하시오.

7. 응축기 온도 30℃, 증발기 온도 −5℃로 작동되는 이상적인 냉동기의 냉동능력은 1냉동톤이다. 소요동력(PS)을 구하시오.(단, 1 RT=13900 kJ/h이다.)

8. 공기냉동기의 온도에 있어서 압축기 입구가 −15℃, 압축기 출구가 105℃, 팽창기 입구에서 10℃, 팽창기 출구에서 −70℃라면 공기 1 kg당의 냉동효과(kJ/kg)를 구하시오.

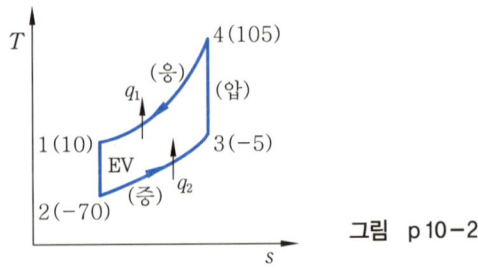

그림 p10-2

9. 냉동장치의 기본 요소에는 무엇이 있는지 설명하시오.

10. 최고압력이 0.4 MPa, 최저압력이 0.1 MPa인 역브레이턴 사이클(그림 p 10-3)에서 냉매인 공기의 최저온도가 −23℃일 때 성적계수를 구하시오.

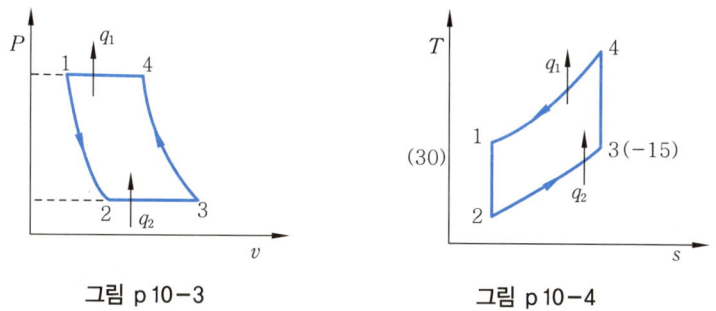

그림 p 10-3   그림 p 10-4

11. 압력 1 bar와 5 bar 간에서 작동하는 공기냉동기(그림 p 10-4)에서 주위 온도가 30℃이며, 냉동실 온도가 −15℃일 때 공기 1 kg당 방열량(kJ/kg)을 구하시오.

12. 어떤 카르노 사이클이 27℃와 −23℃ 사이에서 작동될 때 냉동기의 성적계수 (ε_R), 열펌프의 성적계수 (ε_H), 열효율 (η_C)을 구하시오.

13. 2단압축 냉동 사이클에서 저압축 흡입압력이 0 atg이고, 고압축 추출압력이 15 atg라 하면 이상적인 중간압력(kg/cm²)을 구하시오.

14. 역카르노 사이클로 작동되는 냉동기가 30 마력의 일을 받아서 저온체로 84 kJ/s의 열을 흡수한다면 고온체로 방출하는 열량(kJ/s)을 구하시오.

15. 0.1 MPa와 0.5 MPa 사이에 작동되는 공기냉동기에서 압축기 입구 온도 −3℃, 출구 온도 177℃, 팽창 밸브 입구의 온도 157℃이고, 출구 온도 −15℃일 때 다음을 구하시오.

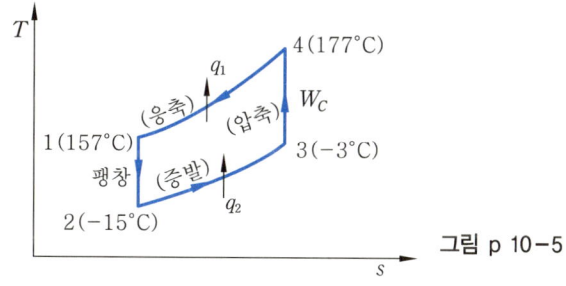

그림 p 10-5

(1) 공기 1 kg당의 냉동효과(kcal/kg)를 구하시오.
(2) 공기 1 kg당 방열량을 구하시오.
(3) 압축기에 소비되는 일(W_C [kcal/kg])을 구하시오.
(4) 이 냉동기의 성능계수(ε_R)를 구하시오.

16. 성능계수가 3.2인 냉동기가 20 톤의 냉동을 하기 위하여 공급해야 할 동력(PS)을 구하시오.

17. 최고압력 4 bar, 최저압력 1 bar인 역브레이턴 사이클(그림 p 10-6)에서 냉매인 공기의 최저온도가 $-23℃$일 때 성적계수 (ε_R)를 구하시오.(단, $k=1.4$이다.)

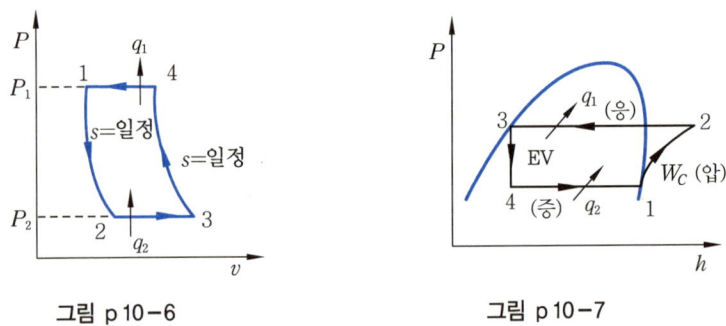

그림 p 10-6   그림 p 10-7

18. 어떤 제빙 공장에서 43 냉동톤의 냉동부하에 대한 냉동기가 있다. 압축기 출구 엔탈피가 1902.6 kJ/kg, 증발기 출구 엔탈피가 1667.4 kJ/kg, 응축기 출구 엔탈피가 537.6 kJ/kg일 때 그림 p 10-7을 참조하여 다음 값을 구하시오.
 (1) 냉동효과 (q_2)와 성적계수 (ε_R)
 (2) 1 냉동톤당 냉매의 순환량(kg/h)

19. 냉매의 유량을 조절하는 장치는 무엇인지 답하시오.

20. 5 t의 얼음을 만드는 데 160 kW·h를 소비하는 냉동장치에서 공급되는 물의 온도가 20℃이고, 0℃ 얼음을 얻을 때 성적계수 (ε_R)를 구하시오.(단, 융해열은 335 kJ/kg이다.)

21. 암모니아 냉동기를 2단압축할 때 $P-h$ 선도는 그림 p 10-8과 같다. 선도를 참조하여 성적계수를 구하시오.

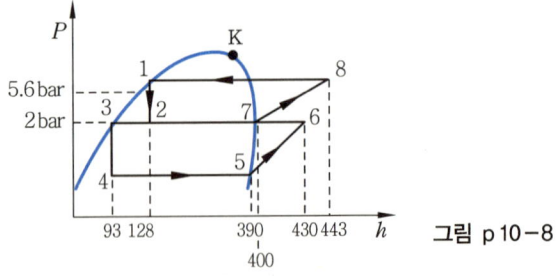

그림 p 10-8

22. 온도 $-10℃$와 40℃ 사이에서 작동하는 이상적인 열펌프가 있다. 1사이클당 저열원에서 33.6 kJ/kg의 열을 흡수하여 고열원에 q_1의 열을 방출한다. 다음 값을 구하시오.
 (1) 열펌프의 성능계수

(2) 열펌프를 작동시키기 위해서 1 사이클당 필요한 일(kJ/kg)

23. 어떤 냉동장치에서 얼음 1 t을 만드는 데 45 kW·h의 동력을 소모한다. 이 설비에 물은 20℃로 유입되고, 얼음은 −10℃로 나왔을 때 실제 성능계수를 구하시오.(단, 물의 융해 잠열 335 kJ/kg이고, 얼음의 평균비열은 2.1 kJ/kg·K로 한다.)

24. 응축기의 온도 30℃, 증발기 온도 −30℃인 암모니아를 냉매로 하는 1단압축 냉동기의 성능계수를 구하시오.

25. 암모니아 압축냉동장치가 기준 냉동 사이클의 온도조건으로 운전되고 있을 때 다음 값을 구하시오.
 (1) 암모니아 1 kg당의 냉동효과
 (2) 성능계수
 (3) 같은 온도 범위에서 작동하는 이상적 사이클의 성능계수
 (4) 1 냉동톤 당의 암모니아 순환량

26. 암모니아를 냉매로 하는 2단압축, 2단팽창 사이클의 증발온도를 −40℃, 응축온도를 30℃라 할 때 다음을 구하시오.
 (1) 1단압축할 경우의 성적계수
 (2) 2단압축할 경우의 성적계수

27. 공기압축식 냉동기에서 2개의 등압과정과 2개의 단열과정으로 구성되어 있는 냉동 사이클을 사용하고 있다. 여기서, 매시 $q = 20000$ kcal$=20000 \times 4186.8=83736$ kJ $\fallingdotseq 80000$ kJ의 열량을, $t_0 = -5$℃로부터 $t = 30$℃로 흡수하는 것으로 한다. 이때, 성적계수, 사용공기량, 일량을 구하시오.(단, $P=200$ ata$\fallingdotseq 20$ MPa, $P_0 = 50$ ata $\fallingdotseq 5$ MPa, 공기의 정압비열은 $C_p = 0.24$ kcal/kg·℃$=0.24 \times 4186.8=1004.8$ J/ kg·K로 한다.)

28. 암모니아 가스를 사용하는 2단압축, 2단교축 냉동 사이클에서 q_0, G_n, x_1, G', W_l, W_h, W, ε을 구하시오.(단, 냉각수 온도 $t = 30$℃, $t_{02} = -30$℃, $t_{01} = -4$℃, 냉동총열량을 $Q_0 = 100000$ kcal/h$=100000 \times 4186.8$ J/h로 한다.)

연습문제 풀이

1. $\eta_C = \dfrac{Q_1 - Q_2}{Q_1}$, $\varepsilon = \dfrac{Q_2}{Q_1 - Q_2}$

   $\dfrac{1}{\eta_C} = \dfrac{Q_1}{Q_1 - Q_2}$, $\dfrac{1}{\eta_C} - \varepsilon = \dfrac{Q_1 - Q_2}{Q_1 - Q_2} = 1$

   따라서, $\dfrac{1}{\eta_C} - \varepsilon = 1$, 또는 $(1 + \varepsilon)\eta_C = 1$

2. 증발기-압축기-응축기-팽창 밸브

3. 다단압축 냉동 사이클

4. 1 RT : 13900 kJ/h = x [RT] : 16600 kJ/h

   ∴ $x \fallingdotseq 1.2$ RT

5. 프레온은 불화 탄화수소계의 냉매이다(R-12 : CF_2Cl_2, R-11 : $CFCl_3$). 따라서, 불소가 공통 원소이다.

6. $W = \dfrac{q_1}{\varepsilon_R} = \dfrac{-21}{2.73} = -7.69$ kJ

   $\varepsilon_R = \dfrac{T_2}{T_1 - T_2} = \dfrac{273}{373 - 273} = 2.73$

7. $\varepsilon_R = \dfrac{T_2}{T_1 - T_2} = \dfrac{268}{35} = 7.66$

   $W = \dfrac{q_2}{\varepsilon_R} = \dfrac{13900}{7.66} = 1814.62$ kJ/h

   $= \dfrac{1814.62}{3600}$ kJ/s = kW

   $= 0.504$ kW $= 0.504 \times 1.36 = 0.685$ PS

8. $q_2 = C_p(T_3 - T_2)$

   $= 1.005 \times (268 - 203) = 63.325$ kJ/kg

9. 냉동장치 : 압축기 → 응축기 → (수액기) → 팽창 밸브 → 증발기

10. $\varepsilon_R = \dfrac{T_2}{T_1 - T_2} = \dfrac{1}{\dfrac{T_1}{T_2} - 1}$

    $= \dfrac{1}{\left(\dfrac{P_1}{P_2}\right)^{\frac{k-1}{k}} - 1} = \dfrac{1}{4^{\frac{1.4-1}{1.4}} - 1} = 2.1$

11. $T_4 = T_3 \left(\dfrac{P_4}{P_3}\right)^{\frac{k-1}{k}} = T_3 \left(\dfrac{P_1}{P_2}\right)^{\frac{k-1}{k}}$

    $= 258 \left(\dfrac{5}{1}\right)^{\frac{0.4}{1.4}} = 408.625$ K

    ∴ $q_1 = C_p(T_4 - T_1)$

    $= 1.005(408.625 - 303)$

    $= 106.15$ kJ/kg

12. $\varepsilon_R = \dfrac{T_2}{T_1 - T_2} = \dfrac{250}{50} = 5$

    $\varepsilon_H = \dfrac{T_1}{T_1 - T_2} = \dfrac{300}{50} = 6$

    $\eta_C = \dfrac{T_1 - T_2}{T_1} = \dfrac{50}{300} = 0.166$

13. 2단압축 시 중간압력 $P_m = \sqrt{P_1 \times P_2}$

    ∴ $P_m = \sqrt{1.0332 \times 16.0332} = 4.07$ kg/cm²

14. $W_C = q_1 - q_2 = 30$ PS

    $= \dfrac{30}{1.36}$ kW ($=$ kJ/s) $= 22.06$ kJ/s

    ∴ $q_1 = q_2 + 22.06 = 84 + 22.06 = 106.06$

15. (1) 냉동효과
    $q_2 = C_p(T_3 - T_2) = C_p(270 - 258)$
    $= 0.24 \times 12 = 2.88$ kcal/kg

    (2) $q_1 = C_p(T_4 - T_1) = C_p(177 - 157)$
    $= 0.24 \times 20 = 4.8$ kcal/kg

    (3) $W_C = q_1 - q_2 = 4.8 - 2.88$
    $= 1.92$ kcal/kg

    (4) $\varepsilon_R = \dfrac{q_2}{W} = \dfrac{2.88}{1.92} = 1.5$

16. 1 kW·h = 860 kcal
    1 PS·h = 632.3 kcal
    1냉동톤 = 3320 kcal/h
    $W = q_2/\varepsilon_R$,

    ∴ $W = \dfrac{20 \times 3320}{3.2 \times 860}$ kW $= \dfrac{20 \times 3320}{3.2 \times 632.3}$ PS

17. $\varepsilon_R = \dfrac{T_2}{T_1 - T_2} = \dfrac{1}{\left(\dfrac{P_1}{P_2}\right)^{\frac{k-1}{k}} - 1}$

$= \dfrac{1}{4^{\frac{0.4}{1.4}} - 1} = 2.06$

18. (1) $q_2 = h_1 - h_4 = 1667.4 - 537.4$
$= 1129.8 \, \text{kJ/kg}$

$\varepsilon_R = \dfrac{h_1 - h_4}{h_2 - h_1} = \dfrac{1129.8}{1902.6 - 1667.4} = 4.8$

(2) 냉매의 순환량 $= \dfrac{냉동톤}{냉동효과}$

$= \dfrac{13900}{1129.8} = 12.30 \, \text{kg/h}$

19. 냉매의 유량을 조절하는 장치는 팽창 밸브(expansion valve)이다.

20. $\varepsilon_R = \dfrac{냉동효과}{W} = \dfrac{419 \times 5000}{160}$

$= 13093.75 \, \text{kJ/kW·h}$

$= \dfrac{13093.75}{3600} \left[\dfrac{\text{kJ}}{\text{kW·s}}\right] = 3.637 \left[\dfrac{\text{kJ}}{\text{kJ}}\right]$

① 20℃ 물을 0℃로 만드는 데 필요한 열량
$\fallingdotseq 4.2 \times (20 - 0) = 84 \, \text{kJ/kg}$

② 0℃ 물을 0℃ 얼음으로 만드는 데 필요한 열량 = 융해열 = 335 kJ/kg

③ 따라서, 20℃ 물을 0℃ 얼음으로 만드는 데 필요한 열량 = 84 + 335 = 419 kJ/kg

20℃ 물 ─────→ 0℃ 물 ─────→ 0℃ 얼음
$C = 4.2 \, \text{kJ/kg·K}$　　융해열
84 kJ/kg　　　　335 kJ/kg

$\therefore q_2 = C \cdot \Delta t + q = 4.2 \times (20 - 0) + 335$
$= 419 \, \text{kJ/kg}$

21. $\varepsilon_{2C} = \dfrac{Q_2 + Q_2'}{W_1 + W_2}$

$= \dfrac{Q_2 + Q_2'}{\dfrac{Q_2(h_6 - h_5)}{h_5 - h_3} + \dfrac{Q_2'(h_7 - h_3) + Q_2(h_6 - h_3)(h_8 - h_7)}{(h_7 - h_1)(h_5 - h_3)}}$

$= \dfrac{(h_7 - h_1)(h_5 - h_3)}{(h_6 - h_5)(h_7 - h_1) + (h_6 - h_3)(h_8 - h_7)}$

* Q_2' : 냉동실 내 흡수열이 아니므로, $Q_2' = 0$

22. (1) $\varepsilon_H = \dfrac{q_1}{W} = \dfrac{q_1}{q_1 - q_2}$

$= \dfrac{T_1}{T_1 - T_2} = \dfrac{313}{50}$

$= 6.26$

(2) $\varepsilon_H = \dfrac{q_1}{W} = \dfrac{q_1}{q_1 - q_2}$

$q_1 = \dfrac{\varepsilon \cdot q_2}{\varepsilon - 1} = \dfrac{6.26 \times 33.6}{6.26 - 1}$

$= 40 \, \text{kJ/kg}$

$\therefore W = q_1 - q_2 = 40 - 33.6$

$= 6.4 \, \text{kJ/kg}$

23. 얼음 1톤을 만드는 데 소요일량은 45 kW·h이므로,

$W = 45 \, \text{kW·h} = 45 \times 3600 \, \text{kW·s}$
$= 162000 \, \text{kJ}$

흡입량 Q_2는

• 20℃ → 0℃ 물
$q_1 = C \cdot \Delta t = 4187 \, \text{kJ/kg·K} \times (20 - 0)$
$= 83.74 \, \text{kJ/kg}$

• 0℃ → 0℃ 얼음
$q_2 = 융해잠열 = 335 \, \text{kJ/kg}$

• 0℃ 얼음 → -10℃ 얼음
$q_3 = C \cdot \Delta t = 2.1 \times \{0 - (-10)\} = 21 \, \text{kJ/kg}$

$\therefore Q_2 = (83.74 + 335 + 21) \, \text{kJ/kg} \times 1000 \, \text{kg}$
$= 439740 \, \text{kJ}$

$\therefore$ 성능계수 $\varepsilon = \dfrac{Q_2}{W} = \dfrac{439740}{162000} = 2.71$

24.

성능계수 $\varepsilon = \dfrac{q_2}{W_C} = \dfrac{h_2 - h_1}{h_3 - h_2}$

$= \dfrac{1646 - 562}{1992.5 - 1646}$

$= 3.128 \fallingdotseq 3.13$

25. 기준 냉동 사이클은 응축온도가 30℃, 증발온도가 -15℃, 과냉각온도가 5℃이므로, 암모니아의 몰리에르 선도를 이용하여 풀면,

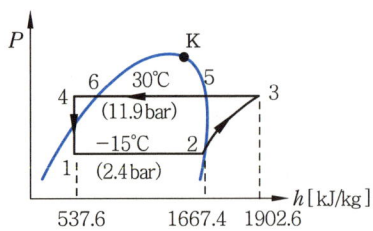

(1) 1 kg당 암모니아의 냉동효과는
$$q_2 = h_2 - h_1 = h_2 - h_4$$
$$= 1667.4 - 537.6 = 1129.8 \text{ kJ/kg}$$

(2) 성능계수
$$\varepsilon_R = \frac{q_2}{W_C} = \frac{h_2 - h_1}{h_3 - h_2}$$
$$= \frac{1667.4 - 537.6}{1902.6 - 1667.4} = 4.8$$

(3) 같은 온도 범위에서 작용하는 이상적 사이클의 성능계수는
$$\varepsilon_R = \frac{T_2}{T_1 - T_2} = \frac{273 - 15}{\{30 - (-15)\}} = 5.73$$

(4) 1 냉동톤 당의 암모니아 순환량
$$G = \frac{냉동톤}{냉동효과} = \frac{13900 \text{ kJ/h}}{1129.8 \text{ kJ/kg}} = 12.3 \text{ kg/h}$$

26.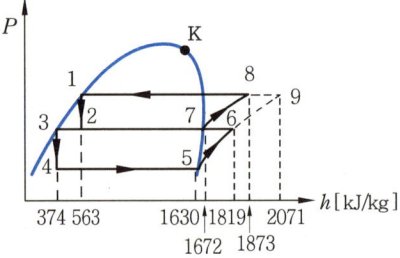

(1) 1단압축 시
$$\varepsilon_1 = \frac{q_2}{W_C} = \frac{h_5 - h_1}{h_9 - h_5}$$
$$= \frac{1630 - 563}{2071 - 1630} = 2.4195 \fallingdotseq 2.42$$

(2) 2단압축 시
$$\varepsilon_2 = \frac{q_2}{W_C}$$
$$= \frac{(h_7 - h_1)(h_5 - h_3)}{(h_6 - h_3)(h_8 - h_7) + (h_7 - h_1)(h_6 - h_5)}$$
$$= \frac{(1672 - 563)(1630 - 374)}{(1445)(201) + (1109)(189)} = 2.786$$

27.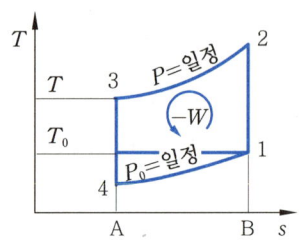

① $\dfrac{T_2}{T_1} = \dfrac{T_3}{T_4} = \left(\dfrac{P}{P_0}\right)^{\frac{k-1}{k}} = a$

$T_1 = T_0$,
$T_2 = T_1 \cdot a = T_0 \cdot a$
$T_4 = \dfrac{T_3}{a} = \dfrac{T}{a}$

・유입열량
$$Q_0 = GC_p(T_1 - T_4) = GC_p\left(T_0 - \frac{T}{a}\right)$$
$$= 면적 (4\,1\,B\,A\,4)$$

・유출열량
$$Q = GC_p(T_2 - T_3) = GC_p(T_0 a - T)$$
$$= 면적 (2\,3\,A\,B\,2)$$

・성적계수
$$\varepsilon = \frac{Q_0}{Q - Q_0}$$
$$= \frac{GC_p\left(T_0 - \dfrac{T}{a}\right)}{GC_p(T_0 a - T) - GC_p\left(T_0 - \dfrac{T}{a}\right)}$$
$$= \frac{1}{a - 1}$$

$a = \left(\dfrac{P}{P_0}\right)^{\frac{k-1}{k}} = \left(\dfrac{20}{5}\right)^{\frac{0.4}{1.4}} = 1.486$

$\therefore \varepsilon = \dfrac{1}{a - 1} = \dfrac{1}{1.486 - 1} = 2.058$

이것에 대하여 카르노 사이클의 성적계수 ε_C는
$$\varepsilon_C = \frac{T_0}{T - T_0}$$
$$= \frac{(273 - 5)}{(273 + 30) - (273 - 5)}$$
$$= \frac{268}{35} = 7.66$$

② $T_2 = T_0 \cdot a = (-5 + 273) \times 1.486$
$\qquad = 398.2 \text{ K}$
$T_4 = \dfrac{T}{a} = \dfrac{(30 + 273)}{1.486}$
$\qquad = 203.9 \text{ K}$

$$Q_0 = C_p\left(T_0 - \frac{T}{a}\right)$$

$$= 1004.8 \times \left[(-5+273) - \frac{30+273}{1.486}\right]$$

$$= 64407.7 \text{ J/kg}$$

$$\left(Q_0 = 64407.7 \text{ J/kg} = \frac{64407.7}{4186.8} = 15.38 \text{ kcal/kg}\right)$$

소요공기량은

$$G = \frac{q}{Q_0} = \frac{80000 \times 10^3 \text{ [J/h]}}{64407.7 \text{ J/kg}}$$

$$= 1242.1 \text{ kg/h}$$

③ 소요일량 $W = (h_2 - h_1) - (h_3 - h_4)$

$$= C_P[(t_2 - t_1) - (t_3 - t_4)]$$

$$= 1004.8(130.2 - 99.1)$$

$$= 31249 \text{ J/kg}$$

* $W = \dfrac{31249}{4186.8} = 7.46 \text{ kcal/kg}$

• 방출열량 $Q = G(Q_0 + W)$

$$= 1242.1 \times (64407.7 + 31249)$$

$$= 118815180 \text{ J}$$

또는,

$$Q = GC_p(T_0 \cdot a - T)$$

$$= 1242.1 \times 1004.8$$

$$\times [(-5+273) \times 1.486 - (30+273)]$$

$$= 118875410 \text{ J}$$

• 공기압축기의 소요일량 W_{12}

$$W_{12} = H_2 - H_1 = GC_p(T_2 - T_1)$$

$$= 1242.1 \times 1004.8 \times [398.2 - (-5+273)]$$

$$= 158753490 \text{ J/h}$$

$$\left(= \frac{158753490}{4186.8} = 37918 \text{ kcal/h}\right)$$

$$\left(= \frac{158753490}{3600} = 44098 \text{ J/s} \doteq 44.1 \text{ kW}\right)$$

• 모터의 일량

$$W_{34} = H_3 - H_4 = GC_p(T_3 - T_4)$$

$$= 1242.1 \times 1004.8 \times (303 - 203.9)$$

$$= 123682950 \text{ J/h}$$

$$\left(= \frac{123682950}{4186.8} = 3436 \text{ kW}\right)$$

$$\left(= \frac{123682950}{3600} = 34356.4 \text{ J/s} \doteq 34.36 \text{ kW}\right)$$

따라서, 필요한 정미일량

$$W = W_{12} - W_{34}$$

$$= 44.1 - 34.36 = 9.74 \text{ kW}$$

28.

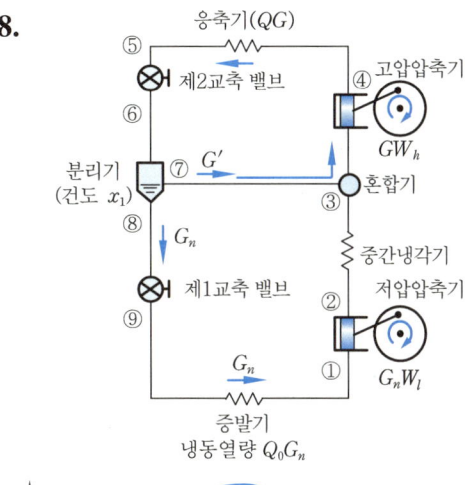

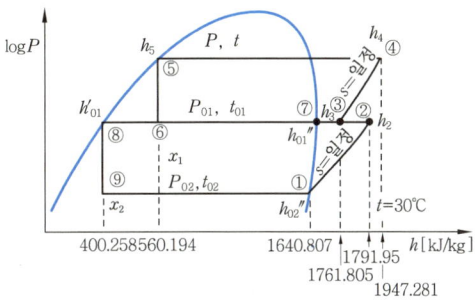

• 2단압축, 2단교축 냉동설비의 개요

$$q_0 = h_1 - h_8 = 1640.807 - 400.258$$

$$= 1240.549 \text{ kJ/kg}$$

$$G_n = \frac{Q_0}{q_0} = \frac{100000 \times 4.1868}{1240.549} = 337.5 \text{ kg/h}$$

$$x_1 = \frac{h_{01} - h_{01}'}{h_{01}'' - h_{01}'} = \frac{560.194 - 400.258}{1640.807 - 400.258}$$

$$= \frac{159.936}{1240.549} = 0.129$$

$$G' = \frac{x_1}{1-x_1} \cdot G_n = \frac{0.129}{1-0.129} \times 337.5$$

$$= 50.0 \text{ kg/h}$$

$$W_l = h_2 - h_{02}''$$

$$= 1791.95 - 1640.807 = 151.143 \text{ kJ/kg}$$

$$W_h = h_4 - h_3 = 1947.281 - 1761.805$$

$$= 185.476 \text{ kJ/kg}$$

$$W = (G' + G_n) \cdot W_h = G_n \cdot W_l$$

$$= [(50 + 337.5) \times 185.476$$

$$+ (337.5 \times 151.143)]$$

$$= 122882.713 \text{ kJ/h}$$

$$\therefore \varepsilon = \frac{Q_0}{W} = \frac{100000 \times 4.1868}{122882.713} = 3.407$$

제11장 전 열

열전달(熱傳達, heat transfer), 즉 전열(傳熱)이란 물체 사이의 온도차에 의해서 일어나는 에너지 이동을 연구하는 학문이다. 열전달이라는 학문에서는 열의 이동 방법을 설명할 뿐만 아니라 어떤 주어진 조건하에서 일어나는 열전달률을 예측하기도 한다.

열전달을 공부하는 목적은 열전달률을 구하는 것이며, 이는 곧 열전달과 열역학이 어떻게 구별되는가를 말하여 준다. 열역학에서는 평형계만을 취급하기 때문에 한 평형상태를 다른 평형상태로 바꾸는 데 필요한 에너지량을 예측한다. 그러나 상태가 변화하는 동안은 평형계가 아니기 때문에 얼마나 빨리 상태가 변하는가 하는 것은 문제시 되지 않는다. 따라서, 열전달에서 얻어진 실험결과들은 열역학 제1 및 제2 법칙을 보강해 주게 된다. 열전달에서 사용되는 실험식들은 열역학에서처럼 매우 간단하고, 여러 가지 실제문제에 쉽게 응용될 수 있다. 또 열전달은 전도(conduction), 대류(convection), 복사(radiation)의 3가지 형태로 분류된다.

11-1 전도(conduction) 열전달

한 물체 안에 온도구배가 존재한다면 고온 부분에서 저온 부분으로 에너지가 전달된다는 사실을 경험을 통해 잘 알고 있다. 이때, 열은 전도에 의해서 전달되고, 단위면적당 열전달률은 면적에 수직한 방향의 온도구배에 비례한다.

$$\frac{q}{A} \sim \frac{dt}{dx}$$

비례상수를 고려하면

$$q = -kA\frac{dt}{dx} \tag{11-1}$$

여기서, q는 열전달률, A는 전열면적, $\frac{dt}{dx}$는 열이 전달되는 방향으로의 온도구배이다. 상수 k를 물질의 열전도율(또는 열전도계수)라 부르고 음의 부호(−)는 그림 11-1 (a)에서와 같이 온도가 높은 곳에서 낮은 곳으로 이동하는 방향 조건을 만족시키기 위해서 붙여준 것이다. 열전도 해석에 크게 기여한 프랑스 수리 물리학자 푸리에(Joseph Fourier)

의 이름을 따서 식 (11-1)을 푸리에의 열전도법칙이라 부른다. 식 (11-1)은 열전도율을 정의하는 공식이고 열전달률을 W로 표시할 때 k의 단위는 W/m·℃가 된다.

표 11-1 각종 물질의 열전도율 k

물 질	k (kcal/h·m·℃)	물 질	k (kcal/h·m·℃)
주철	45	콘크리트	0.6~0.7
강철	30~45	코르크	0.036~0.048
황동	70~90	물	0.52
알루미늄	175	공기	0.019
내화벽돌	0.4~1.4	탄산가스	0.012
일반벽돌	0.5~1.2	산소	0.021
아스베스토	0.13~0.25	질소	0.019

㈜ SI 단위계에서는 kcal/h·m·℃를 W/m·℃로 환산하여 사용한다.

(1) 평면벽을 통한 열전도

그림 11-1과 같이 평면벽에 대하여 직각 방향으로 정상상태하에서 흐르는 열량 Q는 두께 x인 균일한 넓은 평판의 양쪽면의 온도 t_1, t_2가 표면 상에 균일할 경우, 푸리에의 법칙에 의해서 다음과 같이 표시된다.

$$Q = kA\frac{(t_1 - t_2)}{x} \text{ [kJ/h]} = \frac{A(t_1 - t_2)}{\frac{x}{k}}$$

$$= \frac{A(t_1 - t_2)}{R_c} \tag{11-2}$$

여기서, R_c : 열전도저항($= \frac{x}{k}$ [m·℃/W] 또는 [h·m·℃/kcal])

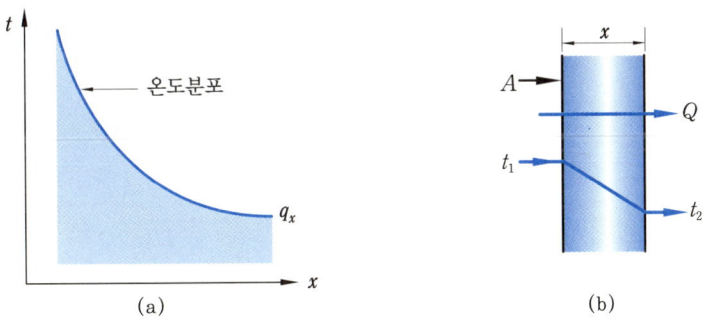

그림 11-1 열전도

(2) 다층벽을 통한 열전도

그림 11-2와 같이 여러 개의 평면벽이 조합된 경우의 열전도는 각 평면벽에 대해 푸리에의 법칙을 적용하면,

I 벽에서, $Q = k_1 A \dfrac{t_1 - t_{w_1}}{x_1}$, $\dfrac{x_1}{k_1} Q = A(t_1 - t_{w_1})$

II 벽에서, $Q = k_2 A \dfrac{t_{w_1} - t_{w_2}}{x_2}$, $\dfrac{x_2}{k_2} Q = A(t_{w_1} - t_{w_2})$

III 벽에서, $Q = k_3 A \dfrac{t_{w_2} - t_2}{x_3}$, $\dfrac{x_3}{k_3} Q = A(t_{w_2} - t_2)$

윗식을 연립으로 풀면,

$$Q\left(\dfrac{x_1}{k_1} + \dfrac{x_2}{k_2} + \dfrac{x_3}{k_3}\right) = A(t_1 - t_2)$$

$$Q = A \dfrac{t_1 - t_2}{\dfrac{x_1}{k_1} + \dfrac{x_2}{k_2} + \dfrac{x_3}{k_3}} = A \dfrac{t_1 - t_2}{\sum \dfrac{x}{k}} \tag{11-3}$$

여기서, $\sum \dfrac{x}{k} = \dfrac{x_1}{k_1} + \dfrac{x_2}{k_2} + \dfrac{x_3}{k_3}$ 이고, $\sum \dfrac{x}{k}$ 는 전기회로에서의 저항과 같은 역할을 하므로 열저항(thermal resistance)이라 하며,

$$R_{th} = \sum \dfrac{x}{k} = \dfrac{x_1}{k_1} + \dfrac{x_2}{k_2} + \dfrac{x_3}{k_3} \; [\text{m} \cdot \text{℃/W}] \; \text{또는} \; [\text{h} \cdot \text{m} \cdot \text{℃/kcal}] \tag{11-4}$$

와 같이 표시한다.

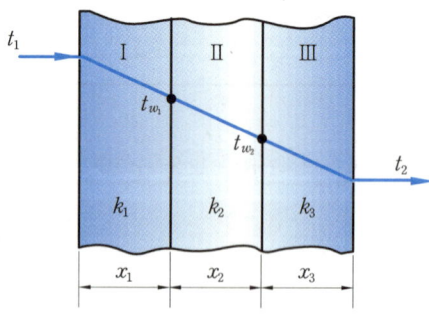

그림 11-2 다층벽의 열전도

예제 1. 두께 240 mm의 내화벽돌이 120 mm의 단열벽돌 및 120 mm의 보통 벽돌로 되어 있는 노벽이 있다. 각각의 열전도율을 1.20, 0.05, 0.50 kcal/h·m·℃라 할 경우 노벽 내면의 온도가 1300℃, 외면의 온도가 150℃일 때 매 시 1 m²당 손실열량(kcal/h·m²)을 구하시오.

[해설] 손실열량 $Q = \dfrac{t_2 - t_1}{\sum \dfrac{x}{k}} = \dfrac{t_1 - t_2}{\dfrac{x_1}{k_1} + \dfrac{x_2}{k_2} + \dfrac{x_3}{k_3}} = \dfrac{1300 - 150}{\dfrac{0.24}{1.20} + \dfrac{0.12}{0.05} + \dfrac{1.20}{0.50}} = 405\,\text{kcal/h·m}^2$

예제 2. 다음 3층으로 된 평면벽의 평균열전도율(kcal/h·m·℃)을 구하시오. (단, 열전도율은 $k_A = 0.8\,\text{kcal/h·m·℃}$, $k_B = 2.0\,\text{kcal/h·m·℃}$, $k_C = 0.8\,\text{kcal/h·m·℃}$)

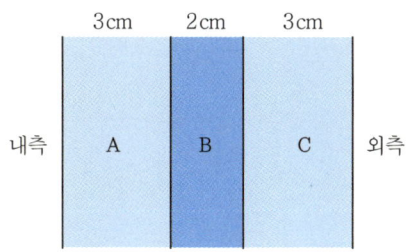

[해설] $Q = \dfrac{A(T_2 - T_1)}{\sum \dfrac{x}{k}} = \dfrac{A(T_2 - T_1)}{\sum \dfrac{x}{k_m}}$

여기서, $\sum \dfrac{x}{k_m} = \dfrac{x_A}{k_A} + \dfrac{x_B}{k_B} + \dfrac{x_C}{k_C}$ 이므로,

$\dfrac{8}{k_m} = \dfrac{3}{0.8} + \dfrac{2}{2} + \dfrac{3}{0.8} = 8.5$

$\therefore\ k_m = 0.941\,\text{kcal/h·m·℃}$

(3) 원통에서의 열전도

그림 11-3과 같이 원통이나 관 내에 열유체가 흐르고 있을 때 열전달이 관의 축에 대하여 직각으로 이루어지는 전열량 Q는 반지름 r, 길이 L인 원관에 대하여,

$Q = -kA \dfrac{dt}{dr},\ A = 2\pi rL$

$Q = -k2\pi rL \cdot \dfrac{dt}{dr},\ -dt = \dfrac{Q}{2\pi kL} \times \dfrac{dr}{r}$

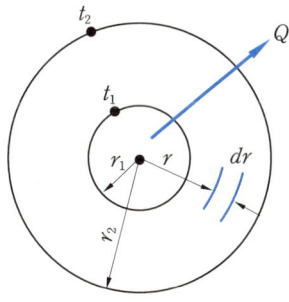

그림 11-3 원통벽의 열전도

이것을 적분하면,

$$-t = \frac{Q}{2\pi kL} \cdot \ln r + C$$

r_1일 때 t_1, r_2일 때 t_2를 적용하면,

$$-t_1 = \frac{Q}{2\pi kL} \cdot \ln r_1 + C, \quad -t_2 = \frac{Q}{2\pi kL} \cdot \ln r_2 + C 에서,$$

$$t_1 - t_2 = \frac{Q}{2\pi kL}(\ln r_2 - \ln r_1) = \frac{Q}{2\pi kL} \cdot \ln \frac{r_2}{r_1}$$

$$\therefore Q = \frac{k 2\pi L(t_1 - t_2)}{\ln\left(\frac{r_2}{r_1}\right)} = \frac{2\pi L(t_1 - t_2)}{\frac{1}{k} \ln\left(\frac{r_2}{r_1}\right)} \tag{11-5}$$

원통의 열저항은 $\quad R_{th} = \dfrac{\ln\left(\dfrac{r_2}{r_1}\right)}{2\pi kL} \tag{11-6}$

(4) 다층 원통의 열전도

다층의 원통도 평판의 경우와 마찬가지로,

$$Q = \frac{2\pi(t_1 - t_2)L}{\sum_{i=1}^{n}\left(\frac{1}{k_i} \cdot \ln \frac{r_{i+1}}{r_i}\right)} = \frac{t_1 - t_2}{\sum_{i=1}^{n} R_{th}} \tag{11-7}$$

$$\therefore 열저항 \quad R_{th} = \Sigma \frac{\ln\left(\frac{r_{i+1}}{r_i}\right)}{2\pi k_i L} \tag{11-8}$$

예를 들면, 반지름이 r_1, r_2, r_3인 다층원관의 전열량 Q는

$$Q = \frac{t_1 - t_2}{\frac{1}{2\pi k_1 L} \ln \frac{r_2}{r_1} + \frac{1}{2\pi k_2 L} \ln \frac{r_3}{r_2}} \tag{11-9}$$

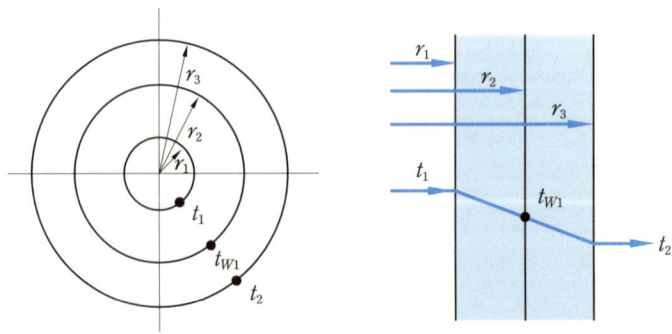

그림 11-4 2층원통관의 열전도

예제 3. 지름 20 cm, 길이 2 m인 원통의 외부는 두께 5 cm의 석면(열전도율 $k=0.42$ kJ/h·m·℃)으로 감겨져 있다. 만약 보온 측의 내면온도가 100℃, 외면의 온도가 0℃일 때, 매 시간 손실되는 열량(kJ/h)을 구하시오.(단, 양쪽 끝에서의 열손실은 없는 것으로 한다.)

[해설] $r_1 = 10\,\text{cm}$, $r_2 = 15\,\text{cm}$, $L = 2\,\text{m}$, $t_1 = 100℃$, $t_2 = 0℃$ 이므로,

$$\therefore Q = \frac{2\pi L(t_1 - t_2)}{\frac{1}{k}\ln\frac{r_2}{r_1}} = \frac{2\pi \times 2 \times (100-0)}{\frac{1}{0.42} \times \ln\frac{15}{10}} = 1301\,\text{kJ/h}$$

11-2 대류(convection) 열전달

보일러나 열교환기(heat exchanger) 등에서와 같이 고체의 표면과 이에 접하는 유체(액체 또는 기체) 사이의 열의 흐름을 대류 열전달(對流熱傳達, convection heat transfer)이라 한다.

대류 열전달에는 유체 내의 온도차에 의한 밀도차만으로 일어나는 자연대류 열전달과 펌프·송풍기 등에 의해서 강제적으로 일어나는 강제대류 열전달이 있는데, 자연대류의 경우 열전달률은 온도차의 $\frac{1}{4}$ 제곱에 비례하며, 층류(層流) 유동 때보다는 난류(亂流) 유동 때 열전달이 더 잘 일어난다.

(1) 열전달량

대류에 의해서 일어나는 고체와 유체 사이의 전열량 Q는 뉴턴의 냉각법칙(Newton's cooling law)에 따라 다음 식으로 표시된다.

$$Q = \alpha \cdot A \cdot (t_w - t)\,[\text{kcal/h}] \tag{11-10}$$

여기서, t : 유체의 온도 (℃)
t_w : 고체의 표면온도 (℃)
A : 대류 전열면적 (m²)
α : 대류 열전달계수(W/m²·℃ 또는 kcal/h·m²·℃), 또는 대류 열전달률, 경막계수

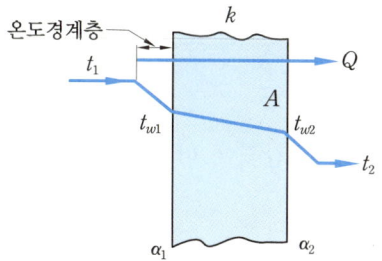

그림 11-5 대류 열전달

대류에 의한 열전달률 a는 유체의 종류, 속도, 온도차 또는 유로(流路)의 형상, 흐름의 상태 등에 따라 달라진다. a의 값은 k의 값과 다르며, 물질에 따라 결정되는 상수가 아니다. 이 때문에 대류 열전달을 이해하는 데 어려움을 주는 것이며 a는 이론적으로나 실험적으로 구하고 있으나, 상사(相似)법칙을 써서 무차원으로 표시되는 경우가 많으며, 그 대표적인 무차원수는 다음과 같다.

$$\left. \begin{array}{l} Nu \text{ (Nusselt 수)} = \dfrac{aD}{k} \\[4pt] Pr \text{ (Prandtl 수)} = \dfrac{\nu}{a} \\[4pt] Re \text{ (Reynolds 수)} = \dfrac{wD}{\nu} \\[4pt] Gr \text{ (Grashof 수)} = g\beta\,(\Delta t)\,\dfrac{D^3}{\nu^3} \end{array} \right\} \qquad (11-11)$$

여기서, a : 열전달률, D : 대표길이, w : 유체속도
$a = \dfrac{k}{C \cdot \gamma}$: 유체온도 전파속도, k : 유체의 열전도율
C : 유체의 비열, γ : 유체의 비중량
$\nu = \dfrac{\mu}{\rho}$: 유체의 동점성계수
μ : 유체의 점성계수, ρ : 밀도
β : 유체의 체적팽창계수 (1/℃), g : 중력가속도
Δt : 고체표면과 유체와의 온도차

(2) 강제대류 열전달에서의 Nu 수

① 평판 : 길이 L 평판이 속도 w로 흐름과 평행하게 놓일 때

$$Nu = 0.0296\, Re^{0.5}\, Pr^{\frac{1}{3}} \qquad (11-12)$$

② 관내유동 : 안지름 D인 단면의 평균유속이 w일 때 유체와 관내벽 사이의 대류 열전달값은 $0.7 < Pr < 120$, $10000 < Re < 120000$, $L/d < 60$ 일 때,

$$Nu = 0.232\, Re^{0.8} \cdot Pr^{0.4} \qquad (11-13)$$

③ 관군(管群) : 관군에 직각으로 가스가 유동할 때 열교환을 하는 형식이 많으며, 실험에 의하면 관군의 외부유체와 관군벽 사이의 열전달에 대하여 다음 식이 얻어진다.

$$Nu = C \cdot R^m \qquad (11-14)$$

C와 m의 값은 관배열과 관의 간격에 따라서 별도의 표로 주어진다.

(3) 자연대류 열전달에서의 Nu 수

① 평판 : 공기 중이나 수중에 수직으로 놓인 평판에 대하여

$$Nu = 0.56(Gr \cdot Pr)^{\frac{1}{4}}, \quad (10^4 < Gr \cdot Pr < 10^9)$$
$$Nu = 0.13(Gr \cdot Pr)^{\frac{1}{3}}, \quad (10^9 < Gr \cdot Pr < 10^{12})$$
(11-5)

② 수평관 : 공기 또는 수중에 놓인 수평원관의 주위에서 일어나는 자연대류 열전달에 대하여,

$$Nu = 0.53(Gr \cdot Pr)^{\frac{1}{4}}, \quad (10^4 < Gr \cdot Pr < 10^9)$$
$$Nu = 0.13(Gr \cdot Pr)^{\frac{1}{3}}, \quad (10^9 < Gr \cdot Pr < 10^{12})$$
(11-16)

예제 4. 관벽 온도 100℃, 지름 20 mm인 원관 내에 입구 온도 10℃, 출구 온도 80℃인 물이 5 m/s로 흐를 때의 열전달률(kcal/h·m²·℃)을 구하시오.(단, 천이 Re 수는 2×10^4으로 본다.)

[해설] 평균온도 $t_m = \dfrac{t_1 + t_2}{2} = \dfrac{10 + 80}{2} = 45$℃

45℃에서, $\nu = 0.616 \times 10^{-6}$ [m²/s], $k = 0.546$ kcal/h·m·℃, $a = 5.55 \times 10^{-4}$ m²/h

$$Re = \frac{wD}{\nu} = \frac{5 \times 0.02}{0.616 \times 10^{-6}} = 1.63 \times 10^5$$

$$Pr = \frac{\nu}{a} = \frac{0.616 \times 10^{-6} \times 3600}{5.55 \times 10^{-4}} = 3.99$$

이 흐름은 난류이므로,

$$Nu = 0.232 \times Re^{0.8} \cdot Pr^{0.4} = 0.232 \times (1.63 \times 10^5)^{0.8} \times 3.99^{0.4} = 592$$

∴ 평균열전달률 $a = \dfrac{k}{d} Nu = \dfrac{0.546}{0.02} \times 592 = 1.62 \times 10^4$ kcal/h·m²·℃

11-3 열관류율과 LMTD

(1) 열관류

열관류란 금속벽의 고온유체 측의 벽표면에서의 열전달, 금속벽 내부에서의 열전도, 그리고 저온유체 측의 열전달 등 세 가지 과정이 복합되어 일어나는 열전달을 말하는데, 결국 금속벽의 양측에 있는 고온유체(t_1)에서 저온유체(t_2)로의 전열을 말하며, 이때 전 열량 Q(관류열량)는 다음 식으로 나타난다.

$$Q = KA(t_1 - t_2) \text{ [kcal/h] 또는 [kJ/h]}$$

여기서, K : 열관류율 또는 열통과율 [kcal/h·m²·℃ 또는 W/m²·C]
t_1, t_2 : 고온유체와 저온유체의 온도 (℃)

열관류는 벽 내부의 열전도, 그 양측에서의 두 개의 열전달이 조합된 것이므로 열관류율은 벽재료 k, 양측면에서의 열전달률 α_1, α_2와 일정한 관계가 있다.

① 평면벽에서의 열관류 : 그림에서 각각의 전열량은

$$Q_1 = \alpha_1 A(t_1 - t_{w_1})$$

$$Q_2 = kA \frac{(t_{w_1} - t_{w_2})}{x}$$

$$Q_3 = \alpha_2 A(t_{w_2} - t_2)$$

이 세 식을 연립하여 풀면,

관류열량(전열량) $\quad Q = A \dfrac{(t_1 - t_2)}{\dfrac{1}{\alpha_1} + \dfrac{x}{k} + \dfrac{1}{\alpha_2}} = KA(t_1 - t_2)$ \hfill (11-17)

또, 열관류율 $\quad \dfrac{1}{K} = \dfrac{1}{\alpha_1} + \dfrac{x}{k} + \dfrac{1}{\alpha_2}$ \hfill (11-18)

② 원통벽에서의 열관류 : 원통벽에서의 열관류율은

$$\frac{1}{K} = \frac{1}{\alpha_2} + \frac{r_2}{k} \ln \frac{r_2}{r_1} + \frac{1}{\alpha_1} \times \frac{r_2}{r_1} \tag{11-19}$$

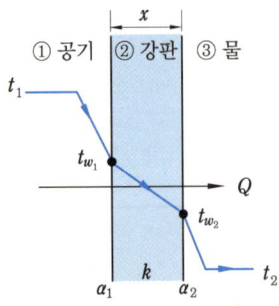

그림 11-6 평면벽의 열관류율

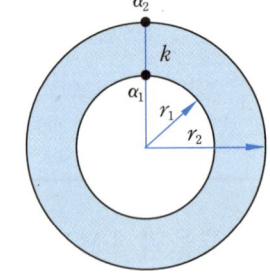

그림 11-7 원통벽의 열관류

(2) 대수 평균온도차 (LMTD ; logarithmic mean temperature difference)

열교환기는 두 유체 사이의 열관류에 의해서 열을 한 유체로부터 다른 유체로 전달하는 장치를 말하며, 여기에는 전열벽 양쪽의 유체가 같은 방향으로 흐르는 병류(竝流 parallel flow)와 서로 반대 방향으로 흐르는 향류(向流, counter flow)가 있다. 그런데 이 열교환기에서의 전열량을 구하려면 두 유체의 온도가 계속해서 변하므로 입구와 출구의 온도를 이용하여 대수 평균온도차 ΔT_m을 이용한다. 여기서, 전열량 Q [kcal/h], 대수 평균온도차 ΔT_m, 열관류율 K [W/m²·℃], 전열면적 A [m²]라 하고, 고온 유체의 입구

측 온도를 ΔT_1, 출구 측 온도를 ΔT_2라 하면,

$$Q = K \cdot A \cdot \Delta T_m \, [\text{kJ/h}]$$

① 향류식의 경우 대수 평균온도차 ΔT_m 은

$$\text{LMTD}: \Delta T_m = \frac{\Delta T_1 - \Delta T_2}{\ln \dfrac{\Delta T_1}{\Delta T_2}} \tag{11-20}$$

여기서, $\Delta T_1 = t_1 - t_1{}'$, $\Delta T_2 = t_2 - t_2{}'$

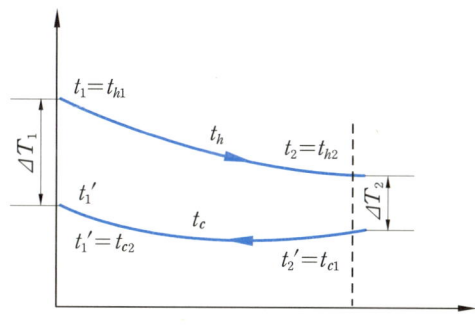

그림 11-8 대향 흐름

② 병류식의 경우 대수 평균온도차 ΔT_m 은

$$\text{LMTD}: \Delta T_m = \frac{\Delta T_1 - \Delta T_2}{\ln \dfrac{\Delta T_1}{\Delta T_2}} \tag{11-21}$$

여기서, $\Delta T_1 = t_1 - t_1{}'$, $\Delta T_2 = t_2 - t_2{}'$

일반적으로, 향류가 병류보다 열이 잘 전달되므로, 대개 향류가 많이 사용된다.

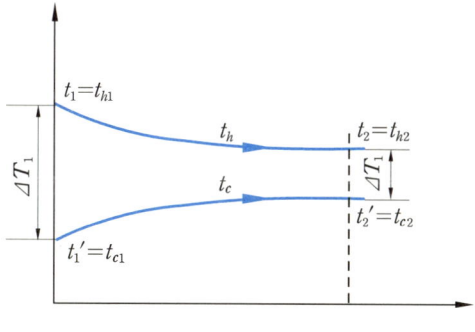

그림 11-9 평행 흐름

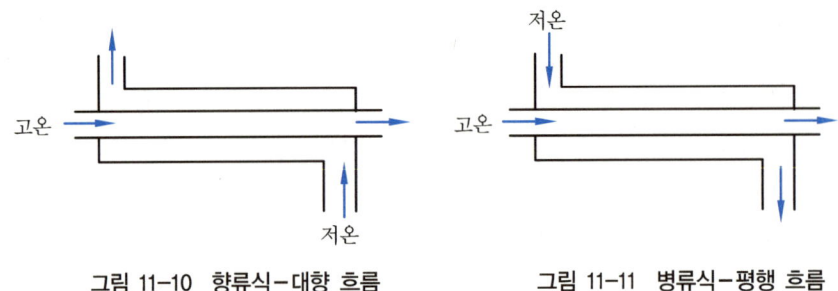

그림 11-10 향류식-대향 흐름   그림 11-11 병류식-평행 흐름

예제 5. 어느 병류 열교환기에서 고온유체가 90℃로 들어가 50℃로 나온 공기가 20℃에서 40℃까지 가열된다고 한다. 열관류율이 50 kcal/h·m²·℃이고, 시간당 전열량이 8000 kcal일 때 열교환 면적(m²)을 구하시오.

[해설] $\Delta t_1 = 90 - 20 = 70℃$
$\Delta t_2 = 50 - 40 = 10℃$
$\therefore \Delta t_m = \dfrac{70-10}{\ln\dfrac{70}{10}} = 30.8℃$

$Q = kA\Delta t_m$ 에서,

$A = \dfrac{Q}{k\Delta t_m} = \dfrac{8000}{50 \times 30.8}$
$= 5.19\,\text{m}^2 \fallingdotseq 5.2\,\text{m}^2$

예제 6. 포화수증기를 사용하는 열교환기에서 매시간 5000 kg의 공기를 5℃에서 25℃까지 가열한다. 열교환기의 열관류율이 200 kcal/h·m²·℃일 때 필요한 전열면적(m²)을 구하시오. (단, 대수 평균온도차는 115℃이고, 공기 비열은 0.24 kcal/kg·℃이다.)

[해설] $Q = K \cdot A \cdot \Delta t_m$ 에서,

$A = \dfrac{Q}{K\Delta t_m} = \dfrac{G \cdot C \cdot \Delta t}{K \cdot \Delta t_m} = \dfrac{5000 \times 0.24 \times (25-5)}{200 \times 115} = 1.043\,\text{m}^2$

11-4 복사 (radiation) 열전달

물체는 그 표면에서 그 온도와 상태에 따라서 여러 가지 파장의 방사(放射) 에너지를 전자파의 형태로 방사하여 다른 물체로의 열전달이 이루어지는데 이것을 복사 열전달(輻射熱傳達, radiation heat transfer)이라 하며, 복사선의 파장은 자외선과 같은 짧은 것부터 적외선, 열선과 같은 긴 것까지 분포되어 있으나 그 분포 상태는 물체 표면의 물질이나 물체의 온도 등에 따라 다르다. 열복사선은 물질을 구성하는 분자운동에 의한 열에너지에 의하여 방출되는 것으로 진동하는 부분에 따라 파장이 달라진다.

슈테판-볼츠만(Stefan-Boltzmann)의 법칙에 따라 전달되는 열량은 다음과 같다.

$$Q = CA\left\{\left(\frac{T_1}{100}\right)^4 - \left(\frac{T_2}{100}\right)^4\right\}[\text{kcal/h}] = \sigma(T_1^4 - T_2^4) \tag{11-22}$$

여기서, C : 유효복사계수(W/m²·K⁴)로서 상대복사체와의 위치에 따른 계수
T_1, T_2 : 방사열의 방사 및 입사체의 절대온도(K)
A : 복사전열면적(m²)
σ : 슈테판-볼츠만 상수(4.88×10^{-8} W/m²·K⁴)

일반 물체의 방사도 E는 흑체의 방사도 E_b보다 작으며, 다음 식으로 표시된다.

$$E = \varepsilon \cdot E_b, \quad \varepsilon = \frac{E}{E_b} = a \tag{11-23}$$

여기서, ε : 방사율 (복사율), a : 흡수율

이 식에서 물체의 복사율 ε과 흡수율 a는 같아지며 이것을 키르히호프의 동일성 또는 키르히호프의 법칙이라 한다.

유효복사계수 C는 흑체의 방사상수 C_b와

$$C = \varepsilon_{12} \cdot C_b \tag{11-24}$$

의 관계가 있으며, ε_{12}는 형태계수로 두 물체 표면의 기하학적 형상이나 상호 위치 및 두 물체의 방사율 ε_1, ε_2에 따라 변화된다.

또, C_b는 흑체의 방사상수로서, 4.88 kcal/h·m²·K⁴이다.

(1) 복사 전열량

온도 T_1, T_2, 표면적 A_1, A_2인 물체 1, 2가 방사에 의하여 열교환을 하고 있을 때 매 시간당 고온물체 1에서 저온물체 2로 전해지는 열량 Q는 다음과 같다.

$$Q = \varepsilon_{12} \cdot C_b\left\{\left(\frac{T_1}{100}\right)^4 - \left(\frac{T_2}{100}\right)^4\right\} \cdot A_1$$
$$= 4.88 \varepsilon_{12} A_1 \left\{\left(\frac{T_1}{100}\right)^4 - \left(\frac{T_2}{100}\right)^4\right\} \tag{11-25}$$

① 물체면 1이 물체면 2에 의해 완전히 둘러싸인 경우

$$\frac{1}{\varepsilon_{12}} = \frac{1}{\varepsilon_1} + \frac{A_1}{A_2}\left(\frac{1}{\varepsilon_2} - 1\right)$$

전열량 $Q = 4.88 A_1 \dfrac{\left\{\left(\dfrac{T_1}{100}\right)^4 - \left(\dfrac{T_2}{100}\right)^4\right\}}{\dfrac{1}{\varepsilon_1} + \dfrac{A_1}{A_2}\left(\dfrac{1}{\varepsilon_2} - 1\right)}$ (11-26)

② 면적에 비해 미소거리만큼 떨어져서 평행하게 놓여진 경우

$A_1 \approx A_2$ 이므로,

$$\text{전열량 } Q = 4.88 A_1 \frac{\left\{\left(\frac{T_1}{100}\right)^4 - \left(\frac{T_2}{100}\right)^4\right\}}{\left(\frac{1}{\varepsilon_1} + \frac{1}{\varepsilon_1} - 1\right)} \tag{11-27}$$

③ 비교적 작은 물체면 1이 큰 물체면 2로 둘러싸인 경우

$\frac{A_1}{A_2} \approx 0$ 이므로, $\varepsilon_{12} = \varepsilon_1$ 에서

$$\begin{aligned}\text{전열량 } Q &= 4.88 \varepsilon_1 A_1 \left\{\left(\frac{T_1}{100}\right)^4 - \left(\frac{T_2}{100}\right)^4\right\} \\ &= C_1 A_1 \left\{\left(\frac{T_1}{100}\right)^4 - \left(\frac{T_2}{100}\right)^4\right\} \end{aligned} \tag{11-28}$$

(2) 방사 열전달률

전열면 사이 연소 가스가 흐르는 경우, 전열은 열전달과 열방사에 의해 이루어지며, 방사에 의한 전열을 고려하여 열전달률을 계산한다. 열방사에 의한 전열량 Q는 다음과 같다.

$$Q = C_b A_1 \varepsilon_{12} \left\{\left(\frac{T_1}{100}\right)^4 - \left(\frac{T_2}{100}\right)^4\right\} = \alpha_R A_1 (T_1 - T_2) \tag{11-29}$$

따라서 방사에 의한 열전달률은,

$$\alpha_R = \frac{C_b \cdot \varepsilon_{12} \left\{\left(\frac{T_1}{100}\right)^4 - \left(\frac{T_2}{100}\right)^4\right\}}{T_1 - T_2} \tag{11-30}$$

(3) 흡수 · 반사 · 투과

복사 에너지가 물체에 도달하면 그림 11-12와 같이 일부는 표면에서 반사되며, 일부는 표면에서 흡수되고, 나머지는 투과된다.

반사율 r, 흡수율 a, 투과율 t 는 각각 입사한 에너지에 대한 반사, 흡수 및 투과된 에너지의 비율을 말한다.

$$r + a + t = 1 \tag{11-31}$$

대부분의 고체 물체에서는 $t = 0$ 으로 보며,

$$r + a = 1 \tag{11-32}$$

이고, $a=1$, $r=0$을 완전흑체, $a=0$, $r=1$을 완전백체라 하며, 일반 물체는 입사 에너지의 일부는 반사하고, 일부는 흡수하여 회색체라 한다.

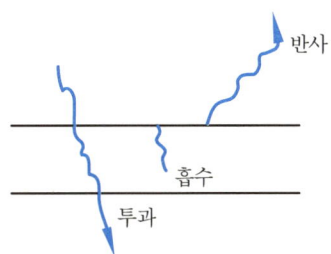

그림 11-12 복사의 형태

예제 7. 지름 2 cm의 도관 속을 고온 연소 가스(CO_2 12 %, H_2O 7 %, N_2 81 %)가 평균온도 927℃의 거의 대기압에 가까운 압력으로 흐르고 있다. 이 도관 내 벽면의 평균온도가 527℃였을 경우에 내벽면 1 m²당 1시간에 전달되는 열량(kcal/h·m²)을 구하시오. [단, 가스에서 내벽면으로의 방사 전열률(총괄방사율)은 0.25, 대류 열전달은 8.0 kcal/h·m²·℃이다.]

[해설] 총괄방사율을 형태계수 ε_{12}로 생각하면 방사에 의한 전열량 Q_r는

$$Q_r = 4.88\,\varepsilon_{12}\left[\left(\frac{T_1}{100}\right)^4 - \left(\frac{T_2}{100}\right)^4\right]$$

$$= 4.88 \times 0.25 \times \left[\left(\frac{927+273}{100}\right)^4 - \left(\frac{527+273}{100}\right)^4\right]$$

$$= 20300\,\text{kcal/h·m}^2$$

또 열전달에 의한 전열량 Q_c는,

$$Q_c = \alpha(t_1 - t_2) = 8 \times (927 - 527) = 3200\,\text{kcal/m}^2\cdot\text{h}$$

∴ 전열량 $Q = Q_r + Q_c = 23500\,\text{kcal/m}^2\cdot\text{h}$

예제 8. 외기의 온도가 10℃일 때 표면 온도 50℃의 관 표면에서의 방사에 의한 열전달률(kcal/h·m²·℃)을 구하시오. (단, 관의 열방사율은 0.8이다.)

[해설] 방사 열전달률 : $\alpha_r = 4.88\,\varepsilon \dfrac{\left[\left(\dfrac{T_1}{100}\right)^4 - \left(\dfrac{T_2}{100}\right)^4\right]}{T_1 - T_2}$ ← $Q_r = \alpha_r(t_1 - t_2)$

$$\therefore \alpha_r = 4.88 \times 0.8\,\frac{\left[\left(\dfrac{323}{100}\right)^4 - \left(\dfrac{288}{100}\right)^4\right]}{(273+50) - (273+10)}$$

$$= 4.36\,\text{kcal/h·m}^2\cdot\text{℃}$$

연습문제

1. 열전달 방식에는 전도, 대류, 복사의 세 가지 방식이 있다. 다음 중 열전도에 관계되는 법칙은 무엇인지 쓰시오.

2. 열전도율이 0.9 kcal/h·m·℃인 재질로 된 평면 벽의 양쪽 온도가 800℃와 100℃인 벽을 통한 열전달률이 단위면적, 단위시간당 1400 kcal일 때 벽의 두께(cm)를 구하시오.

3. 두께 25 mm인 철판의 넓이 1 m^2당 전열량이 매 시간 1000 kcal가 되려면 양면의 온도차(℃)를 구하시오.(단, 철판의 열전도율은 50 kcal/h·m·℃이다.)

4. 공기 중에 있는 사방 1 m의 상자가 두께 2 cm의 아스베스토 ($k = 0.1$ kcal/h·m·℃)로써 보온을 하였다. 상자 내부의 온도는 100℃, 외부 온도는 0℃라 할 때, 이 상자 내부에 전열기를 넣어서 100℃로 유지시키기 위해서는 필요한 전열기의 전력(kW)을 구하시오.

5. 열교환기 입출구의 온도차를 각각 Δt_1, Δt_2라 할 때 대수 평균온도차 Δt_m를 구하시오.

6. 넓은 평면을 표면으로 하고 있는 고체의 표면에서 깊이 5 cm 및 1 cm 되는 곳의 온도가 150℃와 80℃였다. 그 값이 시간에 대하여 일정할 때의 표면온도와 평면에서의 방열량(kcal/h·m^2)을 구하시오.(단, 고체의 열전도율은 2.0 kcal/h·m·℃이다.)

7. 보일러 전열면을 통과하는 연소 가스의 온도가 입구에서 1200℃, 출구에서 200℃이고, 보일러수의 온도는 120℃로 일정하다. 이때 전열량을 계산하기 위한 대수 평균온도차(℃)를 구하시오.

8. 다음 그림과 같은 단면과 재질이 균등한 금속봉으로 된 물체가 있다. 각 봉의 끝의 온도가 그림에 나타낸 값으로 유지된다고 하면 교점 c에서의 온도(℃)를 구하시오. (단, 열은 봉을 통해서만 흐르고, 측면에서의 열의 출입은 없으며, 충분한 시간이 경과한 것으로 한다.)

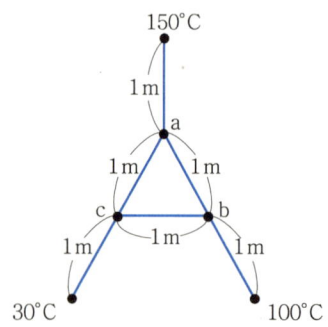

9. 보일러 전열면에서 연소 가스가 1300℃로 유입하여 300℃로 나가고, 보일러수의 온도는 210℃로 일정하며, 열관류율은 150 kcal/h·m²·℃이다. 단위면적당 열교환량(kcal/h·m²)을 구하시오. (단, log 12.1=2.5이다.)

10. 그림과 같이 굵기와 재질이 균등한 금속봉으로 된 물체가 있다. 각 봉 끝의 온도가 그림과 같이 유지될 때 교점 d에서의 온도(℃)를 구하시오. (단, 열은 봉을 통해서만 흐르고 측면에서의 열손실은 없다.)

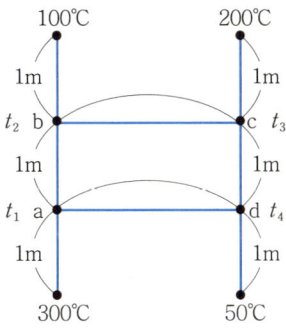

11. 안지름 200 mm, 바깥지름 210 mm이고, 충분히 긴 강관($k=50$)에 증기가 들어 있는데, 내면의 온도가 200℃이며, 표면은 보온이 되어 있지 않은 상태이다. 이 강관 1 m당 매시 방열되는 열량(kcal/h)을 구하시오. (단, 표면온도는 50℃이며, 내외면의 온도는 시간이 경과되어도 변함없다.)

12. 노속에 지름 30 cm, 길이 1 m의 철봉(방사율 $\varepsilon=0.9$)이 들어 있다. 노의 온도를 1000 K, 철봉의 온도를 600 K라 할 때 1분 동안 철봉에 방사되는 전열량(kcal)을 구하시오.

13. 동일한 재료로 되어 있는 십자형의 선재가 있다. AX, BX, CX, DX의 길이는 각각 15 cm, 12 cm, 10 cm, 10 cm 이고, AX, BX, CX의 단면적은 각각 2 cm², 2.5 cm², 3 cm² 이다. 또 A, B, C 및 D의 온도는 각각 60℃, 50℃, 40℃, 30℃로 항상 유지되고, 선재의 표면으로부터의 방열은 없는 것으로 할 때 충분히 시간이 지난 후에 X의 온도가 42℃였다. DX의 면적(cm²)을 구하시오.

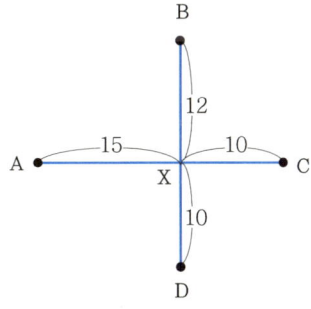

14. 원관지름 $D=0.05\,\text{m}$ 내에 수증기를 통하게 하여 $t=30℃$인 중유에 이 관을 수평하게 놓고 관의 표면온도를 $t_W=150℃$로 유지하면서 가열한다. 이때 관의 단위길이당 평균방열량 (kcal/h)을 구하시오.(단, 중유의 평균온도 $t_m=\dfrac{150+30}{2}=90℃$에 대하여 $k=0.1\,\text{kcal/h·m·℃}$, $\beta=0.00068$, $\nu=2.2\times10^{-5}\,\text{m}^2/\text{s}$, $Pr=330$이다.)

15. 61℃인 수증기가 길이 1 m의 수직평판에서 막상(膜狀) 응축하고 관계값들이 다음과 같을 때 평균열전달률(kcal/h·m²·℃)을 구하시오. (단, 판의 온도는 59℃이며, 액막 내의 유동을 층류로 생각한다.)

$\mu=0.482\times10^{-4}\,\text{kg·s/m}^2=1.338\times10^{-8}\,\text{kg·h/m}^2$

$k=0.562\,\text{kcal/h·m·℃}$

$g=9.8\,\text{m/s}^2=1.27\times10^8\,\text{m/s}^2$

$\gamma=982.3\,\text{kg/m}^3$

$r=562.4\,\text{kcal/kg}$

16. 복사고온계를 사용하여 어떤 벽의 온도를 측정하였더니 1235℃였다. 벽의 복사회도가 0.9일 때 벽의 온도(℃)를 구하시오.(단, 벽과 온도계 간의 기체는 복사선을 흡수하지 않는 것으로 본다.)

17. 대향류의 열교환기에서 1200℃의 연소 가스 3600 N·m³/h를 사용하여 2500 N·m³/h의 공기를 200℃에서 800℃까지 가열하려고 한다. 이 경우에 필요한 전열면과 열교환기 출구에서의 연소 가스의 온도(℃)를 구하시오.(단, 공기 측의 평균 대류 열전달률은 15 kcal/h·m²·℃, 연소 가스 측의 평균열전달률과 평균 복사 열전달률은 각각 13 kcal/h·m²·℃, 17 kcal/h·m²·℃로 하고, 열교환기의 전열벽은 평면이며, 그 두께는 2 cm이고, 벽의 열전도율은 1.2 kcal/h·m²·℃로 본다. 또, 연소 가스 공기의 평균등압비열은 각각 0.33 kcal/N·m³·℃, 0.3 kcal/N·m²·℃로 한다.)

연습문제 풀이

1. 전도열량 $Q = k\dfrac{A}{x}(t_1 - t_2)$를 푸리에의 법칙이라 한다.

2. $Q = kA\dfrac{t_1 - t_2}{x}$ 에서,

$$1400 = 0.9 \times 1 \times \dfrac{800 - 100}{x}$$

$$\therefore x = 0.45\,\text{m} = 45\,\text{cm}$$

3. $Q = kA\dfrac{t_1 - t_2}{x}$

$$\therefore t_1 - t_2 = \dfrac{Qx}{kA} = \dfrac{1000 \times 0.025}{50 \times 1} = 0.5\,℃$$

4. $Q = kA\dfrac{t_1 - t_2}{x} = 0.1 \times 6 \times \dfrac{100 - 0}{0.02}$

$$= 3000\,\text{kcal/h}$$

$$= 3000 \times 24 = 72000\,\text{kcal} = \dfrac{72000}{860 \times 24} = 3.5\,\text{kW}$$

여기서, $A = 1\,\text{m} \times 1\,\text{m} \times 6면 = 6\,\text{m}^2$

5.

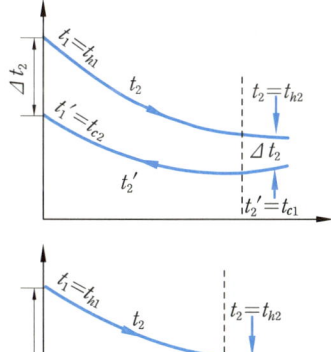

전열량 $Q = k \cdot A \cdot \Delta t_m$ 이고, 대수 평균온도차
(LMTD ; logarithmic mean temperature difference)
Δt_m 은

① 향류식 열교환기

$$Q = k\Delta t_m A,\quad \Delta t_m = \dfrac{\Delta t_1 - \Delta t_2}{\ln \dfrac{\Delta t_1}{\Delta t_2}}$$

$\Delta t_1 = t_1 - t_1',\quad \Delta t_2 = t_2 - t_2'$

② 병류식 열교환기

$$Q = k\Delta t_m A,\quad \Delta t_m = \dfrac{\Delta t_1 - \Delta t_2}{\ln \dfrac{\Delta t_1}{\Delta t_2}}$$

$\Delta t_1 = t_1 - t_1',\quad \Delta t_2 = \Delta t_2 - t_2'$

6. 온도가 시간에 따라 변하지 않으므로 고체 내부의 열전도에 의하여 표면에 전해지는 열량은 고체 표면에서의 방산열량과 같다. 즉, 1 m^2의 면적당 매 시 열전도에 의한 전열량 Q는,

$$Q = \dfrac{k(t_1 - t_2)}{A} = \dfrac{2.0 \times (150 - 80)}{(0.05 - 0.01)}$$

$$= 3500\,\text{kcal/h} \cdot \text{m}^2$$

이것이 표면에서의 방산열량과 같으므로,

$$Q = 3500 = \dfrac{k(t_2 - t_3)}{A'} \text{ 에서,}$$

$$t_3 = t_2 - A' \times \dfrac{3500}{k}$$

$$= 80 - 0.01 \times 3500 \times \dfrac{1}{2} = 62.5\,℃$$

7. $\Delta t_1 = 1200 - 120 = 1080$

$\Delta t_2 = 200 - 120 = 80$

$$\therefore \Delta t_m = \dfrac{1080 - 80}{\ln \dfrac{1080}{80}} = 384\,℃ ≒ 400\,℃$$

8. 열이 흐르는 방향은 그림에서 a, b, c 점의 온도를 t_a, t_b, t_c라면, 각 교점에서의 흘러 들어온 열과 흘러 나간 열이 같으므로,

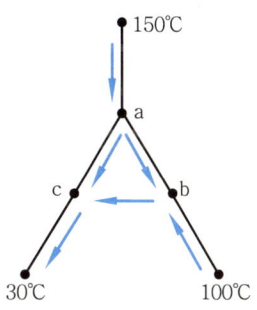

① a 점에 대하여,

$$[(150 - t_a) - (t_a - t_c) - (t_a - t_b)]kA = 0$$

② b 점에 대하여,
$$[(t_a-t_c)-(t_c-30)+(t_b-t_c)]kA=0$$
③ c 점에 대하여,
$$[(t_a-t_b)+(100-t_b)-(t_b-t_c)]kA=0$$

$\therefore \ -3t_a+t_b+t_c=-150$ (a)

$\quad t_a-3t_c+t_b=-30$ (b)

$+)\ t_a-3t_b+t_c=-100$ (c)

$\overline{\quad -(t_a+t_b+t_c)=-280\quad}$ (d)

에서 식(b)와 (d)를 모두 더하면,

$\therefore \ 280-4t_c=-30$

$\therefore \ t_c=77.5\ ℃$

9. $\Delta t_1=1300-210=1090\ ℃$

$\Delta t_2=300-210=90\ ℃$

$\therefore \ \Delta t_m=\dfrac{(1090-90)}{\ln\dfrac{1090}{90}}=\dfrac{1000}{2.5}=400\ ℃$

$\therefore \ Q=KA\Delta t_m=150\times 1\times 400=60000\ \text{kcal/h}\cdot\text{m}^2$

10. 열이 전도되는 방향을 가정하면 다음 그림과 같다.

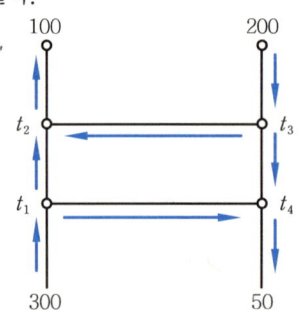

$\{(t_1-t_2)+(t_3-t_2)-(t_2-100)\}kA=0$
$\{(300-t_1)-(t_1-t_2)-(t_1-t_4)\}kA=0$
$\{(200-t_3)-(t_3-t_2)-(t_3-t_4)\}kA=0$
$\{(t_3-t_4)+(t_1-t_4)-(t_4-50)\}kA=0$

$\therefore \ t_1-3t_2+t_3=-100$ (a)

$\quad -3t_1+t_2+t_4=-300$ (b)

$\quad t_2-3t_3+t_4=-200$ (c)

$\quad t_1+t_3-3t_4=-50$ (d)

식 (a)~(d)를 모두 더하면

$t_1+t_2+t_3+t_4=650$ (e)

식 (e)를 식 (a)~(d)에 대입해서 풀면,

$t_1=196.7\ ℃,\ t_2=153.3\ ℃$

$t_3=163.3\ ℃,\ t_4=136.7\ ℃$

11.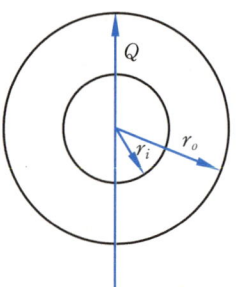

안지름 r_i, 바깥지름 r_o, 길이 L, 내외면의 온도가 각각 T_i, T_o이고, 열전도율이 k인 충분히 긴 원관에서 미소두께 d_r를 통하여 반지름 방향으로 전달되는 열량 Q는 푸리에의 법칙을 적용하면,

$Q=-kA\dfrac{dt}{dr}$ 에서,

$\therefore \ Q=\dfrac{2\pi(T_i-T_o)}{\dfrac{1}{k}\ln\dfrac{r_o}{r_i}}=\dfrac{2\pi(T_i-T_o)}{\dfrac{1}{k}\ln\dfrac{d_o}{d_i}}$

$\quad =\dfrac{2\pi\times(200-50)}{\dfrac{1}{50}\times\ln\dfrac{0.21}{0.2}}=965358.5$

$\quad ≒9.65\times 10^5\ \text{kcal/h}$

12. $Q=4.88\varepsilon A\left\{\left(\dfrac{T_1}{100}\right)^4-\left(\dfrac{T_2}{100}\right)^4\right\}\ [\text{kcal/h}]$

$A=\pi dl+\dfrac{\pi}{4}d^2\times 2$

$\quad =3.14\times 0.3\times 1+\dfrac{3.14}{4}\times 0.3^2\times 2$

$\quad =9.42+0.14=9.55\ \text{m}^2$

$\therefore \ Q=4.88\times 0.9\times 9.56$

$\quad \times\dfrac{\left[\left(\dfrac{1000}{100}\right)^4-\left(\dfrac{600}{100}\right)^4\right]}{60}$

$\quad =6091\ \text{kcal/min}$

13. 정상 상태에서 열이 선재를 따라 화살표의 방향으로 전달되며, 선재의 열전도율 k, DX의 단면적이 A이면 X에 흘러들어오는 열과 흘러나가는 열은 같아야 하므로,

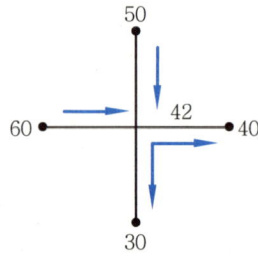

$k\dfrac{A}{x}(t_1-t_2)=Q$ 이므로

$k\dfrac{2}{15}(60-42)+k\dfrac{2.5}{12}(50-42)$

$+k\dfrac{3}{10}(40-42)+k\dfrac{A}{10}(30-42)=0$

$\therefore \dfrac{2}{15}\times 18+\dfrac{2.5}{12}\times 8-\dfrac{3}{10}\times 2-\dfrac{A}{10}\times 12=0$

$\therefore A=2.89\,\text{cm}^2$

14. Grashoff 수 Gr

$Gr=\dfrac{g\beta(\varDelta t)D^3}{\nu^2}$

$=\dfrac{9.8\times 0.00068\times(150-30)\times 0.05^3}{(2.2\times 10^{-5})^2}$

$=2.07\times 10^5$

$Gr\cdot Pr=(2.07\times 10^5)\times 330=6.83\times 10^7$

$\therefore Nu=0.53(Gr\cdot Pr)^{\frac{1}{4}}$

$=0.53(6.83\times 10^7)^{\frac{1}{4}}=48.1$

평균열전달률은

$a=\dfrac{kN_u}{D}=\dfrac{0.1\times 48.1}{0.05}$

$=96.2\,\text{kcal/h}\cdot\text{m}^2\cdot\text{℃}$

단위길이당의 방열량 q는,

$q=\dfrac{aA(t_w-t)}{l}=\dfrac{a\pi dl\cdot(t_w-t)}{l}$

$=a\cdot \pi d(t_w-t)$

$=96.2\times\pi\times 0.05\times(150-30)$

$=1812.4\,\text{kcal/h}$

15. 평균온도 $t_m=\dfrac{61+59}{2}=60\,\text{℃}$ 에 대하여,

$\mu=0.482\times 10^{-4}\,\text{kg}\cdot\text{s/m}^2$

$=1.338\times 10^{-8}\,\text{kg}\cdot\text{h/m}^2$

$k=0.562\,\text{kcal/h}\cdot\text{m}\cdot\text{℃}$

$g=9.8\,\text{m/s}^2=1.27\times 10^8\,\text{m/s}^2$

$\gamma=982.3\,\text{kg/m}^3,\ r=562.4\,\text{kcal/kg}$

평균열전달률은

$a=0.943\left(\dfrac{1}{H+\varDelta T}\right)^{\frac{1}{4}}\cdot\left(\dfrac{k^3\gamma^2 r}{\mu}\right)^{\frac{1}{4}}$

$=0.943\left(\dfrac{1}{1+(61-59)}\right)^{\frac{1}{4}}$

$\times\left(\dfrac{0.562^3\times 982.3^2\times 562.4}{1.338\times 10^{-8}}\right)^{\frac{1}{4}}$

$=7304.25\,\text{kcal/h}\cdot\text{m}^2\cdot\text{℃}$

16. $Q=E_b=C_b\left(\dfrac{273+1235}{100}\right)^4$

$=C_b\left(\dfrac{1508}{100}\right)^4$

실제 벽체의 온도를 $T=t+273$ 이라 하면 복사력은,

$E=C\times\left(\dfrac{T}{100}\right)^4$

여기서, C : 벽의 복사상수, $Q=E$

$C_b\left(\dfrac{1508}{100}\right)^4=C\left(\dfrac{T}{100}\right)^4$

$\therefore T=\left(\dfrac{C_b}{C}\right)^{\frac{1}{4}}\times 1508=\sqrt[4]{\dfrac{1}{\varepsilon}}\times 1508$

$=\sqrt[4]{\dfrac{1}{0.9}}\times 1508=1548\,\text{K}$

$\therefore t=1548-273=1275\,\text{℃}$

17. 연소 가스에서 방출된 열량 $Q\,[\text{kcal/h}]$의 전부가 공기에 전해진 것으로 하고 Q를 공기를 가열하는 데 필요한 열량에 역산하면 열교환기 출구에 있어서의 연소가스 온도 t_{h2}는,

$Q=2500\times 0.3\times(800-200)$

$=3600\times 0.33\times(1200-t_{h2})$

$=450000\,\text{kcal/h}$

$\therefore t_{h2}=821\,\text{℃}$

이 경우 열관류율을 계산하면,

$\dfrac{1}{K}=\dfrac{1}{a_1}+\dfrac{x}{K}+\dfrac{1}{a_2}$

$=\dfrac{1}{15}+\dfrac{0.02}{1.2}+\dfrac{1}{13+17}=0.1167$

$\therefore K=\dfrac{1}{0.1167}=8.57\,\text{kcal/h}\cdot\text{m}^2\cdot\text{℃}$

대수평균온도차 $\varDelta T_m$은

$\varDelta T_m=\dfrac{\varDelta T_1-\varDelta T_2}{\ln\dfrac{\varDelta T_1}{\varDelta T_2}}$

$=\dfrac{(1200-800)-(821-200)}{\ln\left(\dfrac{1200-800}{821-200}\right)}=502.4\,\text{℃}$

$Q=KA\cdot\varDelta T_m$

$\therefore A=\dfrac{Q}{K\cdot\varDelta T_m}=\dfrac{450000}{8.57\times 502.4}=104.5\,\text{m}^2$

제 12 장 연 소

12-1 연소의 개념

지금까지 취급한 과정에서는 물질의 화학적 상태는 언제나 일정불변한 것이었으나, 연소 과정에서는 물질의 화학적 상태 변화가 생기는 화학반응을 일으킨다.

즉, 연소(combustion)란 연료에 포함된 수소나 탄소 등의 가연원소와 산소 간에서 일어나는 급격한 화학반응으로, 이때 다량의 연소열을 발생하며, 생성 가스는 화염이 된다. 이때, 산소원으로서는 공기 중의 산소가 일반적으로 사용된다.

연소 전의 연료의 분자와 산소 분자는 그것을 구성하는 원자 간의 결합력으로서 일종의 내부 에너지 형태의 에너지를 갖고 있으며, 이것이 화학 에너지(chemical energy)이다. 그런데 연소에 의해서 생기는 새 분자가 갖는 화학 에너지는 연소 전의 분자가 갖는 그것보다 적으며, 따라서 그 차에 상당하는 에너지가 연소열로서 발생되는 것이다.

이와 같이 연소는 일종의 발열반응(exothermic reaction)이다. 공업에서 매우 중요한 이들 연소 문제를 생각할 때 다음 네 가지 점에 주의하여야 한다.

① 연소계산의 기초는 물질의 평형, 열(energy)의 평형, 연소의 화학량론에 입각하고 있다.
② 계산에 있어서 이체(理体)의 여러 법칙을 유효하게 활용할 수 있는 점이다.
③ 연소 계산을 실제 상기(想氣)로 할 때 사용하는 물질의 양의 단위로는, mol 단위를 사용하는 것이 일반적이며 편리하다.
④ 연소 문제에 있어서 특별한 언급이 없는 열역학의 범위에서는 연료 중의 가연성분으로서 C, H, S만을 생각하여 평가하여도 무방하다.

연료(fuels)는 형태상 고체연료(solid fuels), 액체연료(liquid fuels) 및 기체연료(gaseous fuels)로 나누어진다. 공업적으로 사용하는 연료의 주성분은 탄소 및 수소이며, 이 밖의 성분으로 산소, 질소, 유황, 회분 등을 포함하고 있는 것도 있다.

석탄은 주로 탄소로 되어 있고, 공업분석에 의하면 고정탄소(fixed carbon), 휘발분(volatile matter), 회분(ash) 및 수분(moisture) 등의 성분으로 나누어지며, 이들 성분의 비율에 따라서 연소 특성은 변화한다.

석유제품(petroleum products)은 각종 탄화수소(hydro-carbon)의 복잡한 혼합물들이다.

12-2 연소의 화학량론

연소 계산에 필요한 조성 C, H, S, N, O의 원자량은 개략값을 써도 좋으나, 각각 12, 1, 32, 14, 16으로 해도 무방하다.

또, 구성의 화학반응으로서는 일반적으로 다음의 여러 가지 식에 따르는 것으로 보고 취급한다.

(1) 발열반응

① 탄 소
$$C + O_2 = CO_2 \tag{12-1}$$

② 탄 소
$$C + \frac{O_2}{2} = CO \text{(불완전연소)} \tag{12-2}$$

③ 일산화탄소
$$CO + \frac{O_2}{2} = CO_2 \tag{12-3}$$

④ 수 소
$$H_2 + \frac{O_2}{2} = H_2O \tag{12-4}$$

⑤ 유 황
$$S + O_2 = SO_2 \tag{12-5}$$

⑥ 메 탄
$$CH_4 + 2O_2 = CO_2 + 2H_2O \tag{12-6}$$

⑦ 에틸렌
$$C_2H_4 + 3O_2 = 2CO_2 + 2H_2O \tag{12-7}$$

⑧ 아세틸렌
$$2C_2H_2 + 5O_2 = 4CO_2 + 2H_2O \tag{12-8}$$

⑨ 벤 젠
$$2C_6H_6 + 15O_2 = 12CO_{2+6}H_2O \tag{12-9}$$

⑩ 일반 탄화수소

$$C_mH_n + \left(m + \frac{n}{4}\right)O_2 = mCO_2 + \left(\frac{n}{2}\right)H_2O \tag{12-10}$$

(2) 흡열반응

① $C + H_2O = CO + H_2$ (12-11)

② $C + 2H_2O = CO_2 + 2H_2$ (12-12)

③ $C + CO_2 = 2CO$ (12-13)

12-3 연소반응식

(1) 탄소 (완전연소)

탄소가 완전연소할 때 이산화탄소 (CO_2)가 생기며, 그의 반응식 및 양적 관계는 다음과 같다.

| (화학반응식) | C | + | O_2 | = | CO_2 + 97200 kcal/kmol | (12-14) |

(반응물의 중량) 12 kg   32 kg   44 kg

(용적)   22.4 Nm³   22.4 Nm³

(1 kg당)   1 kg $\dfrac{32}{12} = 2.667$ kg $\dfrac{44}{12} = 3.667$ kg

$\dfrac{22.4}{12} = 1.867$ Nm³ $\dfrac{22.4}{12} = 1.867$ Nm³

(1 kmol당)   1 kmol   1 kmol   1 kmol

즉, 탄소 1 kg을 공기 중에서 완전연소하게 되면 필요한 산소량은 2.667 kg이며, 생성되는 CO_2의 양은 3.667 kg이다.

탄소 1 kg을 연소할 때 필요한 이론공기량은 공기의 조성 성분을 중량비(%)로 산소 (O_2) 23.2 %, 질소 (N_2) 76.8 %라고 하면,

$$\frac{2.667}{0.232} = 11.49 \text{ kg}$$

또는, 체적비(%)로 산소(O_2) 21 %, 질소(N_2) 79 %라고 하면,

$$\frac{1.867}{0.21} = 8.89 \text{ Nm}^3$$

(2) 탄소(불완전연소)

$$C + \frac{1}{2}O_2 = CO + 29400 \text{ kcal/kmol} \quad (12-15)$$

12 kg	16 kg	28 kg
	$\frac{1}{2} \times 22.4 \text{ Nm}^3$	22.4 Nm³
1 kg	$\frac{16}{12} = 1.333 \text{ kg}$	$\frac{28}{12} = 2.333 \text{ kg}$
	$\frac{22.4}{12 \times 2} = 0.933 \text{ Nm}^3$	$\frac{22.4}{12} = 1.867 \text{ Nm}^3$
1 kmol	$\frac{1}{2}$ kmol	1 kmol

(3) 일산화탄소

$$CO + \frac{1}{2}O_2 = CO_2 + 67600 \text{ kcal/kmol} \quad (12-16)$$

28 kg	16 kg	44 kg
22.4 Nm³	$\frac{1}{2} \times 22.4 \text{ Nm}^3$	22.4 Nm³
1 kg	$\frac{16}{28} = 0.571 \text{ kg}$	$\frac{44}{28} = 1.571 \text{ kg}$
	$\frac{22.4}{28 \times 2} = 0.4 \text{ Nm}^3$	$\frac{22.4}{28} = 0.8 \text{ Nm}^3$
1 kmol	$\frac{1}{2}$ kmol	1 kmol

(4) 수 소

수소는 탄소와 함께 각종 연료의 주성분으로 여기에 산소를 공급하면 수증기 또는 물이 생성된다.

$$H_2 + \frac{1}{2}O_2 = H_2O(수증기) + 57600 \text{ kcal/kmol} \quad (12-17)$$

$$H_2 + \frac{1}{2}O_2 = H_2O(물) + 68400 \text{ kcal/kmol} \quad (12-18)$$

2 kg	16 kg	18 kg
	$\frac{1}{2} \times 22.4 \text{ Nm}^3$	22.4 Nm³
1 kg	$\frac{16}{2} = 8 \text{ kg}$	$\frac{18}{2} = 9 \text{ kg}$
	$\frac{22.4}{2 \times 2} = 5.6 \text{ Nm}^3$	$\frac{22.4}{2} = 11.2 \text{ Nm}^3$

즉, 수소 1 kg을 공기 중에서 완전연소할 때 필요한 산소량은 8 kg이며, H_2O의 양은 9 kg (11.2 Nm³)이다.

(5) 유 황

유황은 연료 중에 소량이 함유되어 있어서 연료 본래의 목적에서 보면 중요한 성분은 못 된다. 그러나 연소 생성물의 이산화유황, 즉 아황산가스는 대기 오염원 중에서는 중요한 것으로 주목된다.

일반적으로 유황은 고체연료 중에 0.2~2%, 중유에는 0.5~3.5% 포함되어 있다.

$$S + O_2 = SO_2 + 80000 \text{ kcal/kmol} \quad (12-19)$$

32 kg	32 kg	64 kg
	22.4 Nm³	22.4 Nm³
1 kg	$\dfrac{32}{32} = 1$ kg	$\dfrac{64}{32} = 2$ kg
	$\dfrac{22.4}{32} = 0.7$ Nm³	$\dfrac{22.4}{32} = 0.7$ Nm³
1 kmol	1 kmol	1 kmol

(6) 메탄 (CH_4)

기체연료에 있어서는 수소와 탄소가 화합하여 탄화수소로 함유되어 있다. 즉, 메탄, 에탄, 프로판, 부탄, 에틸렌, 벤젠 등으로 존재하며, 이 중 메탄은 천연가스, 석탄가스, 유가스 등에 함유되어 있다.

$$CH_4 + 2O_2 = CO_2 + 2H_2O(기체) + 191300 \text{ kcal/kmol} \quad (12-20)$$
$$CH_4 + 2O_2 = CO_2 + 2H_2O(액체) + 212800 \text{ kcal/kmol} \quad (12-21)$$

$$\begin{cases} 22.4 \text{ Nm}^3 & 2\times 22.4 \text{ Nm}^3 & 22.4 \text{ Nm}^3 & 2\times 22.4 \text{ Nm}^3 \\ 1 \text{ kmol} & 2 \text{ kmol} & 1 \text{ kmol} & 2 \text{ kmol} \end{cases}$$

12-4 발열량

연소는 화학반응의 일종임을 이미 말하였으며, 특히 1 atm, 25℃하에서의 화학반응을 표준반응이라고 한다. 또, 표준상태에서의 반응열을 표준반응열(standard heat of reaction)이라고 부른다. 또, 0℃하에서의 연료의 단위량당 연소열을 발열량(heating value)이라고 하며, 고체 및 액체 연료에 대해서는 kcal/kg, 기체연료에 대해서는 kcal/Nm³로 표시하는 경우가 많다. 여기서 Nm³는 normal m³의 약자로서 1 Nm³(단위 세제곱미터)는 760 mmHg, 0℃일 때의 1 m³를 표시하며, 표준상태에서 기체 1 kmol은 22.4 Nm³이다.

이 발열량의 값은 엄밀하게 여러 가지 열량계(calorimetor)를 써서 실측해야 하며, 고체·액체 연료에 대해서는 결합열을 보통 무시하여 취급하고 있다.

식 (12-20), (12-21)에 표시된 바와 같이 연소 생성물 중에 H_2O를 생성하는 발열반응에서는 액체의 물[$H_2O(L)$], 또는 수증기[$H_2O(G)$]를 생성하느냐에 따라서 연소열에서는 1 kmol(18 kg)의 물의 증발열의 열량만큼 차이를 가져온다.

여기서 H_2O(기체) 및 H_2O(액체)가 생성될 때의 발열량은 각각 고발열량 H_h(higher heating value)과 저발열량 H_l(lower heating value)로 구별된다. 고체·액체 연료에 관한 H_h[kcal/kg] 및 H_l[kcal/kg]의 값은 c, h, o, s, w를 각각 연료 조성의 중량비(질량비)라고 하면 다음과 같은 식이 근사적으로 표시된다.

(1) 고체·액체 연료의 발열량

$$H_l = 8100c + 28800\left(h - \frac{o}{8}\right) + 2500s - 600\left(w + \frac{9}{8}o\right) \text{ kcal/kg} \quad (12-22)$$

$$H_h = H_l + 600(w + 9h)$$

$$= 8100c + 34200\left(h - \frac{o}{8}\right) + 2500s - 600\left(w + \frac{9}{8}o\right) \quad (12-23)$$

윗식에서 수소의 중량비가 $h - \frac{o}{8}$로 된 것은 연료 중에 포함되는 산소 O는 이미 연료 중에서 수소와 결합하여 액체의 물[$H_2O(L)$]로 되어 있다고 평가하였기 때문이며, $h - \frac{o}{8}$에 상당하는 양을 유효수소분(자유수소분)이라고 부른다.

연료의 발열량은 보통 열량계를 써서 측정하는 한편, 화학분석에 의해 얻어진 성분으로부터 계산에 의해 구하기도 한다.

① 탄소(완전연소) : 탄소 1 kg에 대하여

$$\frac{97200}{12} = 8100 \text{ kcal/kg}$$

② 탄소(불완전연소)

$$\frac{29400}{12} = 2450 \text{ kcal/kg}$$

따라서, $8100 - 2450 = 5650$ kcal/kg만큼의 발생열량이 적게 된다.

③ 수소 : 수소 1 kg당

$$\frac{68400}{2} = 34200 \text{ kcal/kg}$$

이 중 일부는 생성된 물을 증발시켜 수증기가 되기 위해 소비되므로, 밖으로 방출되는 열량은

$$\frac{57600}{2} = 28800 \text{ kcal/kg}$$

이다. 연료의 고위발열량을 계산하는 경우 수소 1 kg의 연소에 의하여 발생하는 열량을 34200 kcal/kg으로 하고, 저위발열량을 계산할 경우에는 28800 kcal/kg으로 한다.

④ 유 황

$$\frac{80000}{32} = 2500 \text{ kcal/kg}$$

(2) 기체연료의 발열량

함유된 각 원소가 연소해서 발생하는 발열량의 합으로서 발열량이 주어지며, 수분을 함유하지 않은 기체연료 1 Nm³ 중에 일산화탄소, 수소, 메탄, 에탄, 에틸렌, 프로판, 부탄 등을 CO, H_2, CH_4, C_2H_6, C_2H_4, C_3H_8, C_4H_{10}으로 표시하면 기체연료 1 Nm³당 고발열량은 다음과 같다.

$$H_h = 3020\,CO + 3050\,H_2 + 9520\,CH_4 + 16820\,C_2H_6 + 15290\,C_2H_4$$
$$+ 24320\,C_3H_8 + 3200\,C_4H_{10} \text{ [kcal/Nm}^3\text{]} \qquad (12-24)$$

예제 1. 석탄을 분석하였더니 다음과 같은 분석 결과(중량 %)를 얻었다. 이 석탄의 고발열량이 7000 kcal/kg 일 때, 저발열량의 값을 구하시오.(단, 수분 : 3.24 %, 회분 : 10.97 %, 탄소 : 67.95 %, 수소 : 4.99 %, 산소 : 11.32 %, 질소 : 1.01 %, 유황 : 0.52 %)

[해설] 식 (12-22), (12-23)에서 고발열량과 저발열량과의 차 $H_h - H_l$는

$$H_h - H_l = 600\left(w + \frac{9}{8}o\right)$$

$w = 0.0324$, $o = 0.1132$이며, 위의 식에 대입하면

$H_h - H_l = 95.85 \text{ kcal/kg}$

∴ $H_l = 7000 - 95.85 ≒ 6904 \text{ kcal/kg}$

예제 2. 수소 1 kmol의 완전연소에서 고발열량과 저발열량과의 차 $H_h - H_l$를 두 발열량의 정의에 따라 엄밀하게 계산하시오.(단, H_2O의 분자량을 18.016 kg으로 하고, 필요한 수치는 증기표에서 얻도록 한다.) 또, 그 차는 수소의 발열량 68500 kcal/kmol의 몇 %에 상당하는지 구하시오.

[해설] H_h, H_l의 정의에서 연소상태에서의 압력(온도)에 상당하는 물의 증발열만의 차가 양자 간에 존재하게 되므로 다음 식을 얻는다.

$H_h - H_l = M \cdot r$

여기서, $M = 18.016 \text{ kg}(= 1 \text{ kmol})$

증발열 r는 0℃ 포화상태에서의 값이며, $r = 597.50 \text{ kcal/kg}$이 되므로,

$H_h - H_l = 18.016 \times 597.50 ≒ 10764 \text{ kcal/kmol}$

따라서, H_2의 발열량 68500 kcal/kg의 약 16 %에 상당한다.

12-5 소요산소량 및 공기량

연료의 연소에 필요한 공기량 및 연소 가스양은 연료를 구성하는 가연원소, 즉 탄소(C), 수소(H) 및 유황(S)의 3원소의 연소에 필요한 산소량 및 생성된 연소 가스양에서 구할 수 있다. 따라서 이들은 연소반응식으로부터 산출할 수 있다.

(1) 고체·액체 연료

고체·액체 연료 1 kg 중에 C, H_2, S, O_2, N_2 및 수분이 각각 중량비(질량비)로 c, h, o, s, n, w [kg] 포함되어 있는 것으로 한다($c+h+s+o+n+w=1$의 관계가 성립한다). 따라서, 식 12-1, 12-4 및 12-5에서 다음 관계가 성립한다.

$$\left.\begin{array}{l} c \text{ [kg]의 C} \\ h \text{ [kg]의 H}_2 \\ s \text{ [kg]의 S} \end{array}\right\} \text{는} \left\{\begin{array}{l} \frac{c}{12} \text{ [kmol]} \\ \frac{h}{4} \text{ [kmol]} \\ \frac{s}{32} \text{ [kmol]} \end{array}\right\} \text{의 } O_2 \text{와 반응하여} \left\{\begin{array}{l} \frac{c}{12} \text{ [kmol]의 } CO_2 \\ \frac{h}{2} \text{ [kmol]의 } H_2O \\ \frac{s}{32} \text{ [kmol]의 } SO_2 \end{array}\right\} \quad (12-25)$$

한편, 1 kg의 연료 중에는 $\frac{o}{32}$ [kmol]의 O_2가 포함되어 있는 것으로 생각해 왔으므로 1 kg의 연료를 완전연소(complete combustion)를 위해 필요한 최소산소량 $O_{\min}$ [kmol/kg]은 다음 식으로 표시된다.

$$O_{\min} = \frac{c}{12} + \frac{h}{4} + \frac{s}{32} - \frac{o}{32} = \frac{c}{12}\delta \text{ [kmol/kg]} \quad (12-26)$$

윗식에서 δ를 연료지수라고 하며, 연료의 종류에 따라서 거의 일정한 값 (순수탄소에서 1, 석탄 1.1~1.2, 중유는 약 1.2 및 정유 1.2~1.5)이 되며, 다음 식으로 정의된다.

$$\delta = 1 + 3\left(\frac{h}{c}\right) - \frac{3(o-s)}{8c} \quad (12-27)$$

다음에 연료에 필요한 공기의 조성은 N_2와 O_2만으로 되어 있다고 생각하여 체적비로는 79.0 %와 21.0 %, 중량비로는 76.7 %, 23.3 %가 된다고 본다.

따라서, 식 (12-25)에서 완전연소에 필요한 최소공기량(minimum air), $A_{\min}$ (이론공기량이라고도 함)은 다음 식으로 표시됨을 알 수 있다.

$$A_{\min} = \frac{O_{\min}}{0.21} \text{ [kmol/kg]} = \frac{22.41\, O_{\min}}{0.21} \text{ [Nm}^3\text{/kg]} \quad (12-28)$$

그런데, 실제 연소에서는 $A_{\min}$보다도 약간 많은 소요공기량 A를 공급하지 않으면 연료가 완전연소하지 않는다고 생각하고 있다. 여기서 다음 식에 의하여 공기비(air ratio) λ를 정의한다.

$$A = \lambda \cdot A_{\min} = \frac{\lambda O_{\min}}{0.21} \text{ [kmol/kg]} \quad (12-29)$$

이 λ의 값은 연료의 종류, 성상(性狀) 등에 의해서 영향을 받으며, 대략 1.1~2.0 범위에 있다. 또, 위의 식에서 정의한 A를 써서 $A - A_{min} = (\lambda - 1) A_{min}$을 과잉공기(excess air), $\lambda - 1$을 과잉공기비(excess air ratio)라고 한다.

(2) 기체연료

천연가스를 대표하며, 동시에 기체연료의 조성을 간단화하기 위하여 여기서는 CO_2, CO, H_2, CH_4, O_2, N_2 및 C_mH_n(일반화된 탄화수소)를 생각하며, 각각 체적비 [또는 mol(몰)]를 $(CO_2)_r$, $(CO)_r$, $(H_2)_r$, $(CH_4)_r$, $(O_2)_r$, $(N_2)_r$ 및 $(C_mH_n)_r$로 표시하기도 한다.

따라서, 식 (12-3), (12-4), (12-5) 및 (12-10)에 의하여 다음 식으로 최소산소량 O_{min}를 계산할 수 있다.

$$O_{min} = \frac{1}{2}(CO)_r + \frac{1}{2}(H_2)_r$$
$$+ \left(m + \frac{n}{4}\right)(C_mH_n)_r - (O_2)_r \ [Nm^3/Nm^3] \qquad (12-30)$$

또, 이 때, $(CO_2)_r + (CO)_r + (H_2)_r + (CH_4)_r + (O_2)_r + (N_2)_r + (C_mH_n)_r = 1$의 관계가 성립하며, 식 (12-27) 및 (12-28)의 관계는 그대로 성립함을 알 수 있다.

12-6 연소 가스양 및 연소 가스 조성

(1) 고체 · 액체 연료

고체 · 액체 연료 1 kg을 완전연소시킨 후 연소 가스 중에 포함되어 있는 CO_2, H_2O, SO_2, N_2 및 O_2의 체적은 식 (12-24), (12-28)에 의해서 다음 식으로 계산된다.

$$V_{CO_2} = \frac{c}{12} \ [kmol/kg] = \frac{22.41}{12} c \ [Nm^3/kg] \qquad (a)$$

$$V_{H_2O} = \left(\frac{h}{2} + \frac{w}{18}\right) [kmol/kg] = 22.41 \left(\frac{h}{2} + \frac{w}{18}\right) [Nm^3/kg] \qquad (b)$$

$$V_{SO_2} = \frac{s}{32} \ [kmol/kg] = \frac{22.41 s}{32} \ [Nm^3/kg] \qquad (c) \qquad (12-31)$$

$$V_{O_2} = 0.21(\lambda - 1) A_{min} \ [kmol/kg] = 0.21 A - O_{min} \ [Nm^3/kg] \qquad (d)$$

$$V_{N_2} = 0.79 A_{min} + \frac{n}{28} \ [kmol/kg] = 0.79 A + \frac{22.41 n}{28} \ [Nm^3/kg] \qquad (e)$$

또, 연소 가스의 전 체적을 $V \ [Nm^3/kg]$라고 하면, 각각의 연소 가스 조성의 체적비(mol분율)는 다음 식으로 표시됨을 알 수 있다.

$$r_{CO_2} = \frac{22.41\,c}{12\,V} \quad \text{(a)}$$

$$r_{H_2O} = \frac{22.41\left(\dfrac{h}{2}+\dfrac{w}{18}\right)}{V} \quad \text{(b)}$$

$$r_{SO_2} = \frac{22.41\,s}{32\,V} \quad \text{(c)} \qquad (12-32)$$

$$r_{O_2} = \frac{0.21A - O_{min}}{V} \quad \text{(d)}$$

$$r_{N_2} = \frac{0.79A + 22.41\left(\dfrac{n}{28}\right)}{V} \quad \text{(e)}$$

(2) 기체연료

기체연료 $1\,Nm^3$를 완전연소시킨 후 연소가스 중에 포함되는 각 성분기체의 체적을 표시하면 다음과 같이 된다.

$$V_{CO_2} = (CO_2)_r + (CO)_r + (CH_4)_r + m(C_mH_n)_r\ [Nm^3] \quad \text{(a)}$$

$$V_{H_2O} = (H_2)_r + (CH_4)_r + \frac{n(C_mH_n)_r}{2}\ [Nm^3] \quad \text{(b)}$$

$$V_{O_2} = 0.21(\lambda-1)A_{min} = 0.21A - O_{min}\ [Nm^3] \quad \text{(c)} \qquad (12-33)$$

$$V_{N_2} = 0.79A_{min} + (N_2)_r = 0.79A - (N_2)_r\ [Nm^3] \quad \text{(d)}$$

또, 연소 가스의 조성도 연소 가스의 전체적 $V\,[Nm^3/kg]$를 알면 계산이 용이하다.

12-7 이론연소온도

연료를 완전연소시킬 때 연소 가스가 도달할 수 있는 최고온도를 이론연소온도 또는 최고연소온도라고 부르며, 그 연료의 특성을 평가하는 데 중요한 역할을 하게 된다. 이 온도를 $t_{max}\,[\text{℃}]$로 표시하면 일반적으로 다음 식으로 계산된다.

$$t_{max} = \frac{H_1 + c_f t_f + \lambda A_{min}'(0.24 + 0.4x)t_a}{c_1 G_1 + c_2 G_2 + \cdots + c_j G_j} \qquad (12-34)$$

여기서, H_1 : 저발열량(kcal/kg)

c_f : 연료의 평균비열(kcal/kg·K)

$c_1,\ c_2,\ \cdots,\ c_j$: 연소생성물질의 평균비열(kcal/kg·K)

$G_1,\ G_2,\ \cdots,\ G_j$: 연료 1 kg에 의한 연소생성 물질량(kg/kg)

λ : 공기비, A_{min} : 최소공기량(kg/kg), x : 절대습도(kg/kg)

t_f : 연료의 초기온도(℃), t_a : 연료용 공기온도(℃)

예제 3. 기체연료 1 Nm³를 완전연소시킬 때 생기는 연소 가스의 전 체적은 다음 식과 같이 연료 중의 조성(체적)비를 써서 표시할 수 있음을 밝히시오.

$$V = A + 1 - \frac{1}{2}\{(CO)_r + (H_2)_r\} + \left(\frac{n}{4} - 1\right)(C_mH_n)_r \ [\text{Nm}^3/\text{Nm}^3]$$

[해설] 먼저 식 (12-33)의 각 식의 우변의 총합을 구하면,

$$V = (CO_2)_r + (CO)_r + (CH_4)_r + \left(m + \frac{n}{2}\right)(C_mH_n)_r + (H_2)_r + 2(CH_4)_r + (N_2)_r + A - O_{min}$$

다음에 식 (12-30)에서 얻은 O_{min}을 위의 식에 대입하면,

$$V = A + (CO_2)_r + \frac{1}{2}(CO)_r + \frac{1}{2}(H_2)_r + (CH_4)_r + \frac{n}{4}(C_mH_n)_r + (O_2)_r + (N_2)_r$$

또, $(CO_2)_r + (CO)_r + (H_2)_r + (CH_4)_r + (O_2)_r + (N_2)_r + (C_mH_n)_r = 1$ 이므로,
위의 식은 최종적으로 다음 식과 같이 변형된다.

$$V = A + 1 - \frac{1}{2}\{(CO)_r + (H_2)_r\} + \left(\frac{n}{4} - 1\right)(C_mH_n)_r \ [\text{Nm}^3/\text{Nm}^3]$$

연습문제

1. 28 kg의 일산화탄소가 완전연소하는 데 필요한 최소산소량(kg)을 구하시오.

2. $c=73\%$, $h=4.5\%$, $o=8\%$, $s=2\%$, $w=4\%$로 조성된 고체연료에 대하여 고발열량과 저발열량을 각각 구하시오.

3. 수소$=40.6\%$, 일산화탄소$=8.4\%$, 메탄$=30\%$, 에틸렌$=3.3\%$, 산소$=0.6\%$, 탄산가스$=3.5\%$, 질소$=10.8\%$인 조성비로 되어 있는 가스의 이론 공기량(Nm^3/kg)을 구하시오.

4. 3 kmol의 탄소 (C)를 완전연소하는 데 필요한 최소산소량(kmol)을 구하시오.

5. 옥탄(C_8H_{18})이 공기 중에 연소할 때, 공기과잉률이 많아지면 어떻게 되는지 설명하시오.

6. 석탄을 매시 600 kg, 공기비 $\lambda=1.2$로 완전연소시키는 데 필요한 공기량 및 석탄의 연료지수를 구하시오.(단, 이 석탄의 중량조성은 C : 76.4 %, S : 0.8 %, H_2 : 5.2 %, O_2 : 7.6 %, 수분 : 2.0 %, 회분 : 8.0 %이다.)

7. 한 가스 발생로에서 얻은 발생로 가스 1 Nm^3를 완전연소하는 데 필요한 공기량을 구하시오. (단, 이 가스 1 Nm^3 중에는 35 g의 수분을 포함하며, 가스 분석에 의한 가스 기준의 조성 분석 결과는 CO_2 : 3.3 %, CO : 26.2 %, CH_4 : 4.0 %, H_2 : 12.8 %, N_2 : 53.8 %이다.)

8. 석탄의 분석 결과가 함수시료에 대하여 다음과 같은 경우에 이 석탄 1 kg당 연소에 필요한 이론공기량(Nm^3/kg)을 구하시오.(단, $c=64.0\%$, $h=5.3\%$, $s=0.1\%$, $o=8.8\%$, $n=0.8\%$, 회분$=12.0\%$, 수분$=9.0\%$이다.)

9. 다음 성분을 가진 연료의 이론공기량 [kg/kg′] 과 [Nm^3/kg]을 각각 구하시오.(단, $c=0.3$, $h=0.025$, $o=0.1$, $n=0.005$, $s=0.01$, $w=0.05$이다.)

10. 어떤 연료의 성분비가 다음과 같을 때, 이론 공기량(Nm^3/kg)을 구하시오. (단, $c=0.85$, $h=0.13$, $o=0.02$ 이다.)

11. 중량 조성 $c=0.78$, $h=0.05$, $o=0.08$, $s=0.01$, $w=0.02$의 석탄 1 kg을 완전연소한다고 할 때 석탄의 저발열량(kcal/kg)을 구하시오.

12. 수소$=0.25$, 일산화탄소 $=0.08$, 메탄$=0.17$, $C_mH_n=0.01$, 산소 (O_2) $=0.03$, 탄산가스 $=0.17$, 질소 $=0.29$ 등이 각각 Nm^3를 갖는 가스의 이론공기량(Nm^3/kg)을 구하시오.

318 제12장 연 소

13. 수소 1 kg을 연소시키는 데 필요한 공기량(m^3)을 구하시오.

14. 고체 및 액체 연료에서 연료 중의 수소 (h [kg])와 수분 (w [kg])이 연소에 의하여 발생하는 연소생성 수증기량을 표시하시오.

15. "발열량이란 일정량의 연료를 완전연소시킬 때 발생하는 총열량이며, (   )된(한)다." (   ) 안에 들어갈 문장을 쓰시오.

16. 연료의 고발열량(H_h)과 저발열량(H_l)과의 관계식을 구하시오.〔단, w : 수분의 양(kg), h : 수소의 양(kg)이다.〕

연습문제 풀이

1. $CO(28\,kg) + \dfrac{1}{2}O_2(16\,kg)$
　$= CO_2(44\,kg) + 67600\,kcal/kmol$

2. $H_h = 8100c + 34000\left(h - \dfrac{o}{8}\right) + 2500s$
　$= 8100 \times 0.73 + 34000\left(0.045 - \dfrac{0.08}{8}\right)$
　$\quad + 2500 \times 0.02$
　$= 7153\,kcal/kg$
　$H_l = 8100c + 29000\left(h - \dfrac{o}{8}\right) + 2500s - 600w$
　$= 8100 \times 0.73 + 2900\left(0.045 - \dfrac{0.08}{8}\right)$
　$\quad + 2500 \times 0.02 - 600 \times 0.04$
　$= 6954\,kcal/kg$

3. $L_0 = \dfrac{1}{0.21}\left[\dfrac{1}{2}(H_2) + \dfrac{1}{2}(CO) + 2\{(CH_4)\right.$
　$\left.+ 3(C_2H_4) + 2\dfrac{1}{2}(C_2H_2)\right.$
　$\left.+ 7\dfrac{1}{2}(C_6H_6) - O_2\}\right]$
　$H_2 = 0.406$, $CO = 0.084$, $CH_4 = 0.308$, $C_2H_4 = 0.033$, $O_2 = 0.006$ 만을 대입 정리하면,
　$\therefore L_0 = 4.54\,Nm^3/kg$

4.　C　+　O_2　=　CO_2
　　1 kmol　1 kmol　1 kmol
따라서, 3 kmol이 된다.

5. 최고 단열연소온도가 낮아진다.

6. 식 (12-27)에서 먼저 연료지수 σ를 구하면,
　$\sigma = 1 + 3\left(\dfrac{h}{c}\right) - \dfrac{3(o-s)}{8c}$
　$= 1 + 3 \times \dfrac{0.052}{0.764} - \dfrac{3 \times (0.076 - 0.008)}{8 \times 0.764}$
　$\fallingdotseq 1.17$
따라서, 식 (12-26)에서,
　$O_{min} = 0.764 \times \dfrac{1.17}{12} \fallingdotseq 0.0745\,kmol/kg$

을 얻는다. 또, 식 (12-29)에서 소요공기량 A를 구하면 다음과 같다.
　$A = \dfrac{\lambda O_{min}}{0.21}$
　$= \dfrac{1.2 \times 0.0745}{0.21} \fallingdotseq 0.426\,kmol/kg$
　$\fallingdotseq 9.55\,Nm^3/kg$

7. 이 문제에서 주의해야 할 점은 $1\,Nm^3$의 발생로 가스가 수분을 포함하고 있는 점이며, 조성과의 관련을 명확하게 할 필요가 있다. 수분은 $0.035\,kg/Nm^3$ 이고, H_2O 18 kg은 1 kmol에 상당한다. 표준상태에서는 $22.41\,Nm^3$의 체적을 차지하므로, 함유된 수증기의 체적은 다음 식으로 구할 수 있다.
　$0.035 \times \dfrac{22.41}{18} = 0.0436\,Nm^3/Nm^3$
따라서, 습가스 $1\,Nm^3$는 건가스를 $1 - 0.0436 \fallingdotseq 0.956\,Nm^3$에 상당하는 체적만큼 차지하게 된다.
또, 식 (12-30)에서 $(CO)_r = 0.262$, $(H_2)_r = 0.128$, $(CH_4)_r = 0.040$으로 하여 O_{min}을 구하면,
　$O_{min} = (0.5 \times 0.262 + 0.5 \times 0.128 + 2 \times 0.040)$
　$\quad \times 0.965 \fallingdotseq 0.263\,Nm^3/Nm^3$
따라서, 구하는 소요공기량 A_{min}는 식 (12-28)에서 다음과 같이 된다.
　$\therefore A_{min} = \dfrac{O_{min}}{0.21} \fallingdotseq 1.25\,Nm^3/Nm^3$

8. $L_0 = 8.89c + 26.7\left(h - \dfrac{o}{8}\right)$
　$\quad + 3.33s\,[Nm^3/kg]$
윗식에 주어진 값을 대입·정리하면 이론공기량은 $5.82\,Nm^3/kg$이 된다.

9. $L_0 = 11.49c + 34.5\left(h - \dfrac{o}{8}\right) + 4.31s$
　$= 11.49 \times 0.3 + 34.5\left(0.025 - \dfrac{0.1}{8}\right)$
　$\quad + 4.31 \times 0.01$

$$= 3.921 \text{ kg/kg}'$$
$$L_0 = 8.89\,c + 26.7\left(h - \frac{o}{8}\right) + 3.33\,s$$
$$= 8.89 \times 0.3 + 26.7\left(0.025 - \frac{0.1}{8}\right)$$
$$+ 3.33 \times 0.01$$
$$= 3.034 \text{ Nm}^3/\text{kg}$$

10. $L_0 = 0.89\,c + 26.7\left(h - \frac{o}{8}\right) + 3.33\,s$
$$= 8.89 \times 0.85 + 26.7\left(0.13 - \frac{0.02}{8}\right)$$
$$= 10.96 \text{ Nm}^3/\text{kg}$$

11. $H_l = 8100\,c + 28800\left(h - \frac{o}{8}\right) + 2500\,s$
$$- 600\left(w + \frac{9}{8}o\right)$$
$$= 8100 \times 0.78 + 28800 \times \left(0.05 - \frac{0.08}{8}\right)$$
$$+ 2500 \times 0.01 - 600\left(0.02 + \frac{9}{8} \times 0.08\right)$$
$$= 7441 \text{ kcal/kg}$$

12. $L_0 = \dfrac{1}{0.21}\left[\dfrac{1}{2}(H_2) + \dfrac{1}{2}(CO)\right.$
$$\left. + 2(CH_4) + 4\,C_m H_n - O_2\right)\Big]$$
$$= \frac{1}{0.21}(0.5 \times 0.25 + 0.5 \times 0.08$$
$$+ 2 \times 0.17 + 4 \times 0.01 - 0.03)$$
$$= 2.45 \text{ Nm}^3/\text{kg}$$

13. 공기량 $= \dfrac{11.2}{2} \times \dfrac{1}{0.21} = 26.6 \text{ m}^3$

14. $\text{H}_2 \;+\; \dfrac{1}{2}\text{O}_2 = \text{H}_2\text{O}$
  2 g   16 g   18 g (22.4 l)
$$\therefore\; \frac{22.4}{2}h + \frac{22.4}{18}w = 11.2\,h + 1.25\,w$$

15. 연료단위량을 계기 내에서 완전연소시킬 때 발생하는 총열량으로 표시

16. $H_h = H_l + 600(w + 9h)$

부록

1. 핵심 내용 정리
2. 참고 내용 정리

부록 1   핵심 내용 정리

1. 기초사항

(1) 중요 상수
① 중력가속도 : 9.80665 m/s^2 ② 열의 일당량 : 4.1865 kJ/kcal
③ 표준대기압 : 101.325 kPa ④ 일반가스상수 : $8314.3 \text{ J/kmol}\cdot\text{K}$

(2) 열역학 0법칙
어떤 두 물체가 제3의 물체와 각각 열평형상태에 있을 때 이 두 물체는 서로 열평형 상태이다 (열평형의 법칙).

(3) 섭씨온도와 화씨온도 ($0℃=32℉,\ 100℃=212℉$)

$$t_c = \frac{5}{9}(t_F - 32),\quad t_F = \frac{9}{5}t_c + 32$$

(4) 절대온도

$$T[\text{K}] = t_c + 273.15 \fallingdotseq t_c + 273,\quad T[°\text{R}] = t_F + 459.67 \fallingdotseq t_F + 460$$

(5) kcal, BTU, CHU

$$1 \text{ kcal} = 4.187 \text{ kJ},\ 1 \text{ BTU} = 0.252 \text{ kcal} = 1054.9 \text{ J},\ 1 \text{ CHU} = \frac{5}{9}\text{BTU}$$

(6) 비열

$$Q = G\int_1^2 C\,dt = GC_m(t_2 - t_1),\quad C_m = \frac{1}{t_2 - t_1}\int_1^2 C\cdot dt,\quad t_m = \frac{\sum G_n C_n t_n}{\sum G_n C_n}$$

$$C_p > C_v,\quad k = \frac{C_p}{C_v} > 1,\quad C_p - C_v = R$$

$$C_v = \frac{1}{k-1}R,\quad C_p = k\cdot C_v = \frac{k}{k-1}R$$

(7) 표준대기압

$$1 \text{ atm} = 101325 \text{ N/m}^2 = 101325 \text{ Pa} = 1.0332 \text{ kgf/cm}^2$$
$$= 760 \text{ mmHg} = 10.33 \text{ mAq} = 1.01325 \text{ bar}$$

[참고] 공학기압

$1\,\text{at} = 98066.5\,\text{N/m}^2 = 98066.5\,\text{Pa} = 1\,\text{kgf/cm}^2 = 735.6\,\text{mmHg} = 10\,\text{mAq} = 0.980655\,\text{bar}$

$* P_a = P_g + P_0$ (절대압력 = 계기압 + 대기압)

(8) v, γ, ρ (비체적, 비중량, 밀도)

$$v = \frac{V}{G}\,[\text{m}^3/\text{N},\ \text{m}^3/\text{kgf}], \qquad \gamma = \frac{G}{V} = \frac{1}{v}\,[\text{N/m}^3,\ \text{kgf/m}^3]$$

$$\rho = \frac{\gamma}{g}\,[\text{N}\cdot\text{s}^2/\text{m}^4,\ \text{kgf}\cdot\text{s}^2/\text{m}^4]$$

(9) 일 (work)

$$W = F \cdot S\ (\text{수평면}), \quad W = F \cdot S \cdot \cos\theta\ (\text{경사면})$$

$$1\,\text{kgf}\cdot\text{m} = \frac{1}{427}\,\text{kcal} = 9.8\,\text{J}, \quad 1\,\text{J} = 1\,\text{N}\cdot\text{m} = 1\,\text{kg}\cdot\text{m}^2/\text{s}^2 = 1\,\text{W}\cdot\text{s}$$

(10) 동 력

$1\,\text{hp} = 76\,\text{kgf}\cdot\text{m/s} = 0.746\,\text{kW} = 745.3\,\text{N}\cdot\text{m/s}$

$1\,\text{PS} = 75\,\text{kgf}\cdot\text{m/s} = 0.7355\,\text{kW} = 735.5\,\text{N}\cdot\text{m/s} = 632.3\,\text{kcal/h}$

$1\,\text{kW} = 102\,\text{kgf}\cdot\text{m/s} = 1.34\,\text{hp} = 1.36\,\text{PS} = 1000\,\text{J/s} = 860\,\text{kcal/h}$

2. 열역학 제 1 법칙

(1) 열역학 제 1 법칙

열은 본질상 에너지의 일종이며, 열과 일은 서로 전환이 가능하다. 이때 열과 일 사이에는 일정한 비례 관계가 성립한다.

$$Q = AW, \quad W = \frac{Q}{A} = JQ$$

A : 일의 열당량 $= \dfrac{1}{427}$ kcal/kgf·m

J : 열의 일당량 $= 427$ kgf·m/kcal

(2) 엔탈피 (enthalpy)

$$h = u + Pv\ [\text{kJ/kg},\ \text{kcal/kg}]\ (\,u : \text{비내부 에너지})$$

$$H = U + PV\ [\text{kJ},\ \text{kcal}]\ (\,U : Q - W\text{인 내부 에너지})$$

(3) 비유동과정의 에너지식

$$dq = du + dW = du + Pdv$$

$$dh = du + d(Pv) = du + Pdv + vdP = dq + vdP$$

$$dq = dh - vdP$$

(4) 정상유동과정의 에너지식

$$u_1 + P_1v_1 + \frac{w_1^2}{2} + gz_1 + q = u_2 + P_2v_2 + \frac{w_2^2}{2} + gz_2 + W \text{ (SI 단위)}$$

$$u_1 + AP_1v_1 + A\frac{w_1^2}{2g} + Az_1 + q = u_2 + AP_2v_2 + A\frac{w_2^2}{2g} + Az_2 + AW \text{(중력단위)}$$

$$h_1 + \frac{w_1^2}{2} + gz_1 + q = h_2 + \frac{w_2^2}{2} + gz_2 + W \text{ (SI 단위)}$$

(5) 절대일과 공업일

① 절대일 $W_a = \int_1^2 Pdv$ (팽창일) ② 공업일 $W_t = -\int_1^2 vdP$ (압축일)

3. 이상기체

(1) 보일의 법칙 : T = 일정일 때 Pv = 일정

   샤를의 법칙 : P = 일정일 때 $\frac{v}{T}$ = 일정

   완전 가스의 상태 방정식 : $Pv = RT$, $PV = GRT$

(2) 일반 가스 상수 : $\overline{R} = 848$ kg·m/kmol·K $= 8314.3$ J/kmol·K

   임의 가스의 가스 상수 : $R = \frac{848}{M}$ [kg·m/kg·K] $= \frac{8.3143}{M}$ [kJ/kg·K]

(3) 가스의 비열

① 정압비열 $C_p = \left(\frac{\partial h}{\partial T}\right)_p = \left(\frac{\partial q}{\partial T}\right)_p = \left(\frac{\partial s}{\partial T}\right)_p \cdot T = \frac{dh}{dT}$

② 정적비열 $C_v = \left(\frac{\partial u}{\partial T}\right)_v = \left(\frac{\partial q}{\partial T}\right)_v = \left(\frac{\partial s}{\partial T}\right)_v \cdot T = \frac{du}{dT}$

$\frac{C_p}{C_v} = k$, $C_p - C_v = R$, $C_p = \frac{k}{k-1} \cdot R$, $C_v = \frac{C_p}{k} = \frac{1}{k-1} R$

(4) 교축과정 (비가역변화)

   $h_1 = h_2 = h$ = 일정

(5) 혼합 가스

• 돌턴의 법칙 : 각 가스는 마치 그 가스만이 전 (全) 용기 속에 퍼져 있는 경우와 같은 압력을 가지며, 혼합 가스의 전압력은 각 가스의 분압의 합과 같다.

$$P = \sum P_i$$

① 비중량 $\gamma = \sum \gamma_i \left(\dfrac{V_i}{V}\right) = \sum \gamma_i \left(\dfrac{P_i}{P}\right)$　② 비열 $C = \sum C_i \left(\dfrac{G_i}{G}\right)$

③ 분자량 $M = \sum M_i \left(\dfrac{P_i}{P}\right)$　④ 가스 상수 $R = \sum R_i \left(\dfrac{G_i}{G}\right)$

⑤ 온도 $T = \dfrac{\sum G_i C_i T_i}{\sum G_i C_i}$

(6) 반완전 가스의 특성식

① Van der Waals의 식: $\left(P + \dfrac{a}{v^2}\right)(v - b) = RT$

② Clausius의 식: $\left(P + \dfrac{a}{T(v + c)^2}\right)(v - b) = RT$

③ Bethelot의 식: $\left(P + \dfrac{a}{Tv^2}\right)(v - b) = RT$

(7) 습공기

① 엔탈피: $h_w = r_0 + C_{p\omega} t = 597.1 + 0.46 t \, [\text{kcal/kg}]$

② 압력: $P = P_a + P_w$

③ 절대습도: $x = \dfrac{G_w}{G_a} = \dfrac{\gamma_w V}{\gamma_a V} = \dfrac{\dfrac{P_w V}{R_w T}}{\dfrac{P_a V}{R_a T}} = \dfrac{\dfrac{\phi P_s V}{461.4 \, T}}{\dfrac{(P - \phi P_s) V}{287 \, T}} = 0.622 \cdot \dfrac{\phi P_s}{P - \phi P_s}$

④ 상대습도: $\phi = \dfrac{\gamma_w}{\gamma_s} = \dfrac{P_w}{P_s} = \dfrac{x \cdot P}{P_s (0.622 + x)}$

⑤ 비교습도 (포화도): $\psi = \dfrac{x}{x_s} = \phi \times \dfrac{P - P_s}{P - \phi P_s}$

⑥ 상당분자량 (겉보기 분자량): $M = 28.95 - 10.93 \times \dfrac{\phi P_s}{P}$

⑦ 가스 상수: $R = \dfrac{8.3143}{28.95 - 10.93 \times \dfrac{\phi P_s}{P}} \, [\text{kJ/kg} \cdot \text{K}] = \dfrac{287}{1 - 0.378 \times \phi \dfrac{P_s}{P}} \, [\text{J/kg} \cdot \text{K}]$

⑧ 비중량: $\gamma = \dfrac{P}{R_a T} \left\{ 1 - \phi \dfrac{P_s}{P} \left(1 - \dfrac{R_a}{R_w}\right) \right\} \, [\text{kg/m}^3, \, \text{N/m}^3]$

⑨ 엔탈피: $h = 0.24 t + (597 + 0.46 t) \cdot x \, [\text{kcal/kg}]$

⑩ 정압비열: $C_p = 0.24 + 0.46 x \, [\text{kcal/kg}] = 0.24 + 0.286 \dfrac{\phi P_s}{P - \phi P_s} \, [\text{kcal/kg}]$

⑪ 정적비열: $C_v = C_p - AR(1 + x) = 0.17 + 0.217 \times \dfrac{\phi P_s}{P - \phi P_s} \, [\text{kcal/kg}]$

4. 열역학 제 2 법칙

(1) **열효율** $\eta = \dfrac{\text{행한 일}}{\text{공급열량}} = \dfrac{W}{Q_1} = \dfrac{Q_1 - Q_2}{Q_1} = 1 - \dfrac{Q_2}{Q_1}$

성능계수 (COP) : $(COP)_R = \dfrac{Q_2}{Q_1 - Q_2} = \dfrac{Q_2}{W} = \varepsilon_R$

$(COP)_H = \dfrac{Q_1}{Q_1 - Q_2} = \dfrac{Q_1}{W} = 1 + \varepsilon_R = \varepsilon_H$

여기서, Q_1 : 고열원의 열량, Q_2 : 저열원의 열량

(2) **카르노 사이클(Carnot cycle)**

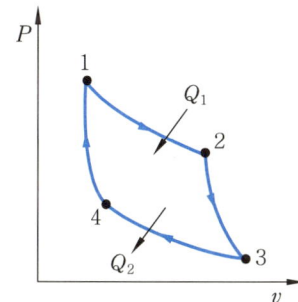 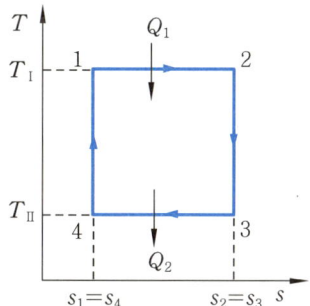

카르노 사이클

① (1 → 2) 등온팽창 : $Q_1 = RT_I \cdot \ln\dfrac{v_2}{v_1} = RT_I \cdot \ln\dfrac{P_1}{P_2}$

② (2 → 3) 단열팽창 : $\dfrac{T_{II}}{T_I} = \dfrac{T_3}{T_2} = \left(\dfrac{v_2}{v_3}\right)^{k-1}$

③ (3 → 4) 등온압축 : $Q_2 = RT_{II} \cdot \ln\dfrac{v_3}{v_4} = RT_{II} \cdot \dfrac{P_4}{P_3}$

④ (4 → 1) 단열압축 : $\dfrac{T_{II}}{T_I} = \dfrac{T_4}{T_1} = \left(\dfrac{v_1}{v_4}\right)^{k-1}$

⇒ $\dfrac{v_2}{v_1} = \dfrac{v_3}{v_4}$, $\dfrac{Q_2}{Q_1} = \dfrac{T_{II}}{T_I}$

여기서, T_I : 고열원의 온도, T_{II} : 저열원의 온도

$\eta_C = \dfrac{W}{Q_1} = \dfrac{Q_1 - Q_2}{Q_1} = 1 - \dfrac{Q_2}{Q_1} = 1 - \dfrac{T_{II}}{T_I}$

(3) **클라우시우스(Clausius)의 폐적분**

① $\oint \dfrac{dQ}{T} = 0$ (가역과정) ② $\oint \dfrac{dQ}{T} < 0$ (비가역과정)

(4) 완전 가스의 엔트로피식

① T와 v의 함수 : $\Delta s = s_2 - s_1 = \int_1^2 ds = C_v \ln \dfrac{T_2}{T_1} + R \cdot \ln \dfrac{v_2}{v_1}$

② T와 P의 함수 : $\Delta s = s_2 - s_1 = \int_1^2 ds = C_p \ln \dfrac{T_2}{T_1} - R \cdot \ln \dfrac{P_2}{P_1}$

③ P와 v의 함수 : $\Delta s = s_2 - s_1 = \int_1^2 ds = C_p \ln \dfrac{v_2}{v_1} + C_v \ln \dfrac{P_2}{P_1}$

④ 등적과정($v=$일정) : $\Delta s = C_v \ln \dfrac{T_2}{T_1} = C_v \ln \dfrac{P_2}{P_1}$

⑤ 등압과정($P=$일정) : $\Delta s = C_p \ln \dfrac{T_2}{T_1} = C_p \ln \dfrac{v_2}{v_1}$

⑥ 등온과정($T=$일정) : $\Delta s = \dfrac{Q}{T} = R \cdot \ln \dfrac{v_2}{v_1} = R \cdot \ln \dfrac{P_1}{P_2}$

⑦ 단열과정($s=$일정) : $\Delta s = 0$

⑧ 폴리트로프 과정 : $\Delta s = C_n \ln \dfrac{T_2}{T_1} = C_v \dfrac{n-k}{n-1}(T_2 - T_1)$

(5) **비가역과정** : 열이동, 유체 마찰, 교축 등과 같은 경우 엔트로피는 항상 증가

(6) 유효 에너지 : $Q_a = Q - Q_0 = Q\left(1 - \dfrac{Q_0}{Q}\right) = Q\left(1 - \dfrac{T_0}{T}\right) = Q \cdot \eta_C = Q - T \cdot \Delta s$

무효 에너지 : $Q_0 = Q \cdot \dfrac{T_0}{T} = Q(1 - \eta_C) = T \cdot \Delta s$

[참고] 온도 T의 고열원에서 열량 Q를 얻고, 온도 T_0인 저열원에 Q_0로 방출

(7) 헬름홀츠(Helmholtz)의 함수(자유 에너지)
- 1 kg에 대해, $f = u - T \cdot S$
- G [kg]에 대해, $F = U - T \cdot S$

(8) 기브스(Gibbs) 함수(자유 엔탈피)
- 1 kg에 대해, $g = h - T \cdot S$
- G [kg]에 대해, $G = H - T \cdot S$

(9) 열역학 제3법칙

어떤 방법으로도 물체의 온도를 절대 영도로 내릴 수 없다.

5. 증 기

(1) **증발** : 과랭액(압축수) → 포화액(포화수) → 습증기(포화증기) → 건포화증기 → 과열증기

| $x=0$ | $x=0$ | $0 < x < 1$ | $x=1$ | $x=1$ |
| (포화온도 이하) | | (포화온도) | | (포화온도 이상) |

(2) 증기의 상태량

① 포화액 : $h_0' = 0$, $s_0' = 0$, $u_0' = 0$, $h_0 = u_0 + Pv_0$

액체열 $q_l = \int_0^{t_s} CdT = (u' - u_0) + P(v' - v_0) = h' - h_0$

$$h' = h_0 + \int_{273}^{T_s} C \cdot dT, \quad s' = s_0 + \int_{273}^{T_s} C \cdot \frac{dT}{T} = C \cdot \ln \frac{T_s}{273}$$

② 포화증기

(가) 증발열 $\gamma = \rho + \psi = (u'' - u') + P(v'' - v') = h'' - h'$

여기서, ρ : 내부 증발열, ψ : 외부 증발열

(나) 전(全)열량 $Q_T = q_l + \gamma$, $\Delta s = s'' - s' = \dfrac{\gamma}{T_s}$

(다) 습포화증기

- $v_x = xv'' + (1-x)v' = v' + x(v'' - v') \doteqdot xv''$
- $u_x = xu'' + (1-x)u' = u' + x(u'' - u') = u' + x\rho$
- $h_x = xh'' + (1-x)h' = h' + x(h'' - h') = h' + x\gamma$
- $s_x = xs'' + (1-x)s' = s' + x(s'' - s') = s' + x\dfrac{\gamma}{T_s}$

③ 과열증기 : 과열의 열 $q_s = \int_{T_s}^{T} C_p \cdot dT$

$$h = h'' + q_s = h'' + \int_{T_s}^{T} C_p dT$$

$$s = s'' + \int_{T_s}^{T} C_p \frac{dT}{T}$$

$$u = h - Pv = u'' + \int_{T_s}^{T} C_v \cdot dT$$

(3) 상태변화

① 등적변화

$$x_2 = \frac{v_1'' - v_1'}{v_2'' - v_2'} x_1 + \frac{v_1' - v_2'}{v_2'' - v_2'} \approx \frac{v_1'' - v_1'}{v_2'' - v_2'} x_1$$

$q = (u_2' + \rho_2 x_2) - (u_1 + \rho_1 x_1)$

$W_a = 0$

$W_t = v(P_1 - P_2)$

② 등압변화

$q = (u_2 - u_1) + P(v_2 - v_1) = h_2 - h_1 = (x_2 - x_1)\gamma$

$W_a = P(v_2 - v_1)$

$W_t = 0$

$\Delta u = u_2 - u_1 = (x_2 - x_1) \cdot \rho$

③ 등온변화
$$q = (u_2 - u_1) + \int_1^2 Pdv = \int_1^2 T \cdot ds = T(s_2 - s_1)$$
$$(습증기\ 구역)\quad q = h_2 - h_1 = (x_2 - x_1)\gamma$$
$$W_a = P(v_2 - v_1) = P(v_2'' - v_1')(x_2 - x_1)$$
$$W_t = q - (h_2 - h_1) = T(s_2 - s_1) - (u_2 - u_1) - (P_2 v_2 - P_1 v_1) = w_a + P_1 v_1 - P_2 v_2$$

④ 단열변화
$$x_2 = \frac{s_1'' - s_1'}{s_2'' - s_2'} x_1 + \frac{s_1' - s_2'}{s_2'' - s_2'} = \frac{x_1 \dfrac{\gamma_1}{T_1} + (s_1' - s_2')}{\dfrac{\gamma_2}{T_2}}$$
$$W_a = u_1 - u_2$$
$$W_t = h_1 - h_2$$

⑤ 교축과정

(가) 습증기 $h_1 = h_1' + x_1 \gamma_1 = h_2' + x_2 \gamma_2 \to x_2 = \dfrac{h_1' - h_2'}{\gamma_2} + x_1 \dfrac{\gamma_1}{\gamma_2}\ :\ (h_1' - h_2' \approx t_1 - t_2)$

(나) $x \approx 1$인 포화증기 $h_2 = h_1 = h_1' + x_1 \gamma_1 \to x_1 = \dfrac{h_2 - h_1'}{\gamma_1}$

(다) 과열증기 $h = \dfrac{k}{k-1} \cdot Pv + k \quad (k=1.3)$

6. 가스 및 증기의 유동

(1) **유체유동** : 정상류, 비정상류, 층류, 난류

(2) **유량** : $G = \dfrac{a_1 w_1}{v_1} = \dfrac{a_2 w_2}{v_2}$ [kg/h] (연속방정식)

• 정상류 일반 에너지식
$$q_a = \frac{A}{2g}(w_2^2 - w_1^2) + (h_2 - h_1) + A(Z_2 - Z_1) \pm Aw_t\ (중력단위)$$
$$q_a = \frac{1}{2}(w_2^2 - w_1^2) + (h_2 - h_1) + g(Z_2 - Z_1) \pm w_t\ (SI\ 단위)$$

(3) **단열유동** : $h_1 - h_2 = \dfrac{1}{2}(w_2^2 - w_1^2) + w_t$ (SI 단위)

노즐의 출구속도 w_2 [m/s] $= 91.5\sqrt{h_1 - h_2}\ (h: \text{kcal/kg})$
$$= 44.64\sqrt{h_1 - h_2}\ (h: \text{kJ/kg}) = \sqrt{2(h_1 - h_2)}\ (h: \text{J/kg})$$

(4) 노즐에서의 유동 – 단열과정 (SI 단위에서는 중력가속도 g를 빼고 계산)

① 분출속도 $w_2 = \sqrt{2g \cdot \dfrac{k}{k-1} P_1 v_1 \left\{1 - \left(\dfrac{P_2}{P_1}\right)^{\frac{k-1}{k}}\right\}}$

② 유량 $G = a_2 \sqrt{2g \cdot \dfrac{k}{k-1} \times \dfrac{P_1}{v_1} \times \left\{\left(\dfrac{P_2}{P_1}\right)^{\frac{2}{k}} - \left(\dfrac{P_2}{P_1}\right)^{\frac{k+1}{k}}\right\}}$

임계압력에서의 분출속도 (첨자 c : 임계상태)

$$W_C = \sqrt{2g \cdot \dfrac{k}{k-1} P_1 v_1 \left(1 - \dfrac{2}{k+1}\right)} = \sqrt{2g \dfrac{k}{k+1} P_1 v_1} = \sqrt{gk P_c \cdot v_c}$$

$$G_c = a_c \cdot \sqrt{gk \left(\dfrac{2}{k+1}\right)^{\frac{k+1}{k-1}} \cdot \left(\dfrac{P_1}{v_1}\right)} = a_c \sqrt{gk \dfrac{P_c}{v_c}}$$

$$* \; \dfrac{T_c}{T_1} = \left(\dfrac{v_1}{v_c}\right)^{k-1} = \left(\dfrac{P_c}{P_1}\right)^{\frac{k-1}{k}} = \dfrac{2}{k+1}$$

(5) 노즐의 형상

① $P_2 > P_c$: 선단 축소 노즐   ② $P_2 = P_c$: 평행 노즐
③ $P_2 < P_c$: 선단 확대 노즐

(6) 노즐 확대율 : $\rho = \dfrac{a_2}{a_c}$

(7) 마찰유동

① 마찰에 의한 에너지 손실 : $(h_1 - h_2) - (h_1 - h_2') = -(h_2 - h_2')$

② 노즐 효율 $\eta = \dfrac{\text{유효열낙차}}{\text{가역단열 열낙차}} = \dfrac{h_1 - h_2'}{h_1 - h_2}$

③ 손실계수 $S = \dfrac{h_2 - h_2'}{h_1 - h_2} = 1 - \eta$

④ 실제 마찰을 유도하는 유출속도 $w_r = \sqrt{\dfrac{2g}{A}(h_1 - h_2')}$

⑤ 속도계수 $\phi = \dfrac{w_r}{w} = \sqrt{\dfrac{h_1 - h_2'}{h_1 - h_2}} = \sqrt{\eta} = \sqrt{1-S}$

$\phi^2 = \eta = 1 - S$

7. 기체압축 사이클

(1) **이론압축일** : $W_C = \dfrac{1}{2}(w_2^2 - w_1^2) + \displaystyle\int_1^2 v dP$

　　실제압축일 : $W_C = \displaystyle\int_1^2 v dP$

(2) 기본 압축 사이클 (통극체적이 없는 경우)

① 단열압축과정 : $W_k = \dfrac{k}{k-1} P_1 v_1 \left\{\left(\dfrac{P_2}{P_1}\right)^{\frac{k-1}{k}} - 1\right\} + \dfrac{1}{2}(w_2^2 - w_1^2)$

② 폴리트로프 과정 : $W_n = \dfrac{n}{n-1} P_1 v_1 \left\{\left(\dfrac{P_2}{P_1}\right)^{\frac{n-1}{n}} - 1\right\} + \dfrac{1}{2}(w_2^2 - w_1^2)$

③ 등온압축과정 : $W_T = P_1 v_1 \ln \dfrac{P_2}{P_1} + \dfrac{1}{2}(w_2^2 - w_1^2)$

④ 압축과정 중 냉각열량

  (가) 등온 : $q = P_1 v_1 \ln\left(\dfrac{v_1}{v_2}\right) = P_1 v_1 \ln\left(\dfrac{P_2}{P_1}\right)$

  (나) 단열 : $q = 0$

  (다) 폴리트로프 : $q = C_n(T_2 - T_1) = C_v \dfrac{n-k}{n-1}(T_2 - T_1)$

⑤ 단열압축효율 : $\eta_{ad} = \dfrac{\text{단열압축에 소요되는 이론일}}{\text{단열압축에 소요되는 실제일}} = \dfrac{h_2 - h_1}{h_2{'} - h_1}$

(3) 왕복식 압축기 (통극체적이 있는 경우)

① 통극비 $\lambda = \dfrac{\text{통극체적}(V_c)}{\text{행정체적}(V_s)}$ (여기서, $V_s = \dfrac{\pi}{4} D^2 \cdot S$)

② 압축비 $\varepsilon = \dfrac{\text{실린더 체적}}{\text{통극체적}(V_c)} = \dfrac{V_c + V_s}{V_c} = \dfrac{1+\lambda}{\lambda}$

③ 체적효율 $\eta_v = \dfrac{\text{유효흡입행정}(V_s{'})}{\text{피스톤 행정체적}(V_s)} = 1 - \lambda\left\{\left(\dfrac{P_2}{P_1}\right)^{\frac{1}{k}} - 1\right\}$

(4) 1 단압축기

① (단열)압축일

$$W_C = \dfrac{k}{k-1} P_1 V_s{'}\left\{\left(\dfrac{P_2}{P_1}\right)^{\frac{k-1}{k}} - 1\right\} = \dfrac{k}{k-1} P_1 \cdot V_s \cdot \eta_v \left\{\left(\dfrac{P_2}{P_1}\right)^{\frac{k-1}{k}} - 1\right\}$$

② (폴리트로프) 압축일

$$W_C = \dfrac{n}{n-1} P_1 V_s{'}\left\{\left(\dfrac{P_2}{P_1}\right)^{\frac{n-1}{n}} - 1\right\} = \dfrac{n}{n-1} P_1 \cdot V_s \cdot \eta_v \left\{\left(\dfrac{P_2}{P_1}\right)^{\frac{n-1}{n}} - 1\right\}$$

(5) 다단압축기

$$W_C = \dfrac{k}{k-1} GRT_1 \left\{\left(\dfrac{P_m}{P_1}\right)^{\frac{k-1}{k}} + \left(\dfrac{P_2}{P_m}\right)^{\frac{k-1}{k}} - 2\right\}$$

중간압력 $P_m = \sqrt{P_1 \cdot P_2}$, $\dfrac{P_m}{P_1} = \dfrac{P_2}{P_m} = \dfrac{P_2}{\sqrt{P_1 \cdot P_2}} = \sqrt{\dfrac{P_2}{P_1}}$

$$W_C = \dfrac{k}{k-1} \times m \times P_1 V_1 \left\{\left(\dfrac{P_2}{P_1}\right)^{\frac{k-1}{m \cdot k}} - 1\right\}$$

압축 후 온도 $T_2 = T_1 \cdot \left(\dfrac{P_2}{P_1}\right)^{\frac{k-1}{m \cdot k}}$ (여기서, m : 단수)

(6) 소요동력 (t : 등온, k : 단열, n : 폴리트로프, a : 공기)

$$N_t = P_1 V_1 \cdot \ln \dfrac{P_2}{P_1} = GRT_1 \ln \dfrac{P_2}{P_1}$$

$$N_k = \dfrac{k}{k-1} m P_1 V_1 \left\{ \left(\dfrac{P_2}{P_1}\right)^{\frac{k-1}{m \cdot k}} - 1 \right\}$$

$$N_n = \dfrac{n}{n-1} P_1 V_1 \left\{ \left(\dfrac{P_2}{P_1}\right)^{\frac{n-1}{n}} - 1 \right\}$$

$$N_a = G\{(P_1 - P_2) \cdot v_1 + \dfrac{1}{2}(w_2^2 - w_1^2)\}$$

(7) 효 율

① 전등온 압축효율 $\eta_{ot} = \dfrac{N_t}{N_e} = \eta_t \times \eta_m$ ② 등온압축효율 $\eta_t = \dfrac{N_t}{N_i}$

③ 전단열 압축효율 $\eta_{ok} = \dfrac{N_k}{N_e} = \eta_k \times \eta_m$ ④ 단열압축효율 $\eta_k = \dfrac{N_k}{N_i}$

⑤ 기계압축효율 $\eta_m = \dfrac{N_i}{N_e}$

8. 가스 동력 사이클

(1) 카르노 사이클(Carnot cycle)

$$\eta_{thC} = 1 - \left(\dfrac{v_2}{v_1}\right)^{k-1} = 1 - \left(\dfrac{P_1}{P_2}\right)^{\frac{k-1}{k}}$$

(2) 오토 사이클(Otto cycle)

$$q_1 = C_v(T_3 - T_2), \quad q_2 = C_v(T_4 - T_1)$$

$$T_2 = T_1 \cdot \varepsilon^{k-1}, \quad T_3 = T_4 \cdot \varepsilon^{k-1} \quad \left(\varepsilon = \dfrac{v_1}{v_2}\right)$$

$$\eta_{thO} = 1 - \dfrac{1}{\varepsilon^{k-1}}$$

$$P_{me} = P_1 \dfrac{(a-1)(\varepsilon^k - \varepsilon)}{(k-1)(\varepsilon - 1)} \quad \left(a = \dfrac{P_3}{P_2}\right)$$

(3) 디젤 사이클(Diesel cycle)

$$q_1 = C_p(T_3 - T_2), \quad q_2 = C_v(T_4 - T_1)$$

$$T_2 = T_1 \cdot \varepsilon^{k-1}, \quad T_3 = \sigma \varepsilon^{k-1} T_1, \quad T_4 = \sigma^k T_1 \quad \left(\sigma = \frac{v_3}{v_2}\right)$$

$$\eta_{thD} = 1 - \frac{1}{\varepsilon^{k-1}} \cdot \frac{\sigma^k - 1}{k(\sigma - 1)}$$

$$P_{me} = P_1 \frac{k\varepsilon^k(\sigma - 1) - \varepsilon(\sigma^k - 1)}{(k-1)(\varepsilon - 1)}$$

(4) 사바테 사이클(Sabathé cycle)

$$q_1 = C_v(T_3' - T_2) + C_p(T_3 - T_3'), \quad q_2 = C_v(T_4 - T_1)$$

$$T_2 = T_1 \cdot \varepsilon^{k-1}, \quad T_3' = \varepsilon^{k-1} \cdot \alpha \cdot T_1, \quad T_3 = \sigma \cdot \alpha \cdot \varepsilon^{k-1} \cdot T_1, \quad T_4 = \sigma^k \cdot \alpha \cdot T_1$$

$$\eta_{thS} = 1 - \frac{1}{\varepsilon^{k-1}} \times \frac{\alpha\sigma^k - 1}{(\alpha - 1) + k\alpha(\sigma - 1)}$$

$$P_{me} = P_1 \frac{\varepsilon^k\{(\alpha - 1) + k\alpha(\sigma - 1)\} - \varepsilon(\alpha\sigma^k - 1)}{(k-1)(\varepsilon - 1)}$$

(5) 사이클(Cycle)의 비교

① 최저온도 및 압력, 공급열량과 압력이 같은 경우 : $\eta_O > \eta_S > \eta_D$

② 최저온도 및 압력, 공급열량과 최고 압력이 같은 경우 : $\eta_D > \eta_S > \eta_O$

(6) 효율과 출력

$$\eta_i = \frac{w_i}{q_1}, \quad \eta_g = \frac{\eta_i}{\eta_{th}} = \frac{w_i}{w_{th}}$$

$$\eta_e = \eta_i \cdot \eta_m = \eta_g \cdot \eta_{th} \cdot \eta_m = \frac{W_e}{q_1}$$

$$P_{mi} = \frac{w_i}{V_s} = \frac{w_{th} \cdot \eta_g}{V_s} = P_{th} \cdot \eta_g = \frac{60N_i}{v_s \cdot \frac{n}{z}}$$

$$P_{me} = \frac{w_e}{V_s} = \frac{w_i \cdot \eta_m}{V_s} = P_{mi} \cdot \eta_m = P_{th} \cdot \eta_g \cdot \eta_m = \frac{60N_e}{V_s \cdot \frac{n}{z}}$$

(7) 브레이턴 사이클(Brayton cycle)

$$q_1 = C_p(T_3 - T_2), \quad q_2 = C_p(T_4 - T_1)$$

$$T_2 = \varphi^{\frac{k-1}{k}} \cdot T_1, \quad T_3 = T_4 \cdot \varphi^{\frac{k-1}{k}} \quad \left(\varphi = \frac{P_2}{P_1}\right)$$

$$\eta_{thB} = 1 - \left(\frac{1}{\varphi}\right)^{\frac{k-1}{k}} = 1 - \frac{h_4 - h_1}{h_3 - h_2} = 1 - \frac{T_4 - T_1}{T_3 - T_2}$$

터빈의 단열효율 $\eta_T = \dfrac{W_T'}{W_T} = \dfrac{h_3 - h_4'}{h_3 - h_4}$

압축기의 단열효율 $\eta_C = \dfrac{W_C}{W_C{}'} = \dfrac{h_2 - h_1}{h_2{}' - h_1} = \dfrac{T_2 - T_1}{T_2{}' - T_1}$

9. 증기원동소 사이클

(1) 랭킨 사이클

$q_1 = h_2 - h_1$ (가열량)
$q_2 = h_3 - h_4$ (방열량)
$W_T = h_2 - h_3$ (터빈일)
$W_P = h_1 - h_4$ (펌프일)
$W_{net} = W_T - W_P$
$\eta_R = \dfrac{W_{net}}{q_1}$ (펌프일 고려)
$\eta_R = \dfrac{W_T}{q_1}$ (펌프일 무시)

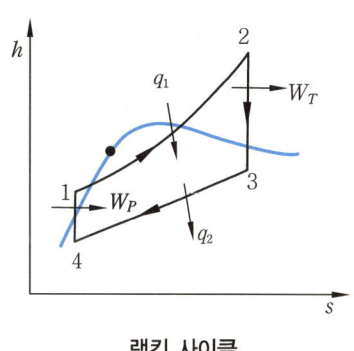

랭킨 사이클

(2) 재열 사이클

$q_1 = q_1{}' + q_1{}'' = (h_2 - h_1) + (h_4 - h_3)$
$q_2 = h_5 - h_6$
$W_T = W_{T_1} + W_{T_2} = (h_2 - h_3) + (h_4 - h_5)$
$W_P = (h_1 - h_6)$
$W_{net} = W_T - W_P$
$\eta_{reh} = \dfrac{W_{net}}{q_1} = \dfrac{W_T - W_P}{q_1}$ (펌프일 고려), 또는
$\quad\quad = \dfrac{W_T}{q_1}$ (펌프일 무시)

개선율 $= \dfrac{\eta_{reh} - \eta_R}{\eta_R} \times 100 \%$

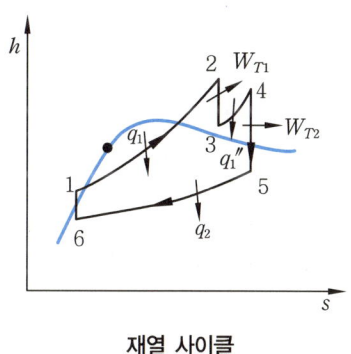

재열 사이클

(3) 재생 사이클

$h_1 \fallingdotseq h_1{}', \ h_8 = h_8{}'$
$q_1 = h_2 - h_1{}', \ q_2 = (1 - m_1 - m_2) \times (h_5 - h_6)$
$W_T = W_{T_1} + W_{T_2} + W_{T_3}$
$\quad = (h_2 - h_3) + (1 - m_1)(h_3 - h_4) + (1 - m_1 - m_2)(h_4 - h_5)$
$W_P = (h_1{}' - h_1) + (1 - m_1)(h_8{}' - h_8) + (1 - m_1 - m_2)(h_7 - h_6)$
$\eta_{reg} = \dfrac{W_{net}}{q_1}$ (펌프일 고려), $\eta_{reg} = \dfrac{W_T}{q_1}$ (펌프일 무시)

[참고] 추기량 : $m_1(h_3-h_1)=(1-m_1)(h_1-h_8)$
$m_2(h_4-h_8)=(1-m_1-m_2)(h_8-h_6)$

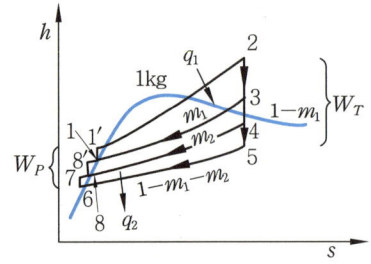
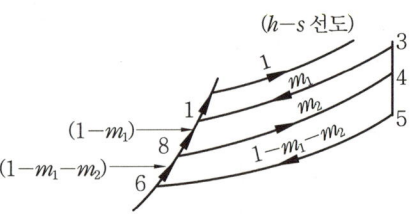

(4) 재열·재생 사이클

$q_1 = q_1' + q_1''$
$\quad = (h_4-h_8)+(1-m_1)(h_6-h_5)$
$q_2 = (1-m_1-m_2)(h_7-h_1)$
$W_T = (h_4-h_5)+(1-m_1)(h_6-h_5')$
$\quad\quad + (1-m_1-m_2)(h_5'-h_7)$

$\eta_{hg} = \dfrac{W_T}{q_1}$ (펌프일 무시)

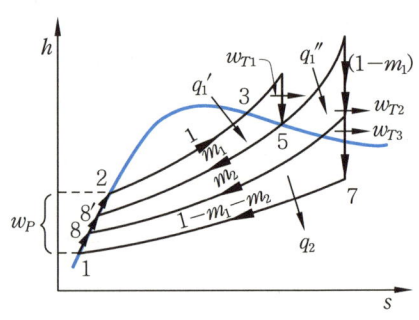

재열·재생 사이클

(5) 증기소비율 (kW·h당) : $SR = \dfrac{1}{W_{net}}$

열소비율 (kW·h당) : $HR = q \times SR = \dfrac{1}{\eta_{th}}$

[참고] $1\text{ kW} = 1.36\text{ P·S} = 1\text{kJ/s}$

$1\text{ kJ} = \dfrac{1}{3600}\text{ kW·h} = \dfrac{1.36}{3600}\text{ PS·h}$

$1\text{ kcal} = 4.187\text{ kJ} (=\text{kN·m})$

10. 냉동 사이클

(1) 역카르노 사이클 (이론냉동 사이클)

① 냉동효과(흡수열량) $q_2 = P_2 v_2 \cdot \ln\dfrac{v_3}{v_2} = RT_2 \cdot \ln\dfrac{v_3}{v_2}$

② 방열량 $q_1 = P_1 v_1 \cdot \ln\dfrac{v_4}{v_1} = RT_1 \cdot \ln\dfrac{v_4}{v_1}$

③ 냉동기 성적계수 $\varepsilon_R = \dfrac{T_2}{T_1-T_2}$

여기서, T_1 : 고열원 온도, T_2 : 저열원 온도

④ 열펌프 성적계수 $\varepsilon_H = \dfrac{T_1}{T_1 - T_2}$

(2) 1 RT = 13900 kJ/h = 3320 kcal/h (1냉동톤)

① 냉동률 $K = \dfrac{냉동효과(q_2)}{이론지시마력(N_i)} = \dfrac{q_2}{W} = \varepsilon_R$

② 냉매순환량 $G = \dfrac{Q_0(냉동량)}{q_2(냉동효과)}$

(3) 공기압축 냉동 사이클 (역브레이턴 사이클)

① 냉동효과 $q_2 = C_p(T_3 - T_2)$

② 방열량 $q_1 = C_p(T_4 - T_1)$

③ 냉동기 성적계수

$$\varepsilon_R = \dfrac{T_3}{T_4 - T_3} = \dfrac{T_2}{T_1 - T_2} = \dfrac{1}{\left(\dfrac{P_1}{P_2}\right)^{\frac{k-1}{k}} - 1}$$

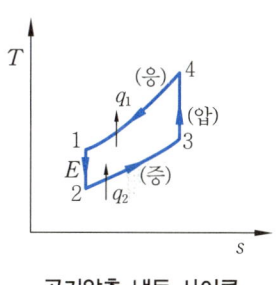

공기압축 냉동 사이클

(4) 습증기압축 냉동 사이클

① $q_2 = h_2 - h_1 = h_2 - h_4$ 　② $q_1 = h_3 - h_4 = h_3 - h_1$

③ $W_C = h_3 - h_2$ 　　　　　　④ $\varepsilon_R = \dfrac{q_2}{W_C}$

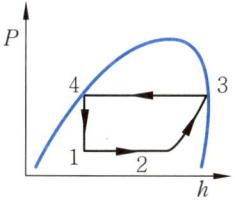
습증기압축 냉동 사이클

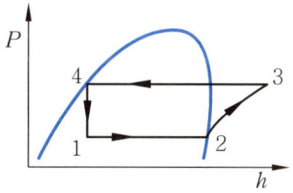
건증기압축 냉동 사이클

(5) 건증기압축 냉동 사이클

① $q_1 = h_3 - h_4$ 　　　　　　② $q_2 = h_2 - h_1 - h_2 - h_4$

③ $W_C = h_3 - h_2$ 　　　　　　④ $\varepsilon_R = \dfrac{q_2}{W_C}$

(6) 과열압축 냉동 사이클

① $q_2 = h_3 - h_1$ (증발기 내) 　② $q_2 = h_2 - h_1$ (증발기 외)

③ $q_1 = h_4 - h_5 = h_4 - h_1$ 　④ $W_C = h_4 - h_3$

⑤ $\varepsilon_R = \dfrac{q_2}{W_C}$

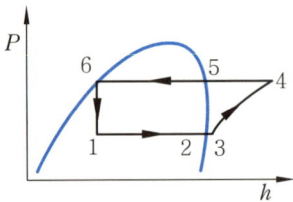

과열압축 냉동 사이클

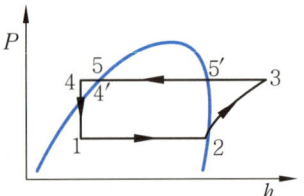

과랭압축 냉동 사이클

(7) 과랭압축 냉동 사이클

① $q_2 = h_2 - h_1 = h_2 - h_4$ ② $q_1 = h_3 - h_4 = h_3 - h_1$

③ $W_C = h_3 - h_2$ ④ $\varepsilon_R = \dfrac{q_2}{W_C}$

⑤ 과냉각도 $= t_4' - t_4$

(8) 다단압축 냉동 사이클

① $q_2 = h_1 - h_6 = h_1 - h_5$ ② $W_C = (h_4 - h_3) + (h_2 - h_1)$

③ $\varepsilon_R = \dfrac{q_2}{W_C}$ ④ $P_m = \sqrt{P_1 P_2}$

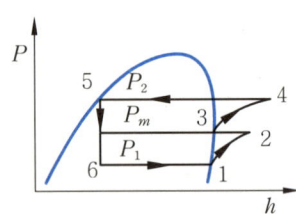

다단압축 냉동 사이클

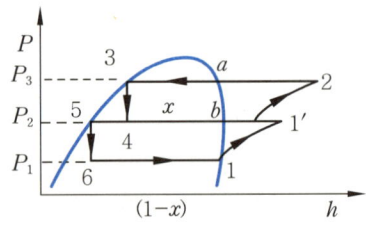

다효압축 냉동 사이클

(9) 다효압축 냉동 사이클

① $q_2 = (1-x)(h_1 - h_6) = (1-x)(h_1 - h_5)$
$ = \dfrac{h_b - h_3}{h_b - h_5}(h_1 - h_5)$

② $q_1 = h_2 - h_3 = h_2 - h_4 = h_2 - \{h_5 + x(h_b - h_5)\}$

③ $\varepsilon_R = \dfrac{q_2}{W}$

④ $x = \dfrac{h_3 - h_5}{h_b - h_5} = \dfrac{h_3 - h_5}{\gamma_2}$

표 A-1 주요 냉매의 열역학적 특성

냉매 명 분자식	증발 온도 °C	응축 온도 °C	증발 압력 kg/cm² (abs)	응축 압력 kg/cm² (abs)	응축비	냉동 능력 kcal/kg	톤 당 냉매 순환량 (kg/h)/t	액비 체적 L/kg	톤 당 냉매 순환량 (L/h)/t	가 tm 비체적 m³/kg	피스톤 배제량 (m³/h)/t	압축일 kcal/kg	성적 계수	소요 마력 PS/t	배출 온도 °C	가스 헤드 m	34℃에서의 포화증기의 음속 m/s
CO_2	-10	-30	23.34	73.34	3.14	37.90	87.6	1.680	147.2	0.0166	1.45	12.0	3.2	1.66	66		
R-13 CF_3Cl	-100	-50	0.339	4.29	12.63	28.01	118.1	0.717	84.7	0.402	48.2	10.8	2.6	2.02	-15		
R-22 CHF_2Cl	-40	10	1.076	6.99	6.56	43.66	76.0	0.800	60.8	0.205	15.6	11.1	3.9	1.37	47		
	-15	30	3.04	12.26	4.03	40.15	82.7	0.850	70.3	0.0775	6.4	8.3	4.8	1.09	55		
	5	45	6.00	17.71	2.98	37.14	89.4	0.901	80.5	0.0403	3.6	6.7	5.6	0.94	67		
propane C_3H_8	-15	30	2.95	11.02	3.74	71.90	46.2	0.530	24.5	0.156	7.2	15.0	4.8	1.10	36		
ammonia NH_3	-40	10	0.73	6.27	8.57	282.6	11.7	1.601	18.7	1.550	18.1	77.0	3.7	1.43	113		
	-15	30	2.41	11.90	4.94	269.0	12.3	1.689	20.7	0.509	6.3	55.0	4.9	1.075	99	18350	411
	5	45	5.26	18.17	3.45	257.5	12.9	1.750	22.6	0.244	3.1	43.0	5.9	0.895	94		
R-500 CCl_2F_2 73.8% CH_3CHF_2 62.2%	-40	10	0.76	5.10	6.70	37.86	87.7	0.825	72.4	0.254	22.2	10.0	3.8	1.38	30		
	-15	30	2.13	8.73	4.10	35.48	93.6	0.868	81.2	0.095	8.9	7.2	4.7	1.12	41		
	5	45	4.36	13.15	3.10	33.47	99.2	0.918	91.1	0.049	4.9	5.8	5.8	0.91	53		
R-12 CF_2Cl_2	-40	10	0.655	4.31	6.57	31.24	106.3	0.734	78.0	0.244	25.9	8.3	3.8	1.38	23		
	-15	30	1.86	7.58	4.07	29.52	112.5	0.773	87.0	0.093	10.4	6.1	4.7	1.12	38	2050	138.2
	5	45	3.70	11.02	3.26	28.13	118.0	0.810	95.6	0.049	5.7	5.0	5.6	0.94	51		
methyle chloride CH_3Cl	-15	30	1.49	6.66	4.47	85.43	39.0	1.110	43.3	0.279	10.9	17.0	5.0	1.04	81		
	5	45	3.10	9.86	3.18	82.05	40.5	1.149	46.5	0.140	5.7	13.2	6.2	0.85	82		
SO_2	-15	30	0.823	4.71	5.72	81.31	40.8	0.738	30.1	0.406	16.6	16.7	4.9	10.8	99		
R-114 CH_2Cl-CF_2Cl	-15	30	0.475	2.60	5.47	24.97	133.0	0.694	92.3	0.263	35.6	5.9	4.2	1.24	30	2090	116.5
	5	45	0.109	4.07	3.73	24.12	137.6	0.718	98.7	0.121	16.6	4.9	4.9	1.07	45		
R-21 $CHCl_2F$	-15	30	0.369	2.20	6.06	50.85	65.3	0.739	49.3	0.571	37.2	10.4	4.9	1.05	63	3460	156
	5	45	0.887	3.50	3.95	49.48	67.1	0.760	51.0	0.252	16.9	8.1	6.1	0.86	68		
R-11 $CFCl_3$	-15	30	0.205	1.29	6.26	38.50	86.2	0.683	58.9	0.772	67.2	7.4	5.2	1.01	45	2430	134.6
	5	45	0.506	2.08	4.12	37.85	87.7	0.702	61.6	0.334	29.4	5.7	6.6	0.79	52		
methylene chloride CH_2Cl_2	-15	30	0.087	0.70	8.11	75.31	44.1	0.766	33.8	2.95	130.0	18.0	4.2	1.26	110	5760	176.5
	5	45	0.241	1.15	4.78	74.45	44.6	0.781	34.8	1.13	50.5	13.5	5.5	0.95	98		
R-113 $CCl_2F-CClF_2$	-15	30	0.070	0.55	7.86	30.13	110.2	0.642	70.7	1.65	182.0	5.4	5.6	0.94	30	2180	113.3
	5	45	0.194	0.95	4.89	29.68	112.2	0.658	73.8	0.64	71.6	5.1	5.9	0.88	45		
H_2O	-100	45	0.009	0.1	11.1	554.3	5.94			147.1							
R-14 CF_4	-130	-100	0.40	5.1	5.67	20.0		0.608		0.13							

11. 전 열

(1) 전도 : $Q = -kA\dfrac{dt}{dx}$

   ① 평면벽 $Q = kA\dfrac{(t_1-t_2)}{x} = A\dfrac{(t_1-t_2)}{\dfrac{x}{k}} = A\dfrac{(t_1-t_2)}{R_c}$

   ② 다층벽 $Q = A \cdot \dfrac{(t_1-t_2)}{\sum\left(\dfrac{x}{k}\right)}$, $\quad R_{th} = \sum\dfrac{x}{k} = \dfrac{x_1}{k_1} + \dfrac{x_2}{k_2} + \dfrac{x_3}{k_3} + \cdots$

   ③ 원통벽 $Q = \dfrac{2\pi L(t_1-t_2)}{\dfrac{1}{k}\cdot\ln\left(\dfrac{r_2}{r_1}\right)} = \dfrac{(t_1-t_2)}{R_{th}}$, $\quad R_{th} = \dfrac{\ln\left(\dfrac{r_2}{r_1}\right)}{2\pi kL}$

   ④ 다층원통 $Q = \dfrac{2\pi L(t_1-t_2)}{\sum\limits_{i=1}^{n}\left(\dfrac{1}{k_i}\cdot\ln\dfrac{r_{i+1}}{r_i}\right)} = \dfrac{(t_1-t_2)}{\sum\limits_{i=1}^{n}R_{thi}}$, $\quad R_{th} = \dfrac{\ln\left(\dfrac{r_{i+1}}{r_i}\right)}{2\pi k_i L}$

(2) 대류 : $Q = \alpha \cdot A(t_w - t)$

   ① $Nu = \dfrac{\alpha D}{k}$ ② $Pr = \dfrac{\nu}{a}$ ③ $Re = \dfrac{wD}{\nu}$ ④ $Gr = g\beta(\Delta t)\dfrac{D^3}{\nu^3}$

(3) 열관류

   ① 평면벽 $Q = A \cdot \dfrac{(t_1-t_2)}{\dfrac{1}{\alpha_1} + \dfrac{x}{k} + \dfrac{1}{\alpha_2}} = kA \cdot (t_1-t_2)$

   ② 열관류율 $\dfrac{1}{K} = \dfrac{1}{\alpha_1} + \dfrac{x}{k} + \dfrac{1}{\alpha_2}$

   ③ 원통벽 $\dfrac{1}{K} = \dfrac{1}{\alpha_2} + \dfrac{r_2}{k}\cdot\ln\dfrac{r_2}{r_1} + \dfrac{1}{\alpha_1}\cdot\dfrac{r_2}{r_1}$

(4) LMTD (대수 평균온도차)

   ① 전열량 $Q = K \cdot A \cdot \Delta T_m$

   ② 대수 평균온도차 $\Delta T_m = \dfrac{\Delta T_1 - \Delta T_2}{\ln\dfrac{\Delta T_1}{\Delta T_2}}$ (여기서, $\Delta T_1 = t_1 - t_1'$, $\Delta T_2 = t_2 - t_2'$)

(5) 복 사

$$Q = \sigma(T_1^4 - T_2^4) = CA\left[\left(\dfrac{T_1}{100}\right)^4 - \left(\dfrac{T_2}{100}\right)^4\right]$$

$$\sigma = 4.88 \times 10^{-8}\,[\text{kcal/h} \cdot \text{m}^2 \cdot \text{K}^4]$$

$\dfrac{E(\text{일반 물체방사도})}{E_b(\text{흑체방사도})} = \varepsilon(\text{복사율}) = a(\text{흡수율}) \rightarrow$ 키르히호프의 동일성(법칙)

반사율 (r) + 흡수율 (a) + 투과율 $(t) = 1$

$a = 1$, $r = 0$ (완전흑체), $\quad a = 0$, $r = 1$ (완전백체)

부록 2   참고 내용 정리

1. 차원과 단위

(1) 차원과 단위

① **차원** : 차원이란 길이, 시간, 면적, 속도 등과 같이 측정할 수 있는 양을 말하며, 일차차원(primary dimension)과 이차차원(secondary dimension)으로 구분된다. 일차차원을 기본차원(basic dimension)이라 하고, 이차차원을 유도차원(derived dimension)이라고도 한다.

② **단위계** : 단위계에는 절대단위계(absolute unit system)와 공학단위계(technical unit system)가 있으며, 절대단위계에서는 길이(L), 시간(T), 질량(M)을 일차차원으로 정하고 힘(F)의 차원으로 다음의 식에서 $g_c = 1$(무차원수)이 되도록 정해진다.

$$\therefore F = MLT^{-2}$$

즉, 단위질량에 단위가속도를 주는 힘의 크기를 힘의 표준단위로 정한다.

$$F \propto ma$$

여기서, m : 질량

$$F = \frac{ma}{g_c}$$

여기서, a : 가속도, g_c : 비례상수

한편, 공학 단위계는 중력 단위계라고도 하며, 길이(L), 시간(T), 힘(F)을 일차차원으로 하고 질량(M)은 이차차원이 되며, 역시 $g_c = 1$이 되도록 결정된다.

$$\therefore M = FT^2 L^{-1}$$

③ **국제단위계** : 국제단위계(the international system of units)는 국제도량위총회에서 채택된 단위 제도이며, 국제표준화기구(ISO ; international organization for standardization)에서 추진하고 있으며, 간단히 SI 단위라 부른다. 한국산업규격은 이 단위를 대부분 채택한 것으로 SI 단위는 미터제를 기준으로 하고 있다. 이상에서 말한 단위계의 차원 비교는 다음 표와 같다.

④ 절대단위계와 중력단위계의 차원 비교

순위	양	절대단위계	중력 단위계	SI 단위	비 고
	기본차원	질량 (M) 길이 (L) 시간 (T) 온도 (θ) 전류 (C) 광도 (I) 질량의 양 (mol)	 힘 (F) 길이 (L) 시간 (T) 온도 (θ) 전류 (C) 광도 (I) 질량의 양 (mol)	kg N m s K A cd mol	
1	길이	L	L	m	
2	시간	T	T	s	
3	질량	M	FT^2L^{-1}	kg	
4	열역학적 온도	θ	θ	K	
5	광도	I	I	cd	
6	평면각	무차원	무차원	rad	평면각과 입체각 은 무차원이다.
7	주파수	T^{-1}	T^{-1}	Hz	
8	힘, 역량	MLT^{-2}	F	N	
9	에너지, 일, 열량	ML^2T^{-2}	FL	J	엔탈피, 힘의 모멘트도 차원이 같다.
10	동력, 공률	ML^2T^{-2}	FLT^{-1}	W	전력의 차원도 같다.
11	각속도	T^{-1}	T^{-1}	rad/s	
12	넓이	L^2	L^2	m²	
13	부피	L^3	L^3	m³	
14	면적의 2차 모멘트	L^4	L^4	m⁴	
15	속도, 속력	LT^{-1}	LT^{-1}	m/s	
16	가속도	LT^{-2}	LT^{-2}	m/s²	
17	질량유량	MT^{-1}	FT^{-1}	kg/s	중력단위에서는 중량유량
18	(체적)유량	L^3T^{-1}	L^3T^{-1}	m³/s	
19	밀도	ML^{-3}	FT^2L^{-4}	kg/m³	
20	비중량	$MT^{-2}L^{-2}$	FL^{-3}	N/m³	
21	압력	$MT^{-2}L^{-1}$	FL^{-2}	Pa	
22	표면장력	MT^{-2}	FL^{-1}	N/m	
23	가격강도	MT^{-2}	FL^{-1}	J/m²	
24	점도(점성계수)	$ML^{-1}T^{-1}$	FTL^{-2}	Pa·s	
25	동점도(동점성 계수)	L^2T^{-1}	L^2T^{-1}	m²/s	확산계수 열확산계수

순위	양	절대단위계	중력단위계	SI 단위	비 고
26	열용량	$ML^2T^{-2}\theta^{-1}$	$FL\theta^{-1}$	J/K	엔트로피
27	비열	$L^2T^{-2}\theta^{-1}$	$L\theta^{-1}$	J (kg·K)	비엔트로피, 기체상수, 중력단위계에서는 단위중량당의 비열
28	비에너지, 비잠열 (숨은열), 비엔탈피	L^2T^{-2}	L	J/kg	중력단위계에서는 단위중량당의 에너지(수두)
29	열류밀도	MT^{-3}	$FL^{-1}T^{-1}$	W/m²	
30	열전도계수(열전도율)	$MLT^{-3}\theta^{-1}$	$FT^{-1}\theta^{-1}$	W/(m·K)	
31	열전달계수	$MT^{-3}\theta^{-1}$	$FT^{-1}L^{-1}\theta^{-1}$	W/(m²·K)	
32	물질의 양	mol	mol	mol	
33	몰질량	$M\text{mol}^{-1}$	$F\text{mol}^{-1}$	kg/mol	중력단위계에서는 몰중량
34	몰체적	$L^3\text{mol}^{-1}$	$L^3\text{mol}^{-1}$	m³/mol	
35	몰에너지	$ML^2T^{-2}\text{mol}^{-1}$	$FL\text{mol}^{-1}$	J/mol	
36	몰비열, 몰엔트로피	$ML^2T^{-2}\theta^{-1}\text{mol}^{-1}$	$FL\theta^{-1}\text{mol}^{-1}$	J/(mol·K)	
37	복사강도	ML^2T^{-3}	FLT^{-1}	W/sr	
38	에너지 플루언스	MT^{-2}	FL^{-1}	J/m²	충격강도
39	운동량	MLT^{-1}	FT	N·s	표면장력
40	각운동량	ML^2T^{-1}	FLT	N·m·s	역적
41	(질량) 관성모멘트	ML^2	FLT^2	kg·m²	

(2) SI 단위표

구 분	명 칭	기 호	정 의	차 원
힘	newton	N	kg (m/s²)	kg·m/s²
압력	pascal	Pa	N/m²	kg/(m·s²)
에너지	joule	J	N·m	kg·m²/s²
비열	joule 매 kilogram매 kelvin	J/(kg·K)	N·m/(kg·K)	m²/(s²·K)
일량, 동력	watt	W	J/s	kg/(m²·s²)
비에너지	joule 매 kilogram	J/kg	N·m/kg	m²/s²

(3) 환산계수표

구 분	종래의 공학단위	왼쪽값에 곱하는 계수	SI 단위
질 량	kg	1	kg
밀 도	kg/m^3	1	kg/m^3
힘	kgf	9.80665	N
	dyn(다인)	10^{-5}	N
압 력	kgf/cm^2	9.80665×10^4	Pa
	kgf/m^2	9.80665	Pa
	mmHg	1.33322×10^2	Pa
	mmH_2O	9.80665	Pa
	mH_2O	9.80665×10^3	Pa
	at(공학기압)	9.80665×10^4	Pa
	atm(표준기압)	1.01325×10^5	Pa
	bar	10^5	Pa
	torr	1.33322×10^2	Pa
비중량	kgf/m^3	9.80665	N/m^3
에너지, 일	$kgf \cdot m$	9.80665	J
열 량	cal	4.1868	J
	kcal	4186.8	J
일률, 동력	PS	735.5	W
	$kgf \cdot m/s$	9.80665	W
	kcal/h	1.163	W
점 도	$kgf \cdot s/m^2$	9.80665	$Pa \cdot s$
	P(푸아즈)	10^{-1}	$Pa \cdot s$
	cP(센티푸아즈)	10^{-3}	$Pa \cdot s$
동점도	St(스토크스)	10^{-4}	m^2/s
	cSt(센티스토크스)	10^{-5}	m^2/s
열전도율	$kcal/(h \cdot m \cdot ℃)$	1.163	$W/(m \cdot K)$
열전달률	$kcal/(h \cdot m^2 \cdot ℃)$	1.163	$W/(m^2 \cdot K)$
비 열	$kcal/(kg \cdot ℃)$	4.1868×10^5	$J/(kg \cdot K)$
	$kgf \cdot m/(kg \cdot ℃)$	9.80665	$J/(kg \cdot K)$

(4) 기체의 물성치

기 체	분자식	분자량 M	가스 상수 R (kJ/kg·K)	밀도 ρ (kg/m³) 0℃, 1 atm	정압비열 C_p (J/kg·K) 25℃, 1 atm	비열비 k
헬륨	He	4.00	2.077	0.179	5197	1.66
아르곤	Ar	39.95	0.208	1.784	522	1.66
수소	H_2	2.02	4.124	0.090	14317	1.41
산소	O_2	32.00	0.260	1.429	9194	1.40
질소	N_2	28.01	0.297	1.251		1.40
공기		28.96	0.287	1.293	1005	1.40
일산화탄소	CO	28.01	0.297	1.251	1043	1.40
산화질소	NO	30.01	0.277	1.340	850	1.39
염화수소	HCl	36.46	0.228	1.693	798	1.40
수증기	H_2O	18.02	0.462	—	4174	1.33
탄산가스	CO_2	41.01	0.189	1.977	850	1.30
아산화질소	N_2O	44.01	0.189	1.980	875	1.27
아황산가스	SO_2	64.04	0.130	2.926	622	1.27
암모니아	NH_3	17.03	0.488	0.771	2156	1.31
아세틸렌	C_2H_2	26.04	0.319	1.179	1704	1.26
메탄	CH_4	16.04	0.518	0.717	2232	1.32
에틸렌	C_2H_4	28.05	0.296	1.260	1566	1.25
에탄	C_2H_6	30.07	0.277	1.356	1767	1.20

(5) 대표적인 열역학 일반관계식과 이 식들의 완전 가스에 대한 값

상태식	$f(P,\ v,\ T)=0$ (임의)	$Pv=RT$
내부 에너지	$\left(\dfrac{\partial u}{\partial v}\right)_T = T\left(\dfrac{\partial P}{\partial T}\right)_v - P$ $= T^2\left\{\dfrac{\partial\left(\dfrac{P}{T}\right)}{\partial T}\right\}_v$	$\left(\dfrac{\partial u}{\partial v}\right)_T = 0$

엔탈피	$\left(\dfrac{\partial i}{\partial P}\right)_T = v - T\left(\dfrac{\partial v}{T\partial}\right)_p$ $= -T^2\left\{\dfrac{\partial\left(\dfrac{v}{T}\right)}{\partial T}\right\}_p$	$\left(\dfrac{\partial i}{\partial P}\right)_T = 0$
줄 톰슨 계수	$\mu = \left(\dfrac{\partial T}{\partial P}\right)_i = \dfrac{\left\{T\left(\dfrac{\partial v}{\partial T}\right)_p - v\right\}}{C_p}$	$\mu = 0$
비열 C_v, C_p 의 관계식	$\dfrac{\partial C_v}{\partial v} = T\left(\dfrac{\partial^2 P}{\partial T^2}\right)_v$ $\dfrac{\partial C_p}{\partial P} = T\left(\dfrac{\partial^2 v}{\partial T^2}\right)_p$ $C_p - C_v = T\left(\dfrac{\partial v}{\partial T}\right)_p\left(\dfrac{\partial P}{\partial T}\right)_v$	$\dfrac{\partial C_v}{\partial v} = 0$ $\dfrac{\partial C_p}{\partial P} = 0$ $C_p - C_v = R$
비열비	$k = \dfrac{C_p}{C_v} = \dfrac{\left(\dfrac{\partial P}{\partial v}\right)_s}{\left(\dfrac{\partial P}{\partial v}\right)_T}$	
엔트로피 s에 대한 전미분의 P, v, T에 의한 표시	$ds = \dfrac{C_v}{T}dT + \left(\dfrac{\partial P}{\partial T}\right)_v dv$ $ds = \dfrac{C_p}{T}dT - \left(\dfrac{\partial v}{\partial T}\right)_P dP$ $ds = \dfrac{1}{(C_p - C_v)}$ $\times\left[C_p\left(\dfrac{\partial P}{\partial T}\right)_v dv + C_v\left(\dfrac{\partial v}{\partial T}\right)_p dP\right]$	$ds = C_v\dfrac{dT}{T}dT + R\dfrac{dv}{v}$ $ds = C_v\dfrac{dT}{T} - R\dfrac{dP}{P}$ $ds = C_p\dfrac{dv}{v} + C_v\dfrac{dP}{P}$
P, v, T, s 간의 관계 (맥스웰의 식)	$\left(\dfrac{\partial T}{\partial v}\right)_s = -\left(\dfrac{\partial P}{\partial s}\right)_v$ $\left(\dfrac{\partial v}{\partial s}\right)_p = \left(\dfrac{\partial T}{\partial P}\right)_s$ $\left(\dfrac{\partial P}{\partial T}\right)_v = \left(\dfrac{\partial s}{\partial v}\right)_T$ $\left(\dfrac{\partial v}{\partial T}\right)_p = -\left(\dfrac{\partial s}{\partial P}\right)_T$	$= -\dfrac{P}{C_v}$ $= \dfrac{v}{C_p}$ $= \dfrac{R}{v}$ $= -\dfrac{R}{P}$
$h - s$ 곡선의 경사	$\left(\dfrac{\partial h}{\partial s}\right)_p = T$	$= \dfrac{1}{\left(\dfrac{\partial s}{\partial C_p T}\right)_p} = \dfrac{C_p T}{C_p} = T$
$h - P$ 곡선의 경사	$\left(\dfrac{\partial h}{\partial P}\right)_s = v$	$= \dfrac{1}{\left(\dfrac{\partial P}{\partial C_p T}\right)_p} = \dfrac{C_p RT}{C_p P} = v$

(6) 열에 관한 단위 환산식

	m^3	cm^3	in^3	ft^3
체 적	1 1×10^{-6} 1.639×10^{-5} 2.832×10^{-2}	1×10^6 1 16.39 2.832×10^4	61020 0.06102 1 1728.1	35.31 35.31×10^{-6} 0.5787×10^{-6} 1

	kg/m^3	lb/in^3	(힘)	kgf	N
비중량	1 2.768×10^4	3.613×10^{-5} 1		1 0.10197	9.80665 1

	kg/cm^2	bar	atm	lb/in^2 (psi)
압 력	1 1.020 1.033 0.07031	0.9807 1 1.013 0.06895	0.9678 0.9869 1 0.06805	14.22 14.50 14.70 1

	kcal	J	kW·h	BTU
열 량	1 2.389×10^{-4} 860.0 0.2520	4186 1 3.6×10^6 1055	0.001163 2.778×10^{-7} 1 2.931×10^{-4}	3.968 9.480×10^{-4} 3413 1

	kcal/kg·℃	J/kg·℃	BTU/lb·°F	
비 열 비엔트로피	1 2.839×10^{-4} 0.5556	4186 1 4186	1 2.839×10^{-4} 1	

	kcal/kg	J/kg	Btu/lb	
비내부 에너지 비엔탈피	1 2.839×10^{-4} 0.5556	4186 1 2326	1.800 4.300×10^{-4} 1	

	kg·m/s	kW	PS	lb·ft/s
동 력 (공률)	1 102.0 75.00 0.1383	9.807×10^{-3} 1 0.7355 1.356×10^{-3}	0.0133 1.360 1 1.843×10^{-3}	7.233 737.6 542.5 1

(7) 압력기준 포화증기표

압력 (kPa)	포화 온도 (℃)	비체적 (m³/kg)		내부 에너지 (kJ/kg)			엔탈피 (kJ/kg)			엔트로피 (kJ/kg·K)		
		v_f	v_g	u_f	u_{fg}	u_g	h_f	h_{fg}	h_g	s_f	s_{fg}	s_g
1.0	6.97	0.001000	129.19	29.302	2355.2	2384.5	29.303	2484.4	2513.7	0.1059	8.8690	8.9749
1.5	13.02	0.001001	87.964	54.686	2338.1	2392.8	54.688	2470.1	2524.7	0.1956	8.6314	8.8270
2.0	17.50	0.001001	66.990	73.431	2325.5	2398.9	73.433	2459.5	2532.9	0.2606	8.4621	8.7227
2.5	21.08	0.001002	54.242	88.422	2315.4	2403.8	88.424	2451.0	2539.4	0.3118	8.3302	8.6421
3.0	24.08	0.001003	45.654	100.98	2306.9	2407.9	100.98	2443.9	2544.8	0.3543	8.2222	8.5765
4.0	28.96	0.001004	34.791	121.39	2293.1	2414.5	121.39	2432.3	2553.7	0.4224	8.0510	8.4734
5.0	32.87	0.001005	28.185	137.75	2282.1	2419.8	137.75	2423.0	2560.7	0.4762	7.9176	8.3938
7.5	40.29	0.001008	19.233	168.74	2261.1	2429.8	168.75	2405.3	2574.0	0.5763	7.6738	8.2501
10	45.81	0.001010	14.670	191.79	2245.4	2437.2	191.81	2392.1	2583.9	0.6492	7.4996	8.1488
15	53.97	0.001014	10.020	225.93	2222.1	2448.0	225.94	2372.3	2598.3	0.7549	7.2522	8.0071
20	60.06	0.001017	7.6481	251.40	2204.6	2456.0	251.42	2357.5	2608.9	0.8320	7.0752	7.9073
25	64.96	0.001020	6.2034	271.93	2190.4	2462.4	271.96	2345.5	2617.5	0.8932	6.9370	7.8302
30	69.09	0.001022	5.2287	289.24	2178.5	2467.7	289.27	2335.3	2624.6	0.9441	6.8234	7.7675
40	75.86	0.001026	3.9933	317.58	2158.8	2476.3	317.62	2318.4	2636.1	1.0261	6.6430	7.6691
50	81.32	0.001030	3.2403	340.49	2142.7	2483.2	340.54	2304.7	2645.2	1.0912	6.5019	7.5931
75	91.76	0.001037	2.2172	384.36	2111.8	2496.1	384.44	2278.0	2662.4	1.2132	6.2426	7.4558
100	99.61	0.001043	1.6941	417.40	2088.2	2505.6	417.51	2257.5	2675.0	1.3028	6.0562	7.3589
101.325	99.97	0.001043	1.6734	418.95	2087.0	2506.0	149.06	2256.5	2675.6	1.3069	6.0476	7.3545
125	105.97	0.001048	1.3750	444.23	2068.8	2513.0	444.36	2240.6	2684.9	1.3741	5.9100	7.2841
150	111.35	0.001053	1.1594	466.97	2052.3	2519.2	467.13	2226.0	2693.1	1.4337	5.7894	7.2231
175	116.04	0.001057	1.0037	486.82	2037.7	2524.5	487.01	2213.1	2700.2	1.4850	5.6865	7.1716
200	120.21	0.001061	0.88578	504.50	2024.6	2529.1	504.71	2201.6	2706.3	1.5302	5.5968	7.1270
225	123.97	0.001064	0.79329	520.47	2012.7	2533.2	520.71	2191.0	2711.7	1.5706	5.5171	7.0877
250	127.41	0.001067	0.71873	535.08	2001.8	2536.8	535.35	2181.2	2716.5	1.6072	5.4453	7.0525

압력 (kPa)	포화 온도 (°C)	비체적 (m³/kg)		내부 에너지 (kJ/kg)			엔탈피 (kJ/kg)			엔트로피 (kJ/kg·K)		
		v_f	v_g	u_f	u_{fg}	u_g	h_f	h_{fg}	h_g	s_f	s_{fg}	s_g
275	130.58	0.001070	0.65732	548.57	1991.6	2540.1	548.86	2172.0	2720.9	1.6408	5.3800	7.0207
300	133.52	0.001073	0.60582	561.11	1982.1	2543.2	561.43	2163.5	2724.9	1.6717	5.3200	6.9917
325	136.27	0.001076	0.56199	572.84	1973.1	2545.9	573.19	2155.4	2728.6	1.7005	5.2645	6.9650
350	138.86	0.001079	0.52422	583.89	1964.6	2548.5	584.26	2147.7	2732.0	1.7274	5.2128	6.9402
375	141.30	0.001081	0.49133	594.32	1956.6	2550.9	594.73	2140.4	2735.1	1.7526	5.1645	6.9171
400	143.61	0.001084	0.46242	604.22	1948.9	2553.1	604.66	2133.4	2738.1	1.7765	5.1191	6.8955
450	147.90	0.001088	0.41392	622.65	1934.5	2557.1	623.14	2120.3	2743.4	1.8205	5.0356	6.8561
500	151.83	0.001093	0.37483	639.54	1921.2	2560.7	640.09	2108.0	2748.1	1.8604	4.9603	6.8207
550	155.46	0.001097	0.34261	655.16	1908.8	2563.9	655.77	2096.6	2752.4	1.8970	4.8916	6.7886
600	158.83	0.001101	0.31560	669.72	1897.1	2566.8	670.38	2085.8	2756.2	1.9308	4.8285	6.7593
650	161.98	0.001104	0.29260	683.37	1886.1	2569.4	684.08	2075.5	2759.6	1.9623	4.7699	6.7322
700	164.95	0.001108	0.27278	696.23	1875.6	2571.8	697.00	2065.8	2762.8	1.9918	4.7153	6.7071
750	167.75	0.001111	0.25552	708.40	1865.6	2574.0	709.24	2056.4	2765.7	2.0195	4.6642	6.6837
800	170.41	0.001115	0.24035	719.97	1856.1	2576.0	720.87	2047.5	2768.3	2.0457	4.6160	6.6616
850	172.94	0.001118	0.22690	731.00	1846.9	2577.9	731.95	2038.8	2770.8	2.0705	4.5705	6.6409
900	175.35	0.001121	0.21489	741.55	1838.1	2579.6	742.56	2030.5	2773.0	2.0941	4.5273	6.6213
950	177.66	0.001124	0.20411	751.67	1829.6	2581.3	752.74	2022.4	2775.2	2.1166	4.4862	6.6027
1000	179.88	0.001127	0.19436	761.39	1821.4	2582.8	762.51	2014.6	2777.1	2.1381	4.4470	6.5850
1100	184.06	0.001133	0.17745	779.78	1805.7	2585.5	781.03	1999.6	2780.7	2.1785	4.3735	6.5520
1200	187.96	0.001138	0.16326	796.96	1790.9	2587.8	798.33	1985.4	2783.8	2.2159	4.3058	6.5217
1300	191.60	0.001144	0.15119	813.10	1776.8	2589.9	814.59	1971.9	2786.5	2.2508	4.2428	6.4936
1400	195.04	0.001149	0.14078	828.35	1763.4	2591.8	829.96	1958.9	2788.9	2.2835	4.1840	6.4675
1500	198.29	0.001154	0.13171	842.82	1750.6	2593.4	844.55	1946.4	2791.0	2.3143	4.1287	6.4430
1750	205.72	0.001166	0.11344	876.12	1720.6	2596.7	878.16	1917.1	2795.2	2.3844	4.0033	6.3877
2000	212.38	0.001177	0.099587	906.12	1693.0	2599.1	908.47	1889.8	2798.3	2.4467	3.8923	6.3390

압력 (kPa)	포화온도 (°C)	비체적 (m³/kg) v_f	v_g	내부 에너지 (kJ/kg) u_f	u_{fg}	u_g	엔탈피 (kJ/kg) h_f	h_{fg}	h_g	엔트로피 (kJ/kg·K) s_f	s_{fg}	s_g
2250	218.41	0.001187	0.088717	933.54	1667.3	2600.9	936.21	1864.3	2800.5	2.5029	3.7926	6.2954
2500	223.95	0.001197	0.079952	958.87	1643.2	2602.1	961.87	1840.1	2801.9	2.5542	3.7016	6.2558
3000	233.85	0.001217	0.066667	1004.6	1598.5	2603.2	1008.3	1794.9	2803.2	2.6454	3.5402	6.1856
3500	242.56	0.001235	0.057061	1045.4	1557.6	2603.0	1049.7	1753.0	2802.7	2.7253	3.3991	6.1244
4000	250.35	0.001252	0.049779	1082.4	1519.3	2601.7	1087.4	1713.5	2800.8	2.7966	3.2731	6.0696
5000	263.94	0.001286	0.039448	1148.1	1448.9	2597.0	1154.5	1639.7	2794.2	2.9207	3.0530	5.9737
6000	275.59	0.001319	0.032449	1205.8	1384.1	2589.9	1213.8	1570.9	2784.6	3.0275	2.8627	5.8902
7000	285.83	0.001352	0.027378	1258.0	1323.0	2581.0	1267.5	1505.2	2772.6	3.1220	2.6927	5.8148
8000	295.01	0.001384	0.023525	1306.0	1264.5	2570.5	1317.1	1441.6	2758.7	3.2077	2.5373	5.7450
9000	303.35	0.001418	0.020489	1350.9	1207.6	2558.5	1363.7	1379.3	2742.9	3.2866	2.3925	5.6791
10,000	311.00	0.001452	0.018028	1393.3	1151.8	2545.2	1407.8	1317.6	2725.5	3.3603	2.2556	5.6159
11,000	318.08	0.001488	0.015988	1433.9	1096.6	2530.4	1450.2	1256.1	2706.3	3.4299	2.1245	5.5544
12,000	324.68	0.001526	0.014264	1473.0	1041.3	2514.3	1491.3	1194.1	2685.4	3.4964	1.9975	5.4939
13,000	330.85	0.001566	0.012781	1511.0	985.5	2496.6	1531.4	1131.3	2662.7	3.5606	1.8730	5.4336
14,000	336.67	0.001610	0.011487	1548.4	928.7	2477.1	1571.0	1067.0	2637.9	3.6232	1.7497	5.3728
15,000	342.16	0.001657	0.010341	1585.5	870.3	2455.7	1610.3	1000.5	2610.8	3.6848	1.6261	5.3108
16,000	347.36	0.001710	0.009312	1622.6	809.4	2432.0	1649.9	931.1	2581.0	3.7461	1.5005	5.2466
17,000	352.29	0.001770	0.008374	1660.2	745.1	2405.4	1690.3	857.4	2547.7	3.8082	1.3709	5.1791
18,000	356.99	0.001840	0.007504	1699.1	675.9	2375.0	1732.2	777.8	2510.0	3.8720	1.2343	5.1064
19,000	361.47	0.001926	0.006677	1740.3	598.9	2339.2	1776.8	689.2	2466.0	3.9396	1.0860	5.0256
20,000	365.75	0.002038	0.005862	1785.8	509.0	2294.8	1826.6	585.5	2412.1	4.0146	0.9164	4.9310
21,000	369.83	0.002207	0.004994	1841.6	391.9	2233.5	1888.0	450.4	2338.4	4.1071	0.7005	4.8076
22,000	373.71	0.002703	0.003644	1951.7	140.8	2092.4	2011.1	161.5	2172.6	4.2942	0.2496	4.5439
22,064	373.95	0.003106	0.003106	2015.7	0	2015.7	2084.3	0	2084.3	4.4070	0	4.4070

(8) 온도기준 포화증기표

온도 (°C)	포화압력 (kPa)	비체적 (m³/kg)		내부 에너지 (kJ/kg)			엔탈피 (kJ/kg)			엔트로피 (kJ/kgK)		
		v_f	v_g	u_f	u_{fg}	u_g	h_f	h_{fg}	h_g	s_f	s_{fg}	s_g
0.01	0.6117	0.001000	206.00	0.000	2374.9	2374.9	0.001	2500.9	2500.9	0.0000	9.1556	9.1556
5	0.8725	0.001000	147.03	21.019	2360.8	2381.8	21.020	2489.1	2510.1	0.0763	8.9487	9.0249
10	1.2281	0.001000	106.32	42.020	2346.6	2388.7	42.022	2477.2	2519.2	0.1511	8.7488	8.8999
15	1.7057	0.001001	77.885	62.980	2332.5	2395.5	62.982	2465.4	2528.3	0.2245	8.5559	8.7803
20	2.3392	0.001002	57.762	83.913	2318.4	2402.3	83.915	2453.5	2537.4	0.2965	8.3696	8.6661
25	3.1698	0.001003	43.340	104.83	2304.3	2409.1	104.83	2441.7	2546.5	0.3672	8.1895	8.5567
30	4.2469	0.001004	32.879	125.73	2290.2	2415.9	125.74	2429.8	2555.6	0.4368	8.0152	8.4520
35	5.6291	0.001006	25.205	146.63	2276.0	2422.7	146.64	2417.9	2564.6	0.5051	7.8466	8.3517
40	7.3851	0.001008	19.515	167.53	2261.9	2429.4	167.53	2406.0	2573.5	0.5724	7.6832	8.2556
45	9.5953	0.001010	15.251	188.43	2247.7	2436.1	188.44	2394.0	2582.4	0.6386	7.5247	8.1633
50	12.352	0.001012	12.026	209.33	2233.4	2442.7	209.34	2382.0	2591.3	0.7038	7.3710	8.0748
55	15.763	0.001015	9.5639	230.24	2219.1	2449.3	230.26	2369.8	2600.1	0.7680	7.2218	7.9898
60	19.947	0.001017	7.6670	251.16	2204.7	2455.9	251.18	2357.7	2608.8	0.8313	7.0769	7.9082
65	25.043	0.001020	6.1935	272.09	2190.3	2462.4	272.12	2345.4	2617.5	0.8937	6.9360	7.8296
70	31.202	0.001023	5.0396	293.04	2175.8	2468.9	293.07	2333.0	2626.1	0.9551	6.7989	7.7540
75	38.597	0.001026	4.1291	313.99	2161.3	2475.3	314.03	2320.6	2634.6	1.0158	6.6655	7.6812
80	47.416	0.001029	3.4053	334.97	2146.6	2481.6	335.02	2308.0	2643.0	1.0756	6.5355	7.6111
85	57.868	0.001032	2.8261	355.96	2131.9	2487.8	356.02	2295.3	2651.4	1.1346	6.4089	7.5435
90	70.183	0.001036	2.3593	376.97	2117.0	2494.0	377.04	2282.5	2659.6	1.1929	6.2853	7.4782
95	84.609	0.001040	1.9808	398.00	2102.0	2500.1	398.09	2269.6	2667.6	1.2504	6.1647	7.4151
100	101.42	0.001043	1.6720	419.06	2087.0	2506.0	419.17	2256.4	2675.6	1.3072	6.0470	7.3542
105	120.90	0.001047	1.4186	440.15	2071.8	2511.9	440.28	2243.1	2683.4	1.3634	5.9319	7.2952
110	143.38	0.001052	1.2094	461.27	2056.4	2517.7	461.42	2229.7	2691.1	1.4188	5.8193	7.2382
115	169.18	0.001056	1.0360	482.42	2040.9	2523.3	482.59	2216.0	2698.6	1.4737	5.7092	7.1829
120	198.67	0.001060	0.89133	503.60	2025.3	2528.9	503.81	2202.1	2706.0	1.5279	5.6013	7.1292

온도 (°C)	포화 압력 (kPa)	비체적 (m³/kg)		내부 에너지 (kJ/kg)			엔탈피 (kJ/kg)			엔트로피 (kJ/kgK)		
		v_f	v_g	u_f	u_{fg}	u_g	h_f	h_{fg}	h_g	s_f	s_{fg}	s_g
125	232.23	0.001065	0.77012	524.83	2009.5	2534.3	525.07	2188.1	2713.1	1.5816	5.4956	7.0771
130	270.28	0.001070	0.66808	546.10	1933.4	2539.5	546.38	2173.7	2720.1	1.6346	5.3919	7.0265
135	313.22	0.001075	0.58179	567.41	1977.3	2544.7	567.75	2159.1	2726.9	1.6872	5.2901	6.9773
140	361.53	0.001080	0.50850	588.77	1960.9	2549.6	589.16	2144.3	2733.5	1.7392	5.1901	6.9294
145	415.68	0.001085	0.44600	610.19	1944.2	2554.4	610.64	2129.2	2739.8	1.7908	5.0919	6.8827
150	476.16	0.001091	0.39248	631.66	1927.4	2559.1	632.18	2113.8	2745.9	1.8418	4.9953	6.8371
155	543.49	0.001096	0.34648	653.19	1910.3	2563.5	653.79	2098.0	2751.8	1.8924	4.9002	6.7927
160	618.23	0.001102	0.30680	674.79	1893.0	2567.8	675.47	2082.0	2757.5	1.9426	4.8066	6.7492
165	700.93	0.001108	0.27244	696.46	1875.4	2571.9	697.24	2065.6	2762.8	1.9923	4.7143	6.7067
170	792.18	0.001114	0.24260	718.20	1857.5	2575.7	719.08	2048.8	2767.9	2.0417	4.6233	6.6650
175	892.60	0.001121	0.21659	740.02	1839.4	2579.4	741.02	2031.7	2772.7	2.0906	4.5335	6.6242
180	1002.8	0.001127	0.19384	761.92	1820.9	2582.8	763.05	2014.2	2777.2	2.1392	4.4448	6.5841
185	1123.5	0.001134	0.17390	783.91	1802.1	2586.0	785.19	1996.2	2781.4	2.1875	4.3572	6.5447
190	1255.2	0.001141	0.15636	806.00	1783.0	2589.0	807.43	1977.9	2785.3	2.2355	4.2705	6.5059
195	1398.8	0.001149	0.14089	828.18	1763.6	2591.7	829.78	1959.0	2788.8	2.2831	4.1847	6.4678
200	1554.9	0.001157	0.12721	850.46	1743.7	2594.2	852.26	1939.8	2792.0	2.3305	4.0997	6.4302
205	1724.3	0.001164	0.11508	872.86	1723.5	2596.4	874.87	1920.0	2794.8	2.3776	4.0154	6.3930
210	1907.7	0.001173	0.10429	895.38	1702.9	2598.3	897.61	1899.7	2797.3	2.4245	3.9318	6.3563
215	2105.9	0.001181	0.094680	918.02	1681.9	2599.9	920.50	1878.8	2799.3	2.4712	3.8489	6.3200
220	2319.6	0.001190	0.086094	940.79	1660.5	2601.3	943.55	1857.4	2801.0	2.5176	3.7664	6.2840
225	2549.7	0.001199	0.078405	963.70	1638.6	2602.3	966.76	1835.4	2802.2	2.5639	3.6844	6.2483
230	2797.1	0.001209	0.071505	986.76	1616.1	2602.9	990.14	1812.8	2802.9	2.6100	3.6028	6.2128
235	3062.6	0.001219	0.065300	1010.0	1593.2	2603.2	1013.7	1789.5	2803.2	2.6560	3.5216	6.1775
240	3347.0	0.001229	0.059707	1033.4	1569.8	2603.1	1037.5	1765.5	2803.0	2.7018	3.4405	6.1424
245	3651.2	0.001240	0.054656	1056.9	1545.7	2602.7	1061.5	1740.8	2802.2	2.7476	3.3596	6.1072
250	3976.2	0.001252	0.050085	1080.7	1521.1	2601.8	1085.7	1715.3	2801.0	2.7933	3.2788	6.0721

온도 (°C)	포화압력 (kPa)	비체적 (m³/kg)		내부 에너지 (kJ/kg)			엔탈피 (kJ/kg)			엔트로피 (kJ/kg·K)		
		v_f	v_g	u_f	u_{fg}	u_g	h_f	h_{fg}	h_g	s_f	s_{fg}	s_g
255	4322.9	0.001263	0.045941	1104.7	1495.8	2600.5	1110.1	1689.0	2799.1	2.8390	3.1979	6.0369
260	4692.3	0.001276	0.042175	1128.8	1469.9	2598.7	1134.8	1661.8	2796.6	2.8847	3.1169	6.0017
265	5085.3	0.001289	0.038748	1153.3	1443.2	2596.5	1159.8	1633.7	2793.5	2.9304	3.0358	5.9662
270	5503.0	0.001303	0.035622	1177.9	1415.7	2593.7	1185.1	1604.6	2789.7	2.9762	2.9542	5.9305
275	5946.4	0.001317	0.032767	1202.9	1387.4	2590.3	1210.7	1574.5	2785.2	3.0221	2.8723	5.8944
280	6416.6	0.001333	0.030153	1228.2	1358.2	2586.4	1236.7	1543.2	2779.9	3.0681	2.7898	5.8579
285	6914.6	0.001349	0.027756	1253.7	1328.1	2581.8	1263.1	1510.7	2773.7	3.1144	2.7066	5.8210
290	7441.8	0.001366	0.025554	1279.7	1296.9	2576.5	1289.8	1476.9	2766.7	3.1608	2.6225	5.7834
295	7999.0	0.001384	0.023528	1306.0	1264.5	2570.5	1317.1	1441.6	2758.7	3.2076	2.5374	5.7450
300	8587.9	0.001404	0.021659	1332.7	1230.9	2563.6	1344.8	1404.8	2749.6	3.2548	2.4511	5.7059
305	9209.4	0.001425	0.019932	1360.0	1195.9	2555.8	1373.1	1366.3	2739.4	3.3024	2.3633	5.6657
310	9865.0	0.001447	0.018333	1387.7	1159.3	2547.1	1402.0	1325.9	2727.9	3.3506	2.2737	5.6243
315	10,556	0.001472	0.016849	1416.1	1121.1	2537.2	1431.6	1283.4	2715.0	3.3994	2.1821	5.5816
320	11,284	0.001499	0.015470	1445.1	1080.9	2526.0	1462.0	1238.5	2700.6	3.4491	2.0881	5.5372
325	12,051	0.001528	0.014183	1475.0	1038.5	2513.4	1493.4	1191.0	2684.3	3.4998	1.9911	5.4908
330	12,858	0.001560	0.012979	1505.7	993.5	2499.2	1525.8	1140.3	2666.0	3.5516	1.8906	5.4422
335	13,707	0.001597	0.011848	1537.5	945.5	2483.0	1559.4	1086.0	2645.4	3.6050	1.7857	5.3907
340	14,601	0.001638	0.010783	1570.7	893.8	2464.5	1594.6	1027.4	2622.0	3.6602	1.6756	5.3358
345	15,541	0.001685	0.009772	1605.5	837.7	2443.2	1631.7	963.4	2595.1	3.7179	1.5585	5.2765
350	16,529	0.001741	0.008806	1642.4	775.9	2418.3	1671.2	892.7	2563.9	3.7788	1.4326	5.2114
355	17,570	0.001808	0.007872	1682.2	706.4	2388.6	1714.0	812.9	2526.9	3.8442	1.2942	5.1384
360	18,666	0.001895	0.006950	1726.2	625.7	2351.9	1761.5	720.1	2481.6	3.9165	1.1373	5.0537
365	19,822	0.002015	0.006009	1777.2	526.4	2303.6	1817.2	605.5	2422.7	4.0004	0.9489	4.9493
370	21,044	0.002217	0.004953	1844.5	385.6	2230.1	1891.2	443.1	2334.3	4.1119	0.6890	4.8009
373.95	22,064	0.003106	0.003106	2015.7	0	2015.7	2084.3	0	2084.3	4.4070	0	4.4070

(9) 과열증기표

T	v	u	h	s	v	u	h	s	v	u	h	s
	$P=0.01$ MPa (45.81℃)				$P=0.05$ MPa (81.33℃)				$P=0.10$ MPa (99.63℃)			
sat.	14.674	2437.9	2584.7	8.1502	3.240	2483.9	2645.9	7.5939	1.6940	2506.1	2675.5	7.3594
50	14.869	2443.9	2592.6	8.1749								
100	17.196	2515.5	2687.5	8.4479	3.418	2511.6	2682.5	7.6947	1.6958	2506.7	2676.2	7.3614
150	19.512	2587.9	2783.0	8.6882	3.889	2585.6	2780.1	7.9401	1.9364	2582.8	2776.4	7.6134
200	21.825	2661.3	2879.5	8.9038	4.356	2659.9	2877.7	8.1580	2.172	2658.1	2875.3	7.8343
250	24.136	2736.0	2977.3	9.1002	4.820	2735.0	2976.0	8.3556	2.406	2733.7	2974.3	8.0333
300	26.445	2812.1	3076.5	9.2813	5.284	2811.3	3075.5	8.5373	2.639	2810.4	3074.3	8.2158
400	31.063	2968.9	3279.6	9.6077	6.209	2968.5	3278.9	8.8642	3.103	2967.9	3278.2	8.5435
500	35.679	3132.3	3489.1	9.8978	7.134	3132.0	3488.7	9.1546	3.565	3131.6	3488.1	8.8342
600	40.295	3302.5	3705.4	10.1608	8.057	3302.2	3705.1	9.4178	4.028	3301.9	3704.7	9.0976
700	44.911	3479.6	3928.7	10.4028	8.981	3479.4	3928.5	9.6599	4.490	3479.2	3928.2	9.3398
800	49.526	3663.8	4159.0	10.6281	9.904	3663.6	4158.9	9.8852	4.952	3663.5	4158.6	9.5652
900	54.141	3855.0	4396.4	10.8396	10.828	3854.9	4696.3	10.0967	5.414	3854.8	4396.1	9.7767
1000	58.757	4053.0	4640.6	11.0393	11.751	4052.9	4640.5	10.2964	5.875	4052.8	4640.3	9.9764
1100	63.372	4257.5	4891.2	11.2287	12.674	4257.4	4891.1	10.4859	6.337	4257.3	4891.0	10.1659
1200	67.987	4467.9	5147.8	11.4091	13.597	4467.8	5147.7	10.6662	6.799	4467.7	5147.6	10.3463
1300	72.602	4683.7	5409.7	11.5811	14.521	4683.6	5409.6	10.8382	7.260	4683.5	5409.5	10.5183
	$P=0.20$ MPa (120.23℃)				$P=0.30$ MPa (133.55℃)				$P=0.40$ MPa (143.63℃)			
sat.	0.8857	2529.5	2706.7	7.1272	0.6058	2543.6	2725.3	6.9919	0.4625	2553.6	2738.6	6.8959
150	0.9596	2576.9	2768.8	7.2795	0.6339	2570.8	2761.0	7.0778	0.4708	2564.5	2752.8	6.9299
200	1.0803	2654.4	2870.5	7.5066	0.7163	2650.7	2865.6	7.3115	0.5342	2646.8	2860.5	7.1706
250	1.1988	2731.2	2971.0	7.7086	0.7964	2728.7	2967.6	7.5166	0.5951	2726.1	2964.2	7.3789
300	1.3162	2808.6	3071.8	7.8926	0.8753	2806.7	3069.3	7.7022	0.6548	2804.8	3066.8	7.5662
400	1.5493	2966.7	3276.6	8.2218	1.0315	2965.6	3275.0	8.0330	0.7726	2964.4	3273.4	7.8985
500	1.7814	3130.8	3487.1	8.5133	1.1867	3130.0	3486.0	8.3251	0.8893	3129.2	3484.9	8.1913
600	2.013	3301.4	3704.0	8.7770	1.3414	3300.8	3703.2	8.5892	1.0055	3300.2	3702.4	8.4558
700	2.244	3478.8	3927.6	9.0194	1.4957	3478.4	3927.1	8.8319	1.1215	3477.9	3926.5	8.6987
800	2.475	3663.1	4158.2	9.2449	1.6499	3662.9	4157.8	9.0576	1.2372	3662.4	4157.3	8.9244
900	2.706	3854.5	4395.8	9.4566	1.8041	3854.2	4395.4	9.2692	1.3529	3853.9	4395.1	9.1362
1000	2.937	4052.5	4640.0	9.6563	1.9581	4052.3	4639.7	9.4690	1.4685	4052.0	4639.4	9.3360
1100	3.168	4257.0	4890.7	9.8458	2.1121	4256.8	4890.4	9.6585	1.5840	4256.5	4890.2	9.5256
1200	3.399	4467.5	5147.3	10.0262	2.2661	4467.2	5147.1	9.8389	1.6996	4467.0	5146.8	9.7060
1300	3.630	4683.2	5409.3	10.1982	2.4201	4683.0	5409.0	10.0110	1.8151	4682.8	5408.8	9.8780

T	v	u	h	s	v	u	h	s
	$P = 0.50$ MPa (151.86°C)				$P = 0.60$ MPa (158.85°C)			
sat.	0.3749	2561.2	2748.7	6.8213	0.3157	2567.4	2756.8	6.7600
200	0.4249	2642.9	2855.4	7.0592	0.3520	2638.9	2850.1	6.9665
250	0.4744	2723.5	2960.7	7.2709	0.3938	2720.9	2957.2	7.1816
300	0.5226	2802.9	3064.2	7.4599	0.4344	2801.0	3061.6	7.3724
350	0.5701	2882.6	3167.7	7.6329	0.4742	2881.2	3165.7	7.5464
400	0.6173	2963.2	3271.9	7.7938	0.5137	2962.1	3270.3	7.7079
500	0.7109	3128.4	3483.9	8.0873	0.5920	3127.6	3482.8	8.0021
600	0.8041	3299.6	3701.7	8.3522	0.6697	3299.1	3700.9	8.2674
700	0.8969	3477.5	3925.9	8.5952	0.7472	3477.0	3925.3	8.5107
800	0.9896	3662.1	4156.9	8.8211	0.8245	3661.8	4156.5	8.7367
900	1.0822	3853.6	4394.7	9.0329	0.9017	3853.4	4394.4	8.9486
1000	1.1747	4051.8	4639.1	9.2328	0.9788	4051.5	4638.8	9.1485
1100	1.2672	4256.3	4889.9	9.4224	1.0559	4256.1	4889.6	9.3381
1200	1.3596	4466.8	5146.6	9.6029	1.1330	4466.5	5146.3	9.5185
1300	1.4521	4682.5	5408.6	9.7749	1.2101	4682.3	5408.3	9.6906
	$P = 0.80$ MPa (170.43°C)							
sat.	0.2404	2576.8	2769.1	6.6628				
200	0.2608	2630.6	2839.3	6.8158				
250	0.2931	2715.5	2950.0	7.0384				
300	0.3241	2797.2	3056.5	7.2328				
350	0.3544	2878.2	3161.7	7.4089				
400	0.3843	2959.7	3267.1	7.5716				
500	0.4433	3126.0	3480.6	7.8673				
600	0.5018	3297.9	3699.4	8.1333				
700	0.5601	3476.2	3924.2	8.3770				
800	0.6181	3661.1	4155.6	8.6033				
900	0.6761	3852.8	4393.7	8.8153				
1000	0.7340	4051.0	4638.2	9.0153				
1100	0.7919	4255.6	4889.1	9.2050				
1200	0.8497	4466.1	5145.9	9.3855				
1300	0.9076	4681.8	5407.9	9.5575				

T	v	u	h	s	v	u	h	s
	$P = 1.00$ MPa (179.91°C)				$P = 1.20$ MPa (187.99°C)			
sat.	0.194 44	2583.6	2778.1	6.5865	0.163 33	2588.8	2784.8	6.5233
200	0.2060	2621.9	2827.9	6.6940	0.169 30	2612.8	2815.9	6.5898
250	0.2327	2709.9	2942.6	6.9247	0.192 34	2704.2	2935.0	6.8294
300	0.2579	2793.2	3051.2	7.1229	0.2138	2789.2	3045.8	7.0317
350	0.2825	2875.2	3157.7	7.3011	0.2345	2872.2	3153.6	7.2121
400	0.3066	2957.3	3263.9	7.4651	0.2548	2954.9	3260.7	7.3774
500	0.3541	3124.4	3478.5	7.7622	0.2946	3122.8	3476.3	7.6759
600	0.4011	3296.8	3697.9	8.0290	0.3339	3295.6	3696.3	7.9435
700	0.4478	3475.3	3923.1	8.2731	0.3729	3474.4	3922.0	8.1881
800	0.4943	3660.4	4154.7	8.4996	0.4118	3659.7	4153.8	8.4148
900	0.5407	3852.2	4392.9	8.7118	0.4505	3851.6	4392.2	8.6272
1000	0.5871	4050.5	4637.6	8.9119	0.4892	4050.0	4637.0	8.8274
1100	0.6335	4255.1	4888.6	9.1017	0.5278	4254.6	4888.0	9.0172
1200	0.6798	4465.6	5145.4	9.2822	0.5665	4465.1	5144.9	9.1977
1300	0.7261	4681.3	5407.4	9.4543	0.6051	4680.9	5407.0	9.3698
	$P = 1.40$ MPa (195.07°C)							
sat.	0.140 84	2592.8	2790.0	6.4693				
200	0.143 02	2603.1	2803.3	6.4975				
250	0.163 50	2698.3	2927.2	6.7467				
300	0.182 28	2785.2	3040.4	6.9534				
350	0.2003	2869.2	3149.5	7.1360				
400	0.2178	2952.5	3257.5	7.3026				
500	0.2521	3121.1	3474.1	7.6027				
600	0.2860	3294.4	3694.8	7.8710				
700	0.3195	3473.6	3920.8	8.1160				
800	0.3528	3659.0	4153.0	8.3431				
900	0.3861	3851.1	4391.5	8.5556				
1000	0.4192	4049.5	4636.4	8.7559				
1100	0.4524	4254.1	4887.5	8.9457				
1200	0.4855	4464.7	5144.4	9.1262				
1300	0.5186	4680.4	5406.5	9.2984				

T	v	u	h	s	v	u	h	s
	$P=1.60$ MPa (201.41°C)				$P=1.80$ MPa (207.15°C)			
sat.	0.12380	2596.0	2794.0	6.4218	0.11042	2598.4	2797.1	6.3794
225	0.13287	2644.7	2857.3	6.5518	0.11673	2636.6	2846.7	6.4808
250	0.14184	2692.3	2919.2	6.6732	0.12497	2686.0	2911.0	6.6066
300	0.15862	2781.1	3034.8	6.8844	0.14021	2776.9	3029.2	6.8226
350	0.17456	2866.1	3145.4	7.0694	0.15457	2863.0	3141.2	7.0100
400	0.19005	2950.1	3254.2	7.2374	0.16847	2947.7	3250.9	7.1794
500	0.2203	3119.5	3472.0	7.5390	0.19550	3117.9	3469.8	7.4825
600	0.2500	3293.3	3693.2	7.8080	0.2220	3292.1	3691.7	7.7523
700	0.2794	3472.7	3919.7	8.0535	0.2482	3471.8	3918.5	7.9983
800	0.3086	3658.3	4152.1	8.2808	0.2742	3657.6	4151.2	8.2258
900	0.3377	3850.5	4390.8	8.4935	0.3001	3849.9	4390.1	8.4386
1000	0.3668	4049.0	4635.8	8.6938	0.3260	4048.5	4635.2	8.6391
1100	0.3958	4253.7	4887.0	8.8837	0.3518	4253.2	4886.4	8.8290
1200	0.4248	4464.2	5143.9	9.0643	0.3776	4463.7	5143.4	9.0096
1300	0.4538	4679.9	5406.0	9.2364	0.4034	4679.5	5405.6	9.1818
	$P=2.00$ MPa (212.42°C)							
sat.	0.00963	2660.3	2799.5	6.3409				
225	0.10377	2628.3	2835.8	6.4147				
250	0.11144	2679.6	2902.5	6.5453				
300	0.12547	2772.6	3023.5	6.7664				
350	0.13857	2859.8	3137.0	6.9563				
400	0.15120	2945.2	3247.6	7.1271				
500	0.17568	3116.2	3467.6	7.4317				
600	0.19960	3290.9	3690.1	7.7024				
700	0.2232	3470.9	3917.4	7.9487				
800	0.2467	3657.0	4150.3	8.1765				
900	0.2700	3849.3	4389.4	8.3895				
1000	0.2933	4048.0	4634.6	8.5901				
1100	0.3166	4252.7	4885.9	8.7800				
1200	0.3398	4463.3	5142.9	8.9607				
1300	0.3631	4679.0	5405.1	9.1329				

T	v	u	h	s	v	u	h	s
	$P=2.50$ MPa (223.99°C)				$P=3.00$ MPa (233.90°C)			
sat.	0.07998	2603.1	2803.1	6.2575	0.06668	2604.1	2804.2	6.1869
225	0.08027	2605.6	2806.3	6.2639				
250	0.08700	2662.6	2880.1	6.4085	0.07058	2644.0	2855.8	6.2872
300	0.09890	2761.6	3008.8	6.6438	0.08114	2750.1	2993.5	6.5390
350	0.10976	2851.9	3126.3	6.8403	0.09053	2843.7	3115.3	6.7428
400	0.12010	2939.1	3239.3	7.0148	0.09936	2932.8	3230.9	6.9212
450	0.13014	3025.5	3350.8	7.1746	0.10787	3020.4	3344.0	7.0834
500	0.13998	3112.1	3462.1	7.3234	0.11619	3108.0	3456.5	7.2338
600	0.15930	3288.0	3686.3	7.5960	0.13243	3285.0	3682.3	7.5085
700	0.17832	3468.7	3914.5	7.8435	0.14838	3466.5	3911.7	7.7571
800	0.19716	3655.3	4148.2	8.0720	0.16414	3653.5	4145.9	7.9862
900	0.21590	3847.9	4387.6	8.2853	0.17980	3846.5	4385.9	8.1999
1000	0.2346	4046.7	4633.1	8.4861	0.19541	4045.4	4631.6	8.4009
1100	0.2532	4251.5	4884.6	8.6762	0.21098	4250.3	4883.3	8.5912
1200	0.2718	4462.1	5141.7	8.8569	0.22652	4460.9	5140.5	8.7720
1300	0.2905	4677.8	5404.0	9.0291	0.24206	4676.6	5402.8	8.9442
	$P=3.50$ MPa (242.60°C)							
sat.	0.05707	2603.7	2803.4	6.1253				
225								
250	0.05872	2623.7	2829.2	6.1749				
300	0.06842	2738.0	2977.5	6.4461				
350	0.07678	2835.3	3104.0	6.6579				
400	0.08453	2926.4	3222.3	6.8405				
450	0.09196	3015.3	3337.2	7.0052				
500	0.09918	3103.0	3450.9	7.1572				
600	0.11324	3282.1	3678.4	7.4339				
700	0.12699	3464.3	3908.8	7.6837				
800	0.14056	3651.8	4143.7	7.9134				
900	0.15402	3845.0	4384.1	8.1276				
1000	0.16743	4044.1	4630.1	8.3288				
1100	0.18080	4249.2	4881.9	8.5192				
1200	0.19415	4459.8	5139.3	8.7000				
1300	0.20749	4675.5	5401.7	8.8723				

참고 내용 정리

T	v	u	h	s	v	u	h	s	v	u	h	s
	P = 4.0 MPa (250.40°C)				P = 4.5 MPa (257.49°C)				P = 5.0 MPa (263.99°C)			
sat.	0.04978	2602.3	2801.4	6.0701	0.04406	2600.1	2798.3	6.0198	0.03944	2597.1	2794.3	5.9734
275	0.05457	2667.9	2886.2	6.2285	0.04730	2650.3	2863.2	6.1401	0.04141	2631.3	2838.3	6.0544
300	0.05884	2725.3	2960.7	6.3615	0.05135	2712.0	2943.1	6.2828	0.04532	2698.0	2924.5	6.2084
350	0.06645	2826.7	3092.5	6.5821	0.05840	2817.8	3080.6	6.5131	0.05194	2808.7	3068.4	6.4493
400	0.07341	2919.9	3213.6	6.7690	0.06475	2913.3	3204.7	6.7047	0.05781	2906.6	3195.7	6.6459
450	0.08002	3010.2	3330.3	6.9363	0.07074	3005.0	3323.3	6.8746	0.06330	2999.7	3316.2	6.8186
500	0.08643	3099.5	3445.3	7.0901	0.07651	3095.3	3439.6	7.0301	0.06857	3091.0	3433.8	6.9759
600	0.09885	3279.1	3674.4	7.3688	0.08765	3276.0	3670.5	7.3110	0.07869	3273.0	3666.5	7.2589
700	0.11095	3462.1	3905.9	7.6198	0.09847	3459.9	3903.0	7.5631	0.08849	3457.6	3900.1	7.5122
800	0.12287	3650.0	4141.5	7.8502	0.10911	3648.3	4139.3	7.7942	0.09811	3646.6	4137.1	7.7440
900	0.13469	3843.6	4382.3	8.0647	0.11965	3842.2	4380.6	8.0091	0.10762	3840.7	4378.8	7.9593
1000	0.14645	4042.9	4628.7	8.2662	0.13013	4041.6	4627.2	8.2108	0.11707	4040.4	4625.7	8.1612
1100	0.15817	4248.0	4880.6	8.4567	0.14056	4246.8	4879.3	8.4015	0.12648	4245.6	4878.0	8.3520
1200	0.16987	4458.6	5138.1	8.6376	0.15098	4457.5	5136.9	8.5825	0.13587	4456.3	5135.7	8.5331
1300	0.18159	4674.3	5400.5	8.8100	0.16139	4673.1	5399.4	8.7549	0.14526	4672.0	5398.2	8.7055
	P = 6.0 MPa (275.64°C)				P = 7.0 MPa (285.88°C)				P = 8.0 MPa (295.06°C)			
sat.	0.03244	2589.7	2784.3	5.8892	0.02737	2580.5	2772.1	5.8133	0.02352	2569.8	2758.0	5.7432
300	0.03616	2667.2	2884.2	6.0674	0.02947	2632.2	2838.4	5.9305	0.02426	2590.9	2785.0	5.7906
350	0.04223	2789.6	3043.0	6.3335	0.03524	2769.4	3016.0	6.2283	0.02995	2747.7	2987.3	6.1301
400	0.04739	2892.9	3177.2	6.5408	0.03993	2878.6	3158.1	6.4478	0.03432	2863.8	3138.3	6.3634
450	0.05214	2988.9	3301.8	6.7193	0.04416	2978.0	3287.1	6.6327	0.03817	2966.7	3272.0	6.5551
500	0.05665	3082.2	3422.2	6.8803	0.04814	3073.4	3410.3	6.7975	0.04175	3064.3	3398.3	6.7240
550	0.06101	3174.6	3540.6	7.0288	0.05195	3167.2	3530.9	6.9486	0.04516	3159.8	3521.0	6.8778
600	0.06525	3266.9	3658.4	7.1677	0.05565	3260.7	3650.3	7.0894	0.04845	3254.4	3642.0	7.0206
700	0.07352	3453.1	3894.2	7.4234	0.06283	3448.5	3888.3	7.3476	0.05481	3443.9	3882.4	7.2812
800	0.08160	3643.1	4132.7	7.6566	0.06981	3639.5	4128.2	7.5822	0.06097	3636.0	4123.8	7.5173
900	0.08958	3837.8	4375.3	7.8727	0.07669	3835.0	4371.8	7.7991	0.06702	3832.1	4368.3	7.7351
1000	0.09749	4037.8	4622.7	8.0751	0.08350	4035.3	4619.8	8.0020	0.07301	4032.8	4616.9	7.9384
1100	0.10536	4243.3	4875.4	8.2661	0.09027	4240.9	4872.8	8.1933	0.07896	4238.6	4870.3	8.1300
1200	0.11321	4454.0	5133.3	8.4474	0.09703	4451.7	5130.9	8.3747	0.08489	4449.5	5128.5	8.3115
1300	0.12106	4669.6	5396.0	8.6199	0.10377	4667.3	5393.7	8.5473	0.09080	4665.0	5391.5	8.4842

T	v	u	h	s	v	u	h	s	v	u	h	s
	P = 9.0 MPa (303.40°C)				P = 10.0 MPa (311.06°C)				P = 12.5 MPa (327.89°C)			
sat.	0.02048	2557.8	2742.1	5.6772	0.018026	2544.4	2724.7	5.6141	0.013495	2505.1	2673.8	5.4624
325	0.02327	2646.6	2856.0	5.8712	0.019861	2610.4	2809.1	5.7568				
350	0.02580	2724.4	2956.6	6.0361	0.02242	2699.2	2923.4	5.9443	0.016126	2624.6	2826.2	5.7118
400	0.02993	2848.4	3117.8	6.2854	0.02641	2832.4	3096.5	6.2120	0.02000	2789.3	3039.3	6.0417
450	0.03350	2955.2	3256.6	6.4844	0.02975	2943.4	3240.9	6.4190	0.02299	2912.5	3199.8	6.2719
500	0.03677	3055.2	3386.1	6.6576	0.03279	3045.8	3373.7	6.5966	0.02560	3021.7	3341.8	6.4618
550	0.03987	3152.2	3511.0	6.8142	0.03564	3144.6	3500.9	6.7561	0.02801	3125.0	3475.2	6.6290
600	0.04285	3248.1	3633.7	6.9589	0.03837	3241.7	3625.3	6.9029	0.03029	3225.4	3604.0	6.7810
650	0.04574	3343.6	3755.3	7.0943	0.04101	3338.2	3748.2	7.0398	0.03248	3324.4	3730.4	6.9218
700	0.04857	3439.3	3876.5	7.2221	0.04358	3434.7	3870.5	7.1687	0.03460	3422.9	3855.3	7.0536
800	0.05409	3632.5	4119.3	7.4596	0.04859	3628.9	4114.8	7.4077	0.03869	3620.0	4103.6	7.2965
900	0.05950	3829.2	4364.8	7.6783	0.05349	3826.3	4361.2	7.6272	0.04267	3819.1	4352.5	7.5182
1000	0.06485	4030.3	4614.0	7.8821	0.05832	4027.8	4611.0	7.8315	0.04658	4021.6	4603.8	7.7237
1100	0.07016	4236.3	4867.7	8.0740	0.06312	4234.0	4865.1	8.0237	0.05045	4228.2	4858.8	7.9165
1200	0.07544	4447.2	5126.2	8.2556	0.06789	4444.9	5123.8	8.2055	0.05430	4439.3	5118.0	8.0987
1300	0.08072	4662.7	5389.2	8.4284	0.07265	4460.5	5387.0	8.3783	0.05813	4654.8	5381.4	8.2717
	P = 15.0 MPa (342.24°C)				P = 17.5 MPa (354.75°C)				P = 20.0 MPa (365.81°C)			
sat.	0.010337	2455.5	2610.5	5.3098	0.007920	2390.2	2528.8	5.1419	0.005834	2293.0	2409.7	4.9269
350	0.011470	2520.4	2692.4	5.4421								
400	0.015649	2740.7	2975.5	5.8811	0.012447	2685.0	2902.9	5.7213	0.009942	2619.3	2818.1	5.5540
450	0.018445	2879.5	3156.2	6.1404	0.015174	2844.2	3109.7	6.0184	0.012695	2806.2	3060.1	5.9017
500	0.02080	2996.6	3308.6	6.3443	0.017358	2970.3	3274.1	6.2383	0.014768	2942.9	3238.2	6.1401
550	0.02293	3104.7	3488.6	6.5199	0.019288	3083.9	3421.4	6.4230	0.016555	3062.4	3393.5	6.3348
600	0.02491	3208.6	3582.3	6.6776	0.02106	3191.5	3560.1	6.5866	0.018178	3174.0	3537.6	6.5048
650	0.02680	3310.3	3712.3	6.8224	0.02274	3296.0	3693.9	6.7357	0.019693	3281.4	3675.3	6.6582
700	0.02861	3410.9	3840.1	6.9572	0.02434	3398.7	3824.6	6.8736	0.02113	3386.4	3809.0	6.7993
800	0.03210	3610.9	4092.4	7.2040	0.02738	3601.8	4081.1	7.1244	0.02385	3592.7	4069.7	7.0544
900	0.03546	3811.9	4343.8	7.4279	0.03031	3804.7	4335.1	7.3507	0.02645	3797.5	4326.4	7.2830
1000	0.03875	4015.4	4596.6	7.6348	0.03316	4009.3	4589.5	7.5589	0.02897	4003.1	4582.5	7.4925
1100	0.04200	4222.6	4852.6	7.8283	0.03597	4216.9	4846.4	7.7531	0.03145	4211.3	4840.2	7.6874
1200	0.04523	4433.8	5112.3	8.0108	0.03876	4428.3	5106.6	7.9360	0.03391	4422.8	5101.0	7.8707
1300	0.04845	4649.1	5376.0	8.1840	0.04154	4643.5	5370.5	8.1093	0.03636	4638.0	5365.1	8.0442

T	v	u	h	s	v	u	h	s	v	u	h	s
	P = 25.0 MPa				P = 30.0 MPa				P = 35.0 MPa			
375	0.0019731	1798.7	1848.0	4.0320	0.0017892	1737.8	1791.5	3.9305	0.0017003	1702.9	1762.4	3.8722
400	0.006004	2430.1	2580.2	5.1418	0.002790	2067.4	2151.1	4.4728	0.002100	1914.1	1987.6	4.2126
425	0.007881	2609.2	2806.3	5.4723	0.005303	2455.1	2614.2	5.1504	0.003428	2253.4	2373.4	4.7747
450	0.009162	2720.7	2949.7	5.6744	0.006735	2619.3	2821.4	5.4424	0.004961	2498.7	2672.4	5.1962
500	0.011123	2884.3	3162.4	5.9592	0.008678	2820.7	3081.1	5.7905	0.006927	2751.9	2994.4	5.6282
550	0.012724	3017.5	3335.6	6.1765	0.010168	2970.3	3275.4	6.0342	0.008345	2921.0	3213.0	5.9026
600	0.014137	3137.9	3491.4	6.3602	0.011446	3100.5	3443.9	6.2331	0.009527	3062.0	3395.5	6.1179
650	0.015433	3251.6	3637.4	6.5229	0.012596	3221.0	3598.9	6.4058	0.010575	3189.8	3559.9	6.3010
700	0.016646	3361.3	3777.5	6.6707	0.013661	3335.8	3745.6	6.5606	0.011533	3309.8	3713.5	6.4631
800	0.018912	3574.3	4047.1	6.9345	0.015623	3555.5	4024.2	6.8332	0.013278	3536.7	4001.5	6.7450
900	0.021045	3783.0	4309.1	7.1680	0.017448	3768.5	4291.9	7.0718	0.014883	3754.0	4274.9	6.9886
1000	0.02310	3990.9	4568.5	7.3802	0.019196	3978.8	4554.7	7.2867	0.016410	3966.7	4541.1	7.2064
1100	0.02512	4200.2	4828.2	7.5765	0.020903	4189.2	4816.3	7.4845	0.017895	4178.3	4804.6	7.4057
1200	0.02711	4412.0	5089.9	7.7605	0.022589	4401.3	5079.0	7.6692	0.019360	4390.7	5068.3	7.5910
1300	0.02910	4626.9	5354.4	7.9342	0.024266	4616.0	5344.0	7.8432	0.020815	4605.1	5333.6	7.7653
	P = 40.0 MPa				P = 50.0 MPa				P = 60.0 MPa			
375	0.0016407	1677.1	1742.8	3.8290	0.0015594	1638.6	1716.6	3.7639	0.00150208	1609.4	1699.5	3.7141
400	0.0019077	1854.6	1930.9	4.1135	0.0017309	1788.1	1874.6	4.0031	0.00163305	1745.4	1843.4	3.9318
425	0.002532	2096.9	2198.1	4.5029	0.002007	1959.7	2060.0	4.2734	0.00181605	1892.7	2001.7	4.1626
450	0.003693	2365.1	2512.8	4.9459	0.002486	2159.6	2284.0	4.5884	0.002085	2053.9	2179.0	4.4121
500	0.005622	2678.4	2903.3	5.4700	0.003892	2525.5	2720.1	5.1726	0.002956	2390.6	2567.9	4.9321
550	0.006984	2869.7	3149.1	5.7785	0.005118	2763.6	3019.5	5.5485	0.003956	2658.8	2896.2	5.3441
600	0.008094	3022.6	3346.4	6.0114	0.006112	2942.0	3247.6	5.8178	0.004834	2861.1	3151.2	5.6452
650	0.009063	3158.0	3520.6	6.2054	0.006966	3093.5	3441.8	6.0342	0.005595	3028.8	3364.5	5.8829
700	0.009941	3283.6	3681.2	6.3750	0.007727	3230.5	3616.8	6.2189	0.006272	3177.2	3553.5	6.0824
800	0.011523	3517.8	3978.7	6.6662	0.009076	3479.8	3933.6	6.5290	0.007459	3441.5	3889.1	6.4109
900	0.012962	3739.4	4257.9	6.9150	0.010283	3710.3	4224.4	6.7882	0.008508	3681.0	4191.5	6.6805
1000	0.014324	3954.6	4527.6	7.1356	0.011411	3930.5	4501.1	7.0146	0.009480	3906.4	4475.2	6.9127
1100	0.015642	4167.4	4793.1	7.3364	0.012496	4145.7	4770.5	7.2184	0.010409	4124.1	4748.6	7.1195
1200	0.016940	4380.1	5057.7	7.5224	0.013561	4359.1	5037.2	7.4058	0.011317	4338.2	5017.2	7.3083
1300	0.018229	4594.3	5323.5	7.6969	0.014616	4572.8	5303.6	7.5808	0.012215	4551.4	5284.3	7.4837

(10) 압축수와 과열증기표

압력 (bar) 포화온도(℃)		온 도 (℃)											
		50	60	70	80	90	100	110	120	130	140	150	160	170
0.1 45.83	v h s	14.869 2592.7 8.1757	15.336 2611.6 8.2334	15.801 2630.6 8.2894	16.266 2649.5 8.3439	16.731 2668.5 8.3969	17.195 2687.5 8.4486	17.659 2706.6 8.4989	18.123 2725.6 8.5481	18.586 2744.7 8.5961	19.050 2763.9 8.6430	19.512 2783.1 8.6888	19.975 2802.3 8.7337	20.438 2821.6 8.7777
0.2 60.09	v h s	.0010121 209.3 0.7035	.0010171 251.1 0.8310	7.883 2628.8 7.9656	8.117 2648.6 8.0206	8.351 2667.1 8.0740	8.585 2686.3 8.1261	8.818 2705.5 8.1768	9.051 2724.6 8.2262	9.283 2743.8 8.2744	9.516 2763.1 8.3215	9.748 2782.3 8.3676	9.980 2801.6 8.4127	10.212 2821.0 8.4568
0.3 69.12	v h s	.0010121 209.3 0.7035	.0010171 251.1 0.8310	5.243 2627.1 7.7745	5.401 2646.5 7.8300	5.558 2665.8 7.8839	5.714 2685.1 7.9363	5.871 2704.3 7.9873	6.027 2723.6 8.0370	6.182 2742.9 8.0855	6.338 2762.3 8.1329	6.493 2781.6 8.1791	6.648 2801.0 8.2243	6.803 2820.3 8.2686
0.4 75.89	v h s	.0010121 209.3 0.7035	.0010171 251.1 0.8310	.0010228 293.0 0.9548	4.042 2644.9 7.6937	4.161 2664.4 7.7481	4.279 2683.8 7.8009	4.397 2703.2 7.8523	4.515 2722.6 7.9023	4.632 2742.0 7.9510	4.749 2761.4 7.9985	4.866 2780.8 8.0450	4.982 2800.3 8.0903	5.099 2819.7 8.1347
0.5 81.35	v h s	.0010121 209.3 0.7035	.0010171 251.1 0.8310	.0010228 293.0 0.9548	.0010292 334.9 1.0753	3.323 2663.0 7.6421	3.418 2682.6 7.6953	3.513 2702.1 7.7470	3.607 2721.6 7.7972	3.702 2741.1 7.8462	3.796 2760.6 7.8940	3.889 2780.1 7.9406	3.983 2799.6 7.9861	4.076 2819.1 8.0307
0.6 85.95	v h s	.0010121 209.3 0.7035	.0010171 251.1 0.8310	.0010228 293.0 0.9548	.0010292 334.9 1.0752	2.764 2661.6 7.5549	2.844 2681.3 7.6085	2.923 2701.0 7.6605	3.002 2720.6 7.7111	3.081 2740.2 7.7603	3.160 2759.8 7.8083	3.238 2779.4 7.8551	3.317 2798.9 7.9008	3.395 2818.5 7.9454
0.8 93.51	v h s	.0010121 209.3 0.7035	.0010171 251.1 0.8310	.0010228 293.0 0.9548	.0010292 334.9 1.0752	.0010361 376.9 1.1925	2.126 2678.8 7.4703	2.186 2698.7 7.5230	2.246 2718.6 7.5742	2.306 2738.4 7.6239	2.365 2758.1 7.6723	2.425 2777.8 7.7195	2.484 2797.5 7.7655	2.542 2817.2 7.8105
1.0 99.63	v h s	.0010121 209.3 0.7035	.0010171 251.2 0.8309	.0010228 293.0 0.9548	.0010292 335.0 1.0752	.0010361 377.0 1.1925	1.696 2676.2 7.3618	1.744 2696.4 7.4152	1.793 2716.5 7.4670	1.841 2736.5 7.5173	1.889 2756.4 7.5662	1.936 2776.3 7.6137	1.984 2796.2 7.6601	2.031 2816.0 7.7053
1.5 111.37	v h s	.0010121 209.4 0.7034	.0010171 251.2 0.8309	.0010228 293.1 0.9547	.0010291 335.0 1.0752	.0010361 377.0 1.1925	.0010437 419.1 1.3068	.0010519 461.3 1.4185	1.188 2711.2 7.2693	1.220 2731.8 7.3209	1.253 2752.2 7.3709	1.285 2772.5 7.4194	1.317 2792.7 7.4667	1.349 2812.8 7.5126
2.0 120.23	v h s	.0010120 209.4 0.7034	.0010171 251.2 0.8309	.0010228 293.1 0.9547	.0010291 335.0 1.0752	.0010361 377.0 1.1924	.0010347 419.1 1.3068	.0010518 461.4 1.4184	.0010606 503.7 1.5276	0.9100 2726.9 7.1786	0.9349 2747.8 7.2298	0.9595 2768.5 7.2794	0.9840 2789.1 7.3275	1.008 2809.6 7.3742
3.0 133.54	v h s	.0010120 209.5 0.7034	.0010170 251.3 0.8308	.0010227 293.2 0.9547	.0010291 335.1 1.0751	.0010360 377.1 1.1924	.0010436 419.2 1.3067	.0010518 461.4 1.4184	.0010605 503.8 1.5275	.0010700 546.3 1.6343	0.6167 2738.8 7.0254	0.6337 2760.4 7.0771	0.6506 2781.8 7.1271	0.6672 2803.0 7.1754
4.0 143.62	v h s	.0010119 209.6 0.7033	.0010170 251.4 0.8308	.0010227 293.3 0.9546	.0010290 335.2 1.0750	.0010360 377.2 1.1923	.0010436 419.3 1.3066	.0010517 461.5 1.4183	.0010605 503.9 1.5274	.0010699 546.4 1.6342	.0010800 589.1 1.7389	0.4707 2752.0 6.9285	0.4837 2774.2 6.9805	0.4996 2796.1 7.0305
5.0 151.84	v h s	.0010119 209.7 0.7033	.0010169 251.5 0.8307	.0010226 293.4 0.9545	.0010290 335.3 1.0750	.0010359 377.3 1.1922	.0010435 419.4 1.3066	.0010517 461.6 1.4182	.0010605 503.9 1.5273	.0010698 546.5 1.6341	.0010800 589.2 1.7388	.0010908 632.2 1.8416	0.3835 2766.4 6.8631	0.3941 2789.1 6.9149
6.0 158.84	v h s	.0010119 209.8 0.7032	.0010169 251.6 0.8307	.0010226 293.4 0.9545	.0010289 335.4 1.0749	.0010359 377.3 1.1921	.0010434 419.4 1.3065	.0010516 461.6 1.4181	.0010604 504.0 1.5272	.0010698 546.5 1.6340	.0010799 589.3 1.7387	.0010907 632.2 1.8415	0.3165 2758.2 6.7640	0.3257 2781.8 6.8177
8.0 170.41	v h s	.0010118 209.9 0.7031	.0010168 251.7 0.8306	.0010225 293.6 0.9544	.0010288 335.5 1.0748	.0010358 377.5 1.1920	.0010433 419.6 1.3063	.0010515 461.8 1.4179	.0010603 504.1 1.5270	.0010697 546.7 1.6338	.0010798 589.4 1.7385	.0010906 632.4 1.8413	.0011021 675.6 1.9423	.0011144 719.1 2.0416
10.0 179.88	v h s	.0010117 210.1 0.7030	.0010167 251.9 0.8305	.0010224 293.8 0.9542	.0010287 335.7 1.0746	.0010357 377.7 1.1919	.0010432 419.7 1.3062	.0010514 461.9 1.4178	.0010602 504.3 1.5269	.0010696 546.8 1.6337	.0010796 589.5 1.7383	.0010904 632.5 1.8410	.0011019 675.7 1.9420	.0011143 719.2 2.0414
12.0 187.96	v h s	.0010116 210.3 0.7030	.0010166 252.1 0.8304	.0010223 293.9 0.9541	.0010286 335.8 1.0745	.0010356 377.8 1.1917	.0010431 419.9 1.3060	.0010513 462.1 1.4176	.0010601 504.4 1.5267	.0010695 546.9 1.6335	.0010795 589.8 1.7381	.0010903 632.6 1.8408	.0011018 675.9 1.9418	.0011141 719.3 2.0411
14.0 195.04	v h s	.0010115 210.5 0.7029	.0010165 252.2 0.8302	.0010222 294.1 0.9540	.0010285 336.0 1.0744	.0010355 378.0 1.1916	.0010430 420.0 1.3059	.0010512 462.2 1.4174	.0010599 504.6 1.5265	.0010693 547.1 1.6333	.0010794 589.8 1.7379	.0010901 632.7 1.8406	.0011016 675.9 1.9415	.0011140 719.5 2.0409

주 표 중의 단위는 $v : \mathrm{m^3/kg}$, $h : \mathrm{kJ/kg}$, $s : \mathrm{kJ/kg \cdot K}$

(11) 습공기의 표 (대기압 760 mmHg, 0℃ 이하는 얼음에 접하는 공기)

t (℃)	P_s kg/cm²	P_s mmHg	x_s (kg/kg) 건공기	h_s (kg/kg) 건공기	v_s (m³/kg) 건공기	v_a (m³/kg)
−20.0	1.052×10^{-3}	0.7739	0.6340×10^{-3}	−4.427	0.7197	0.7172
−18.0	1.273×10^{-3}	0.9362	0.7671×10^{-3}	−3.868	0.7237	0.7228
−16.0	1.535×10^{-3}	1.129	0.9255×10^{-3}	−3.294	0.7296	0.7285
−14.0	1.846×10^{-3}	1.358	1.113×10^{-3}	−2.702	0.7355	0.7342
−12.0	2.214×10^{-3}	1.629	1.336×10^{-3}	−2.089	0.7414	0.7398
−10.0	2.648×10^{-3}	1.948	1.598×10^{-3}	−1.452	0.7474	0.7455
−8.0	3.159×10^{-3}	2.323	1.907×10^{-3}	−0.7875	0.7535	0.7512
−6.0	3.757×10^{-3}	2.764	2.270×10^{-3}	−0.09015	0.7596	0.7568
−4.0	4.458×10^{-3}	3.279	2.695×10^{-3}	0.6550	0.7658	0.7625
−2.0	5.275×10^{-3}	3.880	3.192×10^{-3}	1.424	0.7721	0.7682
0.0	6.228×10^{-3}	4.581	3.772×10^{-3}	2.253	0.7786	0.7738
2.0	7.194×10^{-3}	5.292	4.361×10^{-3}	3.089	0.7850	0.7795
4.0	8.290×10^{-3}	6.098	5.031×10^{-3}	3.974	0.7915	0.7852
6.0	9.531×10^{-3}	7.010	5.791×10^{-3}	4.914	0.7982	0.7908
8.0	1.0933×10^{-3}	8.042	6.652×10^{-3}	5.917	0.8050	0.7965
10.0	1.2514×10^{-3}	9.205	7.625×10^{-3}	6.988	0.8120	0.8021
12.0	1.4294×10^{-2}	10.514	9.725×10^{-3}	8.138	0.8192	0.8078
14.0	1.6292×10^{-2}	11.98	9.964×10^{-3}	9.373	0.8265	0.8135
16.0	1.8531×10^{-2}	13.61	0.01136	10.70	0.8341	0.8191
18.0	2.104×10^{-2}	15.47	0.01293	12.14	0.8420	0.8248
20.0	2.383×10^{-2}	17.53	0.01469	13.70	0.8501	0.8305
22.0	2.695×10^{-2}	19.82	0.01666	15.39	0.8585	0.8361
24.0	3.042×10^{-2}	22.38	0.01887	17.23	0.8673	0.8418
26.0	3.427×10^{-2}	25.21	0.02134	19.23	0.8766	0.8475
28.0	3.854×10^{-2}	28.35	0.02410	21.41	0.8862	0.8531
30.0	4.327×10^{-2}	31.83	0.02718	23.80	0.8963	0.8588
32.0	4.849×10^{-2}	35.67	0.03063	26.41	0.9070	0.8645
34.0	5.425×10^{-2}	39.90	0.03447	29.26	0.9183	0.8701
36.0	6.059×10^{-2}	44.57	0.03875	32.40	0.9304	0.8758
38.0	6.757×10^{-2}	49.70	0.04352	35.84	0.9431	0.8815
40.0	7.523×10^{-2}	55.34	0.04884	39.64	0.9568	0.8871
42.0	8.363×10^{-2}	61.52	0.05478	43.81	0.9714	0.8928
44.0	9.284×10^{-2}	68.29	0.06140	49.43	0.9872	0.8985
46.0	0.10288	75.68	0.06878	53.52	1.004	0.9041
48.0	0.11386	83.75	0.07703	59.16	1.022	0.9098
50.0	0.12583	92.56	0.08625	65.42	1.042	0.9155
52.0	0.13886	102.14	0.09657	72.37	1.064	0.9211
54.0	0.15303	112.6	0.1081	80.12	1.088	0.9268
56.0	0.16842	123.9	0.1211	89.78	1.114	0.9325
58.0	0.18511	136.2	0.1358	98.48	1.143	0.9381
60.0	0.2032	149.5	0.1523	109.37	1.175	0.9438
63.0	0.2228	163.8	0.1709	121.7	1.210	0.9495
64.0	0.2439	179.5	0.1922	135.6	1.250	0.9551
66.0	0.2667	196.2	0.2164	151.4	1.295	0.9608
68.0	0.2913	214.3	0.2142	169.5	1.346	0.9665
70.0	0.3178	233.8	0.2763	190.4	1.404	0.9721
72.0	0.3464	254.8	0.3136	214.6	1.471	0.9778
74.0	0.3770	277.3	0.3573	242.8	1.548	0.9835
76.0	0.4099	301.5	0.4090	276.3	1.640	0.9891
78.0	0.4452	327.5	0.4709	316.2	1.748	0.9948
80.0	0.4830	355.3	0.5460	364.6	1.879	1.0004
82.0	0.5235	385.1	0.6387	424.3	2.040	1.006
84.0	0.5668	416.9	0.7557	499.5	2.241	1.012
86.0	0.6130	450.9	0.9072	597.0	2.502	1.017
88.0	0.6623	487.2	1.111	727.7	2.850	1.023
90.0	0.7150	525.9	1.397	911.6	3.340	1.029
92.0	0.7710	567.1	1.829	1189.0	4.076	1.034
94.0	0.8307	611.0	2.551	1652.0	5.306	1.040
96.0	0.8942	657.7	3.999	2581.0	7.770	1.046
98.0	0.9616	707.3	8.352	5373.0	15.17	1.051
100.0	1.03323	760.0	—	—	—	1.057

주 t : 온도, P_s : 포화수증기 압력, x_s : 포화공기의 절대온도, h_s : 포화공기의 엔탈피
v_s : 포화공기의 비체적, v_a : 건공기의 비체적

(12) 암모니아 R-12의 포화증기표

물질	온도 t (℃)	포화압력 P (bar)	밀도(kg/m³)		비체적(m³/kg)		엔탈피(kJ/kg)		증발열 (kJ/kg)	엔트로피 (kJ/kg·K)	
			ρ'	ρ''	v'	v''	h'	h''	r	s'	s''
암모니아	-50	0.40874	702.0	0.3812	0.0014245	2.623	193.849	1608.15	1414.30	3.3000	9.6204
	-45	0.54584	696.0	0.500	0.0014317	2.007	215.411	1616.52	1401.11	3.3773	9.5202
	-40	0.71765	690.0	0.645	0.0014493	1.550	237.810	1624.90	1387.09	3.4730	9.4245
	-35	0.93193	683.9	0.823	0.0014623	1.2151	259.917	1632.98	1373.06	3.5672	9.3341
	-30	1.19543	677.7	1.038	0.0014757	0.9630	282.274	1640.85	1358.58	3.6601	9.2486
	-25	1.51611	671.4	1.297	0.0014895	0.7712	304.715	1648.43	1343.71	3.7514	9.1674
	-20	1.90249	665.0	1.604	0.0015037	0.6236	327.282	1655.71	1328.43	3.8414	9.0895
	-15	2.36340	658.5	1.966	0.0015185	0.5087	349.975	1662.66	1312.69	3.9293	9.0150
	-10	2.90865	652.0	2.390	0.0015338	0.4184	372.751	1669.15	1296.40	4.0164	8.9438
	-5	3.54903	645.3	2.883	0.0015496	0.3469	395.653	1675.31	1279.65	4.1022	8.8756
	0	4.29433	638.6	3.452	0.0015660	0.2867	418.680	1681.08	1262.40	4.1868	8.8094
	5	5.15732	631.7	4.108	0.0015831	0.2435	441.875	1686.44	1244.57	4.2705	8.7458
	10	6.14975	624.7	4.859	0.0016008	0.2058	465.195	1691.26	1226.06	4.3530	8.6838
	15	7.28430	617.5	5.718	0.0016193	0.1749	488.683	1695.61	1206.93	4.4347	8.6240
	20	8.57199	610.3	6.694	0.0016386	0.1494	512.381	1699.55	1187.17	4.5155	8.5658
	25	10.02730	602.8	7.795	0.0016588	0.1283	536.287	1702.98	1166.69	5.5954	8.5093
	30	11.66501	595.2	9.034	0.0016800	0.1107	560.361	1705.83	1145.47	5.6746	8.4536
	35	13.49885	587.5	10.431	0.0017023	0.0959	584.687	1708.09	1123.40	4.7529	8.3991
	40	15.54354	579.5	12.005	0.0017257	0.0833	609.263	1709.76	1100.50	4.8307	8.3455
	45	17.81378	571.3	13.77	0.0017504	0.0726	634.007	1710.77	1076.76	4.9078	8.2928
	50	20.32624	562.8	15.75	0.0017775	0.0635	658.919	1711.23	1052.31	4.9844	8.2409
R-12	-50	0.39217	1546	2.595	0.0006468	0.3854	375.095	549.224	174.129	4.0120	4.7925
	-45	0.50504	1532	3.279	0.0006527	0.3050	379.157	551.695	172.538	4.0300	4.7865
	-40	0.64243	1517	4.097	0.0006592	0.2441	383.302	554.165	170.863	4.0480	4.7810
	-35	0.80787	1502	5.069	0.0006658	0.1973	387.488	556.635	169.147	4.0658	4.7762
	-30	1.00469	1487	6.200	0.0006725	0.1613	391.759	559.105	167.346	4.0835	4.7719
	-25	1.23721	1472	7.513	0.0006793	0.1331	396.113	561.575	165.462	4.1010	4.7679
	-20	1.50983	1456	9.034	0.0006868	0.1101	400.467	564.003	163.536	4.1183	4.7645
	-15	1.82619	1441	10.79	0.0006940	0.09268	404.947	566.432	161.485	4.1356	4.7614
	-10	2.19100	1425	12.80	0.0007018	0.07813	409.469	568.861	159.391	4.1528	4.7586
	-5	2.60877	1410	15.08	0.0007092	0.06635	414.033	571.205	157.172	4.1698	4.7561
	0	3.08566	1394	17.65	0.0007173	0.05667	418.680	573.550	154.870	4.1868	4.7539
	5	3.62444	1378	20.56	0.0007257	0.04863	423.369	575.852	152.483	4.2036	4.7519
	10	4.23010	1362	23.79	0.0007342	0.04204	428.142	578.113	149.971	4.2204	4.7501
	15	4.91078	1345	27.41	0.0007435	0.03648	432.999	580.332	147.333	4.2371	4.7484
	20	5.66687	1329	31.50	0.0007524	0.03175	437.897	582.468	144.570	4.2537	4.7469
	25	6.50799	1311	36.07	0.0007628	0.02773	442.838	584.519	141.681	4.2202	4.7455
	30	7.43442	1293	41.11	0.0007734	0.02433	447.862	586.487	138.625	4.2867	4.7441
	35	8.45961	1274	46.81	0.0007849	0.02136	452.928	588.287	135.359	4.3031	4.7425
	40	9.58178	1255	53.13	0.0007968	0.01882	458.078	590.088	132.010	4.3194	4.7410
	45	10.80987	1234	60.38	0.0008104	0.01656	463.311	591.720	128.409	4.3357	4.7393
	50	12.14652	1213	68.56	0.0008244	0.01459	468.670	593.395	124.725	4.3520	4.7379

㈜ 위 표의 엔탈피와 엔트로피의 값은 0℃일 때 $h'=100$ kcal/kg, $s'=10000$ kcal/kg·K로 정한 것이다.

2. 선 도

(1) R-134a의 $p-h$ 선도

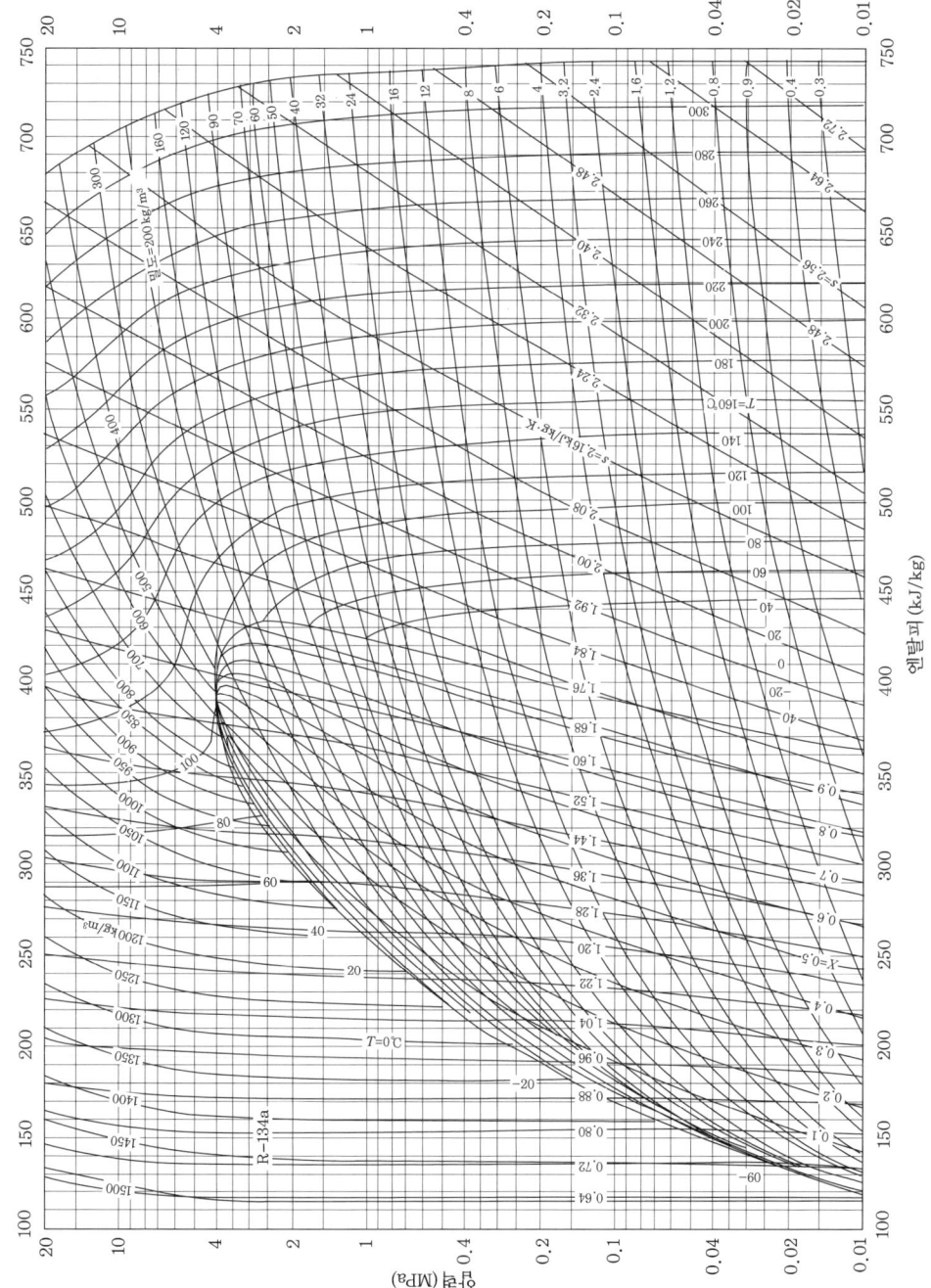

(2) 습공기 선도

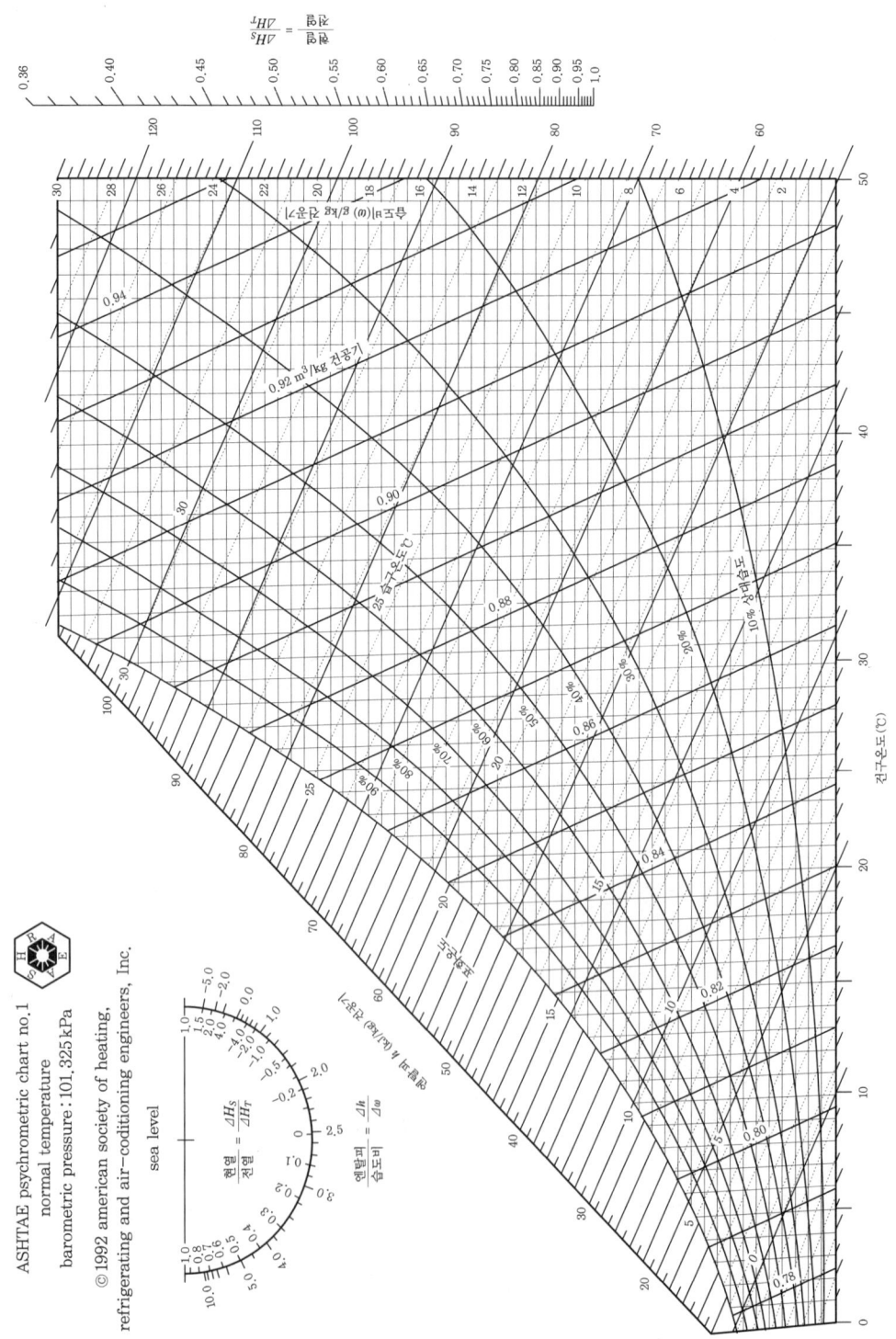

(3) 수증기의 몰리에르 선도

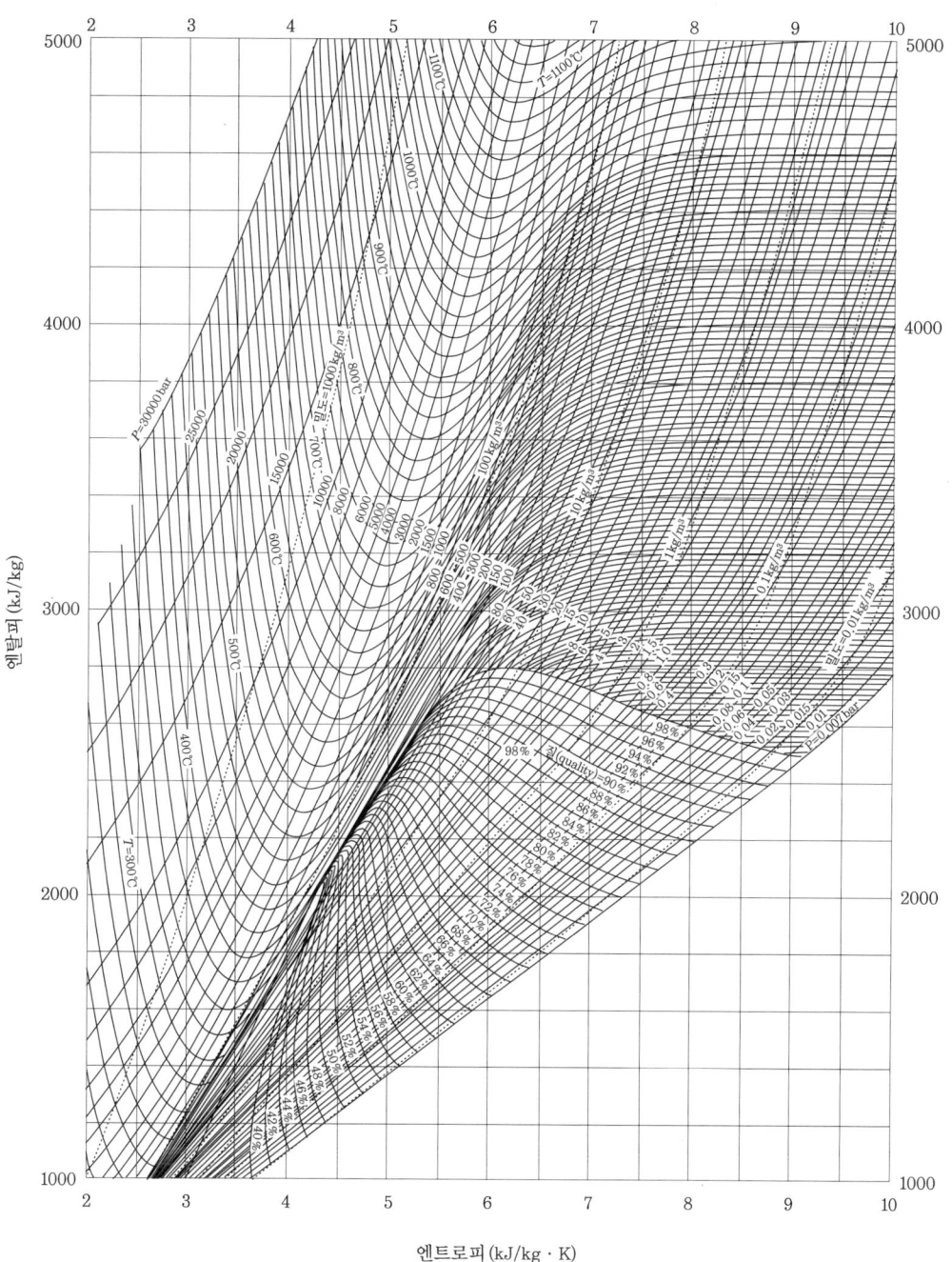

찾아보기

【ㄱ, ㄴ】

가스 55
가스 동력 사이클 191
가스 상수 58
가스 터빈의 이상 사이클 208
가역 사이클 28
가역변화 27
간극 176
간극비 176
감열 20, 129
강제대류 열전달 292
개방계 26
건공기 81
건구온도 82
건도 130
건압축 냉동 사이클 270
건증기 130
건포화증기 130
게이-뤼삭의 법칙 56
경계 26
계 26
계기압력 21
고발열량 311
고온급수가열기 232
공기압축 냉동 사이클 265
공기마력 181
공기표준해석 191
공업일 46, 64
과랭압축 냉동 사이클 272
과열압축 냉동 사이클 271
과열도 131

과열증기 130, 131
과정 27
교축 117
교축과정 76
교축열량계 146
기계효율 182, 206
기관효율 206
기브스 함수 120
기체상수 58
난류 156
내부 증발열 133
내부 에너지 36
냉동 259
냉동 사이클 100
냉동기 99, 259
냉동기 성적계수 261
냉동능력 262
냉동률 263
냉동톤 262
냉동효과 260
냉매 263
네른스트 121
노점 82
노즐 161
노즐 확대율 164
노즐의 목 163
노즐 효율 164
뉴턴의 냉각법칙 291

【ㄷ, ㄹ】

다단압축 냉동 사이클 274

다효압축 냉동 사이클 275
단 179
단열열낙차 158, 159
단열계 26
단열변화 27, 68
단열압축마력 181
단열압축효율 175, 182
단열유동 158
단절비 197
대기압 21
대류열전달 291
대수 평균온도차(LMTD) 294, 295
도시열효율 206
돌턴의 법칙 77
동력 25
동작물질 25
동작유체 26
등압변화 27, 64
등엔탈피 과정 145
등온변화 27, 67
등온압축마력 181
등온압축효율 182
등적변화 27, 65
디젤 사이클 197
랭킨 사이클 225
르노아 사이클 213

【ㅁ, ㅂ】

몰리에르 선도(Mollier chart) 136, 268
무효 에너지 119
미국 표준냉동톤 262
밀도 22
밀폐계 26
반데르 발스의 식 80
반사 298
반완전 가스 80

발열량 310
발열반응 306, 307
방사 에너지 296
방사율 297
배관손실 237
베델롯의 식 80
병류 294
보일-샤를의 법칙 58
보일의 법칙 55
복사 열전달 296
복사율 297
브레이턴 사이클 208
비내부 에너지 36
비엔트로피 109
비가역 사이클 28
비교습도 82
비등 128
비엔탈피 38
비열 18
비열비 63
비유동과정 26
비정상류 156
비중량 22
비체적 22
BTU 17

【ㅅ, ㅇ】

사바테 사이클 201
사이클 27, 99
3중점 127
상경계 34
상당분자량 83
상대습도 81
상사점(TDC) 176
상태량 34
상태방정식 55

상태변화	27	역카르노 사이클	259
선단 축소 노즐	163	역동력비	209
섭씨온도	14	연료	306
성능계수	99	연소	306
성적계수	99	연속방정식	157
속도계수	165	열관류	293
손실계수	164	열관류율	293
수증기	129	열량	16
순수물질	127	열선도	112
슈테판-볼츠만 상수	297	열역학 0 법칙	14
슈테판-볼츠만의 법칙	297	열역학 제1법칙	35
스털링 사이클	212	열역학 제2법칙	97
습공기	81	열역학 제3법칙	121
습구온도	82	열역학적 절대온도	106
습도	81, 130	열역학적 평형	28
습증기	130	열의 일당량	35
습포화증기	130	열저항	288
승화열	20	열전달계수	291
CHU	17	열전도	287
아보가드로의 법칙	58	열전도율(또는 열전도계수)	286
아트킨슨 사이클	213	열통과율	293
압력	20	열펌프	99, 259
압력-비체적 선도	136	열펌프의 성적계수	260, 261
압력-엔탈피 선도	137	열평형	14
압력비	195	열효율	99
압축기	172	오스트발트의 표현	98
압축비	176, 194	오토 사이클	193
액체열	129	온도	13
에너지	24	온도-엔트로피 선도	136
에너지 보존의 법칙	35	온도계	13
에릭슨 사이클	211	온도구배	286
SI 단위	9	완전 가스	55
$h-s$ 선도	136	완전 가스의 상태방정식	57
엔탈피	38	완전백체	298
엔탈피-엔트로피 선도	136	완전흑체	298
엔트로피	108	왕복식 압축기	176
엔트로피 증가의 원리	110	외부 증발열	133

운동 에너지	24, 36
위치 에너지	24, 36
유동과정	26
유동일	38
유량	157
유효복사계수	297
유효 에너지	119
융해열	20
융해잠열	20
음속	163
응고	128
응축기 손실	238
이론연소온도	315
이상기체	55
이슬점	82
2유체 사이클	236
2중 연소 사이클	201
일	23
일반 에너지식	39, 157
일의 열당량	35
임계비체적	128
임계압력	128
임계온도	128
임계점	128

【ㅈ, ㅊ】

자연대류 열전달	292
자유 에너지	120
자유 엔탈피	120
작업유체	26
재생 사이클	232
재열 사이클	229
재열·재생 사이클	235
재열기	229
저발열량	311
저온급수가열기	232
전단열 압축효율	182

전등온 압축효율	182
절대습도	81
절대압력	21
절대온도	15
절대일	46, 64
절연계	26
정미열효율	206
정상유동과정	41
정압변화	27
정압비열	19, 62
정온변화	27, 67
정적변화	27, 65
정적비열	19, 62
정적정압(복합) 사이클	201
제 1 종 영구운동 기관	35
제동마력	206
주위	26
준평형과정	28
줄 톰슨 효과	146
중간냉각	179
중력단위계	10
증기	55, 129
증기선도	136
증기압축 냉동 사이클	264
증기표	135
증발열	20, 130
증발잠열	20, 130
진공	21
진공도	21
질	130
체적냉동효과	263
체절비	197
최고연소온도	315
층류	156

【ㅋ, ㅌ】

kcal	16

켈빈 *15*
켈빈-플랑크의 표현 *98*
클라우지우스의 표현 *98*
클라우지우스의 폐적분 *108*
클라우지우스의 식 *80*
키르히호프의 동일성 *297*
키르히호프의 법칙 *297*
터빈 손실 *238*
통극 *176*
통극비 *176*
통극체적 *173, 176*
통지름 *176*
투과 *298*
$T-s$ 선도 *112, 136*

【ㅍ, ㅎ】

펌프 손실 *238*
평균유효압력 *195*
평행 노즐 *163*
포화수 *131*
포화액 *129, 132*
포화온도 *129*
포화증기 *130*
폴리트로프 변화 *27, 71*

폴리트로프 압축마력 *181*
폴리트로프 지수 *71*
표준반응열 *310*
푸리에의 열전도법칙 *287*
플랑크 *121*
$P-v$ 선도 *45, 136*
$P-h$ 선도 *136*
하사점(BDC) *176*
합성 사이클 *201*
행정 *176*
행정체적 *176*
향류 *294*
현열 *20*
형태계수 *297*
화씨온도 *14*
화학 에너지 *306*
확대 노즐 *163*
회색체 *298*
헬름홀츠 함수 *120*
효율비 *206*
흑체의 방사상수 *297*
흡수 *298*
흡수율 *297*
흡열반응 *308*

대학과정 기계 열역학

2007년 8월 15일 1판 1쇄
2023년 1월 20일 2판 3쇄

저　자 : 양인권·진도훈
펴낸이 : 이정일

펴낸곳 : 도서출판 **일진사**
www.iljinsa.com
(우) 04317 서울시 용산구 효창원로 64길 6
전화 : 704-1616/팩스 : 715-3536
등록 : 제1979-000009호 (1979.4.2)

값 20,000원

ISBN : 978-89-429-1276-6

● 불법복사는 지적재산을 훔치는 범죄행위입니다.
저작권법 제97조의 5(권리의 침해죄)에 따라 위반자는 5년 이하의 징역 또는 5천만원 이하의 벌금에 처하거나 이를 병과할 수 있습니다.